DER HOCHBAU

EINE ENZYKLOPÄDIE DER BAUSTOFFE UND. DER BAUKONSTRUKTIONEN

VON

Dr. Techn. SILVIO MOHR

ZIVILARCHITEKT, A. O. PROFESSOR AN DER
TECHNISCHEN HOCHSCHULE WIEN

MIT 298 TEXTABBILDUNGEN

WIEN

VERLAG VON JULIUS SPRINGER

1936

ISBN-13: 978-3-7091-9758-5   e-ISBN-13: 978-3-7091-5019-1
DOI: 10.1007/978-3-7091-5019-1

Vorwort.

Es mag als ein gewagtes Beginnen erscheinen, die Lehren eines großen, umfassenden Wissensgebietes in der Form einer Enzyklopädie vermitteln zu wollen.

Der Verfasser hat dennoch den Versuch unternommen.

Es bestärkte ihn in seinem Entschluß das in langjähriger Erfahrung als akademischer Lehrer und ausübender Architekt im Kreise Lernender und Berufstätiger erkannte Verlangen nach einem eben das Wesentlichste des Stoffes erfassenden Behelfe, und es förderte seine Absicht die Erkenntnis, einen Lehrbehelf in Zeiten der Krise und der Not mehr noch als sonst den wirtschaftlichen Verhältnissen jenes großen Kreises anpassen zu müssen, dem er ein Vermittler erstrebten Wissens sein soll.

Unter Verzicht der Betrachtung des Werdens wurde der Blick auf das Sein gerichtet und durch knappe Darlegung an Stelle wortreicher Schilderungen ermöglicht, alle den Hochbau berührenden Einzelgebiete in einem engen Raume zu vereinen.

Die Erfahrung lehrt, daß nur gründlich durchgearbeitete Beispiele ein klares Bild zu geben vermögen; deshalb wurden die grundlegenden Konstruktionen aller Teilgebiete bis in die Einzelheiten behandelt und die Erörterung der Varianten unter Betonung des Wesentlichen dem Rahmen des Buches eingefügt.

Den Baustoffen wurde trotz des knappen Raumes ein verhältnismäßig großer Anteil gewidmet. Fehlkonstruktionen und Schäden finden nur zu häufig ihre Ursache in mangelhafter Baustoffkenntnis.

Fast sämtliche Abbildungen des Buches sind für dasselbe entworfen worden; der Maßstab der Wiedergabe gestattet die Erfassung aller Einzelheiten.

Gesetze, Verordnungen und Normen wurden erwähnt und zum Teil im Auszug angeführt.

Eine Reihe tafelmäßiger, enge auf das Stoffgebiet zugeschnittener Zusammenstellungen soll unter Weglassung in vielen Taschenbüchern wiederkehrender Tabellen den Benutzer des Buches der Mühe zeitraubenden Suchens entheben, das angeführte Schrifttum dem Leser den Weg zur Vertiefung weisen.

Das Buch wendet sich an den Studierenden und an den Praktiker im Konstruktionsbüro und auf der Baustelle; es hofft, dem Lernenden ein sein Wissen fördernder Behelf, dem Berufstätigen ein dem gegenwärtigen Stande der Entwicklung entsprechendes Nachschlagebuch zu sein.

Ich danke allen, die dem Buche den Weg ebnen halfen; allen voran dem Verlag, der sich in krisenschwerer Zeit zur Auflage entschloß; ich danke den öffentlichen Stellen und Firmen, die mich bei der Verfassung unterstützten: insbesondere den städtischen Elektrizitäts- und Gaswerken der Gemeinde Wien, dem österreichischen und dem deutschen Normenausschuß, den Eternitwerken Ludwig Hatschek in Wien, der Karl Kübler A. G. in Stuttgart, der österreichischen Körting-A. G. & Co. Ges. m. b. H. in Wien, der Waagner-Biro-A. G., Eisenkonstruktions- und Brückenbauanstalt in Wien, und der Wienerberger Ziegelfabriks- und Baugesellschaft in Wien.

Anerkennung und herzlichen Dank schulde ich ferner den bewährten Assistenten meiner Lehrkanzel, den Herren Zivilarchitekten Ing. Wilhelm Riedl und Ing. Otto Gebhart, in deren Aufgabenkreis u. a. auch die zeichnerische Wiedergabe des Hauptteiles der Abbildungen fiel.

Wien, im Oktober 1936.

Dr. techn. Silvio Mohr.

Inhaltsverzeichnis.

Erster Abschnitt.

Baustoffe.

A. Auf- und Ausbaustoffe.

Zweiter Abschnitt.

Die Baukonstruktionen des Auf- und Ausbaues.

A. Mauern, Wände, Pfeiler, Säulen und Stützen,

B. Decken.

Baustoffe.

A. Auf- und Ausbaustoffe.

I. Natürliche Steine.

Die natürlichen Steine werden nach ihrer Entstehungsweise eingeteilt in: 1. Erstarrungsgesteine, 2. Schichtgesteine und 3. Kristallinische Schiefergesteine.

Die nachfolgenden Tabellen geben auf Grund obiger Einteilung einzelne Beispiele der im Hochbau am häufigsten verwendeten Steine.

1. Erstarrungsgesteine.

Beispiele	Beispiele des Vorkommens in Österreich (und außerhalb des Bundesgebietes)	Verwendung	Verwendungsbeispiele in Österreich
Granite	Mauthausen, Schärding, Schrems, Gmünd, (Schweden, Norwegen, Schlesien, Harz, Thüringen, Norditalien, Jugoslawien usw.)	Werk-, Zier-, Bildhauer-, Pflaster- und Schotterstein	Donnerbrunnen und Sockel des Maria-Theresien-Denkmales in Wien, Sockel und Säulen am Linzer Dom, Techn. Hochschule Graz, Pflaster in Wien, Graz u. a. O.
Syenite	(Norwegen, Siebenbürgen usw.)	Insbes. Pflaster- und Schotterstein	
Basalte	Oststeiermark, Burgenland, (Rhön, Siebengebirge, Hessen, böhmisches Mittelgebirge usw.)	Werk-, Zier-, Pflaster- und Schotterstein	

Beispiele	Beispiele des Vorkommens in Österreich (und außerhalb des Bundesgebietes)	Verwendung	Verwendungsbeispiele in Österreich
Por-phyre	Gleichenberg in Steiermark, (Leipzig, Halle, Meißen, Teplitz, Bozen usw.)	Werk-, Zier-, Bildhauer-, Pflaster- und Schotter- stein	

2. Schichtgesteine.

Beispiele	Beispiele des Vorkommens in Österreich (und außerhalb des Bundesgebietes)	Verwendung	Verwendungsbeispiele in Österreich
Ton-schiefer	(Kulm, Freudental in Schlesien, Thüringen, Andernach, Taunus, Wales, Belgien, Ardennen)	Dach-schiefer	
Sand-steine	Grinzing, Sievering, Rekawinkel, Neulengbach, Preßbaum, (Sachsen, Schlesien, Hessen, Bayern, Württemberg, Rheinpfalz, Nordböhmen)	Werk-, Zier- und Bildhauer-stein	Alte Teile von Sankt Stephan in Wien, Futtermauern der Wiener Stadtbahn, Burg Kreuzenstein, Linzer Dom
Kalk-steine	Kalksteine: St. Margarethen, Zogelsdorf, Breitenbrunn im Burgenland. Konglomerate: Lindabrunn, Pottenstein, Brunn a. St., (Brandenburg, Thüringen, Bayern, Württemberg), Leithakalk:[1]) Hundsheim, Mannersdorf, Kaisersteinbruch, Sommerein, Kroisbach, Mühlendorf, Loretto, St. Margarethen, Breitenbrunn, Fischau, Wöllersdorf, Zogelsdorf.	Bau-, Zier- und Bildhauer-stein	Votivkirche, Wien (z. T. feink. Lindabrunner), St. Othmar, Wien, desgleichen; Säulen des Amtshauses der Stadt Wien (grobk. Lindabrunner), Rathaus, Wien (Zogelsdorf), Spinnerin am Kreuz, Wien (Mannersdorf), neue Teile von St. Stephan (St. Margarethen), Votivkirche, Wien (z. T. Mühlendorfer), Universität, Wien (Kroisbach).

[1]) Irrtümlich oft auch als Sandsteine bezeichnet.

Beispiele	Beispiele des Vorkommens in Österreich (und außerhalb des Bundesgebietes)	Verwendung	Verwendungsbeispiele in Österreich
Kalksteine	Marmor: Untersberg, Adnet, Köflach, Krainachtal, Spital a. P., Hallstatt, Ischl, Goisern, Altdorf, Friesach, Pörtschach, Sattendorf, Spitz a. d. D., (Schlesien, Thüringen, Bayern, Württemberg, Karst, Sterzing, Laas, Trient, Verona, Carrara, Belgien, Frankreich, Griechenland)	Bau-, Zier- und Bildhauerstein	Untersberger Marmor: Dom von Salzburg, Hofbrunnen, Salzburg, Dreifaltigkeitssäule, Linz, Sockel der Standbilder am Heldenplatz, Wien, Luegerdenkmal, Wien. Adnetter Marmor: Kriegerplastik Heldendenkmal, Wien, Kärntner Marmor: Schloß Porcia, Spittal a. d. D., Reliefs Maria Saal
Gips	Mödling, Schottwien, Aussee, Hallstatt, Hallein, (Bayern, Württemberg, Thüringen, Harz und an vielen anderen Orten)	Stuck- u. Estrichgips, Stuckarbeiten, Gipsdielen, Estriche	

3. Kristallinische Schiefergesteine.

Beispiele	Beispiele des Vorkommens in Österreich (und außerhalb des Bundesgebietes)	Verwendung	Verwendungsbeispiele in Österreich
Gneis	Waldviertel, Leithagebirge, Wechsel, Gloggnitz, Stainz, Zentralalpen, (Schlesien, Harz, Schwarzwald)	Bau-, Pflaster-, Zier- und Schotterstein	
Grünschiefer	Klagenfurt	Bau-, Pflaster- und Zierstein	Arkaden des Landhauses in Klagenfurt, Chor Maria Saal, Lindwurm in Klagenfurt, Pflaster Dom zu Gurk
Serpentin	Kraubath i. St., Hirt in Kärnten, Gasteinertal, Matrei, (Sachsen, Schlesien, Böhmen, Sterzing, Toskana, Apenninen)	Werk- und Zierstein	Säulen im Wiener Burgtheater und am Naturhistorischen Museum, Säulen des Maria-Theresien-Denkmales, Wien

Spezifische Gewichte, Druckfestigkeiten und zulässige Druckbeanspruchungen.
(Nach ÖNORM.)

	Spez. Gew.	Druckfestigkeit in kg/cm²	Zulässige Druckbeanspruchung in kg/cm² [1]		
			10-fache Sicherheit, Auflagersteine	15-fache Sicherheit, M. u. Pf. $d > h/10$	25-fache Sicherheit, M. u. Pf. $d < h/10$
Granite ...	2,6—2,8	1000—2400 (—3000)[2]	60	45	30
Porphyre ..	2,4—2,8	600—1100 (—2800)[3]	60	45	30
Basalte....	2,7—3,3	2300—4000 (—5000)[2]	60	45	30
Sandsteine.	1,9—2,4	300—2600	20	15	10
Kalksteine .	1,95—2,8	500—1600	30	25	15

[1] Bei Verwendung von Portlandzement nach ÖNORM B 3311 oder gleichwertiger Zemente.
[2] Vereinzelt.
[3] Quarzporphyre.

Die Zug- und Biegungsfestigkeit natürlicher Steine ist gering; derlei Beanspruchungen sind weitmöglichst einzuschränken.

Dauerhaftigkeit.

Sie ist im besonderen Maße von der Zusammensetzung, den Bindemitteln, der Struktur und der Porosität abhängig und wirkt sich in der Widerstandsfähigkeit gegen äußere Einflüsse aus.

Als solche äußere Einflüsse treten insbesondere in Erscheinung:

a) Klimatische Einflüsse (Erwärmung, Frost, Temperaturwechsel);

b) Einflüsse der Atmosphäre (Feuchtigkeit, Wind, Sauerstoff, Kohlensäure, Rauchgase, Ruß);

c) Einflüsse, die sich aus der Verwendung, Bearbeitung und Aufstellung ergeben.

Einflüsse zu a und b können zu Verfärbungen, Verwitterungen, Verkrustungen, Auflockerungen, chemischen Zerspaltungen, teilweisen Auflösungen usw. führen, die allgemein als „Verwitterungen" bezeichnet werden.

Einflüsse zu c und zwar durch unsachgemäßes Versetzen in bezug auf das Lager, Überbeanspruchungen, Verwendung von Eisendübeln, durch Taubenmist, Wurzelsprengungen usw. sind häufig die Ursachen für Abblätterungen, Brüche, Sprengungen, Verfärbungen und sonstige Zerstörungen.

In den meisten Fällen sind es nicht Einzelerscheinungen, sondern vielerlei zusammentreffende Einzelursachen, die größere Schäden hervorrufen und schließlich zu Zerstörungen führen.

Im allgemeinen sind kieselsäurehältige Gesteine widerstandsfähiger als kieselsäurearme.

Vorbeugungsmaßnahmen gegen Schäden infolge obiger Einflüsse: Sachgemäße Auswahl des Materials, richtige Bearbeitung und Aufstellung, sachgemäße Befestigung und Instandhaltung und insbesondere zweckmäßiger Schutz vor Durchfeuchtung. Anstriche, insbesondere Ölfarbenanstriche schädigen meist mehr als sie nützen!

Feuerbeständigkeit.

Maßgebend hierfür ist nicht nur das Verhalten der Steine bei den hohen, bei Bränden in Erscheinung tretenden Temperaturen, sondern auch das Verhalten gegen den Einfluß gleichzeitig wirkenden Löschwassers. Kalksteine, kalkhältige Sandsteine und Basalte sind nicht feuerbeständig; Granit und Syenit springen bei hohen Temperaturen; Sandsteine mit kieseligen Bindemitteln, Tonschiefer und Serpentin sind feuerbeständig.

Form und Bearbeitung.

Bruchsteine: Natürliche, unregelmäßige Gestalt.
Schicht- oder Hackelsteine: Lager- und Stoßflächen bearbeitet.
Quader: Lager-, Stoß- und Ansichtsflächen regelmäßig bearbeitet.

Werkzeuge zur Bearbeitung:

Beizeisen, Spitzeisen, Zahneisen, Zahnhammer, Bossierhammer, Zweispitz, Krönelhammer, Flachhammer, Scharriereisen, Stockhammer u. v. a.

Sand und Schotter.
(Nach ÖNORM.)

Lockere Haufwerke eckiger bis rundlicher Körner von Mineralien und Gesteinen werden als Sand und Schotter bezeichnet.

Sand	0,02— 5 mm	Durchmesser
Grus	5 — 12 mm	,,
Splitt	12 — 25 mm	,,
Schotter	25 —120 mm	,,

II. Künstliche Steine.[1]

1. Gebrannte künstliche Steine und Formstücke:

Ton, Lehm, tonige Massen in entsprechender Aufbereitung werden unter Zusetzung von Sand, Quarzkörnern, trockenem Tonmehl oder gebranntem Ton in Formen gepreßt und gebrannt. Brenntemperaturen 800—1400°.

Fette Tonmasse ist reich an hochwertigem Ton, magere Tonmasse ärmer an hochwertigem Ton.

---

[1] Der enge Rahmen des Buches läßt nur die Anführung der wesentlichsten in Verwendung stehenden Erzeugnisse zu. Der österreichische Markt wurde innerhalb dieser Auslese besonders berücksichtigt.

Durch das „Schlämmen" (Sandabscheidung) werden magere Tone fetter, durch das „Magern" (Sandzusatz) fette Tone magerer gestaltet.

Handschlagziegel werden durch Handarbeit, Maschinziegel durch Maschinarbeit hergestellt.

a) Mauerziegel.

Mauerziegel (ÖNORM B 3201, DIN 105) sind gebrannte Bausteine, die aus Ton, Lehm oder tonigen Massen, zum Teil unter Zusetzung von Sand, Quarzkörnern, getrocknetem Tonmehl oder gebranntem Ton geformt sind.

Sie müssen gut gebrannt sein, reinen Klang und gleichmäßiges Gefüge haben, müssen wetterbeständig und dürfen nicht auffallend krumm oder verzogen sein. Sie dürfen keine schädlichen Einsprengungen von Kalk oder größeren Mengen löslicher Salze enthalten und müssen frostbeständig sein.

Arten	Biegefestigkeit in kg/cm²	Druckfestigkeit in kg/cm²
	nach ÖNORM	
Hartbrandziegel	lufttrocken mind. 50 kg	lufttrocken mind. 300 kg
Gewöhnl. Mauerziegel..	lufttrocken mind. 25 kg	lufttrocken mind. 120 kg
Schwachbrandziegel ...	unter 25 kg	unter 120 kg

Größe: Kleines Ziegelmaß (auch „deutsches" Format genannt) 25 × 12 × 6,5 cm.

Großes Ziegelmaß (auch „österreichisches" Format genannt) 29 × 14 × 6,5 cm.

Gewicht: Mauerziegel kleinen Formates rund 3,1 kg ⎱ Österreichisches Erzeugnis: Mauerziegel großen Formates rund 4,1 kg ⎰ „Wienerberger"

Teilsteine werden als Dreiviertel- und Halbsteine, der Länge nach geteilte Steine als Riemen bezeichnet. Außer den Vollsteinen werden auch Lochsteine erzeugt.

Verwendung: Als Baustein zur Herstellung von Mauern und Gewölben; auch für Pflasterungen.

Verkauf: Wie bei allen Ziegeln nach Stück.

Als „Verblender" werden meist gelochte, mit besonderer Sorgfalt aus bestem Rohmaterial hergestellte, scharfkantige, ebenflächige und gleichmäßig gefärbte Ziegel bezeichnet, die früher viel zur Verkleidung von Rohziegelmauerwerk verwendet wurden.

Größe: 25,2 × 12,2 × 6,9 cm; daneben auch Dreiviertel-, Halb- und Formsteine.

b) Gewölbeziegel.

Sie sind in Österreich nicht genormt. Keilförmige Ziegel zur Herstellung kleiner Gewölbe.

c) Pflasterziegel.
ÖNORM B 3202.

Arten: Vollziegel und längsgelochte Ziegel.
Größe: 25 × 12 × 3 cm (daneben nicht genormt 26 × 16 × 4,5 cm).
Verwendung: Für Pflasterungen.

d) Radialziegel.
ÖNORM B 3203.

Meist Lochsteine. Lochzahl: 6—12 nach der Größe des Steines; Höhe = 9 cm.

Krümmungshalbmesser R = abgestuft 650—2000 mm.
Länge l = abgestuft 150—300 mm.
Breite b = abgestuft 123—136 mm.
Biegefestigkeit: Lufttrocken mindestens 50 kg/cm².
Druckfestigkeit: Lufttrocken mindestens 200 kg/cm².
Verwendung: Zur Aufmauerung runder Schornsteine.

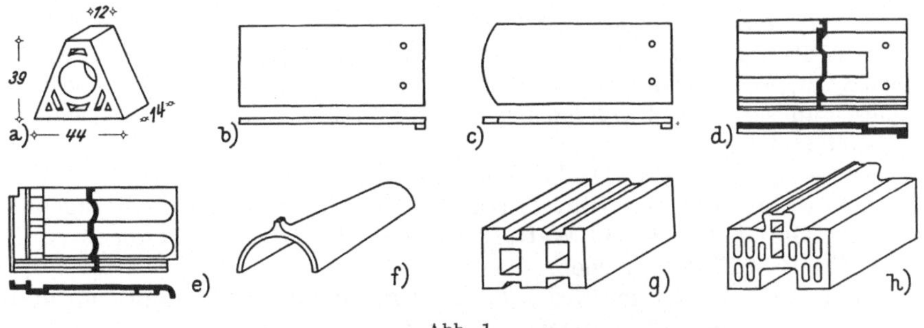

Abb. 1.

e) Rauchfangziegel.

Ganz- und Halbsteine. (Nach Baurat Ing. Dr. Pecht.)
Größe: Laut Abb. 1a.
Verwendung: Zur Aufmauerung enger Schornsteine.

f) Schwimmziegel.
ÖNORM B 3204.

Sie sind sehr porös und besitzen ein spezifisches Gewicht < als 1. Sie werden durch Brennen von Ton und verbrennlichen (organischen) Stoffen oder Ton und Kieselgur (Infusorienerde) hergestellt.

Arten und Größen: Voll- und Lochziegel kleinen und großen Ziegelmaßes.
Druckfestigkeit: Lufttrocken mindestens 80 kg/cm².
Verwendung: Für Bauten, die geringes Gewicht besitzen sollen, nicht der Witterung ausgesetzt sind und keine besondere Beanspruchung auf Festigkeit erfahren, sowie für schallsichere Wände und Wärmeisolierungen.

g) Dachziegel.
ÖNORM B 3205.

Arten und Größe: α) Flache Dachziegel mit geradem Schnitt (Dachplatten). Abb. 1 b. 16 × 37 × 1,2 und 19 × 46 × 1,4 cm.

β) Biberschwänze mit halbkreisförmigem oder segmentförmigem Schnitt. Abb. 1 c.

Größen: Wie vor.

γ) Strangfalzziegel (in Österreich nicht genormt). Abb. 1 d.

Größe: 20 × 42 cm.

δ) Preßfalzziegel (in Österreich nicht genormt). Abb. 1 e.

Größe: 20 × 41 cm.

ε) Pfannen (in Österreich nicht genormt).

ζ) Mönch und Nonnen.

η) Firstziegel, gerade und konische (Gratziegel). Abb. 1 f.

Größen: In Abstufungen von 21—55 cm Länge.

Allgemeine Güteforderungen: Innerhalb einer Stunde darf an der Unterseite der Dachziegel keine Tropfenbildung eintreten; der Dachziegel gilt sonst als wasserdurchlässig.

Bei Strangfalzziegeln, Preßfalzziegeln und Nonnen müssen Nagellöcher vorgesehen sein; bei Dachplatten und Biberschwänzen je nach der Befestigungsart; bei Preßfalzziegeln und Pfannen müssen Anhängestege angearbeitet sein.

Verwendung: Für Dachdeckungen.

Handelsgebräuchlich: I. Klasse: Die Ziegel müssen in bezug auf Gestalt, Brand, Farbe und Wetterbeständigkeit den Anforderungen nach ÖNORM B 3205 entsprechen.

II. Klasse: Die Ziegel dürfen etwas verzogen und verflammt sein und können kleine Beschädigungen aufweisen.

III. Klasse: Die Ziegel dürfen verzogen sein und können größere Beschädigungen aufweisen; sie müssen aber für untergeordnete Zwecke noch Verwendung finden können.

h) Aristosziegel.

Langlochsteine. Abb. 1 g.

Größen: 25 × 25 × 14,5 cm (Binder),
        12 × 25 × 14,5 cm (Läufer). Außerdem auch Ecksteine.

Die Binder entsprechen 4, die Läufer 2 Mauerziegeln kleinen Ziegelmaßes.

Verwendung: Baustein für die Herstellung von Mauern.

i) Nationalstein.

Langlochstein; Lagerfuge unterbrochen, Stoßfuge abgesetzt. Abb. 1 h.

Größen: 20 × 14 × 25 cm,
        25 × 14 × 25 cm. Außerdem Ecksteine. Obige Maße entsprechen 3,6 bzw. 4 Mauerziegeln kleinen Ziegelmaßes.

Verwendung: Wie vor.

k) Frewenhohlziegel.

Langlochstein; Lager- und Stoßfuge unterbrochen. Abb. 2 a.
Größen: 25 × 25 × 14,5 cm (Block),
          25 × 12 × 14,5 cm (Läufer). Außerdem Ecksteine. Frewen-
block entspricht 4, Frewenläufer 2 Mauerziegeln kleinen Ziegelmaßes.
Verwendung: Wie vor.

l) Klinkerziegel.
ÖNORM B 3220.

Nachgepreßte, bis zur Sinterung gebrannte, an der Lagerfläche meist
gerippte Ziegel aus Steinzeugmasse (Tonware mit dichtem, gesintertem,
hartem Scherben mit muscheligem oder steinartigem Bruch).
Größe: Kleines und großes Ziegelmaß.
Biegefestigkeit: Lufttrocken mindestens 70 kg/cm².
Druckfestigkeit: Lufttrocken mindestens 600 kg/cm².
Verwendung: Für Mauerwerk hoher Druckbeanspruchung oder
großer Widerstandsfähigkeit gegen chemische Einflüsse. Auch für
Pflasterungen.

m) Schamotteziegel.

Sie werden aus fettem Ton hergestellt, mit Beigabe von Sand und
Quarzit entsprechender Körnung und mit zerstoßenem, bereits ge-
branntem Ton gemagert und in Weißglut gebrannt.
Größen: Großes und kleines Ziegelmaß.
Raumgewicht: 1,85 kg/dm³.
Verwendung: Ausmauerung von Öfen, Dampfkesseleinmauerungen.

n) Keramitsteine.

Aus hochwertigem Ton hergestellt und bei hohen Hitzegraden ge-
brannt.
Größe: $L = 21$ cm, $B = 10$ cm, $H = 8$ cm oder $10 × 10 × 10$ cm.
Druckfestigkeit: Rund 2500 kg/cm².
Raumgewicht: 2,3 kg/dm³.
Verwendung: Pflasterungen, die hohen Anforderungen an Wider-
standsfähigkeit gegen Abnutzung und chemische Einflüsse entsprechen
sollen.

o) Zwischenwandsteine.

α) Wabenplatten: Lochsteine mit 4 Reihen enge aneinander ge-
reihter, zirka 1 cm² großer Löcher. Abb. 2 b.
Größe: 25 × 12 × 6,5 cm und 39 × 25 × 6,5 cm.
β) Düwa-Zellenziegel: Lochsteine ähnlicher Art.
γ) Oka-Wandplatten: Lochsteine. Abb. 2 c.
Größe: 40 × 15 × 6,5 cm. Rillen für Rundeisenbewehrung und
Rillen für Installationen vorgesehen. Mit Bewehrung auch als Wohnungs-
trennungswände zugelassen.

Ähnlich sind die im Deutschen Reiche verwendeten **Frewenzwischen-
wandplatten** und **Hohltonplatten**.

Verwendung: Zwischenwände.

Verkauf: Nach Quadratmeter.

Ähnlich die **Dünnwandhohlziegel** der Wienerberger Ziegelfabriks-
und Baugesellschaft. 39 × 20 × 6,5 cm.

p) Deckensteine.

α) **Hourdis:** Abb. 2 d.

Größe: Länge: 40—120 cm (mit Abstufungen von 10 zu 10 cm),
Breite: 20 cm, Höhe: 8 cm.

Zulässige Biegebeanspruchung: 15 kg/cm².

Außer den an der Unterseite ebenen Hourdis werden auch **Rippenhourdis** mit vier schwalbenschwanzförmigen Rippen erzeugt. Abb. 2 e.

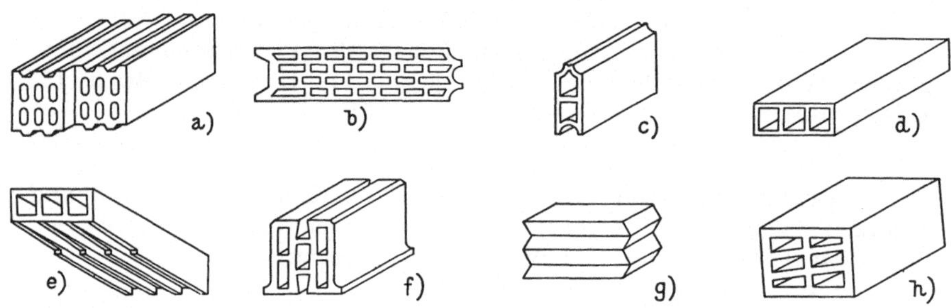

Abb. 2.

Diese Rippen erleichtern die Herstellung ebener Untersichten unter den
Trägerflanschen. Hourdis werden auch zur Herstellung von Gesimsen
und Zwischenwänden verwendet.

Verkauf: In der Regel nach Quadratmeter.

β) **Rapidziegeldeckensteine:** Lochsteine. Abb. 2 f.

Länge: 25 cm, Breite: 18 cm, Höhe: 15 und 18 cm.

Ähnlich sind die im Deutschen Reiche verwendeten **Hohlsteinbalken-
ziegel „Mohring"**.

γ) **Kleinesche Deckenziegel:** Voll- und Hohlsteine.

$$L = 25, \ B = 6,5 \text{ und } 10, \ H = 12 \text{ cm,}$$
$$L = 25, \ B = 10 \text{ und } 12, \ H = 15 \text{ cm.}$$

δ) **Förstersteine:** Hohlsteine. Abb. 101.

$$L = 25, \ B = 14, \ H = 10, 13, 15, 20 \text{ cm.}$$

ε) **Zackenziegel System Ludwig:** Abb. 2 g.

$$L = 26, \ B = 8, \ H = 10 \text{ und } 14 \text{ cm.}$$

ζ) **Sekurasteine:** Abb. 2 h.

$$L = 25, \ B = 12,5, \ H = 17 \text{ und } 22 \text{ cm.}$$

η) **Simplexsteine: Hohlsteine. Abb. 3a.**
$$L = 36,\ B = 28,\ H = 15,\ 19,\ 23 \text{ und } 27 \text{ cm.}$$

Verwendung: Alle vorgenannten Steine dieser Gruppe werden für die Herstellung von Deckenkonstruktionen verwendet.

q) Oka-Rippenplatten.

Platten von 1 cm Stärke mit einseitig angesetzten, 1 cm hohen Rippen. Abb. 3b.

Größe: $L = 60,\ B = 20$ cm.

Verwendung: Trockenlegung feuchter Mauern.

Verkauf: Nach Quadratmeter.

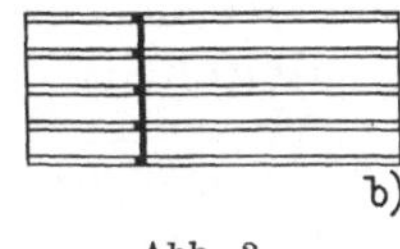

Abb. 3.

r) Fliesen.
ÖNORM B 3231.

Quadratische Platten oder Formstücke aus vollkommen gleichmäßiger, möglichst weißer oder farbiger Steingutmasse mit farbloser oder farbiger Glasur.

Arten: Weiße Fliesen (farblos glasiert), Majolikafliesen (farbig glasiert), gemusterte Fliesen.

Größe: Wandplatten $150 \times 150 \times 7\text{—}9$ mm. Eckleisten und Hohlkehlen mit Halbmesser $r = 20,\ 30$ oder 50 mm.

Verwendung: Verkleidung von Innenwandflächen.

Verkauf: Nach Stück oder Quadratmeter.

s) Klinkerplatten.
ÖNORM B 3225.

(Oft auch als Mettlacherplatten bezeichnet.)

Gewöhnliche und Feinklinkerplatten.

Größen: Gewöhnliche Klinkerplatten $15 \times 15 \times 3\text{—}4$ cm, Feinklinkerplatten: Quadratisch $10 \times 10,\ 15 \times 15$ und 17×17 cm, außerdem auch 6- und 8eckige Platten. Stärke: $8\text{—}17$ mm.

Verwendung: Als Bodenbelag und für Wandverkleidungen.

t) Flanschenziegel.

Verwendung: Umhüllung des Unterflansches eiserner Träger.

u) Tonrohre (Drainagerohre).

Mit offenen, stumpfen Stößen hergestellte poröse Tonrohre.

Größen: $L = 33$ cm, $\varnothing$ 5, 8, 10, 13, 15, 18, 20 cm.

Verwendung: Drainagierung nasser Böden.

v) Steinzeugrohre- und Formstücke.

ÖNORM B 8051, 8052, 8053, 8054, 8055 und 8056, ferner B 8065.

Aus hochbildsamem, reinem kieselsäurereichen Ton dicht und bis zur Sinterung gebrannte, glasierte Rohre und Formstücke. Die Rohre sind an einem Ende mit einer Muffe, am anderen Ende mit Rillen versehen.

Unter Steinzeug versteht man eine bis zur vollständigen Sinterung gebrannte Tonware mit einem dichten, harten, nicht durchscheinenden Scherben mit muscheligem oder steinartigem Bruch.

Als Steingut wird eine keramische Ware bezeichnet, die einen weißen, porösen Scherben besitzt und eine durchsichtige Glasur aus Blei oder Borsilikaten aufweist.

Steingut wird zweimal gebrannt, Feuerton einmal.

Gerade Rohre: Innerer ⌀ 100—250 mm (je 25 mm steigend) und 300, 350 und 450 mm (Nennweite). Längen: 1000 mm + Muffenbreite.

Bogen: Gleiche Nennweite; 90, 45 und 20⁰.

Abzweiger: Gleiche Nennweite; T-Stücke, Kreuzstücke, Einfach- und Doppelabzweiger, Hosenstücke.

Übergangsrohre: Von 100 auf 125 und 150, von 125 auf 150 und 200, von 150 auf 200 und von 175 auf 200 mm. Außerdem Sprungstücke und Putzrohre.

Verwendung: Abflußrohre.

Steinzeugwandplatten und Steinzeugsohlenschalen werden für die Auskleidung schliefbarer Betonkanäle verwendet.

2. Ungebrannte künstliche Steine.

Gemenge verschiedener Baustoffe entsprechenden Gefüges werden unter Beigabe von Bindemitteln in Formen gepreßt.

a) Wandbildende und wandverkleidende Steine, Platten und Dämmplatten.

α) Kalksand- und Schlackenziegel.

Als Kalksandziegel (ÖNORM B 3431) gelten alle aus einem mörtelartigen Gemenge von quarzreichem und feldspatarmem Sand mit Kalk gepreßten und in Dampf (mindestens 8 Atm.) gehärteten Mauersteine.

Sie müssen einen hellen, reinen und vollen Klang geben und dürfen nicht auffallend krumm oder verzogen sein; die Bruchflächen sollen gleichmäßiges Gefüge zeigen und frei von schädlichen Kalkkörnchen oder Hohlräumen sein. Einsprengungen mäßig groben Kiesels sind zulässig.

Größe: Kleines oder großes Ziegelmaß.

Druckfestigkeit: Lufttrocken mindestens 120 kg/cm².

Erzeugnisse obiger Zusammensetzung mit geringerer Druckfestigkeit fallen nicht unter die Bezeichnung „Kalksandziegel"; sie heißen Schwachsteine.

Schlackenziegel werden aus Rostschlacken oder Schmelzschlacken unter Zusatz von hydraulischen Bindemitteln und allenfalls Sand durch Vermengen und Pressen in Ziegelformen hergestellt. Bezüglich der Schlacken wird auf ÖNORM B 3621 zweite geänderte Ausgabe verwiesen.

Je nach den verwendeten Schlacken unterscheidet man Rostschlackenziegel und Schmelzschlackenziegel.

Größe: Kleines und großes Ziegelmaß.
Druckfestigkeit: Rostschlackenziegel mindestens 50 kg/cm², Schmelzschlackenziegel mindestens 100 kg/cm².

Gewichte:

Art	Raumgewicht lufttrocken kg/dm³	Gewicht lufttrocken in kg	
		Kleines Ziegelmaß	Großes Ziegelmaß
Rostschlackenziegel	0,9—1,4	1,75—2,75	2,35—3,65
Schmelzschlackenziegel	1,0—1,8	1,95—3,50	2,60—4,70

Verwendung: Rostschlackenziegel wie Schwachbrandziegel von mindestens 50 kg/cm² Druckfestigkeit.
Schmelzschlackenziegel bei gleicher Festigkeit wie Mauerziegel.
Verkauf: Nach Stück.

β) Gipsdielen.
ÖNORM B 3413.

Gipsdielen bestehen aus Baugips und einem Füllstoff aus Pflanzenfasern, Stukkaturrohr oder Holzwolle. Sie müssen vollkantig und vollkommen ausgetrocknet sein, gleichmäßig dichtes Gefüge zeigen und einen hellen Klang geben. Abb. 4a.

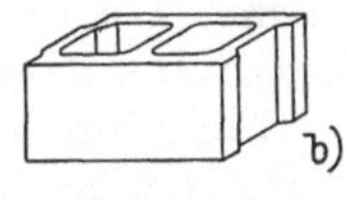

Größen: $L = 200$, $B = 25$, $D = 5$ oder 7 cm,
$L = 200$, $B = 50$, $D = 2$ oder 3 cm.

Raumgewicht: Lufttrocken je nach Füllstoff 0,6—0,9 kg/dm³.
Biegefestigkeit: 10 kg/cm².
Verwendung: Für Zwischenwände und Verkleidungen aller Art ohne dauernde Einwirkung von Feuchtigkeit oder großer Hitze.
Verkauf: Nach Quadratmetern.

Abb. 4.

γ) Gipsschlackenplatten (Skagliolplatten).
ÖNORM B 3413.

Gipsschlackenplatten bestehen aus Baugips und Rostschlacken als Füllstoff.

Die allgemeinen Anforderungen, Verwendungsarten und Bestellungsgrundlagen sind dieselben wie bei Gipsdielen.

Größen: $L = 50$, $B = 33$, $D = 5$, 7 und 10 cm,
$L = 60$, $B = 33$, $D = 5$, 7 und 10 cm.

Raumgewicht: Lufttrocken 0,9 kg/dm³.
Biegefestigkeit: 5 kg/cm².

δ) Porolith.

Porolithplatten bestehen aus reinem Gips mit einem Härtungs-
zuschlag in feinschaumiger Struktur ohne Füllstoffe.

Größen: $L = 50$ und 60, $B = 33$, $D = 5, 7, 10$ und 14 cm.

Raumgewicht: $0{,}47$ kg/dm³, Wärmeleitzahl: $\lambda = 0{,}16$ kcal/mh°.

Verwendung: Für Zwischenwände und dämmende Verkleidungen
ohne dauernde Einwirkung von Feuchtigkeit.

ε) Cocolithplatten.

Vollplatten aus Stuckgips mit Kokosfasern als Füllstoff und härtenden
Zusätzen.

Größen: $25 \times 200 \times 7$ cm und $37{,}5 \times 200 \times 5$ cm.

Raumgewicht: $0{,}8$ kg/dm³.

Verwendung und Verkauf: Wie bei Gipsdielen.

ζ) Zellenbetonsteine.

Die Herstellung erfolgt aus einem durch schaumbildende Zusätze sehr
porös gestalteten Leichtbeton.

Größe: $20 \times 25 \times 40$ cm.

Das Raumgewicht ist nach dem Mischungsverhältnis und nach den
Zuschlägen sehr verschieden und beträgt etwa $0{,}6$—$1{,}2$ kg/dm³.

Wärmeleitzahl: $\lambda = 0{,}11$—$0{,}26$ kcal/mh°.

Druckfestigkeit: Je nach Mischungsverhältnis und Zement etwa
20—50 kg/cm².

Verwendung: Vorwiegend als Füllmauerwerk; bei Raumgewicht > 1
auch für selbsttragende Außenwände bis zu zwei Geschossen.

Verkauf: Nach Kubikmetern.

Die I. G. Farbenindustrie A. G. Frankfurt a. M. stellt zur Herstellung
solcher Leichtbetone den Schaumstoff „Iporit" her. Iporit-Leicht-
betonstein und Iporit-Leichtbeton.

Ein ähnliches Erzeugnis stellen die Aerokret-Gasbetonsteine dar,
deren poriges Gefüge durch Gasentwicklung infolge Zusatzes von Aluminiumpulver erzielt wird. Durch Zusetzung einer Kalzium-Magnesium-
Legierung entsteht ein Gasbeton, der die Bezeichnung Schimabeton
führt.

η) Zellenbetonplatten.

Die Platten werden aus Zementmörtel mit schaumbildenden Zusätzen
hergestellt.

Größen: $45 \times 50 \times 5, 6, 7, 10$ und 14 cm.

Raumgewicht: $0{,}2$—$1{,}2$ kg/dm³ je nach Mörtelgewicht und Porosität.

Wärmeleitzahl: $0{,}04$—$0{,}26$ kcal/mh°.

Verwendung: Dämmende Verkleidungen.

Zellenbetonplatten mit Raumgewicht $< 0{,}4$ führen auch den Namen
Thermazellplatten.

ϑ) Isostone-Hohlblocksteine.

Sie bestehen aus einem Gemenge von Kieselgur, Kalk, Portlandzement und Sägespänen. Abb. 4b.

Größen: 50 × 25 × 14 und 25 cm. Wandstärke 4 cm.

Raumgewicht: Rund 0,67 kg/dm³.

Verwendung: Selbsttragende Außenwände bis zu drei Geschossen, Füllmauerwerk und Zwischenwände.

ι) K. B.-Platten.

Dampfgehärtete Platten (Voll- und Hohlplatten) aus Kieselgur, gebranntem Kalk und Portlandzement.

Größen: Vollplatten: 107 × 28 × 2 und 2,5 cm,
106 × 28 × 3, 4, 5, 6 und 8 cm.
Hohlplatten: 100 × 28 × 6, 8, 10, 12, 14 und 16 cm.

Raumgewicht: 0,55—0,65 kg/dm³.

Wärmeleitzahl: 0,095—0,118 kcal/mh⁰.

Verwendung: Zwischenwände, dämmende Verkleidungen aller Art und Unterböden.

ϰ) Zementschlackenplatten (Leichtbetonplatten).
ÖNORM B 3413.

Zementschlackenplatten bestehen aus Portlandzement, Rostschlacke und Sand von Staub bis Grobgrus. Sie sind bewehrt oder unbewehrt. Die allgemeinen Anforderungen sind dieselben, wie sie bei Gipsdielen gestellt werden.

Größen: Wie bei Gipsschlackenplatten.

Raumgewicht: Lufttrocken 1,2 kg/dm³.

Biegefestigkeit: 5 kg/cm².

Verwendung: Für Zwischenwände und dämmende Verkleidungen.

λ) Korksteine.
ÖNORM B 3411.

Korksteine sind Platten, die aus Korkschrott mit Zuhilfenahme eines Bindemittels hergestellt werden. Die normenmäßigen Bindemittel sind Ton-Pech-Emulsionen oder Pech. Bindungen mit Chlormagnesiazusatz und Teeremulsionen sind unzulässig. Einzelne mit Ton-Pech-Emulsionen gebundene Platten sind überdies noch mit Pech durchtränkt.

Die Bruchflächen müssen vorwiegend gebrochenen Kork zeigen; die Platten dürfen auch bei längerer Lagerung im Wasser nicht zerfallen.

Platten für allgemeine Bauzwecke und warme Räume sind mit Ton-Pech-Emulsion gebunden; für nasse und kalte Räume erfolgt die Bindung durch Pech. Platten für Kühlhaus- und Eishauszwecke sind durch Ton-Pech-Emulsion gebunden und mit Pech durchtränkt oder nur mit Pech gebunden.

Größen: Genormt: 25 × 50, 25 × 100, 50 × 50, 50 × 100 cm, mit den Stärken 2, 2,5, 3, 4, 5, 6, 8, 10 und 12 cm; daneben auch 25 × 12 cm in gleichen Stärken und Formstücke für Rohrleitungen.

Raumgewicht: Nach ÖNORM 0,20—0,40 kg/dm³ je nach Bindemitteln; einzelne Erzeugnisse auch unter 0,20 kg/dm³.

Biegefestigkeit: Mindestens 7 kg/cm².

Wärmeleitzahl: $\lambda = 0,04$—$0,065$ kcal/mh°.

Die Erzeugnisse führen den herstellenden Firmen entsprechend verschiedene Namen. In Österreich viel verbreitet sind:

„Emulgit" — Korksteine für Zwischenwände und als Isoliermaterial für Temperaturen bis höchstens 150°.

„Natur" — Korksteinplatte, wie vor.

„Reform" — Korksteine; Isoliermaterial für Kühlanlagen und Eiskeller.

„Rekord" — Korksteine; Isoliermaterial wie vor.

„Expansit" — Reinkork, als Wärmeschutz für Dampfanlagen bei Temperaturen bis 175°, als Kälteschutz für Kühlanlagen, Anlagen mit Tieftemperaturen, ferner Kaltwasserleitungen usw., schließlich auch als schalldämpfende Unterlagen für Fußböden usw.[1])

Unter den im Deutschen Reiche gebräuchlichen Erzeugnissen wird insbesondere auf die Expansitplatten hingewiesen.

Verkauf: Nach Quadratmetern.

μ) Torfoleum.

Torfoleumplatten bestehen aus Torf, der durch ein besonderes Imprägnierungsmittel gegen Wasseraufnahme und Entflammbarkeit geschützt wird.

Größe: 50 × 100 × 2—5 cm.

Raumgewicht: 0,16—0,18 kg/dm³.

Wärmeleitzahl: $\lambda = 0,0335$ kcal/mh°.

Verwendung: Dämmende Verkleidungen.

Das Material ist hauptsächlich im Deutschen Reiche verbreitet.

ν) Heraklith.

Heraklithplatten bestehen aus durch Imprägnierung unentflammbar gemachter Holzwolle, die mit einem aus Magnesit und Kieserit hergestellten Bindemittel überzogen und verkittet ist.

Größen: 50 × 200 × 1,5, 2,5, 3,5, 5, 7,5, 10, 12,5 und 15 cm.

Raumgewicht: 0,35—0,4 kg/dm³.

Wärmeleitzahl: $\lambda = 0,066$—$0,08$ kcal/mh°.

---

[1]) Expansit besteht aus reinem veredeltem Kork ohne Verwendung besonderer Bindemittel. Die Korkteilchen werden durch Hitze und Druck bei gleichzeitiger Volumsvergrößerung (Expansion) zu einem dichten Preßprodukt vereinigt, wobei die im Kork enthaltene Harzsubstanz bindend wirkt.

Verwendung: Wandbildungen, dämmende Verkleidungen und Unterböden. Zwischenwände mindestens 5 cm, Wohnungstrennungswände mindestens 12 cm, Brandmauern mindestens 9,5 cm.

Verkauf: Nach Quadratmetern.

ξ) Primanit.

Platten aus versteinerter imprägnierter Holzwolle.

Größen: Wie Heraklith bis zu 10 cm Stärke.

Raumgewicht: 0,4 kg/dm³.

Wärmeleitzahl: $\lambda = 0,068$ kg kcal/mh⁰.

Verwendung: Für dämmende Verkleidungen und Zwischenwände (5 cm); mit mindestens 10 cm Stärke auch als Wohnungstrennungswände zugelassen.

o) Neusiedler-Bauplatten (Solomit-Platten).

Die Platten werden aus Schilfrohr unter hohem atmosphärischem Druck gepreßt und mit verzinktem Stahldrat gebunden.

Größen: $H = 260, 280, 300$ cm, $B = 150$ cm, $D = 3, 5$ und 7 cm.

Biegefestigkeit: 38 kg/cm².

Raumgewicht: 0,3 kg/dm³.

Wärmeleitzahl: $\lambda = 0,055$—0,062 kcal/mh⁰.

Verwendung: Für dämmende Verkleidungen, Zwischenwandbildungen und Wohnungstrennungswände (7 cm mit je 1,5 cm Verputz).

π) Celotex-Bauplatten.

Die Platte ist nach besonderem Verfahren aus imprägnierten Zuckerrohrfasern hergestellt.

Größe: $B = 122$ cm, $L = 244, 275, 305, 427$ cm, $D = 0,6, 1,2$ und 2,5 cm.

Verwendung: Für dämmende Verkleidungen.

Hauptsächlich im Deutschen Reich verbreitet.

ϱ) Tekton-Leichtdielen.

Platten aus locker verflochtenen Holzbandstreifen mit Längsleisten in chlormagnesiumfreiem Bindemittel.

Größe: 50×350 und $400 \times 3, 4$ und 6 cm.

Raumgewicht: 0,28—0,36 kg/dm³.

Wärmeleitzahl: $\lambda = 0,056$ kcal/mh⁰.

Verwendung: Für dämmende Verkleidungen.

Das Material ist hauptsächlich im Deutschen Reiche verbreitet.

σ) Insulite.

Platten aus gewebten Holzfasern besonderer Imprägnierung.

Größen: 122×244 bis 122×366 cm; Stärke: 13 mm.

Raumgewicht: 0,26 kg/dm³.

Wärmeleitzahl: $\lambda = 0{,}034$—$0{,}038$ kcal/mh^0.

Verwendung: Für Verkleidungen aller Art und Unterböden.

b) Wandverkleidende Sperrplatten.

α) Eternittafeln, Eternitschiefer und Eternitwellplatten.[1])

Asbestfasern und Portlandzement werden innig miteinander vermengt und unter hohem hydraulischen Druck gepreßt. Eternit ist wasserundurchlässig, frost- und hitzebeständig.

Größen der Eternittafeln: Bis 2500 mm Länge und 1200 mm Breite.

Stärken: 4, 5, 6, 8, 10, 12, 15, 18, 20 und 25 mm.

Farbe: Weiß, hell- und dunkelgrau, rot und rostbraun.

Spezifisches Gewicht: 1,6—2,2.

Eternit-Weißzementplatten 4 und 5 mm stark.

Verwendung: Wand- und Sockelverkleidungen, Türfüllungen, Firmenschilder usw.

Verkauf: Nach Quadratmetern.

Eternitschiefer: Quadratische Platten 30×30 oder 40×40 mit 3—4 mm Stärke, Farbe grau und rostbraun. Neben den quadratischen Platten auch Rechtecksteine, Schablonensteine, Rhombussteine, Fußsteine, Firststeine.

Verwendung: Vorwiegend für Dachdeckungen, aber auch für Verkleidungen von Mauerflächen (Wetterseite).

Eternit-Wellplatten: Platten mit wellenförmigem Querschnitt. Wellenbreite rund 180 mm, Wellenhöhe rund 50 mm.

Plattengröße: 960×1250, 1600 und 2500 mm, Stärken 6 und 8 mm.

Farben: Grau und rostbraun.

Verwendung: Wandverkleidung und Dachdeckung.

β) Xylolith (Steinholz).

Sägemehl mit einem aus gebrannter Magnesia und Chlormagnesiumlösung bestehenden Bindemittel.

Raumgewicht: 1,8 kg/dm³.

Verwendung: Hauptsächlich als Fußbodenbelag, aber auch in Plattenform als Wandverkleidung.

---

[1]) Aus demselben Material (Asbestzement, Eternit) werden Abflußrohre und zwar gerade Rohre, Bogen, Abzweiger, Übergangsstücke, Sprungstücke, Aufstandbogen und Putzstücke mit $\varnothing$ 50—500 mm und Wandstärken von 6—13 mm, ferner Gainzen und Siphone sowie Kaminaufsätze (50—500 mm $\varnothing$) und Vierkantrohre mit 110, 130, 150, 170 und 200 mm innerer Quadratseitenlänge für Poterien, Abluft- und Abgasleitungen sowie nahtlose Druckrohre bis zu 10 Atmosphären Betriebsdruck für Wasser-, Turbinen- und Gülleleitungen mit 50—500 mm $\varnothing$ erzeugt.

Ein ähnliches Erzeugnis ist das Durit (aus einem Gemenge von Portlandzement und Asbestfasern hergestellt), das für Hauskanalrohre und Abfalleitungen verwendet wird.

III. Beton und Eisenbeton.
(Siehe auch S. 82 und 147.)

1. Beton.

Unter Beton im Sinne der ÖNORM B 2300 ist ein aus Zementmörtel und Zuschlägen bereitetes erhärtetes Gemenge zu verstehen.

Der Zementmörtel setzt sich aus Zement, Sand und Wasser zusammen. Unter Beton im weiteren Sinne versteht man jeden mit irgendeinem Bindemittel hergestellten Grobmörtel.

Güte und Festigkeit des Betons werden hauptsächlich vom Zement beeinflußt; daneben spielen Sand, Wasser, Zuschläge und die Zubereitung des Betons eine wichtige Rolle.

Bindemittel.[1]

a) Portlandzement, b) frühhochfester Portlandzement, c) Eisen-Portlandzement, d) Hochofenzement, e) Schmelzzement, f) Erzzement, g) Siccofixzement, h) Schlackenzement, i) Romankalk, k) Synthoporit.

Sand.

Er soll keine schädlichen Beimengungen enthalten und insbesondere frei von anhaftenden lehmigen, tonigen und erdigen Verunreinigungen sein. Im Sande fein verteilte, nicht anhaftende solche Beimischungen üben meist keinen schädlichen· Einfluß aus. Anhaftende Beimengungen genannter Art können durch Waschen entfernt werden.

Die Korngröße soll $\leq$ als 5 mm sein und im Mittel etwa 3—5 mm betragen. Ein hoher Anteil von Sand der Korngröße < 1 mm ist zu vermeiden.

Wasser.

Das zur Betonbereitung verwendete Wasser soll rein und insbesondere frei von Säuren, Chlormagnesium, Chlornatrium, Kalisalzen, Ölen, Fetten, Zucker und zuckerähnlichen Bestandteilen sein. Das reine Aussehen allein bietet keine hinreichende Gewähr für die tatsächliche Reinheit des Wassers. Im allgemeinen sind Quell-, Brunnen-, Flußwasser und Wasser von Seen geeignet, Moor-, Sumpf-, Meer- und Abwässer im allgemeinen ungeeignet. Sollen solche Wässer dennoch verwendet werden, darf die Untersuchung des Einflusses auf die Festigkeit des Betons keinesfalls versäumt werden. Schlechte Beschaffenheit des Wassers kann die Festigkeit des Betons sehr ungünstig beeinflussen oder sogar das Abbinden verhindern.

In Zweifelsfällen ist die fachmännische Untersuchung des Wassers dringend geboten.

Zuschläge.

Steingrus, Steinsplitt, Steinschlag, Riesel, Kies, Schotter, Hochofenschlacke, Bims (für Leichtbeton), Kesselschlacke (für Leichtbeton unter-

---

[1] Nähere Angaben unter Baustoffe, Mörtel.

geordneter Zwecke, keinesfalls aber für Tragwerke) und je nach Verwendungszweck auch Kalk, Traß u. dgl.

Die Zuschläge sollen frei von schädlichen Beimengungen und wetterbeständig sein, in der Regel mindestens die gleiche Festigkeit wie der erhärtete Mörtel und eine Korngröße kleiner als 70 mm besitzen. Die Korngröße ist innerhalb der gegebenen Grenzen möglichst zu mischen und so zu halten, daß geringe Hohlräume entstehen. Anzustrebendes Verhältnis Sand—Kies etwa ein Gewichtsteil Sand auf 1,5—2 Gewichtsteile Kies.

Betonkörper großer Querschnittsabmessungen können, sofern Art und Zweck des Bauteiles es zulassen, mit besonderer Genehmigung auch bis zu 20% der Betonmasse größere Steine eingelegt erhalten.

Nach der Art der Zuschläge unterscheidet man:[1]

K i e s b e t o n, Zuschlag: Kies;

S c h l a c k e n b e t o n, Zuschlag: Hochofenschlacke;

B i m s b e t o n, Zuschlag: Bimskies;

T h e r m o s i t b e t o n, Zuschlag: Hüttenbims, Thermosit, d. i. ein aus feuerflüssiger Hochofenschlacke durch Aufschäumen in Wasser entstehendes, leichtes, sehr poriges Erzeugnis;

S y n t h o p o r i t b e t o n, Zuschlag: Synthoporit, d. i. ein Erzeugnis aus bimssteinähnlicher Schlacke und feuerflüssiger Kalziumsilikatschmelze;

Z e l l e n b e t o n, Zuschlag: Seifenschaum;

I p o r i t b e t o n, Zuschlag: Iporit-Schaumstoff;[2]

G a s b e t o n (Aerokret), Zuschlag: Aluminiumpulver mit Bimskies oder Hochofenschlacke oder Thermosit;

S c h i m a b e t o n (Gasokret), Zuschlag: Kalzium-Magnesium-Legierung mit Bimskies, Thermosit u. dgl.

Zubereitung des Betons.

Die Bemessung der Gemengteile erfolgt bei Sand und Zuschlägen nach Raumteilen, bei Zement zweckmäßig nach Gewicht; in der Praxis wird auch die Zementmenge vielfach nach Raumteilen angegeben. (Siehe „Mischungsverhältnisse".) Das Mischen kann von Hand aus geschehen, erfolgt aber bei größeren Bauführungen meist und bei flüssiger Betonmasse immer durch Mischmaschinen.

Die Handmischung erfolgt auf einer ebenen, nicht absaugenden Unterlage, einer meist 10—12 m² großen, aus Pfosten gebildeten Mischbühne (Pritsche), wobei Sand und Zement zunächst trocken gemischt und sodann Wasser und Zuschläge zugesetzt und so lange weitergemischt werden, bis eine vollkommen gleichmäßige Betonmasse erzielt ist.

Bei Maschinmischung wird das ganze Gemenge zuerst trocken und sodann unter allmählichem Wasserzusatz so lange weitergemischt, bis eine vollkommen gleichmäßige Betonmasse entstanden ist.

---

[1] Siehe auch „Mauern und Wände".
[2] Siehe Seite 14.

Die Menge des zugesetzten Wassers richtet sich vornehmlich nach den Baustoffen, dem Mischungsverhältnis, der Witterung und dem Verwendungszwecke.

Man unterscheidet:

Erdfeuchte Betonmasse: Das Formen eines Handballens näßt deutlich die Handfläche. Bei Stampfen der Betonmasse tritt erst nach Beendigung des Stampfens Wasser an die Oberfläche. Das Wassergewicht beträgt etwa 5—6% des Gewichtes des Trockengemisches.

Weiche Betonmasse: Die Ränder der durch einen Stampfstoß erzielten Vertiefung bleiben kurze Zeit bestehen und verlaufen allmählich. Das Wassergewicht beträgt etwa 7—8% des Gewichtes des Trockengemisches.

Flüssige Betonmasse: Sie fließt; ein Stampfen ist unmöglich. Das Wassergewicht beträgt etwa 10—12% des Gewichtes des Trockengemisches.

Das Mischgut soll grundsätzlich sogleich nach dem Mischen verarbeitet werden; keinesfalls soll es bei trockenem und warmem Wetter länger als eine Stunde, bei nasser und kühler Witterung länger als zwei Stunden unverarbeitet bleiben.

Ist die Lufttemperatur niedriger als $+4^0$, so ist Vorsorge zu treffen, daß dem Beton während des Abbindens nicht Wärme entzogen werde. Gefrorene Baustoffe dürfen nicht verwendet werden. Bei Frost Umschließung und erforderlichenfalls mäßiges Heizen der Baustelle, Abdecken der frisch betonierten Bauteile.

Dem Wasser zwecks Herabsetzung des Gefrierpunktes zugesetztes Kochsalz vermindert die Festigkeit des Betons; Chlorkalzium oder Soda beizusetzen, ist zu vermeiden.

Verarbeitung.

Stampfbeton, Gußbeton, Spritzbeton, Schüttbeton.

Die Betonmassen sind nacheinander frisch auf frisch so einzubringen, daß sie untereinander ausreichend fest binden. Bei Arbeitsunterbrechungen ist für festen Zusammenschluß durch Abtreppungen, Verzahnungen, unregelmäßige rauhe Oberfläche u. dgl. vorzusorgen.

Stampfbeton: Erdfeuchte oder weiche Betonmasse. Das Stampfen (von Hand aus mit quadratischen oder rechteckigen Stampfern oder mechanisch mit Preßluftstampfgeräten) erfolgt schichtenweise derart, daß die fertiggestampfte Schicht je nach Wassergehalt nicht höher ist als 15—20 cm. Hohlraum- und Nestbildungen sind zu vermeiden; Ecken und Schichten längs der Schalungen gut ausstampfen.

Gußbeton: Flüssige Betonmasse. Der Wasserzusatz soll nicht größer sein, als die Fließbarkeit erfordert. Bildung von Hohlräumen vermeiden. Die einzelnen Bauteile sind möglichst in einem Zuge zu betonieren. Bei Verwendung von Rinnen sind zu steile Lagen derselben zu vermeiden; Neigungswinkel etwa 20—30°. Fallhöhe am Rinnenende nicht über 2 m.

Spritzbeton (Torkret): Mischgut aus scharfem Sand und Kies bis 10 mm Korngröße und Portlandzement 1 : 1 bis 1 : 8 leicht angenäßt, wird durch Preßluftgebläse mit etwa 3 Atmosphären (Zementkanone) gegen die Auftragfläche geschleudert. Die zusätzlich erforderliche Wassermenge wird unmittelbar an der Spritzdüse durch Wasserleitungsdruck oder Pumpen zugesetzt.

Schüttbeton: Weiche Betonmasse; meist für Unterwasserbauten. Bei geringen Tiefen kann das Schütten unmittelbar aus dem Fördergefäße erfolgen, sonst mittels Trichter oder Senkkasten.

Dichte und Festigkeit des Betons.

Die Dichte ist abhängig von der durch den Zementmörtel erfolgten Ausfüllung der Hohlräume zwischen den Kies- und Schotterstücken. Die Korngröße der Zuschläge, das Mischungsverhältnis und die Menge des zugesetzten Wassers sind daher von ausschlaggebender Bedeutung für die Dichte des Betons.

Für die Festigkeit des Betons dient seine Druckfestigkeit als Vergleichsmaßstab.

Die Druckfestigkeit wird an Probewürfeln festgestellt (ÖNORM B 2303).

Höhere Wertigkeit des Zementes erhöht unter sonst gleichen Umständen die Festigkeit; sie erhöht sich bei gleichen Zuschlagstoffen mit der Menge des Zementes und wächst mit der Verschiedenheit des Kornes von Sand und Kies.

Unter sonst gleichen Verhältnissen ergibt jene Wassermenge, die nicht größer ist, als zum Abbinden und Erhärten des Zementes erforderlich ist, die größte Festigkeit des Betons.

Maschinmischung liefert größere Festigkeit als Handmischung, härtere Zuschlagstoffe höhere Festigkeit als Zuschlagstoffe geringerer Härte.

Zwecks Nachweises der Druckfestigkeit an Probewürfeln sind für jede Prüfung mindestens drei Probekörper in eisernen Würfelformen von 20 cm Seitenlänge nach den Vorschriften der Normen anzufertigen. Die Feststellung der Würfelfestigkeit erfolgt einerseits an Probekörpern erdfeuchter Betonmasse nach 28tägiger Erhärtung (We 28) und anderseits an Probewürfeln baumäßig hergestellten Betons nach 28tägiger Erhärtung (Wb 28). Die geforderte Mindestwürfelfestigkeit des Betons Wb 28 für Eisenbetonkörper beträgt nach österreichischen Vorschriften 130 kg/cm².

Die Zugfestigkeit des Betons ist gering. Feststehende Beziehungen zwischen Druck- und Zugfestigkeit des Betons bestehen nach den bisherigen Forschungen nicht.[1] Im Mittel ist sie annähernd etwa $^1/_{16}$ der Druckfestigkeit; sie wird bei gutem Beton kaum mehr als 15 kg/cm² betragen.

Die Biegungsfestigkeit ist etwa doppelt so groß als die Zugfestigkeit. Nach Saliger im Mittel etwa 20—30 kg/cm².

---

[1] Saliger.

Die Schubfestigkeit ist im Mittel etwa 2,5- bis 3mal so groß als die reine Zugfestigkeit.

Zulässige Beanspruchungen.

Die zulässige Druckbeanspruchung für tragende Bauteile darf $^1/_5$ der Würfelfestigkeit Wb 28 nicht überschreiten und bei Hochbauten nicht größer als 55 kg/cm² angenommen werden.

Bei Biegung mit Druck darf im allgemeinen eine Zugbeanspruchung des Betons von 5% der zulässigen Druckbeanspruchung angenommen werden. In Bogentragwerken von Brücken und anderen Ingenieurbauten sind Zugspannungen des Betons unzulässig.

Die zulässige Schubbeanspruchung darf 6% der zulässigen Druckbeanspruchung nicht überschreiten.

Mischungsverhältnisse.

Wie bereits unter „Zubereitung des Betons" erwähnt, sind Sand und Kies in Raumteilen (R. T.), Zement nach Gewicht zuzumessen.

Soll das Mischungsverhältnis (M. V.) nur nach R. T. angegeben werden, ist zur Umrechnung des Zementgewichtes auf R. T. das Raumgewicht losen Zementes mit 1200 kg/m³ anzunehmen (ÖNORM).

Für tragende Teile eines Betonbauwerkes ist nach ÖNORM pro Kubikmeter fertig verarbeiteten Beton eine Mindestmenge von 120 kg Zement (bei Eisenbetontragwerken mind. 300 kg) erforderlich.

Die Ergiebigkeit der Mischung ist wesentlich von den Hohlräumen des Kiesmaterials abhängig und daher auch verschieden, ob Sand und Kies ausgiebig vermengt, zusammen oder einzeln für sich, lose geschüttet beigesetzt werden. Es ist also z. B. die Raummischung 1 R. T. Zement zu 2 R. T. Sand zu 4 R. T. Kies keineswegs = 1 R. T. Zement zu 6 R. T. Kies—Sand, sondern etwa 1 R. T. Zement zu 5,2 R. T. Kies—Sand.

Nach Saliger ergeben sich mit dem Mittelwerte $\gamma = 1,4$ t/m³ Raumgewicht des Zementes für 1 m³ fertigen Beton der Sand-Kies-Anteil (loses Gemenge)

$$S = \frac{1}{a\,(1 + 0,7\,g)}\ \mathrm{m^3},$$

wobei a (Ausbeute i. M.) = 0,6—0,65, wenn Sand und Kies getrennt, und = 0,8—0,85, wenn Sand und Kies in dichter Mischung beigesetzt werden, und g = Zementgewicht in Tonnen auf 1 m³ loses Sand-Kies-Gemisch bedeuten.

Die erforderliche Gewichtsmenge des Zementes für 1 m³ fertigen Beton beträgt $Zg = g \cdot S$ in Tonnen.

Beispiele.

I. Wieviel Tonnen Zement und wieviel Kubikmeter Sand—Kies sind für 1 m³ fertigen Beton erforderlich, wenn als M. V. 300 kg Zement auf 1 m³ losen Gemisches von Kies und Sand gefordert werden?

Der erforderliche Sand-Kies-Anteil beträgt nach vorangeführter Formel

$$S = \frac{1}{a\,(1 + 0{,}7\,g)};$$

die Werte eingesetzt, ergibt

$$S = \frac{1}{0{,}65\,(1 + 0{,}7 \times 0{,}3)} = 1{,}27 \text{ t und}$$

$$Zg = g \cdot S = 0{,}3 \times 1{,}27 = 0{,}38 \text{ t Zement.}$$

Es müssen also, wenn das Mischungsverhältnis mit 300 kg Zement auf 1 m³ losen Gemisches von Sand und Kies vorgeschrieben ist, 1,27 t Sand— Kies zugesetzt werden, um 1 m³ fertigen Beton obiger Forderung zu erhalten. Die erforderliche Zementmenge für 1 m³ fertigen Beton des geforderten Mischungsverhältnisses beträgt 0,38 t.

Es entspricht dies einer Raummischung $1 : s$, wobei $s = \dfrac{\gamma}{g} = \dfrac{1400}{300} = 4{,}7$, d. h. 1 R. T. Zement zu 4,7 R. T. Sand—Kies.

II. Ist zu ermitteln, welches M. V. in R. T. anzuwenden ist, damit 1 m³ fertigen Betons Zg t Zement enthält, so ergibt sich bei der gleichen Annahme für $\gamma = 1{,}4$ t/m³ und $a = 0{,}65$

$$g = \frac{Zg}{\dfrac{1}{a} - 0{,}7\,Zg}.$$

1 m³ fertige Betonmasse soll 300 kg Zement enthalten. Wieviel Tonnen Zement sind auf 1 m³ losen Sand—Kies erforderlich und wieviel Tonnen Sand—Kies sind zuzusetzen, um 1 m³ fertigen Betons dieses Mischungsverhältnisses zu erzielen?

$$g = \frac{0{,}3}{\dfrac{1}{0{,}65} - 0{,}7 \times 0{,}3} = 0{,}226 \text{ und weiter}$$

$$S = \frac{1}{0{,}65\,(1 + 0{,}7 \times 0{,}226)} = 1{,}33 \text{ m}^3.$$

Es ist also erforderlich, auf 1 m³ losen Kies—Sand 226 kg Zement zuzusetzen, bzw. 1,33 m³ losen Kies—Sand zu verwenden, um 1 m³ fertigen Beton zu erzielen, der obiger Forderung entspricht.

Probe: $Zg = g \times S = 0{,}226 \times 1{,}33 = 0{,}3$ t.

Raummischungsverhältnis: $1 : s$; $s = \dfrac{\gamma}{g} = \dfrac{1400}{226} = 6{,}2$, d. h. $1 : 6{,}2$.

Wird dem Zement statt des Raumgewichtes $\gamma = 1{,}4$ t ein solches von 1,2 t zugrunde gelegt, ändert sich das Raummischungsverhältnis von $1 : 6{,}2$ auf $1 : 5{,}3$, also ganz erheblich, während die Korrektur im Zementgewichte nur geringfügig, im vorliegenden Beispiel kaum 2% beträgt. Es ist also richtiger, die Mischung nach dem Gewicht des Zements vorzuschreiben, an Stelle der Angabe nach R. T.

Unter der Annahme des Raumgewichtes des Zements $\gamma = 1,2$ t und der Ausbeute $a = 0,65$ für Sand und Kies ergibt sich annähernd folgendes Erfordernis für 1 m³ **fertigen** Betons:

M. V. in R. T. Z. : S. K.	Zement in kg	Sand und Kies in m³
1 : 4	381	1,27
1 : 5	314	1,31
1 : 6	270	1,35
1 : 7	233	1,37
1 : 8	209	1,39
1 : 9	188	1,41
1 : 10	172	1,43

Zur annäherungsweisen Ermittlung reicht es aus, die Zahl 37 durch das Mischungsverhältnis zu dividieren, um den erforderlichen Zementanteil in Säcken (zu 50 kg) festzustellen. Z. B.:

$$\text{M. V.} = 1: \ 4; \ 1 + 4 \ = \ 5; \ 37: \ 5 = 7,2 \text{ Säcke} \ (360 \text{ kg})$$
$$1: \ 6; \ 1 + 6 \ = \ 7; \ 37: \ 7 = 5,4 \quad \text{,,} \quad (270 \text{ kg})$$
$$1:10; \ 1 + 10 = 11; \ 37:11 = 3,4 \quad \text{,,} \quad (170 \text{ kg})$$

Gegenüberstellung getrennter und ungetrennter Beimengung:

Erforderliche Mengen in Raum- und Gewichtsteilen für 1 m³ loses Haufwerk bei zugrundegelegtem Raumgewicht des Zementes = 1250 kg/m³, bzw. 1200 kg/m³.

Mischungsverhältnis Sand und Kies ungetrennt		Entsprechendes Mischungsverhältnis Sand und Kies getrennt			Auf 1 m³ loses Haufwerk sind erforderlich			
		nach Raumteilen			bei Raumgewicht Zement = 1250 kg/m³			bei Raumgewicht Zement = 1200 kg/m³ *) erhöht sich der Raumanteil
Zement	Sand und Kies	Zement	Sand	Kies	Zement kg	Zement l	Sand u. Kies l	Zement l
1	3	1	1,4	2,1	313	250	750	261
1	4	1	1,8	2,7	250	200	800	208
1	5	1	2,3	3,4	209	167	833	174
1	6	1	2,7	4	179	143	857	149
1	8	1	3,1	6,2	139	111	889	116
1	10	1	3,9	7,8	114	91	909	95
1	12	1	4,7	9,4	96	77	923	80

*) Entspricht dem Umrechnungswerte der österreichischen Normen.

Die Werte für Raumgewicht Zement = 1250 kg/m³ sind den „Anweisungen für Mörtel und Beton" der Deutschen Reichsbahngesellschaft vom Jahre 1929 entnommen.

Eigenschaften.

Gewicht in t/m³:

Kiesbeton im Mittel 2,2
Schlackenbeton (Schmelzschlacke) i. M...... 2,0
Schlackenbeton (Rostschlacke) i. M. 1,5
Bimsbeton i. M. 1,6
Zellenbeton (nichttragend) rund 0,65
Zellenbeton (tragend) rund 1,1
Gasbeton i. M............................ 0,9
Synthoporitbeton i. M.................... 1,1

Luftdurchlässigkeit: Gering, bei Durchfeuchtung = 0.

Wasserdichtheit: Beton ist nicht wasserdicht. Die Wasserdichtheit ist abhängig von der Dichte des Betons, von der Mahlfeinheit des Zementes, der Mischung, Verarbeitung und Behandlung des Betons. Älterer Beton ist wasserdichter als frischer. Die Wasserdichtheit kann erhöht werden durch

a) Aufbringen wasserdichter porendichtender Schichten (Oberflächenbehandlung mit Siderosthen, Fluaten,[1]) Seife, Alaun);

b) Verputz mit wasserhemmendem Mörtel;

c) Verkleidungen mit verlöteten Blechplatten, mit Asphaltfilzplatten, Naturasphalt, Ausfütterungen mit Platten in wasserdichtem Mörtel u. dgl.;

d) Mischung der ganzen Betonmasse mit porenfüllenden Zuschlagstoffen (Fettkalk, hydraulischer Kalk, Traß, Ceresit, Aquabar, Aquasit, Fluresit, Murosan usw.).

Abnutzbarkeit kommt bei Beton vornehmlich bei Verwendung als Fußbodenbelag in Betracht. Guten Widerstand leisten fette Mischungen 1:1 bis 1:2. Die Beschaffenheit des Sandes und der Zuschläge sind von erheblichem Einfluß. Der Widerstand gegen Abnutzung kann erhöht werden durch Beimengung von Eisenspänen und Eisenpulver in die oberste Schicht des Betons (Stahlestrich), durch Wasserglasanstriche oder durch Aufbringung einer Schicht Kleinlogelschen Stahlbetons (Zement und metallische Härtematerialien aus hochwertigen Rohstoffen).

Wärmeleitung: Kiesbeton ist ein guter Wärme- und Schalleiter. Die Wärmeleitung wird um so höher, je porenärmer der Beton ist.

Die mittlere Wärmeleitzahl beträgt in kcal/mh° für

Kiesbeton .... $\lambda = 1,1{-}1,5$
Schlackenbeton .... $\lambda = 0,3{-}0,9$
Bimsbeton....................... $\lambda = 0,25{-}0,45$
Zellenbeton (Raumgewicht 800) ... $\lambda = 0,15{-}0,35$
Gasbeton .... $\lambda = 0,13{-}0,40$

Zum Vergleich: Mittlere Wärmeleitzahl λ für Ziegelmauerwerk = $= 0,75$ kcal/mh°.

Lin. Ausdehnungskoeffizient $\sim 10^{-5}$.

---

[1]) In Wasser gelöste Kieselfluormetallsalze.

Verhalten gegen Frost: Abgebundener und erhärteter Beton ist frostbeständig. Poröser Beton kann, sofern Feuchtigkeitszutritt zu den Poren gegeben ist, durch Eisbildung zerstört werden.

Feuerbeständigkeit: Beton ist nicht feuerbeständig. Je fetter, dichter und jünger der Beton ist, desto geringer ist seine Feuerbeständigkeit. Bei Temperaturen bis 500⁰ nimmt die Druckfestigkeit des Kiesbetons um etwa 20% und mit weiterer Temperaturerhöhung allmählich weiter ab. Die Zugfestigkeit wird in noch höherem Maße ungünstig beeinflußt.

Infolge der geringen Wärmeleitfähigkeit des Betons, die den Einfluß der Wärme bei großen Abmessungen beschränkt, ergibt sich bei großen Bauteilen ein günstigeres Verhalten gegen die Hitze als bei kleinen Probekörpern (Kleinlogel). So ruft nach Versuchen Woolsons eine Außentemperatur von 800⁰ in einer Tiefe von 5 cm unter der Oberfläche nach einer Stunde nur eine Erhitzung von 200⁰, nach zwei Stunden eine solche von 400⁰ hervor.

Je höher die Brenntemperatur des Zementes war und je höheren Temperaturen die Zuschlagstoffe (feuerfester Ton, Klinker, Bims, Basalt usw.) ausgesetzt waren, um so hitzebeständiger ist der Beton.

Verhalten gegen chemische Einflüsse: Frischer Beton ist empfindlicher als seit längerer Zeit erhärteter Beton.

Wasser: Fließendes reines Wasser löst das beim Erhärten des Betons ausscheidende Kalkhydrat aus.

Basen: Im allgemeinen ohne schädliche Einflüsse.

Säuren: Alle anorganischen und organischen Säuren zerstören den Beton; sie bilden mit dem Kalk des Zementes lösliche oder treibende Salze. Kohlensäure übt in geringer Menge durch Umbildung wasserlöslicher Kalkhydrate in Kalkkarbonate einen günstigen Einfluß, schädigt aber, sofern die im Wasser enthaltene freie Kohlensäure über diese Mengen hinausgeht und sodann Karbonate und Silikate zersetzt.

Salze: Sulfate und Sulfite wirken sehr schädigend; ebenso einzelne Chloride (Magnesium-, Ammonium-, Quecksilberchlorid) und Nitrate (z. B. Ammoniumnitrat).

Karbonate und Silikate sind nicht schädlich.

Fette (tierische und pflanzliche): Öle und Fette bilden mit dem Kalk des Zementes leicht lösliche Seifen und führen dadurch zur Zerstörung des Betons.

Mineralische Öle und Teere sind unschädlich.

Meerwasser: Die chemischen Einflüsse des Meerwassers (insbesondere das im Meerwasser enthaltene Chlormagnesium und Magnesiumsulfat) in Verbindung mit den physikalischen Einflüssen wirken ungünstig auf Beton ein. Tonerdearme (Erzzement) und kalkarme Zemente (Hochofenzement und Eisenportlandzement) haben sich widerstandsfähiger gezeigt als Portlandzement.

Moorwässer: Die in Moorwässern meist enthaltenen Schwefelverbindungen und freie Kohlensäure wirken schädigender als die meist wenig gefährliche Humussäure. Moorwässer können zur Zerstörung des Betons führen.

Kanalwässer: Fäkalwässer sind meist unschädlich.

Rauchgase: Die in denselben enthaltene schwefelige Säure und das zur Wirksamkeit gelangende Schwefelwasserstoffgas führen insbesondere bei gemeinsamem Auftreten mit Durchfeuchtung des Betons zu Gipsbildungen und Treiberscheinungen (Zementbazillus).

Chlorgas (Bleichereien, Papierfabriken, chemische Industrien) wirkt schädigend.

Schutzmaßnahmen gegen chemische Einflüsse: Richtige Wahl des Zementes; kalkarme Zemente meist geeigneter; Bindung des Kalkes des Zementes durch hydraulische Zuschläge, ferner

a) Dichtung durch Oberflächenschichten, und zwar

α) unmittelbar auf Beton oder dichten Verputz aufzubringende Anstriche mit meist aus Teeröl oder bituminösen Stoffen bestehenden Isoliermitteln (Inertol,[1]) Preolit, Siderosthen usw.), ferner Fluate (Lithurin, Murolineum)[2]) oder allenfalls Ölfarbe auf vollkommen trockenem, mit Wasserglas vorgestrichenem Untergrund, und

β) Verkleidung mit Steinzeug-, Klinker- oder Glasplatten in säurefestem Mörtel (Kitte aus Quarzsand und Wasserglas oder Bleiglätte mit Glyzerin);

b) Porendichtung der ganzen Betonmasse mit bituminösen, mechanisch dichtenden oder chemisch wirkenden Zusätzen, wie Ceresit,[3]) Fluresit, Siccofix, Seifen usw.

2. Eisenbeton.

Unter Eisenbeton oder bewehrtem (armiertem) Beton versteht man einen aus Zementbeton und Eisenstäben bestehenden Baukörper, in welchen die beiden Stoffe zu gemeinsamer Festigkeitswirkung verbunden sind (Saliger).

Die gemeinsame Festigkeitswirkung der beiden Stoffe wird insbesondere durch die hohe Haftfestigkeit des Betons am Eisen, die nahezu gleich große Wärmeausdehnung und die Verschiedenheit des Elastizitätsmaßes beider Materialien begünstigt.

Im Verbundkörper fallen den beiden Stoffen die Aufgaben zu, zu deren Übernahme sie im besonderen Maße geeignet sind.

Erst durch die Aufnahme der Zugspannungen durch das Eisen des Verbundkörpers ist es möglich, die Biegungsfestigkeit des Betons, die bei fehlender Bewehrung nur gering ist, so hoch zu steigern, als es die Druckfestigkeit des Betons und die Zugfestigkeit des Eisens zulassen.

Baustoffe.

Nach ÖNORM B 2302:

Zement: Es darf nur langsam bindender Portlandzement (ÖNORM B 3311) oder ein diesem gleichwertiger Zement verwendet werden.

---

[1]) Bedarf für 100 m² Doppelanstrich rund 25 kg.
[2]) Bedarf für 100 m² rund 45 kg.
[3]) Bedarf für 1 m³ Beton rund 25 kg.

Nachzuweisen sind: Abbindebeginn, Bindezeit, Raumbeständigkeit, Mahlfeinheit und Bindekraft. Der Zement ist in der Ursprungspackung an die Verwendungsstelle zu liefern und dort in einem geschlossenen, trockenen, nicht zugigen Raum aufzubewahren.

Sand und Zuschlagstoffe: Es sollen möglichst gemischtkörnige Zuschlagstoffe verwendet werden; sie dürfen keine schädlichen Beimengungen enthalten. Im Zweifel ist der Einfluß der Beimengungen durch Versuche festzustellen.

Die Verwendung zerkleinerter Hochofenschlacke und von Schlackensand bedarf einer besonderen Genehmigung.

Für Bauteile, die feuerbeständig sein müssen, sind nur solche Zuschlagstoffe zu verwenden, die im Beton dem Feuer widerstehen.

Das Korn der Zuschlagstoffe ist so zu halten, daß die Hohlräume des Gemisches möglichst gering werden. Die gröbsten Körner müssen sich noch zwischen den Stahleinlagen sowie zwischen Schalung und Stahleinlagen einbringen lassen. Die Zuschlagstoffe müssen wetterbeständig sein und dürfen höchstens 10% ihres Gewichtes Wasser aufnehmen.

Wasser: Das Wasser darf keine die Güte des Betons beeinträchtigenden Bestandteile enthalten. Im Zweifel ist die Verwendbarkeit durch Versuche festzustellen. Siehe auch S. 19.

Stahl: Zu gewöhnlichen Hochbauten ist Stahl St 37.11 (ÖNORM M 3111), für außergewöhnliche Hochbauten Stahl St 37.12 (ÖNORM M 3112) zu verwenden. Für untergeordnete, nichttragende Bauteile kann einvernehmlich auch Stahl St 00.11[1]) oder mit besonderer Genehmigung auch vorrätiger Stahl verwendet werden, für den die bedungenen Eigenschaften durch Zeugnisse einer anerkannten Prüfanstalt oder durch Proben auf dem Bauplatze nachgewiesen werden.

Der Durchmesser des Betonrundstahles hat der ÖNORM B 3331 zu entsprechen.

Die Verwendung von Baustoffen außergewöhnlicher Beschaffenheit bedarf einer besonderen Genehmigung.

Neben Portlandzement kommen noch Eisenportlandzement, Hochofenzement, Erzzement, Mischzemente, Siccofixzement, Schmelzzement und andere in Betracht, deren Gleichwertigkeit mit langsam bindendem Portlandzement im Sinne der Normen nachzuweisen ist.

1 m³ fertig verarbeiteter Beton in Eisenbetonbauwerken muß mindestens 300 kg Zement enthalten.

Der zur Bewehrung verwendete Stahl muß von anhaftendem Schmutz und Fett sowie von Anstrichen und grobem, abblätterndem Roste befreit werden; leichter, haftender Rost ist nicht zu entfernen; er erhöht die Haftfestigkeit. Blanker Stahl soll zur Erzielung einer leichten Rostschicht einige Tage im Freien lagern.

---

[1]) Nach der in Ausarbeitung stehenden Neuauflage der ÖNORM B 2302 ist die Zulässigkeit von St 00.11 auch für einfache Tragwerke gewöhnlicher Hochbauten in Ausnahmefällen in Aussicht genommen.

Eigenschaften.

Über Zubereitung der Betonmasse, Verarbeitung, Mischungsverhält
nisse, Dichte, Luftdurchlässigkeit, Wasserdichtheit, Abnutzbarkeit,
Wärmeleitung und Verhalten gegen Frost siehe die bezüglichen Angaben
bei „Beton".

Auch bezüglich der Feuerbeständigkeit gilt im allgemeinen das bei
der Besprechung des Betons Gesagte. Wesentlich für die Feuerbeständigkeit des Eisenbetons ist es, daß die Deckschicht des Betons nicht zu
gering sei. Saliger sieht eine Dicke von 2,5—5 cm je nach dem Grade
der geforderten Feuersicherheit als ausreichend an; stärkere Betonhüllen
sind zwecklos, da sie in der Hitze und beim Bespritzen mit kaltem Wasser
abspringen. Saliger äußert sich über die Bewährung des Eisenbetons im
Feuer u. a. wie folgt: „Wenn wir an die geborstenen Ziegelmauern, an
die eingestürzten Gewölbe, an die gebogenen Eisenträger ... denken, so
ist es klar, daß der Eisenbeton eine unbestrittene Überlegenheit über alle
anderen Baustoffe besitzt; denn sachgemäß ausgeführte Betongebäude
sind durch schwere Brände nie zum Einsturz gekommen."

Über das Verhalten des Eisenbetons gegen chemische Einflüsse sei
auf das beim Beton Gesagte verwiesen. Im besonderen sind alle jene
chemischen Einwirkungen schädlich, die zu Rostbildung der Bewehrung
und damit zu Sprengwirkungen führen, also vornehmlich Säuren, Fette
und Öle. Besonderes Augenmerk ist auf die Vermeidung von Rissebildungen
zu legen, da solche rostbildenden Flüssigkeiten und Gasen leichten Zutritt zum Eisen bieten; die Gefährdung ist verschieden, je nachdem der
Beton der Einwirkung von Feuchtigkeit ausgesetzt ist oder nicht und die
Deckschicht genügende Stärke aufweist (je nach Umständen 1,5—4,5 cm).

Elektrolytische Einwirkungen: Infolge des hohen Leitwiderstandes be-
steht bei Hochbauten nur geringe Gefahr einer ungünstigen Einwirkung.
Sie erhöht sich durch Feuchtigkeit und unmittelbare Berührung mit elektri-
schen Leitungen sowie durch das Vorhandensein vagabundierender Ströme.
Ist das Eisen Anode, wird Sauerstoff ausgeschieden und das Eisen rostet.
Wechselstrom greift das Eisen nicht an.

Gewicht des Eisenbetons $= 2{,}4$ t/m³.
Wärmeleitzahl $\lambda \sim 1{,}5$ kcal/mh⁰.

Zulässige Beanspruchungen des Betons.

Sie sind von den Würfelfestigkeiten We 28 und Wb 28 abhängig.
Die Würfelfestigkeiten müssen nach ÖNORM B 2302 betragen:
Bei Verwendung von Portlandzement

We 28 $\geqq$ 230 kg/cm²,
Wb 28 $\geqq$ 130 kg/cm².

Bei Verwendung von frühhochfestem Portlandzement

We 28 $\geqq$ 280 kg/cm²,
Wb 28 $\geqq$ 160 kg/cm²,

in besonderen Fällen   We 28 $\geqq$ 300 kg/cm².

Baustoff	Zulässige Beanspruchung in kg/cm²	
	bei Stützen ohne Knickgefahr	auf Biegung und Biegung mit Längskraft
Portlandzement We 28 $\geq$ 230 kg/cm²; Wb 28 $\geq$ 130 kg/cm² .	35	35—50*)
Frühhochfester Portlandzement We 28 $\geq$ 280 kg/cm²; Wb 28 $\geq$ 160 kg/cm² .	45	40—60*)
In besonderen Fällen We 28 $\geq$ 300 kg/cm²	höchstens 60	45—70*)

*) Je nach Art des Bauteiles: Siehe ÖNORM B 2302, § 19. (Höhe des Rechteckquerschnittes, Platten, Plattenbalken, Pilzdecken, Laststellung, Lastart usw.)

Die Schubspannung τ_0 darf bei Portlandzement nicht $> 4\,\mathrm{kg/cm^2}$, bei frühhochfestem Portlandzement nicht $>$ als 5,5 kg/cm² sein.

Die zulässige Haftspannung $\tau_1 = 5\,\mathrm{kg/cm^2}$.

IV. Holz.

Das Holz besteht nach seinem chemischen Aufbau aus Zellulose (Wandungen der Zellen) und dem Safte, der nebst Wasser eine Reihe organischer Stoffe, wie Eiweiß, Zucker, Stärke, Gerbsäure, Öle, Harze u. a. Stoffe enthält.

Das Eiweiß zersetzt sich leicht, worauf die meisten Zerstörungen des Holzes zurückzuführen sind. Gerbsäure, Harze und Öle erhöhen die Widerstandskraft des Holzes gegen schädigende Einflüsse.

Der Querschnitt durch einen Nadel- oder Laubbaum zeigt (s. Abb. 5) als äußerste Schicht die Rinde oder Borke und gegen die Mitte fortschreitend den Bast und den eigentlichen, durch Jahresringe gekennzeichneten Holzteil, dessen äußere, jüngere Ringe den Splint

Abb. 5.

und dessen innere, stärker verholzte Ringe den Kern bilden. In der Mitte verläuft das Mark (die Markröhre) mit den zur Rinde verlaufenden Markstrahlen.

Der Querschnitt senkrecht zum Stamme zeigt die Hirnholzfläche, kurz das „Hirnholz", der Schnitt parallel zur Stammachse die Langholzfläche, das Holz in der Längsfaser.

Nach der Härte des Holzes unterscheidet man: Sehr weiche Hölzer: Linde, Pappel, Weide; weiche Hölzer: Birke, Erle, Fichte, Kiefer, Lärche, Tanne; harte Hölzer: Esche, Ulme, Ahorn, Apfel, Birne, Buche, Sommereiche, Kirsche, Nuß; sehr harte Hölzer: Mahagoni, Pitchpine, Steineiche, Buchsbaum, Olive, Sauerdorn, Ebenholz.

Je nach dem Grade der Trockenheit enthalten die Zellenwände und Zellenhohlräume sehr verschiedene Mengen an Saft und Wasser; der Wassergehalt am lebenden Baume beträgt 50—45% seines Gewichtes, bei lufttrockenem Holze nach 1 bis 2 Jahren etwa 25% und nach mehrjähriger Trocknung 15—10%.

Dementsprechend ist auch das Gewicht nach dem Grade der Austrocknung sehr verschieden.

Holzart	Mittleres Gewicht[1]) in kg/cm³ in		
	grünem Zustande (45%/₀ Wassergehalt)	lufttrockenem Zustande (10—15%/₀ Wassergehalt	künstl. getrocknetem Zustande (bei 110⁰)
Eiche	1100	850 (900)	650
Rotbuche.................	1000	750 (900)	560
Kiefer (Föhre)	850	600 (700)	500
Tanne	950	550 (600)	500
Fichte	800	500 (600)	430
Lärche	800	620 (700)	450

[1]) Mittelwerte nach Angaben Bronnecks, Försters und Gesteschis. Die geklammerten Werte nach ÖNORM B 2101.

1. **Formänderungen:** Schwinden und Quellen: Die Abgabe der Feuchtigkeit hat das Schwinden, die Aufnahme bei trockenem Holze das Quellen zur Folge. Da der Feuchtigkeitsgehalt des Splintholzes größer

Abb. 6.

ist als der des Kernholzes, zieht sich das Splintholz beim Austrocknen stärker zusammen als das Kernholz; es entstehen am Rund- und Kantholze die Kernrisse, bei Brettern und Pfosten Verkrümmungen (Werfen), die um so stärker auftreten, je weiter der Sägeschnitt vom Kern entfernt ist (Abb. 6).

2. **Physikalische Eigenschaften.** Wärme- und Schalleitung und Ausdehnung. Holz ist ein schlechter Wärme- und Schalleiter. Die Wärmeleitzahl $\lambda = 0,1$ längs der Faser und 0,03 quer zur Faser. Der Ausdehnungskoeffizient (Verlängerung der Längeneinheit bei 1⁰) beträgt 0,0000035 oder etwa $^1/_3$ bis $^1/_4$ des Ausdehnungskoeffizienten des Eisen.

3. **Zulässige Beanspruchungen in kg/cm².**
ÖNORM B 2103.

Art der Beanspruchung	Eiche Buche	Lärche	Kiefer Fichte Tanne	Bemerkung
a) Mittiger Druck in der Faserrichtung......	90	80	70	
b) Örtl. Druck rechtwinkelig zur Faserrichtung auf ganze Breite (Schwellendruck) ...	40	30	20	Überstand der Schwellenenden in der Längsrichtung mind. = 1,5-fache Schwellenhöhe

Art der Beanspruchung	Eiche Buche	Lärche	Kiefer Fichte Tanne	Bemerkung
c) Örtl. Druck rechtwinkelig zur Faserrichtung auf einen Teil der Breite (Stempeldruck)	60	40	25	Stempelfläche höchstens halb so groß wie das Quadrat der Schwellenhöhe. Überstand der Schwelle über dem Stempel in der Breitenrichtung wenigstens 2 cm, wenn die gedrückte Fläche geradlinig begrenzt ist. Überstand über dem Stempel in der Längsrichtung mind. $= 1{,}5$fache Schwellenhöhe
d) Zug in der Faserrichtung, Biegung und ausmittiger Druck in der Faserrichtung...	110	100	90	Im Schwerpunkte des Querschnittes darf die nach a) zulässige Beanspruchung nicht überschritten werden
e) Abscherung in der Faserrichtung	15		12	
f) Örtlicher Druck schräg zur Faserrichtung auf ganze Breite (Schwellendruck) ...	$90—50 \sin \alpha$	$80—50 \sin \alpha$	$70—50 \sin \alpha$	$\alpha\,(\alpha_1, \alpha_2, \alpha_3)$ s. Abb. 7. Maßgebend ist der Größtwert
g) Örtl. Druck schräg zur Faserrichtung auf einen Bruchteil der Breite (Stempeldruck)	$90—30 \sin \alpha$	$80—40 \sin \alpha$	$70—45 \sin \alpha$	
h) Dehnmaß (Elastizitätsmodul) bei Zug, Druck und Biegung		110 000		

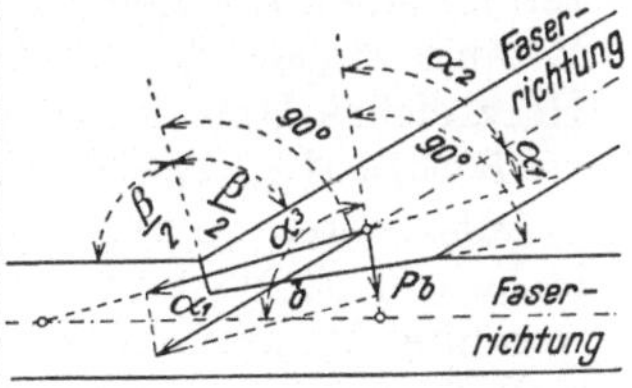

Abb. 7.

Obige Beanspruchungen beziehen sich auf den ganzen Querschnitt, Kern- und Splintholz zusammen und setzen lufttrockenes, fehlerfreies Holz ohne jede Astbildung im gefährlichen Querschnitt oder dessen Nähe voraus.

Die rechnungsmäßige Durchbiegung von Tragwerksteilen begehbarer Decken und Flachdächer darf $1/_{300}$, von nicht begehbaren Decken $1/_{200}$ der Stützweite nicht überschreiten.

Nähere Angaben, betreffend Knickung, verzahnte und verdübelte Träger, Erhöhung und Verminderung der zulässigen Beanspruchungen bei nicht lufttrockenem Holze und bei Bauten für vorübergehende Zwecke sowie bei sorgfältigster Auswahl des Holzes usw., s. Normenblatt.

4. Lebensdauer: Ständig trocken gehaltenes, Luftwechsel und dem Lichte zugängliches Holz hat eine hohe Lebensdauer; dauernd dem Wasser ausgesetztes Holz eine noch höhere. Wechsel von Feuchtigkeit und Trockenheit kürzt die Lebensdauer sehr ab, ebenso wie Luft- und Lichtmangel auch bei sonst trocken gehaltenem Holze zur Vermorschung führen. Die nachfolgende Zusammenstellung gibt die Lebensdauer des Holzes unter günstigen Bedingungen an.

Holzart	Lebensdauer in Jahren bei[1]		
	Wind und Wetter ausgesetztem Holze	dauernd unter Wasser eingebautem Holze	trockenem Holze
Fichte	40—70	250—400	120—200
Kiefer (Föhre)	40—85	250—400	120—200
Lärche	40—85		
Eiche	100	unbegrenzt	300—350
Rotbuche	10—60	unbegrenzt	300—800

[1] Nach Bronneck.

5. Pflanzliche und tierische Beeinträchtigungen und Vorbeugungsmaßnahmen gegen dieselben: Die überwiegende Zahl der holzzerstörenden Erscheinungen geht auf durch Pilze hervorgerufene chemische Veränderungen des Saftes, namentlich der Eiweißbestandteile zurück. Harzreiches Holz bietet größeren Widerstand als harzarmes Holz.

Rotfäule, Weißfäule, Blaufäule, Hausschwamm.

Als erstes Anzeichen der Fäule treten meist streifenförmige Verfärbungen (Rot- und Blaustreifigkeit) auf, die wohl zum Teile die Verwendung namentlich bei Bauteilen, die dem Witterungswechsel ausgesetzt sind, beeinträchtigen, im allgemeinen aber das Holz nicht vor weiterer Verwendung ausschließen, sofern für Fernhaltung die Ausbreitung begünstigender Umstände Sorge getragen wird.

Rotfäule (Naßfäule) kennzeichnet sich durch eine rötliche bis schwarzbraune Verfärbung, der im weiteren Verlaufe ein Zerfallen in kleine, würfelförmige Teile und schließlich in eine pulverige Masse folgt. Die Erkrankung tritt häufig schon am Stamme auf.

Weißfäule (Trockenfäule) tritt meist am gefällten, unsachgemäß gelagerten Stamme, seltener auch bei verbauten, nicht hinlänglich ausgetrocknetem Holze in luft- und lichtarmen, trockenen Räumen auf. Sie zeigt sich durch weißlichgelbe Verfärbung und starken Pilzgeruch und führt zur Zerstörung des Holzes in eine zerreibliche Masse. Von Weißfäule befallenes Holz phosphoresziert.

Blaufäule tritt insbesondere an Kiefern auf. Im Anfangszustande meist unschädlich, da das Zellengerüst zunächst unversehrt bleibt. Rasche Trocknung tötet den Pilz. Bleibt das Holz jedoch weiter ungeschützt, so nimmt die Verblauung zu, der Pilz wächst rasch weiter und es entsteht die das Holz in seiner Festigkeit und Verwendung stark beeinträchtigende vollentwickelte Blaufäule.

Die gefährlichste, weitausgreifendste Pilzerkrankung des Holzes ist der Hausschwamm. Er zeigt sich im Anfangsstadium durch kleine weiße Flecken und einen schleimigen Überzug sowie durch feine weiße Fädchen, die sich allmählich verästeln und gewebeartig an der Oberfläche und im Inneren ausbreiten (Myzelium). Unter Verbreitung eines pilzartigen Geruches wächst das Gewebe zu einem gelblichen bis grauen, blattartigen und faserigen Gebilde, das die Holzmasse in kleine Würfel zerteilt und in rotbraunen Moder übergehen läßt. Wo Licht und Luft zum Myzel gelangt, entstehen blättrige, feuchte, braune, an den Rändern weißliche, wulstige Gewächse, die Sporenträger.

Wie alle Pilzerkrankungen des Holzes, wird auch die Ausbreitung des Hausschwammes durch Feuchtigkeit, abgeschlossene Luft und das Vorherrschen mittlerer Temperaturen gefördert. Die Gefährlichkeit des Hausschwammes wird dadurch erhöht, daß er sich auch auf andere Baustoffe überträgt, auch diese beeinträchtigt, in denselben seine Sporen ablagert und dadurch immer weitergreifend zur Zerstörung ganzer Gebäudeteile und Gebäude führen kann.

Neben diesen durch Pilze hervorgerufenen Krankheiten drohen dem Holze auch durch Insekten und Wassertiere (Holzwespen, Raupen, Bockkäfer, Borkenkäfer, Bohrwürmer und Muscheln) teils mittelbar, teils unmittelbar hervorgerufene Schäden, indem durch die geschaffenen Öffnungen und Bohrgänge den Pilzen freier Zutritt geboten wird oder unmittelbar Zerstörungen des ganzen Gefüges eintreten (Bohrwürmer und Muscheln bei Unterwasserbauten).

Vorbeugungsmaßnahmen: Saftreiches Holz wird leichter von Krankheiten befallen als saftarmes, wechselnder Durchfeuchtung ausgesetztes leichter als dauernd trocken oder dauernd unter Wasser gehaltenes Holz. Daher sollen bei frisch geschlagenem Holze vorerst die Äste und das Laub belassen werden, um eine rasche natürliche Austrocknung zu begünstigen, es soll ferner entrindetes Holz nicht zu lange im Walde gelagert werden und bei gestapeltem Holze für reichlichen Luftzutritt und Überdachung sowie bei verbautem Holze für Luftzutritt und Fernhaltung von Feuchtigkeit Sorge getragen werden.

a) Trocknen des Holzes: Die natürliche Trocknung geht langsam, bei weichem Holze in zwei bis drei Jahren, bei hartem Holze in vier bis fünf Jahren vor sich.

Eine Abkürzung kann durch die künstliche Trocknung in Trockenkammern, durch das Dämpfen und Auslaugen bewirkt werden. Die Meinungen über die Vollkommenheit des Saftentzuges bei diesem Verfahren sind allerdings geteilt.

b) Anstriche, Imprägnierungen und Impfungen:

Für Anstriche kommen hauptsächlich Steinkohlenteer- (Karbolineum,[1]) Antinonin usw.) und Holzteerpräparate (Kreosot) sowie Fluornatrium in Betracht. Die Anstriche sind mehrmals aufzutragen, können aber nur in geringe Tiefe eindringen und bleiben daher in der Wirkung beschränkt. Dasselbe gilt, wenngleich das Eindringen auf größere Tiefen erfolgt, bezüglich des Einsaugverfahrens (z. B. Kyanisieren mit Quecksilberchlorid).

Ölfarbenanstriche schützen das Holz vor eindringender Feuchtigkeit; es ist jedoch zu beachten, daß solche Anstriche nur auf gut trockenem Holze aufgebracht werden dürfen, da sie sonst das Austreten der Feuchtigkeit behindern würden.

Imprägnierungen und Impfungen: Sie bieten einen weit wirksameren Schutz als die Anstriche. Bei den Imprägnierungen wird Kupfervitriollösung unter leichtem Druck in den Stamm geleitet (Boucherieverfahren), oder es wird dem in luftleeren Kesseln liegenden Holze Zinkchlorid und Steinkohlenteer oder Kreosot unter hohem Druck eingepreßt (Burnettisieren, Bréantisieren und ähnliche Verfahren).

Das Kobraverfahren besteht aus einer meist nur auf die gefährdetsten Stellen beschränkten dichten Impfung mit Präparaten der Holz- und Steinkohlendestillation bei gleichzeitig aufgebrachtem Oberflächenanstriche. Dieses Verfahren hat sich insbesondere bei Holzmasten gut bewährt.

In gewissem Sinn auch imprägnierend wirkt der primitive, bei Holzpfählen, Masten u. dgl. oft angewandte Schutz durch das Ankohlen, bei welchem durch die Wärme eine Tötung nahe der Oberfläche befindlicher Krankheitserreger erfolgt und durch die trockene Destillation fäulniswidrige Stoffe frei werden, die weiteren Schutz gewähren.

Vom Hausschwamme befallene Hölzer sind auszubauen und zu verbrennen; Beschüttungen sind zu entfernen und vor dem Abtransport am besten zu rösten, der Putz ist abzuschlagen, die Mörtelfugen werden ausgekratzt und die Mauerflächen mit der Lötlampe abgebrannt. Die angegriffenen Stellen bleiben längere Zeit guter Durchlüftung ausgesetzt. Hierauf Mauern und Holz mit Mikrosol (2 T. Mikrosol auf 100 T. Wasser) gründlich streichen und die neuen Bauteile einbauen.

---

[1]) Bedarf etwa 1 kg für 5 m².

6. **Feuerbeständigkeit des Holzes und Schutz desselben gegen leichte Entflammung:** Holz ist nicht feuerbeständig. Der Entflammung starker Hölzer geht eine Verkohlung der Oberfläche voran, die das Fortschreiten der Verbrennung hemmt, so daß bei sofortigem Einsetzen der Löschmaßnahmen Einstürze meist noch verhindert werden können. Holz feuerfest oder unverbrennlich zu gestalten, ist unmöglich; der Schutz muß sich daher darauf beschränken, das Holz so lange gegen die Einwirkung der Flamme zu isolieren und die Entflammung so lange aufzuschieben, bis Löschmaßnahmen getroffen wurden. Dies kann bewirkt werden durch:

Umhüllungen mit schlechten, nicht entflammenden Wärmeleitern oder durch Anstriche (besser Eintauchverfahren oder Druckimprägnierung) mit der Entflammung entgegenwirkenden Salzen.

Für Umhüllungen kommen Mörtelschichten auf Putzträgern, Asbestplatten, Eternitplatten, verputzte Korksteinplatten u. dgl. in Betracht.

Die Wirkung der Entflammungen entgegenwirkender Salze beruht auf dem Fernhalten des Luftsauerstoffes. Als solche Verbindungen seien insbesondere Ammoniaksalze (Bromid, sehr teuer, Chlorid und Karbonat), Wolframate (auch sehr teuer), Phosphate, Borax, Silikate und verschiedene Sulfate beispielsweise genannt. Bei Silikaten ist die Gefahr der Umsetzung in abbröckelnde Karbonate zu beachten.

Erfolgt der Schutz lediglich durch Oberflächenanstriche, ist auf entsprechendes Eindringen in das Holz und auf Vermeidung mechanischer Beschädigungen der Anstriche besonders zu achten.

7. **Die im Hochbau hauptsächlich verwendeten Holzarten:**

Kiefer (Föhre), Fichte (Rottanne), Tanne (Weißtanne), Lärche, ausnahmsweise Pechkiefer (Pitchpine) und Gelbkiefer (Yellowpine); Eiche, Buche (Rotbuche).

Als eigentliches Bauholz kommt das Nadelholz in Betracht, die genannten Laubhölzer nur dann, wenn es sich um Bauteile handelt, an deren Festigkeit, Wetterbeständigkeit oder Widerstandsfähigkeit gegen Fäulnis besonders hohe Ansprüche gestellt werden.

Kiefer (Föhre): Der hohe Harzgehalt befähigt zu höherem Widerstande gegen die Einflüsse des Wechsels von Nässe und Trockenheit (Fachwerke, äußere Fenster und Türen, Dachbauten), die größere Härte zu Bauteilen höherer Beanspruchung (Treppenwangen, Fußböden).

Fichte: Reichstverbreitetes Nadelholz. Harzärmer als Föhre, harzreicher als Tanne. Ziemlich astreich, grobfaserig. Vor Wechsel von Nässe und Trockenheit zu schützen. Meist verwendetes Bauholz.

Tanne: Infolge des geringen Harzgehaltes bei Feuchtigkeitswechsel wenig geeignet. Vorzugsweise im Inneren der Gebäude zu verwenden.

Lärche: Harzreiches, wetterbeständigstes heimisches Nadelholz beschränkter Verbreitung. Für Fußböden, Treppenstufen und -wangen viel verwendet.

Eiche: Härtestes und dauerhaftestes heimisches Holz. Splint minderwertig. Hoher Abfallanteil. Teuer. Für Unterwasserbauten und Einzeilbauteile, insbesondere Fußböden, viel angewendet. Im Ingenieurbau Hauptmaterial für Schwellen.

Buche: Hart und dichtfaserig. Ohne vorherige Konservierung bei Feuchtigkeitswechsel ungeeignet. Verwendung für Unterwasserbauten, Fußböden und Treppenbeläge.

Unter Sperrholz versteht man Platten aus drei oder mehr Lagen geschälten Holzes, die mit rechtwinkelig kreuzender Faserrichtung unter hohem Drucke miteinander verleimt werden. Meist Erlen- und Buchenholz.

8. Das Bauholz als Handelsware: 1 m³ feste Holzmasse wird als Festmeter (fm), 1 m³ geschichtete Holzmasse als Raummeter (rm) bezeichnet. 1 rm = 0,7 bis 0,8 fm.

Je nach der Zahl der aus einem Stamme durch zur Stammachse parallel geführte Schnitte gewonnenen Stücke spricht man von Ganzholz, Halbholz, Kreuzholz, Sechstelholz usw. (Abb. 8.)

Abb. 8.

Nach der Kantenbeschaffenheit gesägten Bauholzes wird unterschieden:

Scharfkantiges Bauholz, d. h. es muß an jeder Stelle den vollen Querschnitt zeigen;

vollkantiges Bauholz; dasselbe darf auf höchstens 2 Kanten, schräg gemessen, bis je $^1/_6$ der größeren Querschnittseite, jedoch nur bis je $^1/_4$ der Holzlänge Waldkante haben;

fehlkantiges Bauholz, d. i. solches, das auf allen vier Kanten, schräg gemessen, bis je $^1/_4$ der größeren Querschnittseite, jedoch nur bis je $^1/_3$ der Holzlänge Waldkante haben darf;

baumkantiges Bauholz, d. h. es muß auf jeder Seite und auf der ganzen Länge mindestens 5 cm breite Schnittflächen haben.

Ist die Schnittholzsorte nicht besonders angegeben, so ist fehlkantiges Bauholz anzunehmen.

Holzabmessungen.
Nadelholz (Sägenutzholz).
ÖNORM B 3301.

a) Rundholz.

Benennung	Mindestdurchmesser cm		Länge m (Stufung nach 0,5 m)	Holzart
	in der Mitte	am Zopf		
Klötze (Bloche)			4—6	Fichte Tanne Föhre Lärche
Lange Klötze (lange Bloche)	21	18	6,5—10	
Langholz		14	über 10,5	

b) Schnittholz.

1. Bretter.

Benennung	Dicke mm	Breite cm		Länge m (Stufung nach 0,5 m)		Holzart
		Schmalware	Breitware (Stufung nach cm)	Kürzungsware	Regelware	
Spaltware	6 8	—	16—32			Fichte Tanne
Bretter[1])	12	8—15			4—6	Fichte Tanne Föhre Lärche
	18 (20) 24 (26) 30	10—17	18—32	1—3,5		
	35	—				
Hobler	24 (26) 30	12, 14, 16	—	—		Fichte Tanne Lärche

[1]) Im Deutschen Reich auch „Dielen" genannt.

Die geklammerten Größen sind möglichst zu vermeiden.

2. Pfosten.

Benennung	Dicke mm	Breite cm	Länge m (Stufung nach 0,5 m)	Holzart
Pfosten[1])	40 45 50	20—32	4—6	Fichte Tanne Föhre Lärche
	60 65 80 100	24—32		
Halbpfosten	45 50	16, 18		Fichte Tanne Föhre
Türpfosten	40 45	26—30		Fichte Weißtanne
	50	26—32		

[1]) Im Deutschen Reich „Bohlen" genannt.

Breite bei Pfosten nach Zentimetern, bei Halb- und Türpfosten nach geraden Zentimetermaßen gestuft.

3. Latten.

Dicke × Breite mm		Länge m		Holzart
		Kürzungs-ware	Regel-ware	
12 × 40	12 × 50			Fichte
18 × 40	18 × 50			Tanne
(20 × 40)	(20 × 50)	1—3,5	4—6	höchstens
24 × 40	24 × 50			10%
(26 × 40)	(26 × 50)			Föhre
—	30 × 50			

4. Staketen.

Dicke × Breite mm	Länge m		Holzart
	Kürzungsware	Regelware	
24 × 24			Fichte
(26 × 26)	1—3,5	4—6	Tanne
30 × 30			Lärche

Geklammerte Größen möglichst vermeiden. Längenstufung nach halben Metern.

5. Staffel (kernfrei).

Dicke × Breite mm			Länge m		Holzart
			Kürzungs-ware	Regel-ware	
45 × 50	45 × 60	45 × 75			Föhre
50 × 80					Fichte, Tanne, Föhre
60 × 75	60 × 80	60 × 85	3 u. 3,5	4—6	Föhre
80 × 80	80 × 100				Fichte, Tanne,
100 × 100					Föhre, Lärche

Längenstufung nach 0,5 m.

6. Kantholz (mit Kern).

Breite × Höhe cm					Länge m		Holzart
					Kürzungs-ware	Regel-ware	
5 × 5	5 × 8				3 u. 3,5		Fichte, Tanne, Föhre, Lärche
8 × 8	8 × 10	8 × 12	8 × 14	8 × 16			
10 × 10	10 × 14	10 × 16	10 × 18	10 × 22			Fichte
12 × 12	12 × 16	12 × 20	12 × 24		—	4—6	Tanne
14 × 14	14 × 18	14 × 22	14 × 26				(Föhre möglichst
16 × 16	16 × 20	16 × 24					vermeiden)
18 × 18	18 × 22	18 × 26					
	20 × 24						

Längenstufung nach 0,5 m.

Bearbeitung.

Die Bearbeitung mit Axt und Beil ist völlig in den Hintergrund getreten; gegenwärtig erfolgt die Bearbeitung ausnahmslos durch Werkzeugmaschinen. Als deren wichtigste für die Holzbearbeitung seien angeführt:

Rahmensägemaschinen (Sägegatter), Vertikal- und Horizontalgatter, Mittelgatter (Blochgatter), Saum- oder Schwartengatter, Vollgatter;

Band-, Kreis- und Pendelsägen;

Hobel-, Fräs-, Bohr- und Stemmaschinen;

Drehbänke.

V. Eisen.

Das im Hochofen durch das Schmelzen von Eisenerzen gewonnene Roheisen wird je nachdem, ob der enthaltene Kohlenstoff chemisch gebunden oder zum Teil als Graphit eingelagert ist, als weißes und graues Roheisen bezeichnet. Halbiertes Roheisen nimmt eine Zwischenstellung ein. Roheisen hat mehr als $1,7\%$ Kohlenstoff und läßt sich weder schmieden noch walzen, hämmern und pressen.

Das weiße Roheisen ist das Vorprodukt des **schmiedbaren Eisens**, das graue Roheisen das des **Gußeisens**.

Die bisher übliche Unterscheidung in Schmiedeeisen, Schweißeisen, Flußeisen und Stahl ist im Hinblick auf die schwere eindeutige Grenzziehung zwischen schmiedbarem Eisen und Stahl fallen gelassen worden; es führt nunmehr jedes ohne Nachbehandlung schmiedbare Eisen die Bezeichnung „Stahl".

Nach der Art der Gewinnung unterscheidet man Schweißstahl und Flußstahl.

Schweißstahl (Puddelstahl) wird in teigigem Zustande gewonnen (kaum mehr erzeugt);

Flußstahl wird in flüssigem Zustande gewonnen.

1. Begriff; Eigenschaften
der im Hochbau vornehmlich verwendeten Eisenarten.

Flußstahl ist das aus Roheisen oder Roheisen und Erz oder Roheisen und Alteisen oder Alteisen und sonstigen Zuschlägen im Schmelzverfahren gewonnene Erzeugnis. Es ist schmiedbar, beim Erhitzen allmählich bis zum Schmelzen erweichend. Der Kohlenstoff hält sich unter $1,7\%$. ÖNORM M 3100.

Zur Unterscheidung der einzelnen Stahlmarken dienen bei unlegierten Flußstählen die Buchstaben St mit zwei zweistelligen Zifferngruppen, deren erste die Mindestzugfestigkeit und die zweite die beiden letzten Ziffern der bezüglichen Normenblattnummern angeben. Z. B. St 50.12.

Bei Flußstahl in Handelsgüte mit nicht gewährleisteter Zugfestigkeit lautet die erste Zifferngruppe 00. Z. B. St 00.13.

Unlegierter Flußstahl für Einsatzhärtung[1] qder Vergütungszwecke[2] führt neben den Buchstaben StC als erste Zifferngruppe die Angabe des hundertfachen Gehaltes an Kohlenstoff, während die zweite die Normblattnummer wie vor anzeigt. Z. B. StC 35.61 (0,35% mittlerer Kohlenstoffgehalt, Normblatt M 3161).

Die Bezeichnung legierter Einsatz- und Vergütungsstähle erfolgt entweder durch die Buchstaben E oder V und weiters noch durch die Buchstaben C (Chrom) bzw. N (Nickel) mit anschließender zweistelliger Zahl, die das Zehnfache des wichtigsten Legierungsbestandteiles angibt. Z. B. VCN 35. Muß ausnahmsweise das Herstellungsverfahren gekennzeichnet werden, so wird dies durch die Beifügung der Buchstaben B für Bessemer-, Th für Thomas-, M für Martin-, T für Tiegel-, E für Elektrostahl ausgedrückt. Z. B. StC 35.61 E.

Flußstahl bildet den Hauptbaustoff des Eisenbaus.

Stahlguß ist im Martin-, Elektrotiegelofen oder in der Birne erzeugter und in Formen gegossener Stahl, ein Flußstahl also, der durch Guß und nicht durch Walzen in seine Endform gebracht wird; er ist ohne weitere Behandlung schmiedbar (ÖNORM M 3181).

Die Bezeichnung erfolgt durch die Buchstaben Stg und zwei Zifferngruppen, deren erste die Mindestzugfestigkeit, deren zweite das Normenblatt bezeichnet. Z. B. Stg 52.81.

Gußeisen ist unmittelbar aus Erzen oder aus Roheisen (allein oder zusammen mit anderen Schmelzzusätzen) oder aus Stahlschrot erschmolzenes und in Formen gegossenes, nicht schmiedbares Eisen (ÖNORM M 3191).

Einteilung nach Art und Menge der Graphitausscheidung in graues, halbgraues, weißes Gußeisen und Hartguß (Schalenguß), nach der Herstellungsart in Sandguß, Kokillenguß, Schalenguß und Schleuderguß und nach dem Verwendungszweck in Bauguß, Klein-, Fein-, Zier- und Kunstguß, Maschinenguß usw.

Die Bezeichnung erfolgt durch die Buchstaben Ge und zwei zweistellige Zifferngruppen, deren erste die Zugfestigkeit, deren zweite das Normenblatt angibt. Z. B. Ge 12.91.

Das Gußeisen wird im Hochbau vornehmlich für solche Konstruktionen verwendet, die nur durch ruhende Belastungen und auf Druck beansprucht werden (Säulen, Lagerplatten u. dgl.), außerdem für Abflußrohre, Kanalisationsbestandteile, Ofen- und Herdbestandteile usw.

Temperguß ist ein durch bestimmte Glühverfahren stahlähnliche Eigenschaften annehmendes Gußeisen. Temperguß ist hämmerbar, leicht bearbeitbar und in beschränktem Maße schmiedbar. Bezeichnung durch die Buchstaben Te und zwei Zahlengruppen wie vor. Verwendung für Fittings, Schlüssel u. dgl.

---

[1] Einsetzen: Kohlenstofferhöhung kohlenstoffarmen Stahles durch Glühen desselben mit kohlenstoffabgebenden Mitteln.

[2] Vergüten: Härten mit darauffolgender Wiedererwärmung.

2. Festigkeit und Beanspruchungen.

(Unter Mitbenutzung der ÖNORM B 2104, dritte geänderte Ausgabe. (Knickung ist nach ÖNORM B 1002, dritte geänderte Ausgabe, zu berücksichtigen.)

Werkstoff			Festigkeit		Streck-grenze	Zulässige Beanspruchung kg/cm²							
			Zug kg/mm²	Druck kg/cm²		Zug	Druck	Biegung	Bei Biegung Zug	Bei Biegung Druck	Ab-scherg.	Schub	Lei-bungs-druck
Flußstahl gewalzt	Bauteile aus Walzstahl	St 00.11	34—50¹)	Nach der Streckgrenze verschieden	~ 55°/₀ der Zugfestigkeit	1200	1200	1200				900	
		St 37.11	37—45			1400	1400	1400				1120	
		St 44.12	44—52			1680	1680	1680				1350	
	Nieten u. Paß-schrauben	St 36.13	36—42								900 1120		1800 2520
		St 40.13	40—47								1350		3000
	Rohe Schrauben	St 00.13	34—50¹)			Ankerschr. 850					700		1400
		St 38.13	38—45			1000					800		1600
		St 40.13	40—47			1100					950		1900
Flußstahl geschm., Stahlguß	Lager und Gelenke	St 50.11	50—60			2000	2000	2000					
		St 52.81	mind. 52										
Gußeisen	Säulen		mind. 12	7000 bis 8500			900		400	800			
	Lager,²) Gelenke						1100		500	1000			

¹) Wird vom Walzwerk nicht gewährleistet; die angegebenen Beanspruchungen setzen eine Mindestzugfestigkeit von 30 kg/mm² voraus.

²) Bei Lagerteilen kann für Druck bei gehinderter Querdehnung als zulässige Beanspruchung das 4,5fache des Tafelwertes für Druck genommen werden.

Das spezifische Gewicht des Flußstahls beträgt 7,85, das des Gußeisens 7,3. Elastizitätsmodul des Flußstahls 2 100 000 (St 52.81 — 2 150 000), Elastizitätsmodul des Gußeisens 1 000 000. Der lineare Ausdehnungskoeffizient des Flußstahls beträgt 0,000015—0,000012, der des Gußeisens 0,00001.

3. Die im Hochbau meist verwendeten Eisenerzeugnisse als Handelsware.

Flußstahl: Formstahl, Stabstahl, Breitflachstahl (alte Bezeichnungen: Formeisen, Stabeisen, Universaleisen), Bleche, sonstige Walzprofile, Rohre, Befestigungsmittel, Draht.

Gußeisen: Säulen, Maste, Balkenschuhe, Auflagerplatten, Heizkörper, Kanalisationsbestandteile, Rohre usw.

Flußstahl.

Formstahl: I, [≥ 80 mm und ⌐⌐,

Stabstahl: I, [< 80 mm, Γ, L, L, ⊥, ⊥, □, ○, ▭.

Bleche.

Sonstige Walzprofile: ⌐, Bandstahlleichtprofile, Fenstereisen, Rinneneisen, Rohre, Schienen usw.

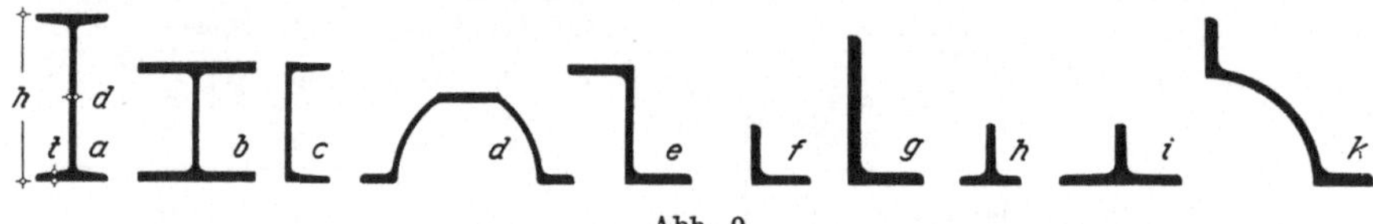

Abb. 9.

Doppel-T-Träger. ÖNORM M 3301, DIN 1025. Die Profilbezeichnung erfolgt nach der Höhe h in cm; z. B. I 24. Abb. 9 a.

Ober- und Unterflansch: Neigung 14%. Mittlere Flanschstärke t rund 1,5 d.

Profile 8—40 von 2 zu 2 cm steigend, ferner $42^1/_2$, 45, $47^1/_2$, 50 und Fachwerkbau-I-Träger 14 (IF 14).
Deutsche Profilnummern 8—60.
Regellängen 4—14 m (Lagerlängen 4—9 m).

Breitflansch-I-Träger. ÖNORM M 3302. Die Profilbezeichnung erfolgt nach der Höhe h in cm mit Beisetzung des Buchstaben b; z. B. I 22 b.

Ober- und Unterflansch geneigt.
Profile 10 b bis 32 b von 4 zu 4 steigend.
Die Breite des Ib-Trägers ist beiläufig 70—30% $>$ als die der gewöhnlichen I-Träger gleicher Höhe.
Regellängen 4—14 m.

Peiner-Breit- und Parallelflansch-Träger (Deutsches Profil, DIN 1025). Abb. 9 b.

Profilbezeichnung nach der Höhe in cm; z. B. I P 40.
Profilnummern 16—65.
Breite bis I P 28 gleich der Höhe; von I P 30 bis I P 65 = 300 mm.
Regellängen 4—14 m (auf Wunsch bis etwa 30 m).

U-Träger oder C-Träger. ÖNORM M 3303, DIN 1026. Abb. 9 c.

Profilbezeichnung nach der Höhe in cm; z. B. [18.
Ober- und Unterflansch geneigt.
Profile 8—30 von 2 zu 2 cm steigend, ferner 35, 40 und Fachwerkbau-[Träger 14 ([F 14).
Deutsche Profile 3 bis 40.
Regellängen 4—12 m.

Belageisen. DIN 1023. Abb. 9 d.

Profilbezeichnung nach Höhe und Breite in mm. Z. B. Belageisen Höhe 60 mm, Breite 140 mm wird bezeichnet: ⌐ 60 . 140. Im Hochbau wenig verwendet.

Z-Eisen. ÖNORM M 3311, DIN 1027. Abb. 9 e.
Profilbezeichnung nach der Höhe in cm; z. B. ⌐ 10.

Die Flanschen sind nicht geneigt (parallelflanschig).
Profile 5, 6, 10, 16.
Deutsche Profile 3—20.
Regellängen ⌐ 3 ... 1—8 m.
Regellängen für ⌐ 4 und größere Profile ... 1—10 m.

Gleichschenkelige ∟ Eisen. ÖNORM M 3306, DIN 1028. Abb. 9f.
Profilbezeichnung nach Schenkellängen und Schenkelstärke in mm; z. B. ∟ 20 . 20 . 4.
Profile von ∟ 15 . 15 . 3 bis ∟ 200 . 200 . 20.
Deutsche Profile desgleichen.
Regellängen 3—12 m.

Ungleichschenkelige ∟ Eisen. ÖNORM M 3307, DIN 1029. Abb. 9g.
Profilbezeichnung nach Schenkellängen und Schenkelstärke in mm; z. B. ∟ 50 . 65 . 9.
Profile ∟ 20 . 30 . 3 bis ∟ 100 . 200 . 18.
Deutsche Profile desgleichen.
Regellängen 3—12 m.

T-Eisen. ÖNORM M 3309, DIN 1024.
Hochstegige: $h : b = 1 : 1$. Abb. 9h.
Profilbezeichnung nach Höhe (= Breite) in cm; z. B. T 4.
Profile 2, 3, $3^1/_2$, 4, $4^1/_2$, 5.
Deutsche Profile $1^1/_2$ bis 18.

Breitfüßige: $b : h = 2 : 1$. Abb. 9i.
Profilbezeichnung nach Breite und Höhe in cm; z. B. T 10 . 5.
Profile T 8 . 4 und T 10 . 5.
Deutsche Profile T 6 . 3 bis T 20 . 10.
Regellängen 3—10 m.

Quadrateisen: Dicke 5—300 mm.
Regellängen je nach Dicke 3—12 m.

Rundeisen: Dicke 5—300 mm.
Regellängen je nach Dicke 3—12 und 14 m.

Rechteckeisen: Band-, Flach- und Breitflachstahl.
Bandstahl: 9,5—450 mm Breite und 0,75—8 mm Dicke.
Flachstahl: 8—150 mm Breite und 3—100 mm Dicke.
Breitflachstahl: über 150 mm Breite, über 3 mm Dicke.
Regellängen für Flach- und Breitflachstahl 3—12 bzw. 15 m.

Bleche: DIN 1542 und 1543, 1620 bis 1623.
Feinbleche unter 3 mm.
Mittelbleche von 3 bis unter 5 mm.
Grobbleche 5 mm und mehr.
Riffelbleche: Breiten bis 800 bzw. 1500 mm bei Kerndicken von 3,5—20 mm und Längen bis 3 bzw. 6 m.

Riffeln 1,5—2,5 mm hoch und 5 mm breit.

Für Fein- und Mittelbleche Lagergrößen: Breiten 800—1250 mm und Längen bis 1600 und 2500 mm.

Für Grobbleche Lagergrößen: Breiten bis 2800 mm (lieferbar bis 4500 mm), und Längen bis 8000 mm (lieferbar bis 16000 mm).

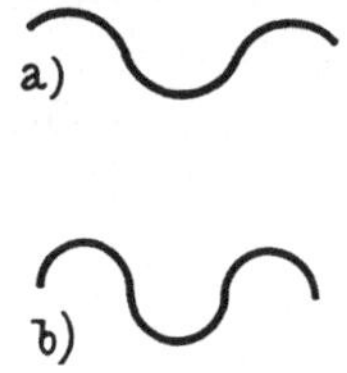

Schwarzbleche sind nach dem Walzen keiner weiteren Behandlung unterworfen.

Weißbleche sind gebeizte und verzinnte Schwarzbleche.

Wellbleche:

Abb. 10a. Flache Wellbleche: Welle aus Parabelbogen, Bezeichnung durch ∿ $b \cdot h \cdot t$ in mm; z. B. ∿ 76 . 20 . 1.

Abb. 10.

Abmessungen: $b = 60—150$ mm, $h = 20—60$ mm, $t = 0,625—2$ mm.

Regelbaubreiten: 600—810 mm.

Längen: 1—4 m.

Trägerwellbleche: Welle aus Kreisbogen. Abb. 10b. Bezeichnung wie vor. Abmessungen: $b = 90$ und 100 mm, $h = 50$, 60, 70, 80, 100 mm, $t = 1$, 1,25, 1,5 und 2 mm.

Regelbaubreiten: 400, 450, 500 und 600 mm.

Längen: 1—4 m.

Streckmetall: Gitterartig durchbrochene Stahlbleche verschiedener Stärken und Maschenweite.

Quadranteisen: Profilbezeichnung nach innerem Halbmesser und Wandstärke in mm. Abb. 9k.

Profile: ⌐ 50 . 4 bis ⌐ 150 . 18.

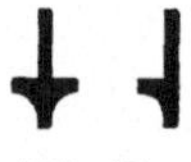

Fenstereisen: Ganze und halbe Profile, 25, 29 und 35 mm hoch. Abb. 11.

Abb. 11.

Rohre:

Nahtlose Gasrohre, DIN Vornorm 2440. Innerer ⌀ 6—155 mm; Wandstärken je nach Nennweite 2—4,5 mm. Genügen für Kaltwasserprobedruck von 15 kg/cm².

Nahtlose Dampfrohre (Dickwandige Gasrohre), DIN Vornorm 2441. Innerer ⌀ annähernd gleich wie vor; Wandstärke je nach Nennweite 2,5—5,5 mm. Genügen einem Kaltwasserprobedruck von 25 kg/cm².

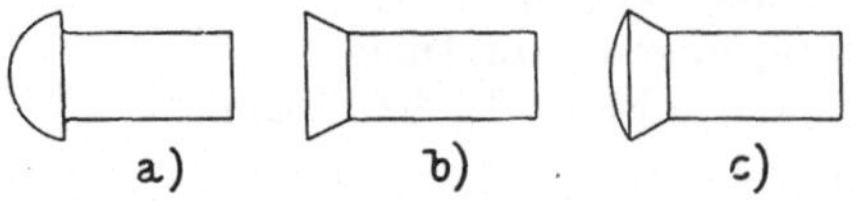

Geschweißte Rohrleitungsrohre, DIN 2454 und 2452. Außen-⌀ 57 bis 420 mm; Wandstärke bis 17 mm. Genügen Probedrücken bis zu 70 kg/cm².

Abb. 12.

Befestigungsmittel:

Nieten: DIN 124, 302 und 303. Halbrundnieten (Abb. 12a), Senknieten (Abb. 12b), Linsensenknieten (Abb. 12c).

Ein Niet besteht aus dem Setzkopf, dem Schaft und dem Schließkopf. Rohniet $\varnothing\ d$ 10—43 mm (entspricht bei geschlagenem Niet 11 bis 44 mm). Sinnbilder nach ÖNORM B 2324 Abb. 14.

Schrauben: Im Stahlhochbau finden allgemein rohe Sechskantschrauben mit Whitworthgewinde mit rohen Muttern und rohen Unterlagsscheiben Anwendung.

Abb. 13.

Schaft-$\varnothing$:[1]) 6,35 mm ($^1/_4{}''$) bis 100 mm ($4''$). DIN 418, 532. Vierkantschrauben (Bauschrauben). Whitworthgewinde. Schaft-$\varnothing$: 11,5—42 mm

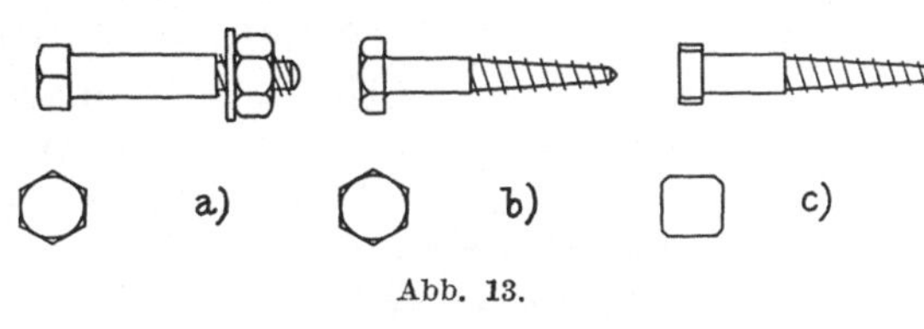

Abb. 13.

und für Holzverbindungen bis 55 mm. DIN 434—436.

Vierkantholzschrauben (ÖNORM M 5354), Abb. 13 c.

Sechskantholzschrauben (ÖNORM M 5353), Abb. 13 a, 13 b.

Halbrundholzschrauben (ÖNORM M 5350),

Senkholzschrauben (ÖNORM 5351).

Linsensenkholzschrauben (ÖNORM 5352).

Sinnbilder nach ÖNORM B 2334. Abb. 14.

Nägel: Geschmiedete Nägel, geschnittene Nägel, Drahtstiften.

Draht: Querschnitt 5—13 mm, gewalzt, Querschnitt < 5 mm, gezogen.

Nieten

Lochdurchmesser mm	11	14	17	20	23	26	29	32	35	38	41	44
Beiderseits Halbrundkopf, Ansicht und Schnitt							Sinnbild mit Angabe des Lochdurchmessers z. B.:			32		32

Schrauben

Whitworthgewinde	$^1/_4{}''$	$^5/_{16}{}''$	$^3/_8{}''$	$^1/_2{}''$	$^5/_8{}''$	$^3/_4{}''$	$^7/_8{}''$	$1''$	$1^1/_8{}''$	$1^1/_4{}''$	$1^3/_8{}''$	$1^1/_2{}''$	$^{15}/_8{}''$	$1^3/_4{}''$
Schraube in Ansicht												mit Gewindebezeichnung, z. B.: $1^1/_2{}''$		
Schraube in Schnittzeichnungen	$^1/_2{}''$				mit Gewindebezeichnung, z. B.:							$1^1/_4{}''$		

Abb. 14.

Gußeisen.

Rohre.

Abflußrohre: Muffenrohre mit Baulängen 250, 500, 750, 1000, 1250, 1500 und 2000 mm (ohne Einbeziehung der Muffen). ÖNORM B 8001.

---

[1]) Annähernd gleich dem Gewindedurchmesser.

Nenndurchmesser (innere Lichte) 50, 70, 100, 125, 150 und 200 mm;
Wandstärken 5 und 6 mm.

Die Abflußrohre sind innen und außen asphaltiert.

Außer den geraden Rohren: Bogen, Aufstandsbogen, Übergangsstücke, Sprungstücke, T-Stücke und Abzweiger (ÖNORM B 8002—8008).

4. Verhalten des Eisens gegen chemische Einflüsse und Feuer.

Chemische Einflüsse.

Säuren und Salze greifen das Eisen an. Die Konzentration der Säuren,
die Zusammensetzung des Eisens und die Beschaffenheit der Salze —
ob trocken oder in Gegenwart von Wasser einwirkend — beeinflussen
die Wirkung im hohen Maße.

Die praktisch wichtigste Form der Eisenkorrosion[1]) ist der Rost.
Wie zerstörend sich die Rostbildung auswirkt, mag aus dem Hinweis
erhellen, daß die Deutschen Reichsbahnen jährlich 46 Millionen Goldmark für Rostschutz verausgaben!

Die Rostbildung geht unter bedeutender Volumenvergrößerung vor sich.

Stahl rostet stärker als Gußeisen; Legierungen des Stahls mit Kupfer,
Chrom, Nickel, Kobalt erhöhen die Rostsicherheit sehr bedeutend oder
schließen die Rostbildung überhaupt aus. Die solcherart geschaffene
höhere Widerstandsfähigkeit gegen Rost wirkt sich jedoch im allgemeinen
bei Baustählen infolge des hohen Preises des Verfahrens und der schweren
Bearbeitung mancher solcher Legierungen praktisch noch wenig aus.

Im Deutschen Reiche beginnt sich die Verwendung gekupferten
Stahles auch für Bauzwecke einzubürgern.

Rostschutzverfahren:

α) Überzüge: Metallüberzüge hauptsächlich aus Zink, Zinn, Blei,
Kupfer, Nickel, Aluminium, Chrom und Kobalt. Die Überzüge aus
elektronegativen Metallen sind empfehlenswerter als solche aus elektropositiven Metallen. Die Herstellung des Überzuges kann auf elektrolytischem Wege, ferner durch Eintauchen in geschmolzenes Metall, durch
Aufspritzen geschmolzenen Metalles und durch das Sheradisieren (Erhitzen des Eisens im Metallstaub) erfolgen. Voraussetzung für den wirksamen Schutz ist die Dichte des Überzuges, die nicht bei allen Verfahren
gleich gewährleistet ist.

Brünierung: Durch künstliche Oxydation erzielter schützender
Überzug aus Eisenoxydoxydul.

Emaillierung: Überzüge aus Bor- oder Zinnglasuren.

Die genannten Verfahren beziehen sich auf fabrikmäßige Herstellung
der Überzüge auf Bleche, kleinere Formstücke, Installationsgegenstände,
Kochgefäße u. dgl.; Emaillierungen werden in jüngster Zeit mit gutem
Erfolge auch bei Rinnensprossen angewendet.

---

[1]) Unter Korrosion im allgemeinen versteht man die Zerstörung eines
Metallkörpers durch unbeabsichtigte chemische und elektrochemische Angriffe von außen.

In der chemischen Industrie werden auch Hartgummiüberzüge bis zu 5 mm Stärke gegen Korrosion mit gutem Erfolge verwendet.

β) Anstriche: Sie bilden den meist angewandten Rostschutz im Baugewerbe. Allen solchen Anstrichen muß eine verläßliche Reinigung des Eisens von Schmutz, Öl, Staub, Farben und insbesondere Rost vorangehen. Grobe derartige Verunreinigungen werden mit der Drahtbürste, dem Sandstrahlgebläse, unter Umständen mit dem Hammer entfernt; hierauf Abreiben mit Bimsstein, Abwaschen mit verdünnter Salzsäure und Nachspülen mit Kalkwasser. Auf die gereinigte und unbedingt trockene Oberfläche wird der Grundierungsanstrich und nach dessen Trocknung der Deckanstrich aufgebracht.

Grundierung mit Leinölfirnis und Bleimennige oder allfällig Zinkweiß, Zinkoxyd oder Bleichromat, Bessemerfarbe, Medium-Lubrose. Die Beschaffenheit des Pigments und des Bindemittels sowie das Mischungsverhältnis beeinflussen die Wirksamkeit dieses den eigentlichen Rostschutz bildenden Anstriches.

Deckanstriche: Leinölfirnis mit Chromoxydgrün, Eisenoxydrot, Aluminiumbronze, Zinkweiß, Zinnoxyd oder Bleiweiß, Bessemerfarbe, Siderosthen-Lubrose. Für den letzten Deckanstrich empfiehlt Hans Wolf[1]) statt des Leinölfirnisses mit Lackbenzin verdünntes Standöl (durch Verkochen von Leinöl hergestellt).

Für unterirdische Rohrleitungen wird auch ein Deckanstrich aus verkochtem Holz- und Pflanzenöl mit Zinkchromat, durch Benzin verdünnt, empfohlen. Gut bewährt haben sich dickere Teeranstriche auf Bleimennigegrundierung und bituminöse Grundier- und Deckanstriche.

Teeranstriche sollen stets auf erwärmtem Eisen aufgebracht werden und, wenn mechanische Angriffe zu gewärtigen sind, durch Umwicklung mit teergetränkter Jute gesichert werden.

Feuerbeständigkeit.

Eisen ist nicht feuerbeständig. Es verliert, hohen Temperaturen ausgesetzt, allmählich seine Festigkeit[2]) und schmilzt schließlich bei etwa 1400°. Auch die bei hohen Temperaturen stark in Erscheinung tretende Ausdehnung birgt hohe Gefahren für die Standsicherheit in sich. Stark erhitzte gußeiserne Säulen bersten bei Auftreffen des Löschwassers.

Eiserne Konstruktionsglieder, für die ein erhöhter Feuerschutz gefordert wird, sind durch feuerbeständige oder feuerhemmende Umhüllungen vor dem Flammenangriff und der unmittelbaren Einwirkung der hohen Brandtemperaturen zu schützen.

Als solche Umhüllungen kommen Mantelbildungen aus Klinker und Mauerziegeln, Beton, allfällig auch Korkplatten mit Putz und andere Verkleidungen in Betracht. Siehe auch Seite 102—105.

---

[1]) Hans Wolf: „Allgemeines über Metallkorrosion", in Graf und Goebel, Schutz der Bauwerke. Berlin. 1930.

[2]) Bei 430° beginnt die bei niedrigeren Temperaturen angewachsene Festigkeit zu schwinden; Temperaturen von 540° und mehr führen zur Zerstörung.

VI. Metalle (außer Eisen).

Verwendung im Hochbau.

Allgemeines: Bei Berührung verschiedener Metalle in Gegenwart stromleitender Flüssigkeiten oder Feuchtigkeit entstehen vom Metalle geringeren Potentials zum Metalle höheren elektrolytischen Potentials fließende galvanische Ströme, die bei dauernder Einwirkung zur Zerstörung der Metalle führen, indem das Metall kleineren Potentials allmählich aufgelöst wird. Daher wird bei schadhafter Verzinnung das Eisen, bei schadhafter Verzinkung das Zink zerstört.

Blei: Rohre, Blech, Draht, Gußblei.

Die Wärmeausdehnung des Bleis = 0,000028, also etwa 2,5mal größer als die des Flußstahles.

Quell- und Brunnenwasser bilden mit dem Blei der Rohrleitungen schwer lösliche, haftende Bleiverbindungen, während Regenwasser oder sehr kohlensäurearmes Wasser leicht lösliche, giftige Bleioxydhydrate bilden; aber auch besonders hoher Kohlensäuregehalt des Quell- und Brunnenwassers kann schädlich und auf das Bleikarbonat lösend einwirken.

Bleirohre für Gas- und Wasserleitungen erhalten 4—25 mm ⌀ bzw. 10—80 mm ⌀ und als Abflußrohre 30—150 mm ⌀. Hierzu Knie, Muffen und Siphons.

Bleiblech und Bleifolien werden für Isolierungszwecke verwendet; Bleche von 1,5—2 mm Stärke auch für Dachdeckungen und zum Ausfüttern säurewiderstandsfähiger Behälter.

Gußblei wird zum Vergießen von Eisenkonstruktionen in Stein und zum Dichten von Rohrleitungen verwendet.

Kalk- und Zementmörtel greifen Blei an. Gegen Atmosphärilien ist Blei sehr beständig.

Zink: Zinkguß, Blech.

Das Blech findet für Dachdeckungen, Dachverblechungen, Gesimsabdeckungen, Rinnen und Abfallrohre ausgebreitete Verwendung.

Tafelgrößen: 0,65 × 2,0; 0,8 × 2,0; 1,0 × 2,0 und 1,0 × 2,5 m.

Blechstärken: Von 0,1—2,68 mm.

Im Bauwesen meist verwendete Blechstärken:

Nr. 12	13	14	15	16
0,66	0,74	0,82	0,95	1,08 mm

Die Wärmeausdehnung beträgt 0,000028 (ebenso wie Blei, also 2,5mal größer als bei Flußstahl.

Zink ist sehr wetterbeständig. Säuren, Salze, Harze, Kalk-, Zement- und Gipsmörtel greifen Zink an.

Kupfer: Blech, Draht, Rohre.

Bleche für Dachdeckungen von 0,2—1,2 mm, für Rinnen 0,75 mm. Draht für Blitzableiter und elektrische Leitungen.

Wärmeausdehnung = 0,000017 (etwa 1,5mal so groß als bei Flußstahl).

Säuren und Salze zersetzen das Kupfer. Mörtel greifen Kupfer an.

Messing und Tombak: Kupfer-Zink-Legierungen mit mindestens 58% bzw. mindestens 78% Kupfer.

Verwendung im Bauwesen als Stangen, Rohre, Bleche, Gußstücke (Beschläge) des inneren Ausbaus, ferner für Muffen usw.

Bronze: Im wesentlichen Kupfer-Zinn-Legierung.

Im Bauwesen nur für kunstgewerbliche Arbeiten des inneren Ausbaus verwendet.

Aluminium: Bleche.

Für Dachdeckungen, Rinnen und Abfallrohre infolge des hohen Preises wenig verwendet; im Portal- und inneren Ausbau in neuerer Zeit oft herangezogen.

Gute Beständigkeit gegen Atmosphärilien. Aluminium wird von Kalk- und Zementmörtel angegriffen.

Anticorodal: Thermisch vergütete Aluminiumlegierung. Bleche und Profile. Verwendung insbesondere im Portal- und Fensterbau sowie für Beschläge und Innenausbau. Gegen Atmosphärilien widerstandsfähig. Von Kalk- und Zementmörtel wird Anticorodal angegriffen.

VII. Asphalt.
ÖNORM C 9201.

Die österreichischen Normen treffen die Einteilung in Naturasphalte (Asphalte oder Erdpech, Asphalite und Asphaltgestein) und Erdölasphalte (durch Destillation asphalthaltiger Erdöle gewonnen).

Vorkommen: Asphalte: U. a. Albanien, Dalmatien, Kalifornien, Kuba, Palästina, Trinidad, Venezuela.

Asphalite: U. a. Kuba, Mexiko, Syrien, Westvirginia.

Asphaltgesteine: U. a. Abruzzen, Braunschweig, Dalmatien, Elsaß, Hannover, Rumänien, Schweiz.

Erdölasphalte: U. a. Kalifornien, Mexiko, Rumänien, Texas, Venezuela.

Der Bitumengehalt schwankt zwischen rund 5 bis rund 15% bei Asphaltgesteinen bis zu sehr hohen Hundertsätzen bei Erdpechen und Asphaliten und bis zu 99% bei Erdölasphalten.

Die Bezeichnungen „Bitumen" und „Asphalt" gehen vielfach unterscheidend und zusammenfassend nebeneinander her. Die strenge Scheidung zwischen „Bitumen" als reines Produkt und „Asphalt" als ein natürliches Bitumengemisch mit anderen Stoffen und Materialien „bituminöser Basis" (wie alle künstlichen Erzeugnisse, wie Teer und Pech, mit „Bitumen" oder „Asphalt"), wie Dr. Weiher[1] eine solche Scheidung anregt, würde viele Unklarheiten beseitigen.

Schmelzpunkt je nach Reinheit bzw. Zusätzen verschieden. So schmilzt reiner Asphalt bei 100°, Gudron (s. nachstehend) je nach Zusammensetzung bei 40—50°.

---

[1] Weiher: „Richtig isolieren". Stuttgart: Wedekind & Co.

Verwendung im Hochbau.

Reines Bitumen: Zur Herstellung von vornehmlich der Eisenkonservierung dienenden Lacken; für heiß aufzubringende Isolieranstriche; zur Herstellung von bituminösen Lösungen, Emulsionen[1]) und Pasten für Isolierzwecke; zur Tränkung teerfreier Dachpappe und als Zusatz zur Imprägnierung von Teerdachpappe, zur Tränkung von Gewebeplatten (Asphaltfilzplatten); als Bindemittel für Isolierstoffe (z. B. Asphaltkorkplatten).

Asphaltmastix, das ist ein aus gepulvertem Asphaltgestein und flüssigen Erdölrückständen oder aus gepulvertem Kalkgestein und Gudron (s. d.) in sogenannte Mastixbrote von etwa 25 kg Gewicht gegossenes Produkt mit 15—25% Bitumengehalt.

Asphaltmastix findet hauptsächlich unter Beimengung von Gudron Verwendung zur Herstellung von Gußasphalt. Verwendung desselben in 1—2 cm Stärke für Estriche, ferner für Fundamentisolierungen, Gewölbeabdichtungen, Fugenvergüsse und mit Kies vermengt zur Herstellung des Asphaltbetons.

Gudron: Auch in diesem Falle ist die Bezeichnung nicht eindeutig festgelegt. Die Angaben über die Stoffe, aus denen Gudron gewonnen wird, schwanken zwischen Naturasphalt und reinem Bitumen einerseits und Steinkohlenteer oder Rückständen der Petroleumraffinerie anderseits. Stellenweise wird die Verwendung von Steinkohlenteer zur Herstellung des Gudrons geradezu als Verfälschung bezeichnet.[2])

Gudron findet, heiß aufgetragen, Verwendung als Fundamentisolierung und, mit Asphaltmastix zusammengeschmolzen, zur Herstellung des Gußasphalts.

Stampfasphalt: Aus erhitztem Asphaltgesteinpulver hergestellt, findet im Hochbau geringe, aber um so mehr Verwendung im Straßenbau.

VIII. Dachpappe.

ÖNORM B 3634 und B 3635; DIN DVM 2121, 2122, 2125 bis 2129, 2132 und 2133.

1. **Teerdachpappe** ist eine aus Hadern und Abfällen von Faserstoffen (Wolle, Baumwolle, Flachs, Hanf, Jute, Zellstoff) hergestellte Rohpappe, die mit Erzeugnissen der Steinkohlenteerdestillation bei höheren Temperaturen vollkommen durchtränkt, und ein- oder doppelseitig gesandet ist.

Die deutschen Normen sehen auch nackte Teerdachpappen vor.

2. **Teerfreie Dachpappe** ist eine wie vor beschriebene Rohpappe, die mit einer teerfreien, bituminösen Tränkmasse einfach durchtränkt und beiderseits mit einem Bestreuungsmittel (Sand, Talkum, Sägemehl und dergleichen) versehen ist.

---

[1]) Das sind fein verteilte, einander nicht lösende Flüssigkeiten.
[2]) **Lueger:** „Lexikon der gesamten Technik".

3. **Teerfreie Spezialdachpappe** hat außer der Tränkung mit teerfreier, bituminöser Masse noch einen teerfreien bituminösen Überzug. Sie ist in der Regel beiderseitig mit Stoffen, wie unter 2 angegeben, bestreut.

4. **Isolierpappe** ist mit größeren Mengen an Tränkmasse getränkte Teer- oder teerfreie Dachpappe, die beiderseits mit Sägemehl oder Korkschrot bestreut ist.

Für Tränkmassen der Teerdachpappen dürfen nach österreichischen Normen nur Erzeugnisse der Steinkohlenteerdestillation verwendet werden; nach deutschen Normen ist die Beimischung von Bitumen bis zu 25% zulässig. Braunkohlenteer bzw. dessen Paraffingehalt macht Dachpappe spröde und ist daher als Tränkungsmasse auf ein Minimum zu beschränken. (Nach österreichischen Normen darf der Paraffingehalt teerfreier Dachpappen höchstens 4%, nach deutschen Normen höchstens 2,5% betragen.)

Der Erweichungspunkt der Tränkmasse geteerter Dachpappe liegt zwischen 20 und 40⁰, bei teerfreier Dachpappe über 70⁰.

Die Bezeichnung der Pappe erfolgt nach Nummern, d. h. durch Angabe der in einer Rolle Rohpappe mit 1 m Breite und 50 kg Gewicht enthaltenen Anzahl von Längenmetern.

In Österreich genormt:

Benennung	Nummernbezeichnung				
Teerdachpappe	—	90	120	150	200
Teerfreie Dachpappe	—	90	120	150	200
Teerfreie Spezialdachpappe	70	90	120	150	—
Isolierpappe	70	90	—	—	—

Nach deutschen Normen erfolgt die Bezeichnung nach dem Quadratmetergewicht der Rohpappe (0,625, 0,500, 0,333 kg/m²) als 625er-, 500er- und 333er-Teerdachpappe und teerfreie Dachpappe.

Es entspricht die deutsche 526er- der österreichischen 80er-, die deutsche 500er der österreichischen 100er-, die deutsche 333er- der österreichischen 150er-Pappe.

Dachpappe muß vollständig gleichmäßig durchtränkt sein und die Spaltfläche muß durchaus schwarzfärbig erscheinen; Dachpappe muß ferner biegsam und wasserundurchlässig sein. Mehrmaliges Biegen um 180⁰ um einen zylindrischen Dorn darf keine Risse ergeben. Genaue Prüfungsvorschriften s. ÖNORM B 3635 und DIN DVM 2123 und 2124, 2130 und 2131.

Ruberoid-Dachpappe ist eine teerfreie, mit einer aus Fettdestillationsrückständen hergestellten Masse imprägnierte Rohhadernpappe, die mit der gleichen Masse überzogen und mit Talkum bestreut ist.

Verwendung: Dachpappe: Für Eindeckungen und Dichtungen; Isolierpappe: für waagrechte und senkrechte Mauerwerksdichtungen.

Handelsbräuche: Teerdachpappe wird in Rollen von 10 m Länge und 1 m Breite, teerfreie und Spezialdachpappe in Rollen von

10 und 20 m Länge, Isolierpappe in Rollen von 5 m Länge und 1 m Breite geliefert. Isolierpappe kann auch nach Mauerbreiten geschnitten geliefert werden.

Ein Erzeugnis aus Teer- und teerfreier Dachpappe sind die Falzbautafeln mit etwa 1,5 cm breiten und etwa 0,7 cm tiefen schwalbenschwanzförmigen Falzen, die zur Bekleidung feuchter Wände verwendet werden. Rollen 1 m breit und 5 m lang. Marken: Globus, Kosmos usw. Abb. 88.

IX. Glas.

Glas ist ein durch das Zusammenschmelzen von Kalziumsilikat mit anderen Silikaten und Rohstoffen gewonnenes Produkt. Die Formgebung erfolgt entweder durch das Blasen des Glases oder bei Bauglas zumeist durch Gießen und Walzen.

Im Hochbau verwendete Glassorten und Glasarten: 1. Flachglas, 2. Glasbausteine.

1. Flachglas.

Nach ÖNORM B 3610 durch Ziehen auf mechanischem Wege (Ziehglas) oder Gießen und Walzen (Gußglas) hergestellt.

A. Unbearbeitetes Flachglas (Blankglas).

a) **Fensterglas** mit ungeschliffener Oberfläche.

Es wird je nachdem, ob 1. nur vereinzelte kleine Bläschen, 2. kleine Bläschen und kleine Kratzer nur in geringem Maße, 3. kleine Bläschen, Kratzer, Ziehstreifen und einzelne Körnchen, 4. größere Blasen, Schlieren, Ziehstreifen und zerkratzte Stellen und 5. gröbere Fehler erscheinen, als Fensterglas I. bis IV. Wahl und Ausschußglas unterschieden.

Wellen und Streifen dürfen bei I. und II. Wahl (Güte A und B) bei einer Durchsicht in einem Winkel von 30^0 und mehr, bei III. Wahl (Güte C) in einem Winkel von 45^0 und mehr die Durchsicht nicht stören.

Die **Dicke** variiert bei Wahl I und IV zwischen 1,7 bis 5 mm. Fensterglas gleicher Eigenschaften in Stärken 5—6 mm wird als Güte A bis D bezeichnet.

Abmessungen: Nach ÖNORM.

Fensterglas: Wahl I bis IV: Größtmaße 150—260 cm Länge und 70 bis 160 cm Breite; Güte A bis D: Größtmaße 399 cm Länge und 210 cm Breite.

Verwendung: I. und II. Wahl nur für hohe Anforderungen stellende Bauzwecke, III. Wahl und Güte C für Bauzwecke minder hoher Anforderungen, IV. Wahl und Güte D für verminderte Güteansprüche, Ausschußglas für Gewächs- und Treibhäuser. Die Güten A und B kommen für Bauzwecke nicht in Betracht.

Die früher üblichen Bezeichnungen **Lagerglas, Bauglas** und **4/4-Glas** für 1,7 mm starkes Fensterglas, **Solinglas** (bis 4 mm) und **Spezialglas** (5—6 mm) sind nach ÖNORM außer Gebrauch gesetzt.

Nach DIN 1249 kann Fensterglas geblasen oder maschinell erzeugt sein. Die Einteilung erfolgt nach ganz ähnlichen Gesichtspunkten wie bei ÖNORM B 3610 in Fensterglas I. bis IV. Sorte und Gartenglas. Auch die Verwendung der einzelnen Sorten ist in beiden Normen ganz ähnlich festgelegt.

Die Dicke wird nach deutschen Bestimmungen mit 4/4 (2,3 mm), 6/4 (3 mm) und 8/4 (3,8 mm) genormt.

b) Rohgußglas: Eine glatte und eine rauhe Fläche; ungemustert.

c) Schnürlgußglas: Einseitig glatt, einseitig gerippt.

d) Kathedralglas: Einseitig glatt, einseitig gehämmert aussehend.

e) Ornamentglas: Einseitig glatt, einseitig gemustert.

f) Drahtglas: Mit Drahteinlagen; einseitig glatt, einseitig gemustert oder gehämmert aussehend.

Verwendung des unbearbeiteten Flachglases: Für Bau-, Dach- und Gewächshausverglasungen; Rohgußglas insbesondere auch für Fußbodenlichten, Drahtglas für Ober- und Fußbodenlichten und Verglasungen, die gegen Einbruch und Feuer höheren Schutz bieten sollen, Ornament- und Kathedralglas für lichtdurchgängige, undurchsichtige Verglasungen.

Abmessungen des unbearbeiteten Flachglases (außer Fensterglas):
Nach ÖNORM:

Rohgußglas Schnürlglas Kathedralglas Ornamentglas	je nach Dicke von 4—30 mm bei Rohgußglas, 4—10 mm bei Schnürlglas und 3—3,5 mm bei Kathedral- und Ornamentglas	200—300 cm Länge	114 cm Breite
Drahtglas von 5—10 mm Dicke		300—351 cm Länge	114 cm Breite

B. Bearbeitetes Flachglas.

a) Spiegelglas: Beiderseitig plangeschliffen und poliert, von reiner Beschaffenheit; 1. gewöhnliches Spiegelglas (vereinzelte kleine Bläschen und Kratzer), 2. ausgesuchtes Spiegelglas.

b) Mattglas: Einseitig durch Sandstrahlgebläse mattiertes Fensterglas IV. Wahl (Güte D).

c) Musselinglas: Durch Sandstrahlgebläse durchsichtig gemustertes Fensterglas IV. Wahl (Güte D).

Verwendung des bearbeiteten Flachglases: Spiegelglas für Fenster-, Tür- und Schaufensterverglasungen (Spiegeln), Mattglas und Musselinglas für lichtdurchgängige undurchsichtige bzw. teilweise durchsichtige Verglasungen.

Abmessungen: Nach ÖNORM:

Spiegelglas mit einer Dicke von	2,5— 5,5 mm 5,5—10 mm	300 cm Länge 600—700 cm Länge	201 cm Breite 399 cm Breite

C. Flachglas für besondere Zwecke.

Beinglas, Überfangglas, Opakglas, Opaxit (Wandverkleidungen, Firmenschilder), Fußbodenplatten mit glatten, gekörnten, geriffelten oder dessinierten Oberflächen (meist quadratisch 125, 160, 200 mm und 15—40 mm stark), Glasdachziegel (Flach- und Falzziegel), Drahtglastafeln in den Größen der Eternitschiefer, Luxferprimen (Brechung der Lichtstrahlen) usw.

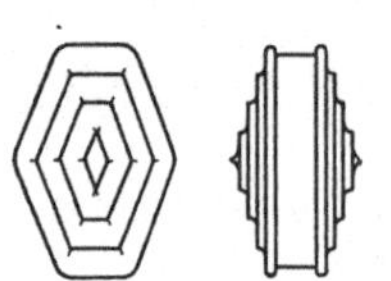

Abb. 15.

2. Glasbausteine.

Hohlgepreßte, rechteckige, prismatische Glasbausteine 80 × 125 × 250 mm und sechseckige, prismatische, hohlgepreßte Glasbausteine mit beiderseits aufgesetzten stumpfen Pyramiden (Abb. 15).

X. Gewebe und Geflechte.

Rabitznetz: Verzinkter Stahldraht von 1 mm ⌀ in Netzform von 10—15 mm Maschenweite. Abb. 16 a.

Verwendung: Putzträger.

Staußziegelgewebe: Gewebe aus oxydiertem Stahldraht von 1 mm ⌀ und 20 mm Maschenweite mit auf den Kreuzungsstellen aufgepreßten, kreuzförmigen Tonkörperchen. Abb. 16 b.

Verwendung: Putzträger.

Baculagewebe: Holzstäbe von 7—10 mm quadratischem Querschnitt in Zwischenräumen von etwa 9 mm verlegt und mit verzinktem Stahldraht gebunden. Abb. 16 c.

Verwendung: Putzträger.

Fundaplatten: Starkes Jutegewebe mit zwischengelagerter gummiähnlicher Masse. Elastisch; Schall- und Erschütterungsdämpfung. Plattengröße 750 × × 1000 mm, 10 mm Dicke.

Verwendung: Isolierung von Maschinenfundamenten und Transmissionen, Schallisolierung von Fernsprechstellen, Dämpfung in Kinos, Rundfunkstudios usw.

Eisenfilz: Dicht ineinander verworrene Faserstoffe (tierische Wollfasern und Haare) werden unter hohem hydraulischem Druck in Platten gepreßt und durch Imprägnierung mit Edelfetten gegen Säure- und Ölangriff widerstandsfähig gemacht.

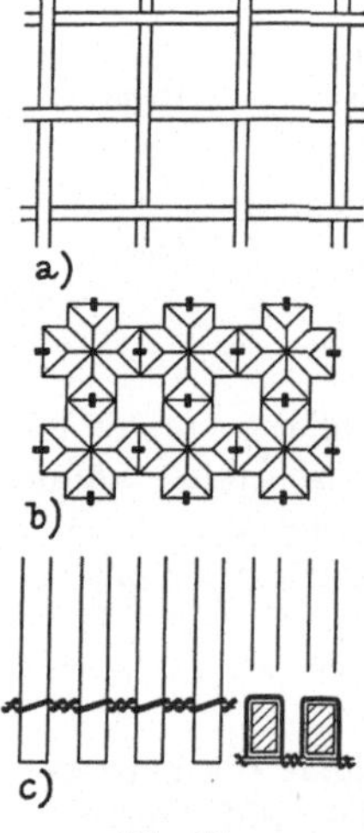

a)
b)
c)

Abb. 16.

Plattengröße: 750 × 1000 mm, Dicke 10—50 mm.

Verwendung: Isolierung von Maschinenfundamenten, Schabottenunterlagen bei Fall-, Dampf- und Lufthämmern usw.

Juwan-Trockenwandbelag ist ein besonders dichtes und festes Spezialjutegewebe in Breiten von 100, 150 und 180 cm, das als Ersatz des Innenfeinverputzes auf unverputzte Leichtbauplatten geklebt (Kleister oder Kaltleim) und bemalt oder mit Ölfarbe gestrichen wird. Auch als Tapetenunterlage und zur Instandsetzung gerissener Verputzflächen sowie zur Ecken- und Hohlkehlensicherung verwendet.

XI. Stukkaturrohr.
Nach ÖNORM B 3641 und B 3642.

Nach ÖNORM wird als Stukkaturrohr ein im Winter nach vollständiger Austrocknung geschnittenes Schilfrohr bezeichnet. Das Rohr muß ausgereift (hellgelb) sein, es darf beim Zerdrücken nur in der Längsachse falten, aber nicht brechen, es muß im Querschnitt hellgelb sein und darf in der Querschnittsfläche keine dunkle Färbung zeigen (erstickt).

Stärke 5—12 mm.

Stukkaturrohrgewebe sind Matten, die aus Stukkaturrohr durch Umschlingen der einzelnen Stämme mit weichem, geglühtem, galvanisiertem oder verzinktem Stahldraht geflochten werden. Die Bindung mit schwarzem Draht ist nicht zu empfehlen.

Verwendung: Als Mörtel- (Putz-) Träger.

Man unterscheidet weites, enges und dichtes Stukkaturrohrgewebe, je nachdem die Zwischenräume höchstens 2 mm oder höchstens eine Stammstärke betragen, oder aber die Stämme Mann an Mann liegen.

Handelsgebräuchlich: Rollen 1—2,5 m breit und 10 m (bei dichtem Gewebe 5—10 m) lang. Die verwendete Drahtsorte ist immer anzugeben.

XII. Linoleum.
ÖNORM B 3651.

Linoleum ist ein auf Jute aufgewalzter, aus einem innigen Gemenge von oxydiertem Leinöl (Linoxyn), Korkmehl, Sägemehl, Harzen (Kauri und Kolophonium) und Erdfarben bestehender Belagstoff.

Waltonlinoleum: Das Linoxyn ist nach einem besonderen Verfahren Waltons hergestellt.

Taylorlinoleum: Das Linoxyn ist durch eine ähnliche, mittels anderen Verfahrens hergestellte Masse ersetzt.

Korklinoleum: Mit gröberem Korkkorne hergestellt.

Linoleum ist geschmeidig, biegsam, wasserundurchlässig, mittelmäßig schall- und wärmeleitend, widerstandsfähig gegen Abnutzung und schwer entzündlich.

Es ist waschbar, darf aber mit Schmierseife nicht behandelt werden.

Das Linoleum wird ein- oder mehrfärbig (Granit- und Jaspémuster), durchgehend gemustert (Inlaid) oder mit aufgedruckten Mustern (Drucklinoleum) hergestellt.

Dicke: 2—3,6 mm, Korklinoleum: 4—7 mm, Drucklinoleum: 1,8 mm.

Breite: 2 m.

Länge: Bis 30 m.

Korkment ist eine hauptsächlich aus Kork bestehende, 4 mm starke Unterlage auf Jutegewebe, die zum Unterlegen des Linoleums verwendet wird.

Linoleumfliesen sind ausgestanzte Platten aus rund 6 mm starkem, einfärbigem Linoleum, die infolge der Stanzung bei Verlegung genau aneinanderpassen.

Linkrusta ist ein dem Linoleum ähnliches, meist mit gepreßter Musterung versehenes Erzeugnis geringerer Stärke mit höherem Holzmehl- und niedrigerem Korkmehlgehalt. Linkrusta wird als Wandbelag (Tapete) verwendet.

XIII. Gummi.

In neuerer Zeit als Fußbodenbelag für Bauzwecke höherer Anforderung häufig verwendet.

Einfärbig und marmoriert in 4, 5 und 6 mm Stärke für Wohnräume, Büros, Geschäftslokale, Gaststätten, Hotels, Gänge, Stiegen usw., ferner infolge seiner guten Isolationswirkung gegen Starkstrom als Fußbodenbelag in Räumen der elektrischen Industrie, in Röntgenzimmern, Räumen der Elektrotherapie usw.

Auch als Wandbelag verwendet.

Hohlkehlen- und Abschlußleisten, Stufennasen.

Als Belag besonders stark beanspruchter Fußböden in Fluren, Gängen usw. kommt auch das Gummipflaster mit und ohne Gleitschutzrillen in Platten 200 × 200 und 800 × 800 mm und 8 und 12 mm stark in Betracht.

Der Gummibelag ist sehr elastisch, stark schalldämpfend, wasserundurchlässig und besitzt eine gute Widerstandsfähigkeit gegen Abnutzung.

B. Verbindungsbaustoffe.

I. Mörtel.

Mörtel sind aus Bindemittel und Wasser bestehende, meist mit Sand gemischte plastische Gemenge, die in kürzerer oder längerer Zeit nach ihrer Verarbeitung in einen festen Zustand übergehen und dabei die Baustoffe, zwischen die sie gebettet sind, miteinander verbinden.

Je nachdem, ob sie nur an der Luft oder sowohl in der Luft als auch im Wasser erhärten, unterscheidet man 1. Luftmörtel und 2. Wassermörtel (hydraulische Mörtel).

1. Luftmörtel: Weißkalkmörtel, Gipsmörtel, Lehmmörtel.

2. Wassermörtel (hydraulischer Mörtel): Hydraulische Kalkmörtel, Romanzementmörtel, Portlandzementmörtel, frühhochfester Portlandzementmörtel, Eisenportlandzementmörtel, Hochofenzementmörtel, Tonerdezementmörtel (Bauxitzement).

Durch Beimengung hydraulischer Zuschläge (Puzzolanerde,[1]) Santorinerde,[1]) Traß,[1]) Hochofenschlacke), können dem Luftmörtel (Weißkalkmörtel) hydraulische Eigenschaften gegeben werden, d. h. er kann hierdurch auch unter Wasser zum Erhärten gebracht werden.

Bindemittel der Mörtel.

Weißkalk (ÖNORM B 3322) (Luftkalk, gebrannter Kalk, Ätzkalk) wird durch Ausglühen geeigneter Kalksteine bei etwa 1000⁰ gewonnen. Er besteht hauptsächlich aus Kalziumoxyd und darf nicht mehr als 10% Magnesiumoxyd, Kieselsäure, Tonerde und Eisenoxyd enthalten. Bei zu hohen Temperaturen gebranntem Kalke entstehen zwischen den Silikaten und dem Kalke chemische Verbindungen, die sich nicht löschen lassen: Totgebrannter Kalk.

Mit Wasser (etwa ein Drittel des Kalkgewichtes) vermengt (gelöscht), zerfällt der Kalk unter starker, 150gradiger und höherer Wärmeentwicklung und beträchtlicher Volumenvergrößerung zu einem weißen Pulver (Kalkhydrat): Trocken gelöschter Kalk.

Zur Mörtelbereitung wird unter stetem Rühren weiter Wasser zugesetzt, der Kalkbrei in gemauerte Gruben abgesetzt und zwecks gründlicher Ablöschung aller Kalkteile einige Wochen eingesumpft belassen. Nach einiger Zeit geht der Brei in eine speckige Masse über: Naß gelöschter Kalk (Grubenkalk).

Der eingesumpfte Kalk ist mit Sand und Erde abzudecken und kann so lange Zeit gelagert werden.

Fette Kalke ergeben beim Löschen eine Volumenvergrößerung um das 2- bis 4fache, magere Kalke um das $1^1/_4$ bis 2fache.

Erfolgt das Löschen unter zu spärlichem Wasserzusatz, entsteht ein körniges, sandiges und wenig ergiebiges Kalkhydrat (der Kalk ist verbrannt), erfolgt das Löschen unter zu reichlichem, raschem Wasserzusatz, so „ersäuft" der Kalk: Das Löschen verlangsamt sich.

Handelsbezeichnungen im Verkaufe:
Ungelöschter Stückkalk wird in losem Zustande nach 100 kg Nettogewicht gehandelt und ist in verläßlich trockenen Räumen zu lagern.

Naß gelöschter Kalk wird lose in stichfestem Zustande mit Preisstellung je m³ geliefert.

Trocken gelöschter Kalk (Kalkhydrat, Sackkalk) wird wie ungelöschter, gemahlener Kalk gehandelt und mit mindestens 35 kg Bruttogewicht in Papiersäcke verpackt.

Gips, ÖNORM B 3321, wird durch Brennen von Gipsstein gewonnen. Durch das Brennen bei etwa 150⁰ entsteht der Stuckgips, durch Brennen bei rund 600—1000⁰ der Estrichgips.

Nach Gesteinsart, Farbe, Brenntemperatur und Mahlfeinheit wird unterschieden:

---

[1]) Schlackenartige Erde vulkanischen Ursprungs.

AG Alabastergips,
BG Baugips (Stukkaturgips),
EG Estrichgips,
FG Formgips (Modellgips).

Für Mörtelbereitung kommen vornehmlich die Sorten BG und EG in Betracht.

Die Erhärtung tritt bei BG in etwa 15—30 Minuten, bei EG in mehreren Tagen ein.

Lehm ist ein eisenoxydhaltiger, magerer Ton, der aus der Verwitterung kieselsäurearmer, feldspatreicher Eruptivgesteine, Tonschiefer, tonigen Sandsteinen und ähnlichem Gestein entsteht.

Hydraulischer Kalk entsteht durch das Brennen wenigstens 10% Hydraulfaktoren (Kieselsäure, Tonerde, Eisenoxyd) enthaltender Kalkgesteine unter der Sintergrenze.

Mit Wasser versetzt, löscht er sich unter wesentlich geringerer Wärmeentwicklung als der Luftkalk; die Volumenvergrößerung hierbei beträgt etwa 50%.

Hydraulischer Kalk ist bald nach dem Löschen zu verwenden; er darf also nicht eingesumpft werden; er erhärtet bereits nach kurzer Zeit.

Soliditkalk: Aus kieselsäurereichem Kalkstein unterhalb der Sintergrenze erbranntes, feingemahlenes Bindemittel. Wird nicht gelöscht und bindet rascher ab als Weißkalk. Mischungsverhältnis: 150—200 kg auf 1 m³ Sand.

Romankalk (früher Romanzement genannt) wird unter der Sintergrenze aus Kalkmergeln erbrannt, die so reich an Silikaten sind, daß das Brenngut, mit Wasser versetzt, nicht mehr selbständig ablöscht. Romankalk wird nach dem Brennen auf Mahlfeinheit gemahlen.

Der Abbindebeginn tritt bei Raschbindern unter 7 Minuten, bei Mittelbindern zwischen 7 und 15 Minuten, bei Langsambindern nach 15 Minuten ein.

Portlandzement (ÖNORM B 3311) wird aus natürlichen Kalkmergeln oder künstlichen Mischungen ton- und kalkhaltiger Stoffe durch Brennen bis zur Sinterung (etwa 1500⁰) und darauffolgender Zerkleinerung auf Mahlfeinheit gewonnen.

Nach der gewährleisteten Mindestbindekraft werden unterschieden:

Portlandzement und

frühhochfester Portlandzement, d. i. ein Portlandzement, der in den ersten Tagen der Erhärtung eine besonders hohe Bindekraft aufweist.

Nach den Abbindeverhältnissen unterscheidet man:

Raschbinder, Abbindebeginn unter 10 Minuten,

Mittelbinder, Abbindebeginn zwischen 10 Minuten und 1 Stunde,

Langsambinder, Abbindebeginn über 1 Stunde.

Portlandzement muß an der Luft und unter Wasser raumbeständig sein (Darr- und Kuchenprobe).

Die Festigkeit wird an Probewürfeln nach festgelegten Normen geprüft.

Der Verkauf erfolgt in Fässern zu 200 kg Rohgewicht oder in Säcken zu 50 kg Rohgewicht.

Auf der Verpackung müssen die Bezeichnung (Portlandzement oder frühhochfester Portlandzement), das Werk, der Herstellungsort und das Rohgewicht verzeichnet sein.

Weißer Portlandzement (Lafarge-Weißzement): Für Zwecke, bei denen auf die weiße Farbe besonderer Wert gelegt wird, z. B. Kunststeinarbeiten.

Eisenportlandzement besteht aus wenigstens 70% eisenmanganhaltigem Portlandzement und höchstens 30% granulierter basischer Hochofenschlacke. Die beiden Bestandteile müssen fein vermahlen und innig vermischt sein. Er erhärtet langsam und gilt bezüglich der Verarbeitung als dem Portlandzement gleichwertig.

Hochofenzement besteht aus 15—69% Portlandzement, dem als Rest basische, granulierte Hochofenschlacke beigemengt ist. Die beiden Bestandteile müssen besonders fein vermahlen und innig gemischt sein. Er erhärtet langsam und eignet sich wegen seines geringen Kalkgehaltes besonders zu Bauteilen, bei welchen chemische Einwirkungen (Moor- und Meerwasser, schweflige Rauchgase usw.) die Verwendung kalkreicher Zemente als ungeeignet erscheinen lassen.

Nach preußischen Verordnungen ist der Hochofenzement bezüglich der Verarbeitung mit dem Portlandzement als gleichwertig anerkannt.

Schlackenzement: 1 Raumteil gemahlener, trocken gelöschter Kalk + 2 bis 4 Raumteile granulierte basische Hochofenschlacke. Die beiden Bestandteile müssen fein vermahlen und innig vermischt sein. Er erhärtet langsamer als Romanzement und rascher als Portlandzement; er ist weniger lagerbeständig als Portlandzement. Langsam bindender, guter Schlackenzement besitzt ähnliche Eigenschaften wie Portlandzement.

Tonerdezement (Schmelzzement, Bauxitzement)[1] wird durch das Zusammenschmelzen und nachherige Feinvermahlung von aluminiumreichem Bauxit und Kalk gewonnen. Er erhärtet sehr rasch und erreicht hohe Festigkeit. Wegen des geringen Kalkgehaltes gegen vielerlei chemische Einflüsse widerstandsfähig. Hauptsächlich in der chemischen Industrie und für solche Bauteile verwendet, deren chemische Beeinflussungen Portlandzement ungeeignet erscheinen lassen. Wesentlich teurer als Portlandzement.

Erzzement ist eine Abart des Portlandzementes, bei dem die Tonerde fast vollständig durch Eisen- und sonstige Metalloxyde ersetzt ist. Bietet den Einflüssen des Meerwassers guten Widerstand.

Siccofixzement: Zement mit fein vermahlenen bituminösen Stoffen.

Synthoporit: Kalziumsilikat-Schmelzschlacke; hohe Festigkeit und geringe Wasseraufnahmefähigkeit.

---

[1] Einzelne Erzeugnisse führen die Bezeichnung „Citadur".

Sand.

Er soll frei von lehmigen, erdigen, salzigen, pflanzlichen, tierischen und sonstigen schädlichen Beimengungen sein. Für Zementmörtel ist möglichst Flußsand zu verwenden; für Kalkmörtel kann auch Grubensand verwendet werden. Für Putzzwecke ist auf Reinheit und scharfes Korn besonders Wert zu legen. Siehe auch ÖNORM B 3109.

Mörtelarten.

Die Mischung von Bindemitteln, Wasser und Sand erfolgt von Hand aus in Trögen oder mechanisch in Mörtelmischmaschinen.

Der Mörtel „gesteht", wenn er zu erhärten beginnt, und hat „abgebunden", sobald er fest geworden ist.

Je nach Bindemittel, Mischung, Untergrund und Außeneinflüssen erfolgt das Erhärten in kürzerer oder längerer Zeit; der Erhärtungsvorgang spielt sich nach den Bindemitteln in ganz verschiedener Art ab. Künstliche Beschleunigungen der Erhärtung beeinflussen meist die Festigkeit.

Verwendung: Weißkalkmörtel: Für starker Feuchtigkeit nicht ausgesetztes, besondere Festigkeit nicht erforderndes Mauerwerk und für Putzherstellungen.

Mittleres Mischungsverhältnis in R. T. Kalkbrei zu Sand für: Putz 1 : 2 (außen); 1 : 3 (innen, allfällig $+ \frac{1}{3}$ Gips); Ziegelmauerwerk 1 : 3; Bruchsteinmauerwerk: 1 : 4.

Kalküberschuß erzeugt Ausblühungen; der Mörtel schwindet stark und wird rissig; zu wenig Kalk ergibt einen mürben Mörtel. Durch Zementzusatz zum Weißkalkmörtel entsteht der „verlängerte Zementmörtel". Er findet für stärker beanspruchte Bauteile und als Außenputz Verwendung. Zu reichlicher Zementzusatz verursacht Schwindrisse. Frischer Kalkmörtel greift Zink an. Der verlängerte Zementmörtel wird für Mauerungen meist im Mischungsverhältnis 0,5 bis 1 Zement $+ 2$ gelöschter Weißkalk $+ 8$ Sand verwendet (R. T.).

Gipsmörtel: Gipsmörtel werden ohne Sandbeimengungen oder als Kalk-Gips-Mörtel mit Kalk- und Sandzusatz hergestellt.

BG-Mörtel und BG-Kalk-Mörtel werden nur für Innenwandund Deckenputz sowie zur Aufstellung von Gipsdielenwänden verwendet (1 BG $+ 1,04$ bis $0,65$ Wasser oder 1 BG $+ 3$ Kalk $+ 1$ bis 2 Sand).

EG-Mörtel wird für Fliesenverlegungen und hauptsächlich zur Herstellung des Gipsestrichs verwendet.

EG-Kalk-Mörtel ist ebenso wie der EG-Mörtel wetterbeständig; er findet als Wand- und Deckenputz, aber auch als Mauermörtel Verwendung (1 EG $+ 0,4$ Wasser, oder 1 EG $+ 0,3$ Kalk $+ 4$ bis 5 Sand).

Frische Gipsmörtel wirken auf Zink und Eisen zerstörend ein.

Lehmmörtel wird meist ohne Sandzusatz, aber unter Beimischung von Häcksel oder Tierhaaren verwendet. Er ist nicht wetterbeständig und erreicht nur geringe Festigkeit. Seine Verwendung bleibt auf untergeordnete Zwecke beschränkt. Unter Beigabe von Ochsenblut wird er zur Herstellung von Estrichen verwendet.

Hydraulischer Kalkmörtel ist wetterbeständiger als Weißkalkmörtel; er erhärtet sowohl an der Luft als auch unter Wasser. Verwendung für der Feuchtigkeit ausgesetztes Mauerwerk und für Bauten im Wasser; im letzteren Falle muß jedoch Lufterhärtung eingetreten sein, bevor Wasser zutritt.

Mischungsverhältnis für Grundmauern 1 : 3 bis 1 : 5, für aufgehende Mauern 1 : 3, für wasserhemmenden Putz 1 : 2, für sonstigen Putz 1 : 3.

Materialerfordernis.

Mörtelart	Misch.-Verh.	Erfordernis für 1 m³ Mörtel				
		Bindemittel in			Sand in l	Wasser in l
			kg	l		
Weißkalkmörtel[1])	1 : 2	Stückkalk	185²)		840	170
	1 : 3		140²)		1000	200
	1 : 4		115		1100	220
Weißkalkmörtel[3])	1 : 2	Kalkteig ϱ = 1,4 kg/l		405	810	109
	1 : 3			316	950	114
	1 : 4			260	1040	117
Hydr. Kalkmörtel[3])	1 : 2	Hydr. Kalkpulver ϱ = 0,65 kg/l	270	415	830	374
	1 : 3		208	310	906	363
	1 : 4		155	238	950	357
Hydr. Kalkmörtel[4])	1 : 2	Hydr. Kalk	370 (460)⁵)		925	310
	1 : 3		265 (340)⁵)		1000	300
Romanzementmörtel	1 : 3	Romanzement	310		1030	230
	1 : 7		140		1070	210
Portlandzementmörtel	1 : 2	Portlandzement	580—690		950—980	240—300
	1 : 3		435—490		1050	225—250
	1 : 4		345—370		1100	220
	1 : 6		250		1100—1200	210
Schlackenzementmörtel[6])	1 : 2	Schlackenzement	535		1080	
	1 : 3		400		1200	

1 Kasten = 5 Schaff = 0,075 m³.

[1]) Nach Dik.
[2]) Nach ÖNORM B 2004.
[3]) Nach „Anweisungen für Mörtel und Beton", Deutsche Reichsbahngesellschaft Berlin.
[4]) Nach Kiepenhauer.
[5]) Nach Daub; der bedeutende Unterschied mag im stark wechselnden Raumgewicht und der wechselnden Qualität des in Betracht gezogenen hydraulischen Kalkes und im Alter des Mörtels gelegen sein.
[6]) Nach Schindler.

Soliditkalkmörtel dient als Ersatz für Weißkalkmörtel, Kalkzement- und mageren Portlandzementmörtel. Er bindet rascher ab als Weißkalkmörtel und entspricht in einem Mischungsverhältnis 150 kg auf 1 m³ Sand einem Weißkalkmörtel 1 : 3, im Mischungsverhältnis 200 kg auf 1 m³ Sand einem mageren Zementmörtel.

Festigkeit und Raumgewichte.

Mörtelart	σ_d kg/cm²	σ_z kg/cm²	Raumgewicht kg/m³	Anmerkung
Weißkalkmörtel	40—50	5—6	~ 1700	erhärtet
Bau- ⎱ Gips- Estrich- ⎰ mörtel	125—150 250—300		~ 1000 bis 1200	mehrmonatlich erhärtet; ohne Sandzusatz
Hydr. Kalkmörtel	75—150 (30—50)[1]			
Soliditkalkmörtel	gef. mind. 100			
Romankalkmörtel	150 gef. mind. 60—80	20 gef. mind. 4—10	~ 2100	ohne Sand nach 28 Tagen Normenmischung 1:3 nach 28 Tagen
Portlandzementmörtel	250—300 gef. mind. 220	gef. mind. 18	~ 2100	ohne Sand nach 28 Tagen Normenmischung 1:3 nach 28 Tagen
Traßkalkmörtel	77—101	14—17	~ 2000	1 T + 1 K + 1 S nach 28 Tagen
Schlackenzementmörtel	gef. mind. 120—180	gef. mind. 12—18		1 Schl + 1 S nach 28 Tagen

[1] Nach D a u b; der bedeutende Unterschied mag im stark wechselnden Raumgewicht und der wechselnden Qualität des in Betracht gezogenen hydraulischen Kalkes und im Alter des Mörtels gelegen sein.

Romanzementmörtel bindet sowohl in der Luft als unter Wasser sehr rasch ab. Die Erhärtung beginnt (ohne Sandzusatz) innerhalb von 5 bis 15 Minuten vom Augenblick der Wasserzugabe. Infolge des raschen Abbindens sind nur geringe Mörtelmengen anzumachen und ist die Verarbeitung derart zu betreiben, daß sie vor dem Abbinden vollendet ist.

Längere Lagerung beeinträchtigt die Abbindekraft.

Romanzementmörtel kommt hauptsächlich bei angestrebter rascher Dichtung gegen Wasserandrang zur Verwendung. Putz ist in den ersten Tagen vor raschem Austrocknen zu schützen.

Mischungsverhältnis: Für Grundmauern 1 : 4 bis 1 : 6, für aufgehende Mauern etwa 1 : 4 bis 1 : 5, für Putz 1 : 3 bis 1 : 5.

Portlandzementmörtel ist ein sehr fester Mörtel, der rasch — an der Luft und in der Wärme rascher als bei niedrigen Temperaturen und unter Wasser — erhärtet und sodann wasserbeständig ist. Infolge der kurzen Abbindezeit sind auch in diesem Falle nur solche Mörtelmengen vorzubereiten, die vor der Abbindung verarbeitet werden können.

Mischungsverhältnis 1 : 3 bis 1 : 5; für stärker beanspruchte Bauteile oder bei starker Feuchtigkeit 1 : 2, für Putz 1 : 2 bis 1 : 3.

Alkalien beschleunigen das Abbinden, schwefelsaure Salze, Chlorkalzium und Chlormagnesium verzögern dasselbe.

Langsambinder geben festere Mörtel als Raschbinder; rascher Wasserentzug schädigt die Festigkeit.

Verwendung für Arbeiten bei Wasserandrang, für Fundamente, Sockel, stark beanspruchte Bauteile, Pfeiler, stark belastete Gewölbe, Widerlager, Außenputz auf Wetterseiten usw.

Frischer Portlandzementmörtel greift Zink, Zinn und Blei an.

Puzzolan- und Traßmörtel (Kalkmörtel mit hydraulischen Zuschlägen) eignen sich auch für Bauten im Meerwasser.

Mischungsverhältnis:[1]) Für Mauern: 1 P + 0,5 Kalkbrei + allf. Sand oder 1 T + 1—2 Kalkbrei + 1,5—5 Sand; für Verputz: 1 P + + 0,75 Kalkbrei + allf. Sand oder 1 T + 1 Kalkbrei + 2—3 Sand.

II. Kitte.

1. Ölkitt: Schlämmkreide, Bleiweiß und Leinölfirnis unter geringem Zusatz von Silberglätte. Verwendung als Glaserkitt. Glaserkitt nach VOB DIN 1975: Reines Leinöl und feingeschlämmte Kreide.

2. Kalkkitt: Pulverisierter gelöschter Kalk, Roggenmehl und Leinöl, oder Bleiglätte, Kalk, Pfeifenton und Leinölfirnis. Verwendung zum Verschließen von Holzrissen.

3. Glyzerinkitt: Glyzerin und Bleiglätte liefern einen gegen Petroleum, Laugen und Säuren widerstandsfähigen Kitt.

4. Harzkitt: Kolophonium, Wachs und Gips, oder Pech, Kolophonium, Bleimennige und feines Ziegelmehl. Verwendung als Steinkitt.

5. Harzkopalkitt: Spritlösliche Harze mit Brennspiritus als Klebestoff für Linoleum auf massiven Unterlagen.

6. Roggenmehlkleister mit Terpentinzusatz und Spuren von Karbolsäure dient als Klebemittel für Linoleum auf Holzböden.

Auch Käsequark, Guttapercha, Leim, Kautschuk und andere Materialien finden zur Herstellung verschiedener, besonderen Zwecken dienender Kitte Verwendung.

---

[1]) Nach Daub.

Die Baukonstruktionen des Auf- und Ausbaues.

A. Mauern, Wände, Pfeiler, Säulen und Stützen.

I. Mauern und Wände.

Mauern und Wände bilden zum Unterschied des „schwebenden Mauerwerks" der Gewölbe, Decken und Gesimse das „stehende Mauerwerk". Nach der Lage der Mauern und Wände und nach ihren Bestimmungen werden sie unterschieden nach:

Außenmauern (Front- und Giebelwände), die das Gebäude nach außen abschließen; sie können Decken tragen oder deckenunbelastet sein.

Mittelmauern (Mittelwände), die meist gleichlaufend mit den Außenmauern zwischen denselben errichtet und mit den Außenmauern meist zum Tragen der Decken herangezogen werden.

Lichthofmauern, die Gebäudeteile gegen Lichthöfe abschließen.

Gangmauern, die innerhalb eines Gebäudes Räume gegen allgemeine Verkehrsflächen abschließen.

Stiegenmauern (Treppenwände), die das Stiegenhaus umschließen.

Feuermauern (Nachbarmauern), die das Gebäude an der Nachbargrenze abschließen.

Scheidemauern (Zwischenwände), die das Gebäude im Innern unterteilen.

Brandmauern, die nach besonderen Vorschriften im Innern der Gebäude zum Zwecke der Brandbeschränkung errichtet werden.

Widerlagsmauern, die Gewölbeschübe aufzunehmen haben.

Stützmauern, die durch Erd- oder Wasserdruck beansprucht sind.

Je nach der Lage können ein und derselben Mauer verschiedene Aufgaben zufallen (z. B. Außen- und Stiegenmauern, Mittel- und Gangmauern, Mittel- und Scheidemauern); in solchen Fällen sind für diese Mauern, wo nicht anders bestimmt, die geltenden strengeren Ausführungsvorschriften maßgebend.

Mit Bezug auf die Lage zur Erdoberfläche unterscheidet man Tagmauerwerk (über der Erde) und Untertagmauerwerk (Keller- und Fundamentmauerwerk).

Nach den Baustoffen unterscheidet man Mauern und Wände aus:

1. **Künstlichen Steinen.**

2. **Natürlichen Steinen und künstlichen Steinen im Vereine mit natürlichen Steinen.**

3. **Beton- und Eisenbeton.**

4. **Holz und Holz in Verbindung mit anderen Baustoffen.**

5. **Eisen und Eisen in Verbindung mit anderen Baustoffen.**

Im allgemeinen bleibt die Wahl der Baustoffe dem Bauwerber überlassen, sofern diese Baustoffe seitens der Baubehörde als zulässig anerkannt sind, dieselben in statischer und wärmetechnischer Hinsicht sowie dem geforderten Feuerschutze im gegebenen Falle entsprechen und Vorschriften nicht einzelne Baustoffe ausschließen.

Die Verwendung von gebrauchten Kanalziegeln ist nach der Bauordnung für Wien überhaupt, die Verwendung gebrauchter Ziegel für Aufenthaltsräume umschließende Wände verboten.

Bezüglich des Verhaltens bei Bränden unterscheiden die Bauordnung für Wien und DIN 4102 **feuerbeständige** und **feuerhemmende** Bauweisen.

Als **feuerbeständig** gelten Wände und Stützen, wenn sie unverbrennbar sind, unter dem Einflusse eines Brandes und des Löschwassers ihre Tragfähigkeit und ihr Gefüge nicht wesentlich ändern und dem Durchgange des Feuers geraume Zeit Widerstand leisten. Im besonderen gelten als feuerbeständig: Wände aus vollfugig gemauerten Ziegeln, Kalksandsteinen, kohlefreien Schlackesteinen oder Steinen aus anderen im Feuer gleichwertigen Baustoffen von wenigstens 12 cm Stärke, ferner Wände aus unbewehrtem Kiesbeton von mindestens 10 cm oder aus bewehrtem Kiesbeton von mindestens 6 cm Stärke und Stützen und Pfeiler aus Ziegeln, Beton oder Eisenbeton oder aus natürlichem, im Feuer hinreichend erprobtem Gestein (Granit und Marmor gilt nicht als feuerbeständig). Stützen aus Eisen gelten nur dann als feuerbeständig, wenn sie allseitig feuerbeständig ummantelt sind.

Als **feuerhemmend** gelten Bauteile, wenn sie, ohne sofort selbst in Brand zu geraten, wenigstens eine Viertelstunde dem Feuer erfolgreich Widerstand leisten, den Durchgang des Feuers verhindern, und im besonderen Wände und Stützen aus Holz, wenn sie mit $1^1/_2$ cm sachgemäß ausgeführtem Kalkmörtelputz auf Rohrung, mit Rabitzputz oder anderen erprobten Baustoffen bekleidet sind.

1. Mauern und Wände aus künstlichen Steinen.

(Baustoffe s. S. 5 u. f.)

a) Aus Ziegeln.

Die Kotierung erfolgt nach unverputzter Wandstärke[1] im großen Ziegelmaße nach halben Ziegellängen (rund), also 15, 30, 45, 60 cm usw.,

---

[1] In Detailplänen ist überdies noch die Putzstärke zu kotieren.

im kleinen Ziegelmaße ebenfalls nach halber Ziegellänge (rund), also 12 cm und um je 13 cm weiter steigend, also 25, 38, 51 cm usw. Aus Formsteinen oder in einem besonderen Verbande (z. B. Hohlmauerwerk) hergestellte Wände sind in der tatsächlichen unverputzten Stärke anzugeben; z. B. Wände aus 20 cm Nationalsteinen ... 20 cm, aus Wabenziegeln ... 6,5 cm usw.

Übliche Bezeichnungen (s. Abb. 17) und Verbände.

Schar: Waagrecht durchlaufende Ziegelschicht; Abb. 17 (*A*, *B*, *C*, *D*, *E*, *F*, *G*, *H*), unterste Schicht Mauersohle, oberste Schicht Mauerkrone.

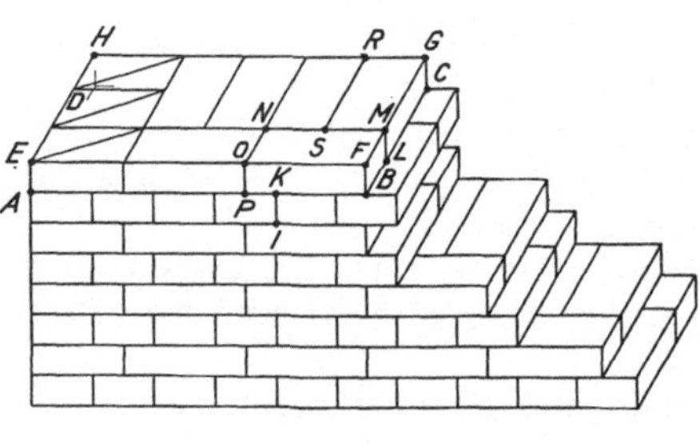
Abb. 17.

Mauerflucht, Mauerhaupt: Innere oder äußere Ansichtsfläche der Mauer.

Lagerflächen: Waagrecht durchlaufende Flächen einer Schar (*E*, *F*, *G*, *H*).

Stoßflächen: Senkrecht oder parallel zur Mauerflucht verlaufende Flächen der Ziegel (*B*, *C*, *G*, *F*).

Lagerfugen: Fugen zwischen zwei übereinanderliegenden Lagerflächen (*A*, *B*).

Stoßfugen: Fugen zwischen zwei nebeneinanderliegenden Stoßflächen (*I*, *K*).

Läufer: Mit der Längsseite parallel zur Mauerflucht liegende Ziegel im Verbande (*B*, *L*, *M*, *N*, *O*, *P*).

Binder oder Strecker: Mit der Längsseite senkrecht zur Mauerflucht liegender Ziegel im Verbande (*L*, *C*, *G*, *R*, *S*, *M*).

Schmatzen: Durch den Ziegelverband gegebene, eine senkrechte Begrenzungslinie möglichst wenig überschreitende, regelmäßige Mauerendigung (s. obere vier Scharen der Abb. 17).

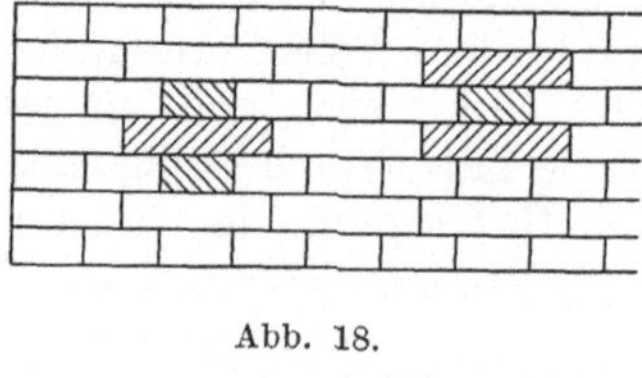
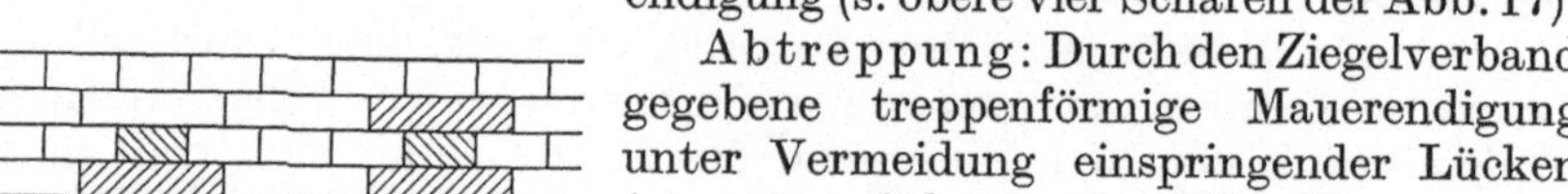
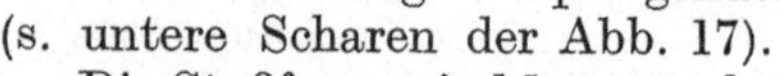
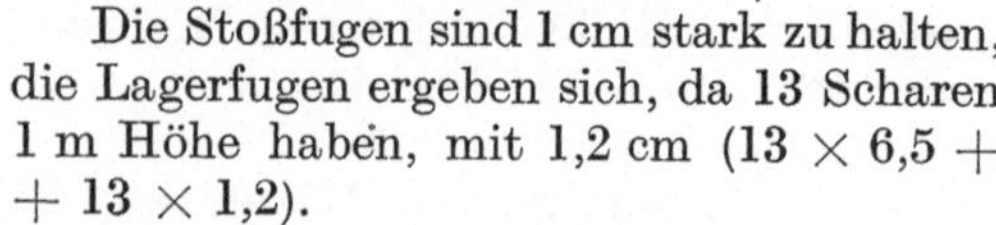
Abb. 18.

Abtreppung: Durch den Ziegelverband gegebene treppenförmige Mauerendigung unter Vermeidung einspringender Lücken (s. untere Scharen der Abb. 17).

Die Stoßfugen sind 1 cm stark zu halten, die Lagerfugen ergeben sich, da 13 Scharen 1 m Höhe haben, mit 1,2 cm ($13 \times 6,5 + 13 \times 1,2$).

Verbände.

Für die Art der Verlegung der Ziegel haben sich nach alten Erfahrungen und örtlichen Gepflogenheiten verschiedene Normen (Verbände) entwickelt: Blockverband, Kreuzverband, polnischer oder gotischer Verband, holländischer oder flämischer Verband, englischer Verband usw.

Als Grundregeln für die Verbände gelten:

1. Möglichst nur ganze Steine verwenden; Teilsteine[1]) nur dort, wo es der Verband unbedingt fordert; Bruchstücke ausscheiden.

2. Die Steine zweier übereinanderliegender Scharen müssen Voll auf Fug liegen. Übergriff $1/_2$ Steinlänge, mindestens aber $1/_2$ Steinbreite.

3. In jeder Schar sind möglichst viel Binder zu verlegen.

Beispiele.

Für $1/_2$ Stein starke Mauern kommen in Betracht:

a) Läuferverband, Abb. 19a, und
b) Schornsteinverband, Abb. 19b.

Für 1 Stein starke Mauern:

a) Binder- oder Streckerverband, Abb. 19c, und
b) Block-, Kreuz-, polnischer Verband usw. Die Abb. 19d zeigt den Blockverband.

Für Mauern über 1-Stein-Stärke kommen der Blockverband, ferner der Kreuzverband, der polnische Verband usw. in Betracht. Als der in Österreich am häufigsten angewendete Verband ist in den Abbildungen stets der Blockverband dargestellt.

$1^1/_2$-Stein-Mauern (45 cm, 38 cm), Abb. 19e;
2-Stein-Mauern (60 cm, 51 cm), Abb. 19f;
$2^1/_2$-Stein-Mauern (75 cm, 64 cm), Abb. 19g;
3-Stein-Mauern (90 cm, 77 cm), Abb. 19h.

Die Scharen wechseln beim Blockverbande in den geraden und ungeraden Schichten in gleicher Ausführung. In Mauern, deren Stärke ein ungerades Vielfaches der halben Steinlänge beträgt, liegen in einer Schar längs einer Mauerflucht stets Läufer, gegen die andere Mauerflucht Binder und in der folgenden Schar umgekehrt. In Mauern, deren Stärke ein gerades Vielfaches der halben Steinlänge beträgt, liegen in einer Schar längs beider Mauerfluchten Läufer und dazwischen Binder; in der nächsten Schar liegen nur Binder.

Der Blockverband führt den Namen von dem in der Ansicht der Mauerflucht erscheinenden „Block", Abb. 18; außer dem Block erscheint auch das Kreuz.

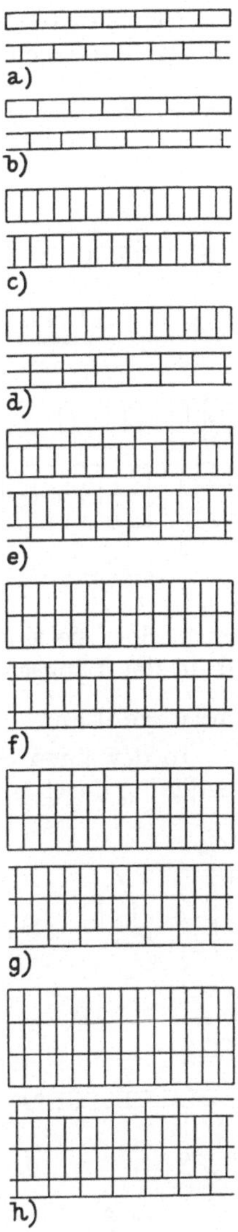

Abb. 19.

---

[1]) Teilsteine werden meist an Ort und Stelle durch Zerkleinern der Ganzsteine gewonnen.

Beim Kreuzverband erscheint nur das Kreuz, beim holländischen und polnischen Verbande erscheinen Block und Kreuz in geänderter Stellung zueinander.

Mauerenden.

Die Mauerenden werden durch $^3/_4$-Steine gebildet, und zwar liegen in den Läuferscharen so viele $^3/_4$-Steine als Läufer, als die Mauerstärke zuläßt, und in den Binderscharen an den Mauerfluchten je zwei $^3/_4$-Steine als Binder (dazwischen der Mauerstärke entsprechend ganze Läufer). Abb. 20.

In der Praxis werden die Regeln für die Herstellung der Mauerendigungen zum Nachteile der Qualität der Arbeit nicht selten außer acht gelassen und statt der angegebenen andere oft aus der Verlegenheit entstandene Verbände an-

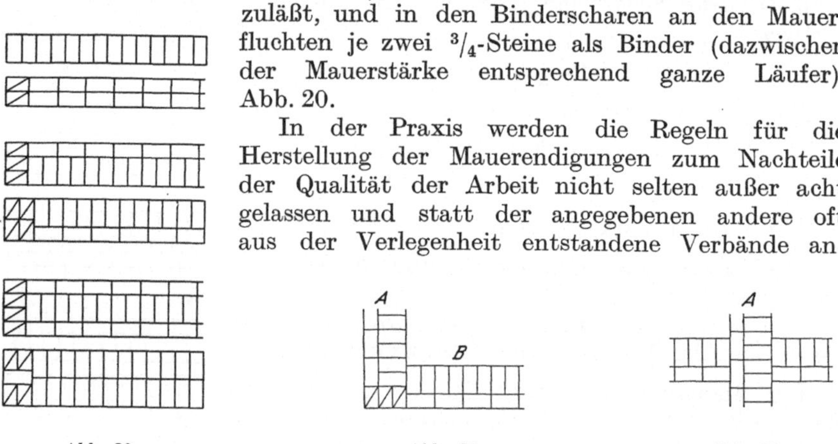

Abb. 20.   Abb. 21.   Abb. 22.

gewendet; sie sind jedenfalls abzulehnen, wenn am Mauerende Riemen, d. h. der Längsachse nach geteilte Steine, zu liegen kommen.

Mauerecken.

In der einen Schar läuft die Mauer A mit vorschriftsmäßiger Mauerendigung durch und die zweite Mauer B stößt an. In der nächsten Schar läuft die Mauer B mit normaler Mauerendigung durch und die Mauer A stößt stumpf an. Abb. 21.

Mauerkreuzungen.

In der einen Schar läuft die Mauer A durch und die beiden Mauerteile der anderen Mauer stoßen stumpf an; in der nächsten Schar umgekehrt. An den Kreuzungsstellen Voll auf Fug beachten! Abb. 22.

Mauerabzweigungen.

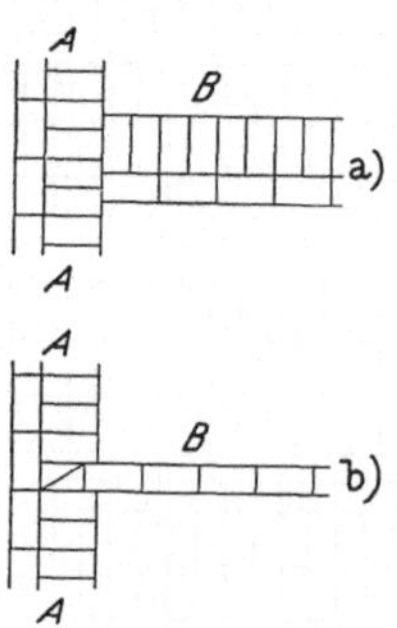

a) Die Mauern sind gleich oder annähernd gleich stark: I. Schar: A—A läuft durch, B stößt stumpf an. II. Schar: B läuft mit vorgeschriebener Mauerendigung durch, die beiden Teile von A stoßen stumpf an. Abb. 23 a.

Abb. 23.

b) Die Mauern sind in den Stärken sehr verschieden: I. Schar: A—A läuft durch, B stößt stumpf an, II. Schar: A—A läuft Voll auf Fug durch, B greift auf eine Viertelsteinlänge ein. Abb. 23 b.

Hohlmauern aus Vollziegeln s. Abb. 24.

Zur Verbindung der Ziegel im Mauerkörper dienen die Mörtel (s. S. 58 u. f.). Sie müssen sowohl bezüglich der Bestandteile als auch bezüglich der Mischung sach- und zweckgemäß hergestellt sein. Unbedachte Auswahl der Stoffe, mangelhafte Herstellung des Mörtelgemisches und nachlässige Verarbeitung können zu sehr ernsten Schäden führen. Die Wahl der Stoffe des Mörtels und das Mischungsverhältnis hängen von den Belastungsverhältnissen und von äußeren Einflüssen ab.

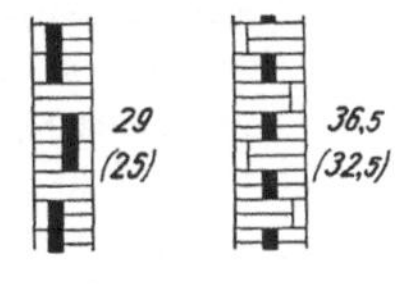

Abb. 24.

Ziegel-Tagmauerwerk, das hohen Belastungen und dauernder Feuchtigkeit nicht ausgesetzt ist, wird in der Regel mit Weißkalkmörtel 1 : 3 bis 1 : 4 (Kalkteig : Sand), Keller- und Fundamentmauerwerk mit Portlandzementmörtel 1 : 4 bis 1 : 5 hergestellt. Für Mauern über 2-Stein-Stärke empfiehlt es sich, dem Weißkalkmörtel Zement oder Traß beizufügen.

Bei höheren Belastungen sind Mörtel und Ziegel höherer Festigkeit zu verwenden.

Die Ziegel sind vor dem Versetzen in Wasser zu tauchen oder sonst gut zu nässen. Die Fugen sind bis etwa 1 cm hinter Mauerflucht satt mit Mörtel auszufüllen. Der etwa 1 cm betragende Rücksprung des Mörtelbandes an der Mauerflucht (offene Fuge) begünstigt das Haften des Verputzes. Frost verzögert das Abbinden des Mörtels oder unterbindet es überhaupt.

Die Mauerstärken und ihre Ermittlung.

Die Mauerstärken sind durch den Baustoff, die Beanspruchungen und durch die Zwecke, die die Mauern zu erfüllen haben, bestimmt.

Die Bauordnungen der verschiedenen Länder geben diesbezüglich mehr oder minder strenge und mehr oder minder enge Bestimmungen. Die älteren noch in Geltung stehenden Bauordnungen geben für gewöhnliche Wohnhausbauten, meist durchaus von angegebenen Höchsttrakttiefen ausgehend, Mindestmaße für die tragenden Mauern des obersten Geschosses an (in den alten österreichischen Bauordnungen 45 cm, unter erleichterten Bedingungen 30 cm, im Deutschen Reiche 38 cm) und machen die Beibehaltung in mehreren Geschossen oder die Verstärkung meist von der Art der Deckenkonstruktionen abhängig.

Bauordnungen der jüngeren und jüngsten Zeit, so auch die Bauordnung für Wien vom Jahre 1929, lassen der freien Bestimmung der Mauerstärken einen viel weiteren Spielraum. So fordert die Bauordnung für Wien lediglich, daß die Außenmauern eines Gebäudes standfest und tragfähig sein und dem Einfluß der Witterung genügend widerstehen müssen. Alle Außenmauern müssen, wenn nicht anderes bestimmt ist, feuerbeständig hergestellt sein und bei Aufenthaltsräumen in bezug auf den Widerstand gegen Witterungseinflüsse mindestens einer 38-cm-Ziegelmauer gleichkommen.

Die 38-cm-Außenmauer aus Vollziegeln reicht bei den im Wohnhausbau üblichen Trakttiefen und Geschoßhöhen auch in bezug auf die Trag-

fähigkeit aus, sofern außergewöhnliche Beanspruchungen nicht vorliegen. Die Beibehaltung derselben Mauerstärke in mehreren Geschossen,
bzw. die Notwendigkeit der Verstärkung um eine halbe Steinlänge hängt
von den jeweils vorliegenden Umständen (Trakttiefe, Geschoßhöhe,
Deckenkonstruktion, Verkehrslast usw.) ab; keinesfalls aber soll die
38-cm-Mauer durch mehr als drei Geschosse geführt werden.

Die Zulassung geringerer Außenmauerstärken als 38 cm ist durch
eine Reihe von Verordnungen geregelt.

Unbelastete Außenmauern, die keine Aufenthaltsräume abschließen, sind auch in geringerer Mauerstärke zulässig, wenn sie den
Forderungen der Standfestigkeit entsprechen. Als Beispiel sei die Prüßwand angeführt ($^1/_2$ oder auch $^1/_4$ Stein stark), die aus einem mit Ziegeln
in Zementmörtel ausgemauerten Bandeisennetz von etwa 1×26 mm
Stärke und 53 cm Feldweite besteht. Derlei Wände, als Abschlüsse von
Lagerschuppen, Scheunen und solchen Räumen, bei welchen es nur auf
Wind- und Wetterschutz ankommt, geeignet, zeigen guten Widerstand
gegen seitliches Durchbiegen oder Ausbauchen und ermöglichen es, daß
die Fundierung infolge der freitragenden Ausbildung der Wand nur auf
einzelne Pfeiler beschränkt bleiben kann.

Noch weniger als für die Außenmauern lassen sich für tragende und
Schornsteine führende Mittelmauern allgemeine Regeln für die Stärke
aufstellen, da neben anderen Umständen auch die stets verschiedene
Unterbrechung durch die Schornsteinzüge die tragenden Querschnitte
erheblich beeinflussen. Mindeststärke 38 cm, Verstärkung auf 51 bzw.
64 cm je nach Umständen.

Unbelastete Feuermauern müssen, sofern sie Aufenthaltsräume abschließen, in Bezug auf Feuersicherheit einer 25-cm-Ziegelmauer und,
sofern sie Aufenthaltsräume dauernd abschließen, in Bezug auf Wärmeschutz einer 38-cm-Ziegelmauer entsprechen.

Brandmauern sind nach der Bauordnung für Wien in Werkstätten,
Geschäfts- und Lagerräumen, Dachböden und Stallungen im Höchstabstande von 30 m (bei Erzeugung oder Lagerung feuergefährlicher
Stoffe im Höchstabstande von 20 m) zu errichten; sie müssen der Feuerbeständigkeit einer 12-cm-Ziegelmauer entsprechen. Einzelne österreichische Landesbauordnungen fordern 25 cm starke Ziegelmauern in
Abständen von 45 bzw. 30 m, die Berliner Baupolizei 25-cm-Ziegelmauern
oder 20-cm-Betonwände im Höchstabstande von 40 oder 50 m.

Stiegen- (Treppen-) Mauern, in welche freitragende Stufen eingespannt sind, werden mindestens 45 cm bzw. 51 cm stark gehalten. Unbelastete Stiegenmauern müssen an Festigkeit, Stand- und Feuersicherheit
und Wärmeschutz mindestens einer 12-cm-Ziegelmauer gleichkommen.

Scheidemauern, die Wohnungen oder Betriebe voneinander
trennen, sind aus mindestens 12-cm-Ziegelwänden oder als Wände herzustellen, die solchen Ziegelmauern in jeder Hinsicht gleichkommen.
Für sonstige Scheidemauern können auch Ziegelwände aus aufgestellten
Ziegeln oder die verschiedenen Arten der Leichtwände Verwendung
finden.

Rechnerische Ermittlung der Mauerstärke.

In allen Fällen, in denen die Erfahrung und Beispiele gleicher Bedingungen nicht vollkommene Gewähr geben, ist die statische Ermittlung der Mauerstärke vorzunehmen. Die Baubehörde ist berechtigt, solche Nachweise jederzeit zu fordern. Die sich ergebenden Beanspruchungen dürfen die zulässigen nicht überschreiten. Siehe nachfolgendes Berechnungsbeispiel auf S. 74.

Zulässige Druckbeanspruchung des Ziegelmauerwerkes.
ÖNORM B 2102.

Art des Mauerwerkes		Mauern		Freistehende Mauerpfeiler	
		mit einer Dicke von			
		$^1/_8$	$^1/_{12}$	$^1/_6$	$^1/_{12}$
Ziegel	Mörtel	der Geschoßhöhe			
Schwachbrandziegel ÖNORM B 3201 Druckfestigkeit mind. 50 kg/cm²	Weißkalk	3	—	—	—
Gewöhnliche Mauerziegel ÖNORM B 3201	Weißkalk	7	3	5	3
	Kalkzement[1])	10	5	8	5
Kalksandziegel ÖNORM B 3431	Zement[2])	12	6	10	6
Hartbrandziegel ÖNORM B 3201	Kalkzement[1])	15	8	12	8
	Zement[2])	18	10	15	10
Klinkerziegel ÖNORM B 3220	Zement[2])	30	15	25	15

[1]) Verlängerter Zementmörtel. Mindestdruckfestigkeit 60 kg/cm².
[2]) Mindestdruckfestigkeit 150 kg/cm².

Die angegebenen Beanspruchungen gelten bei gleichzeitiger ungünstigster Wirkung aller in Betracht kommenden Belastungen (ÖNORM B 2101). Maßgebend für die Querschnittsbemessung ist der den größten Querschnitt erfordernde Belastungsfall. Halbsteindicke Mauern dürfen nicht belastet werden. Bei Gebäuden, die durch Wände und Decken in der üblichen Weise ausgesteift sind, kann in der Regel der Einfluß des Winddruckes auf die Außenmauer außer Betracht bleiben.

In bezug auf das Dach sind Winddruck und Schneelast nach ÖNORM B 2101 in Rechnung zu stellen.

Mauern aus Nationalsteinen oder Frewenhohlziegeln sind in verlängertem Zementmörtel oder Zementmörtel zu mauern und dürfen bei 25 cm Stärke mit 7 kg/cm² belastet werden; in den einzelnen Geschossen sind durchlaufende Betonröste von wenigstens 15 cm Höhe anzuordnen.

Rechnungsbeispiel.

Statische Berechnung eines Mauerstreifens (-Pfeilers).

Mauerlasten und Dach mittig, Deckenlasten ausmittig. Aussteifung durch Scheidewände.

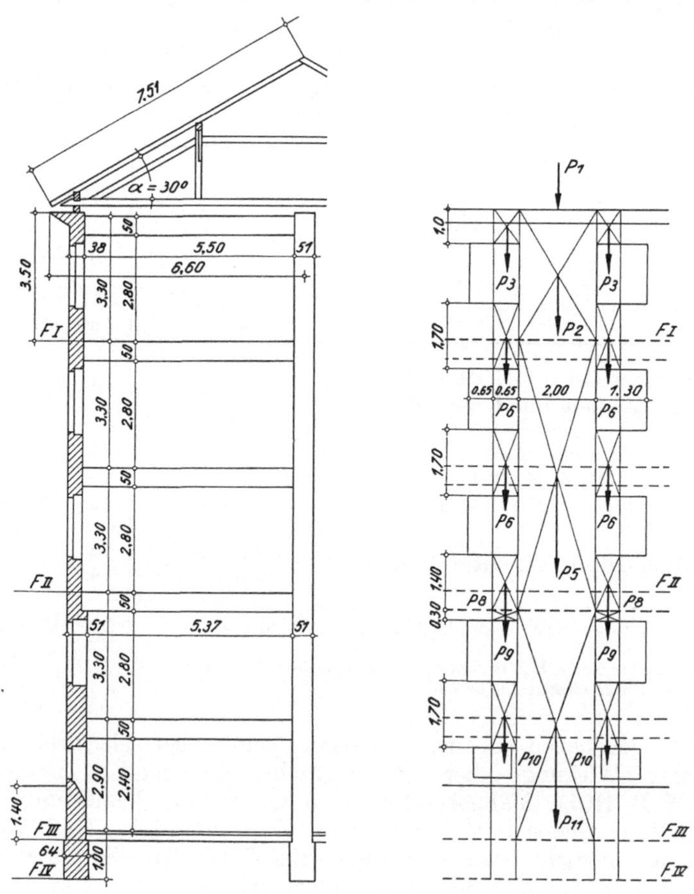

Abb. 25.

Annahme: Steineisendecke mit Eigengewicht 330 kg/m², Binderentfernung 4,5 m, Dachdeckung mit Falzziegeln (65 kg/m² schiefe Dachfläche), Nutzlast am Dachboden 125 kg/m², in den Geschossen 200 kg/m²; Mauerwerk aus Vollziegeln (1600 kg/m³).

Spannweiten, Mauerstärken, Höhen, Dachstuhl, Dachneigung und Achsenabstand laut Skizze; Abb. 25.

Siehe auch Lastangaben ÖNORM B 2101 (S. 133).

Dachstuhlgewicht: In Betracht kommen ~ 30 m² zu ~ 20 kg $= 600$ kg.
Dachdeckung: $65 . 7{,}51 . 4{,}5 = 2194$ kg.
Wind-Normalkraft: $100 \sin^2 30 = 25$ kg/m².

Schnee-Normalkraft: $\dfrac{2}{3} . 70 . \cos 30 = 41$ kg/m².

Gesamtnormallasten aus Wind und Schnee: $(25 + 41) . 7{,}51 . 4{,}5 \doteq 2230$ kg

Vertikallasten am Auflager aus Dachdeckung .... 2194 kg
„   „   „   „ Dachstuhl (Tragwerk) .... 600 kg
„   „   „   „ Wind und Schnee: $2230 \cos 30 =$
$$= 2230 . 0{,}866 = \quad 1931 \text{ kg}$$

Gesamtlast P_1 vom Dache herrührend .... 4725 kg

Untersuchung für Fuge I (s. Abb. 25 und 26):

P_1 = Dachlast .... = 4725
P_2 = Pfeilerlast $0{,}38 . 2{,}0 . 3{,}5 . 1600$ .... = 4250
P_3 = Stürze $2 . 0{,}38 . 0{,}65 . 1{,}0 . 1600$ .... = 790
P_4 = Deckenlast $3{,}3 . 2{,}75 . (330 + 125)$ .... = 4128

13 893

$$R x_0 = (P_1 + P_2 + P_3) . 19 + P_4 . 32;$$
$$x_0 \doteq 23{,}6 \text{ cm}; \quad e = 4{,}6 \text{ cm};$$
$$\sigma_{1,2} = \frac{P}{F} . \left(1 \pm \frac{6\,e}{b}\right) = \frac{13\,893}{38 . 200} \left(1 \pm \frac{6 . 4{,}6}{38}\right);$$
$$\sigma_1 = 3{,}16 \text{ kg/cm}^2, \quad \sigma_2 = 0{,}49 \text{ kg/cm}^2.$$

Das Verhältnis Geschoßhöhe zur Mauerstärke $= \dfrac{330}{38} = \dfrac{1}{8{,}5}$; es ist daher
in der Tabelle S. 73 die Spalte „$^1/_{12}$" zu berücksichtigen; Ausführung in
Mauerziegeln mit Kalkzementmörtel. In gleicher Weise wird
Fuge II untersucht; es ergibt sich $\sigma_1 = 6{,}25$ kg/cm², $\sigma_2 =$
$= 2{,}75$ kg/cm²; Ausführung in Hartbrandziegeln mit Kalkzementmörtel. Untersuchung für Fuge III:

Belastung oberhalb Fuge II .... 34 832 kg
$P_8 \;= 2 . 0{,}38 . 0{,}65 . 1{,}40 . 1600$ .... 1110 kg
$P_9 \;= 2 . 0{,}51 . 0{,}65 . 0{,}30 . 1600$ .... 318 kg
$P_{10} = 2 . 0{,}51 . 0{,}65 . 1{,}70 . 1600$ .... 1800 kg
$P_{11} = 0{,}51 . 5{,}90 . 2{,}00 . 1600$ .... 9650 kg
P_{12} (Decken) $= 2 . 2{,}69 . 3{,}3 . 530$ .... 9435 kg

$$R_2 = 57\,145 \text{ kg}$$

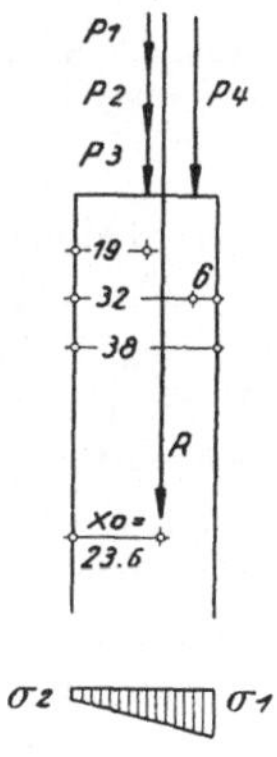

Wie vor die Ausmitte e errechnet, ergibt bei der 51 cm starken Mauer $e = 0{,}6$ cm und $\sigma_{1,2} = 5{,}99$ kg/cm² bzw. 5,21 kg/cm².
Für Fuge IV ergibt sich bei einer Resultierenden von
59 165 kg; $\sigma_{1,2} = 7{,}0$ kg/cm² bzw. 2,35 kg/cm² und eine Bodenpressung von $\dfrac{59\,165}{64 . 200} = 4{,}6$ kg/cm². Sollte die Bodenpressung
z. B. 3 kg nicht überschreiten dürfen, so müßte die Fundamentsohle
auf $\dfrac{59\,165}{3} = 19\,722$ cm² $= 98{,}5 \times 200$ cm erbreitert werden.

Abb. 26.

Wären im vorliegenden Falle alle Lasten mittig angreifend angenommen
worden und der Erddruck des Erdkörpers über Fuge III bzw. Fuge IV

mitberücksichtigt worden, so würden sich sowohl die Bodenpressung als auch die Fundamentsohlenbreite nur geringfügig ändern.

Für eingeschossige Gebäude, deren Außenmauern durch die Decke und das Dach belastet werden, gibt die Formel von Rondelet annähernde Werte. Darnach ist die Mauerstärke

$$x = \frac{h \cdot t}{n \sqrt{h^2 + t^2}},$$

wobei h die Höhe der Mauer, t die Trakttiefe, $n = 10$ einen Sicherheitsgrad darstellen.

Die resultierenden Werte sind in die nächsthöheren Ziegelmaße umzusetzen.

Schornsteinführende Mauern.

Die Verbrennungsgase der Feuerstätten sind durch Rauchzüge abzuleiten, die für die üblichen Ofenheizungen und hauswirtschaftlichen Küchenbetriebe heute ausschließlich als enge (russische) Rauchfänge ausgeführt werden.

Schornsteine für größere Feuerungen erhalten den abzuführenden Verbrennungsgasen entsprechend größere Querschnitte.

Die engen Rauchfänge werden entweder in den Mittelmauern, in selbständigen Rauchfangpfeilern oder ausnahmsweise auch in Außenmauern geführt; letzterwähnte Anordnung ist in kontinentalen Klimaten der starken Abkühlung wegen zu vermeiden.

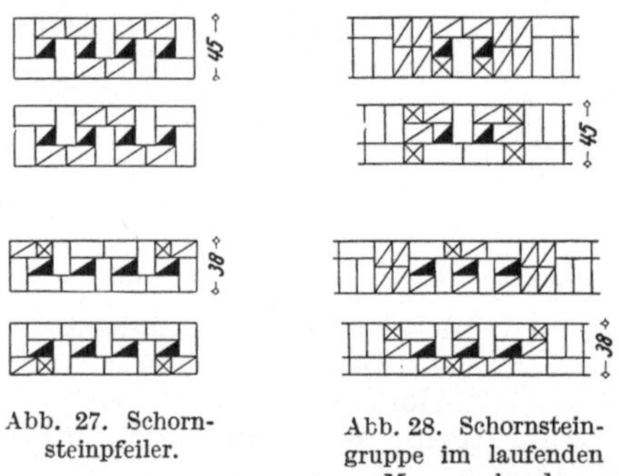

Abb. 27. Schornsteinpfeiler.

Abb. 28. Schornsteingruppe im laufenden Mauerverband.

Das Rauchfangmauerwerk ist nach den österreichischen Bauordnungen in der Regel aus gebrannten Ziegeln der Normengröße in regelmäßigem Verbande und in verlängertem Zementmörtel oder aus gebrannten Rauchfangformsteinen auszuführen. Die Bauordnungen anderer Länder — auch des Deutschen Reiches — führen als zulässig auch sonstige Baustoffe, wie Betonkaminsteine, Kalksandsteine, Schwemm- und Schlackensteine besonders an.

Der lichte Querschnitt muß nach der Bauordnung für Wien wenigstens 259 cm², d. h. bei viereckiger Gestaltung dem kleinen Ziegelmaß entsprechend wenigstens 14 cm Breite und 18,5 cm Länge betragen. Die reichsdeutschen Vorschriften verlangen einen Querschnitt von wenigstens 250 cm². Die Geringststärke schornsteinführender Mauern ergibt sich mit 38 bzw. 45 cm.

Je nach der Wahl des großen oder kleinen Ziegelmaßes ergeben sich der österreichischen Querschnittsforschung entsprechend die in den Abb. 27 und 28 dargestellten Ziegelverbände.

Die engen Schornsteine müssen im Innern eine möglichst glatte Putzfläche erhalten,[1]) die in der Regel durch einen dünnen Zementmörtel geringer Stärke hergestellt wird. Die geforderte Geringstabmessung im Vereine mit der Putzstärke machen es notwendig, die Stoßfugen bei regelmäßigen Verbänden etwas stärker als 1 cm auszuführen. Außer den viereckigen sind auch kreisrunde Querschnitte mit einem Durchmesser $\geqq$ 18 cm zugelassen.

Die Bauordnungen bestimmen die näheren Einzelheiten der Ausführung. Aus den bezüglichen Anordnungen seien besonders angeführt: In einem engen Rauchfang dürfen in der Regel nicht mehr als drei Feuerungen geleitet werden; ausnahmsweise kann die Einmündung einer größeren Zahl von Feuerungen bewilligt werden, wenn für jede weitere Einmündung eine Querschnittsvergrößerung von 80 cm² eintritt; es soll jedoch hierbei das Verhältnis $1 : 1^{1}/_{4}$ nicht wesentlich überschritten werden. Die Einmündung von Feuerstellen verschiedener Geschosse und Wohnungen in einen engen Rauchfang ist verboten. Die Zusammenziehung mehrerer Rauchfänge zu einem Sammelschlauche ist ebenfalls verboten. Die Rauchzüge sollen möglichst lotrecht geführt werden; unvermeidliche Abweichungen von der Lotrechten (Ziehungen oder Schleifungen) sollen einen Winkel von 30⁰ (mit der Lotrechten) nicht übersteigen. Ausnahmsweise bewilligte stärkere Abweichungen bedingen die Anbringung eines Putztürchens am oberen Bruchpunkte. Alle engen Rauchfänge müssen am unteren Ende und am Dachboden (allfällig auch über Dach) mit in allgemein zugänglichen Räumen angeordneten Putztürchen versehen sein. Zwischen Holzwerk und lichtem Querschnitte muß mindestens ein 12 cm starker Ziegelkörper verbleiben, an dessen Außenseite zur Sicherung des Fugenverschlusses ein Dachziegel oder eine sonst feuerbeständige Verkleidung anzubringen ist. Frei geführte Poterien (quadratische Ton- oder Eternitrohre) müssen vom Holz werke mindestens 15 cm entfernt bleiben. Die Ausmündung muß von der eigenen und benachbarten Dachfläche wenigstens 1 m entfernt sein[2]) und naheliegende Fensterstürze wenigstens 3 m überragen. Bei mehr als drei Geschossen ist das Rauchfangmauerwerk wenigstens 51 cm stark auszuführen.

Die Einmündung von Gasfeuerungsabzügen in Rauchfänge fester Brennstoffeuerungen ist laut Gasregulativ vom Jahre 1906 zulässig. Es empfiehlt sich jedoch, Gasfeuerungen stets mit eigenen Abzügen zu versehen. Überdies ist zu beachten: Alle Rauchfänge sollen womöglich bis in den Keller hinabgeführt werden; das Rauchfangmauerwerk ist am Dachboden roh zu verputzen (allfällig zu verbrämen) und über Dach in Rohziegelmauerwerk herzustellen. Die Rauchfangausmündung soll den Dachfirst wenigstens 30 cm überragen; daher Rauchfanggruppen nahe dem First anordnen.

---

[1]) DIN 1963 fordert das Verfugen, Berappen oder Putzen des Innern.
[2]) Senkrecht zur Dachneigung gemessen.

Die Verbindung zwischen Feuerung und Schornstein wird **Fuchs**, der von der Einmündung abwärts reichende Teil des Schornsteins **kalter Schlauch** genannt.

Zur Verbesserung des Zuges schlecht ziehender Rauchfänge können mit meist gutem Erfolge **Schornsteinaufsätze** verwendet werden. Dieselben sind entweder aus Steinzeug, Eternit oder rostgeschütztem Bleche hergestellt: **Johns** drehbare und feststehende Schornsteinaufsätze, Rotor-Rauchhauben usw. Die grundrißliche Darstellung der Rauchfänge ist aus den nachfolgenden Abbildungen ersichtlich.

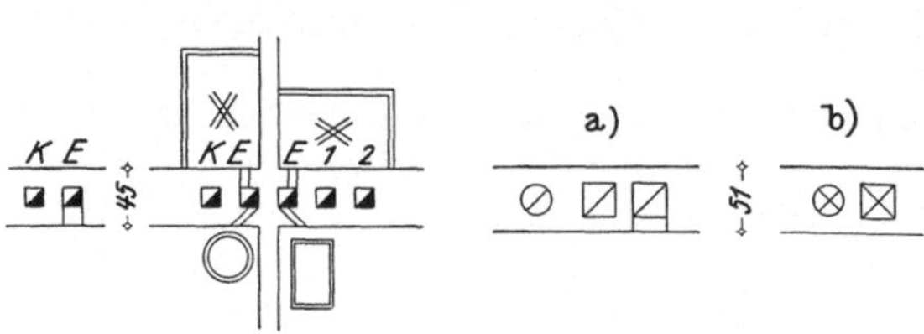

In Österreich übliche Darstellung.

Darstellung nach DIN 1356 a) feste Brennstoffe, b) Gas.

Abb. 29.

Die Schornsteine sind der Geschoßzugehörigkeit entsprechend zu bezeichnen. Siehe Abb. 29.

Scheidewände aus Ziegeln.

Halbsteinstarke Ziegelwände (12 oder 15 cm) im Läuferverbande oder mit aufgestellten (auf die schmale Kante gestellten) Ziegeln, 6,5 cm stark. Letztere sind stets in Zement- oder verlängertem Zementmörtel zu mauern; zur Erhöhung der Standsicherheit sind 6,5 cm Ziegelwände mit Flacheisen in der Mindeststärke von 3×20 mm in jeder dritten oder vierten Schar zu bewehren. Der **Katonaverband** vermeidet durchgehende Lagerfugen und vermindert dadurch die Ausknickgefahr. Abb. 30. Eine freitragende Bauart bewehrter Ziegelwände stellt die **Prüßwand** dar; s. auch S. 72.

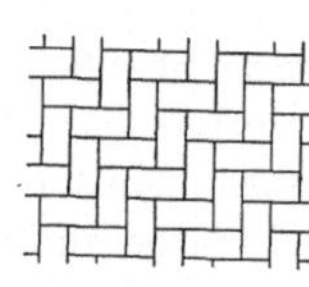

Abb. 30.

Die angeführten Wände dürfen nicht belastet werden und sind nicht „freitragend"; sie bedürfen einer Unterstützung durch Wände, Unterzüge, Träger o. dgl.

Ebenso dürfen die verschiedenen Dünnwandhohlziegelwände (Oka-, IFA-, Wabenhohlziegelwände usw.) nicht belastet werden; sie bedürfen jedoch keiner besonderen Unterstützungen. Sind sie länger als 6 m und höher als 4 m, so sind sie je nach der Rillenbildung mit 3×20 mm Flacheisen oder 5 mm Rundeisen zu bewehren und, sofern sie länger als 8 m sind, durch Pfeiler, Walzträge u. dgl. zweckmäßig zu versteifen. Als Trennungswände verschiedener Wohnungen oder Betriebe sind solche Dünnwandziegelwände nur dann zugelassen, wenn sie in den Fugen bewehrt sind.

b) Aus ungebrannten künstlichen Steinen.

Außenmauern:

Außer **Kalksand-** und **Schlackenziegel** (s. d.) kommen in Betracht:

Isostonebausteine: Bei einer Mauerstärke $b = 25$ cm für Außenmauern zulässig, wenn die Gebäudehöhe $\leq$ als 12 m und die freie Mauerhöhe $h \leq 4$ m ist. Die zulässige Druckbeanspruchung bei freier Mauerhöhe $h \leq 3$ m ist mit 7 kg/cm² anzunehmen; bei freier Mauerhöhe bis 4 m ist die zulässige Druckbeanspruchung mit dem Werte $x = 1,90 - 0,075 h/b$ abzumindern, wobei h und b in Zentimetern einzusetzen sind. Als Bindemittel ist Portlandzementmörtel zu verwenden. In jedem Geschosse ist ein Betonrost von wenigstens 15 cm Höhe anzuordnen. Die Hohlräume der Gebäudedecken und dazwischenliegende Hohlräume im Höchstabstande von 7 m sind auszubetonieren und nach Erfordernis zu bewehren.

Zellenbetonsteine: Für tragende Außenmauern höchstens zweigeschossiger Gebäude mit der Wandstärke ≥ 20 cm unter bestimmten Voraussetzungen zulässig, wenn das Raumgewicht des Zellenbetons ≥ 1000 kg/m³.

Scheidewände:

Die Wandplatten sind Voll auf Fug zu versetzen und greifen bei den Maueranschlüssen in 3—5 cm tiefe Mauernuten ein.

Für selbständige Scheidewände kommen nur Stärken von 5 cm und mehr in Betracht.

Freitragende Wände:

Gipsdielen: In Betracht kommende Stärken 5 und 7 cm; in Gipsmörtel zu versetzen; als Wohnungstrennungswände nicht zugelassen.

Porolith: Stärken 5, 7, 10 und 14 cm; in Gipsmörtel zu versetzen. Ohne Versteifung höchstens 6 m lang und 3,5 m hoch.

Heraklith: Stärken 5, 7,5, 10 cm; in Weißkalk-, Gipskalk- oder Gipsmörtel zu versetzen; Fugen zweckmäßig mit Gewebestreifen bandagieren; bei Höhen über 3 m lotrechte Drahtverspannung in 1,5 bis 2 m Entfernung zu empfehlen. In den Stärken 10 und 12,5 cm als Trennungswände zugelassen.

Primanit: 5, 7,5 cm stark; in verlängertem Zementmörtel zu versetzen; Bandagieren der Fugen zu empfehlen. In der Stärke von 10 cm als Trennungswände zugelassen.

Korkstein: Stärken 5, 6 und 8 cm; die Platten werden untereinander mit Drahtstiften verbunden und in Gipsmörtel versetzt.

K.-B.-Platten: Stärken 5, 6, 8 cm, Hohlplatten 6—12 cm; wie Korksteinplatten zu versetzen. In 8 cm Stärke mit beiderseitigem Verputz (zusammen 10 cm) als Trennungswände zugelassen.

Neusiedlerplatten: Stärken 5 und 7 cm; zulässig für höchstens 6 m lange und 4,5 m hohe Zwischenwände. Mit 7 cm Stärke auch als Trennungswände zugelassen. An den Plattenstößen Gewebebandagen zu empfehlen.

Siliglitplatten: Stärken 5, 7,5 und 10 cm für höchstens 6 m lange und 4 m hohe Wände zulässig. Die Platten sind mit Kalkzementmörtel Voll auf Fug zu versetzen. In 10 cm Stärke beiderseits 1,5 cm dick verputzt als Trennungswände zugelassen.

Nicht freitragende Wände:

Gipsschlackenplatten: In Betracht kommende Stärken: 5, 7 und 10 cm. Mit Gipsmörtel zu versetzen.

2. Mauern aus natürlichen Steinen.

a) Bruchsteinmauerwerk.

Nach Bearbeitung und Form der Steine einerseits und ihrer Lage zueinander anderseits unterscheidet man:

<table>
<tr><td>1. Gewöhnliches Bruchsteinmauerwerk</td><td rowspan="3">s. auch
ÖNORM B 3107.</td></tr>
<tr><td>2. Zyklopen- oder Polygonmauerwerk</td></tr>
<tr><td>3. Schicht- oder Hackelsteinmauerwerk</td></tr>
</table>

Das gewöhnliche Bruchsteinmauerwerk wird aus unregelmäßigen, unbearbeiteten oder fast unbearbeiteten, in der Mehrzahl aus möglichst parallelepipedischen Steinen bestehend im Verbande gebildet. Läufer und Binder wechseln ungleichmäßig ab; durchlaufende Lagerfugen kommen wegen der unregelmäßigen Gestalt der einzelnen Steine nicht in Betracht. Nester sind durch kleinere Steine auszufüllen. In Außenmauern sind durch die ganze Mauerstärke durchreichende Binder wegen der leicht entstehenden nassen Flecken auf der Innenwandfläche zu vermeiden. Je nach der zu erfüllenden Aufgabe des Mauerwerkes ist Weißkalk-, verlängerter Zement- oder Zementmörtel zu verwenden. Die einzelnen Steine sollen nicht zu geringe Höhe (größer als 20 cm) aufweisen und unter Beachtung ihres natürlichen Lagers versetzt werden. Etwa alle 80 cm ist das Mauerwerk der Höhe nach abzugleichen.

Das Zyklopen- oder Polygonmauerwerk ist durch die ballenförmige, polygonale Gestalt der einzelnen Steine gekennzeichnet. Es werden meist nicht lagerhafte Steine verwendet, die auf etwa 15 cm Tiefe vom Mauerhaupt an den Stoßflächen bearbeitet werden. Durchgehende Lagerfugen sind, durch die Form der Steine bedingt, vollkommen außer Betracht gelassen. Als Bindemittel dienen verlängerte Zement- oder Zementmörtel, seltener Weißkalkmörtel.

Schicht- oder Hackelsteinmauerwerk wird aus lagerhaften, roh bearbeiteten Steinen gebildet, deren Lagerflächen möglichst eben und waagrecht und deren Stoßflächen mehr oder minder lotrecht je auf mindestens 10 bis 15 cm Tiefe bearbeitet sind. Die Grundregeln, die Steine Voll auf Fug zu legen und möglichst viele Binder im Wechsel mit Läufern anzuordnen, gilt auch bei dieser Mauerwerkart. Die Lagerfugen laufen durch, können aber ab und zu durch einen zwei Schichten hohen Stein durchbrochen sein. Die Schichten sollen nicht niederer als 20 cm gewählt werden. Bindemittel: Verlängerter Zement- oder Zementmörtel, allfällig auch Weißkalkmörtel.

Das Bruchsteinmauerwerk findet in Gegenden reichen Steinvorkommens vornehmlich für Futtermauern (Polygon- und Schichtmauerwerk), für Fundament- und Sockelmauerwerk (gewöhnliches Bruchstein- und Schichtmauerwerk), aber auch für aufgehendes Mauerwerk Verwendung. Die letztgenannte Anwendung bleibt wohl meist nur auf Gegenden beschränkt, in denen die Zubringung anderen Materials beträchtliche Mehrkosten verursacht und die Mängel kalter Räume, „schwitzender" Wände und mehrere andere in Kauf genommen werden.

Zulässige Druckbeanspruchung des Bruchsteinmauerwerkes.
(ÖNORM B 2102.)

Art des Bruchsteinmauerwerkes	kg/cm²
Gewöhnliches Bruchsteinmauerwerk und gemischtes Mauerwerk in Weißkalkmörtel	6
Lagerhaftes Bruchsteinmauerwerk und gemischtes Mauerwerk in Kalkzementmörtel	9
Bruchsteinmauerwerk aus zugerichteten Steinen in Kalkzementmörtel	12
Schichtmauerwerk aus zugerichteten Bruchsteinen mit durchlaufenden Lagerfugen in Kalkzementmörtel	18

Gültig für Mauern und Pfeiler, deren geringste Dicke ≥ 40 cm und $\geq \frac{1}{6}$ der Höhe.

b) Quadermauerwerk.

Das Quader- (Werkstein-) Mauerwerk wird aus Werksteinen mit rein und scharfkantig bearbeiteten Lager- und Stoßflächen gebildet, deren Sichtflächen je nach dem erwünschten Äußern mit Rustika und Spiegel versehen oder scharriert, gekrönelt, gestockt, geschliffen usw. steinmetzmäßig behandelt werden. Die Lagerfugen laufen vollkommen waagrecht durch. Auf die Regelmäßigkeit der Verbandes ist besonders achtzuhaben. Die Lagerfugen sind 5 mm, die Stoßfugen 3 mm stark zu halten. Die lagerhafte Versetzung der Steine ist wie bei jedem Natursteinmauerwerk strenge zu beachten. Lagerflächen im Bruche bezeichnen lassen! Abblätterungen und Verwitterungen sind häufig die Folgen fehlerhafter Versetzung. Auch die Verwendung für das betreffende Steinmaterial ungeeigneter Mörtel kann zu üblen Erfahrungen führen. Es empfiehlt sich, in Zweifelfällen stets einen Gesteinsfachmann zu Rate zu ziehen.

Das Quadermauerwerk kann durchgehend als volles Quadermauerwerk oder als Verblendmauerwerk ausgeführt werden. Wegen der hohen Kosten und mancher Nachteile, die ein durchgehendes Steinmauerwerk für Aufenthaltsräume mit sich bringt, wird, sofern eine Ansichtsfläche aus Naturstein angestrebt ist, eine Verblendung in Natursteinen durchgeführt und das tragende Mauerwerk aus Ziegeln gebildet. Je nach ihrer Stärke kann diese Verblendung auch mit zum Tragen herangezogen werden. Plattenverkleidungen dürfen nicht belastet werden; sie sind durch Entlastungsfugen zu schützen.

Tragende Verkleidungen greifen verbandgerecht in das Hinterfüllungsmauerwerk, das mit der Verkleidung aufzumauern ist, ein. Stärkere Platten müssen durch Klammern, Schließen oder Anker mit dem Hinterfüllungsmauerwerk verbunden werden. Eiserne Verbindungsmittel sind unbedingt zu vermeiden; die nicht zu umgehende Rostbildung mit ihrer sehr erheblichen Volumenvergrößerung führt zu katastrophalen Schäden, abgesehen davon, daß auch Verfärbungen infolge Diffusion eintreten können. Statt des Eisens daher Bronze oder Kupfer verwenden!

Auch die Verkittung der Klammern erfordert wie die Verkittung der Platten besondere Vorsicht in der Wahl der Bindemittel.

Zweckwidrige Wahl des Steinmaterials in bezug auf atmosphärische und chemische Einflüsse und technisch unsachgemäße Verarbeitung haben wiederholt zu sehr schweren Schäden geführt.

Mauern aus natürlichen Steinen in Verbindung mit künstlichen Steinen.

Gemischtes Mauerwerk.

Es besteht aus gewöhnlichem Bruchsteinmauerwerk, das nach je zirka 80 cm Höhe mit 2—3 waagrecht durchlaufenden, in regelrechtem Verbande verlegten Ziegelscharen abgeglichen wird. In diesem Falle werden auch die Gewände der Öffnungen und ausspringende Ecken der Gebäude meist in Ziegel gemauert.

Über die zulässigen Beanspruchungen siehe die Zusammenstellung auf S. 81.

3. Mauern und Wände aus Beton und Eisenbeton.

Siehe ÖNORM B 2011, Techn. Vorschriften für Bauleistungen; Beton- und Eisenbetonarbeiten,

B 2300, Beton; Bestimmungen für Ausführung von Bauwerken,

B 2302, Eisenbeton; Berechnung und Ausführung von Tragwerken,

B 2303, Beton und Eisenbeton; Probewürfel und Probebalken,

B 3311, Portlandzement,

B 3111 und B 3112, Flußstahl,

bzw. DIN 1967, Vergebung von Leistungen und Lieferungen; Beton- und Eisenbetonarbeiten,

1045, Bestimmungen für Ausführung von Bauwerken aus Eisenbeton,

1047, Bestimmungen für Ausführung von Bauwerken aus Beton,

1048, Bestimmungen für Druckversuche an Würfeln bei Ausführung von Bauwerken aus Beton und Eisenbeton, ferner:
Deutsche Normen für einheitliche Lieferung und Prüfung von Portlandzement, Eisenportlandzement, Hochofenzement und Traß.

Siehe ferner: „Baustoffe".

Allgemeines.

Zur Ausführung von Beton- und Eisenbetonbauwerken darf nur langsam bindender Portlandzement oder ein diesem gleichwertiger, den geltenden Normen entsprechender Zement verwendet werden.

In 1 m³ fertig verarbeiteten Beton müssen bei tragenden unbewehrten Teilen eines Bauwerkes wenigstens 120 kg, bei Eisenbetontragwerken wenigstens 300 kg Zement enthalten sein; diese Zementmenge kann, sofern das Bauwerk dem Einfluß von Niederschlägen und Feuchtigkeit entzogen bleibt, auf 100 bzw. 270 kg herabgemindert werden. Ebenso können bei Betonkörpern größerer Abmessungen, deren Beanspruchungen wesentlich unter den zulässigen Werten verbleiben, eine geringere Menge Zementes zugestanden werden.

Zu gewöhnlichen Eisenbetonhochbauten ist Stahl St 37.11, für außergewöhnliche St 37.12 zu verwenden; zur Bewehrung untergeordneter nichttragender Bauteile kann auch St 00.11 herangezogen werden.[1]

Die Bewehrung ist in planmäßiger Form richtig einzulegen und festzuhalten. Der Beton ist bei allen Beton- und Eisenbetonbauwerken vor Beginn der Ausführung oder während des Betonierens zu erproben und dessen Druckfestigkeit nachzuweisen. Die Prüfung erfolgt nach ÖNORM B 2303 bzw. DIN 1048.

Die Herstellung von Eisenbetonbauten darf nur durch Fachleute erfolgen, deren Kenntnisse eine sorgfältige und sachgemäße Ausführung gewährleisten.

Die zulässigen Beanspruchungen wurden im Abschnitte „Baustoffe", Beton und Eisenbeton besprochen. Der beabsichtigte Beginn der Betonierung in jedem Geschosse ist ebenso wie der Wiederbeginn der Arbeiten nach längerem Froste der Baubehörde spätestens 48 Stunden vorher schriftlich anzuzeigen.

Herstellung der Mauern und Wände.

Einheitliche Beton- und Eisenbetonmauern und -wände finden im Hochbau eine weitverzweigte, durch Einzeleigenschaften der Baustoffe und die Art der Herstellung der Wände zum Teil eingeengte Anwendung.

Der Kiesbeton ist wegen seines großen Wärmehaltungsvermögens für Außenmauern des Wohnungsbaues nicht geeignet; die Feuchtigkeit der Raumluft schlägt sich an den Innenflächen der Mauern nieder und die Räume wirken kalt; dazu treten die Nichtnagelbarkeit des Kiesbetons und die bei Errichtung von Betonwänden unerläßlichen Schalungskosten, die die Herstellung mehr oder minder ausschlaggebend belasten. Günstige Erscheinungen vermögen aber anderseits solche Nachteile unter Umständen in solchem Ausmaße zu beeinflussen, daß die Nachteile den Vorteilen gegenüber nicht mehr bestimmend ins Gewicht fallen.

---

[1] Siehe Fußnote auf Seite 29.

Es zeigt sich dies z. B. bei der den Schalungskosten etwa gegenüberzustellenden verbilligten Gewinnung geeigneten Sand- und Schottermaterials auf der Baustelle und dessen Verwendung zur Errichtung der Betonmauern des Kellers, bei welchen das gute Wärmeleitungsvermögen des Betons nicht als Nachteil, die hohe Druckfestigkeit aber vorteilhaft zur Auswirkung gelangt.

Als Mischungsverhältnis kann für solche Kiesbetonmauern — ohne hierdurch einer statischen Untersuchung im jeweiligen Falle etwa vorzugreifen — im Mittel 1 R.T. Zement auf 6—8 R.T. Sand und Kies in Betracht gezogen werden. Fundamentmauerwerk gewöhnlicher Belastung rund 1 : 10 bis 1 : 14.

Zur Herstellung des Tagmauerwerkes im Wohnungsbau ist der Kiesbeton, wie oben erwähnt, nicht geeignet.

Hingegen wurden mit monolithen Leichtbetonwänden von 26—30 cm Stärke insbesondere im Deutschen Reiche durchaus günstige Erfahrungen gemacht, obgleich auch in diesem Falle die Zweckmäßigkeit von der richtigen Wahl des Baustoffes und der sparsamen Herstellung der Schalungen abhängen wird.

Bimsbeton z. B. eignet sich hierzu seines hohen Wassergehaltes wegen weniger als etwa Schlacken- oder Synthoporitbeton; die Mischung von Kies- und Leichtbeton hat sich, abgesehen von der Schwierigkeit der Herstellung innerhalb eines Körpers, wegen der durch verschiedene Wärmeausdehnungen hervorgerufenen Rissebildung nicht bewährt.

Als erprobte Mischungsverhältnisse für tragende Leichtbetonwände seien nach einer Aufstellung von Dipl.-Ing. Weiß, Berlin, angeführt:

Thermosit : Sand : Beton: R.T. . . . . 1 : 2 : 4 bis 1 : 2 : 8; Würfelfestigkeit: 112 bzw. 48 kg/cm².

Synthoporit : Sand : Beton: R. T. . . . . 1 : 2 : 7; Würfelfestigkeit: 66 kg/cm².

Kohlenschlacken : Sand : Beton: R. T. . . . . 1 : 2 : 10; Würfelfestigkeit: 40 kg/cm².

Bei allen Betonwänden spielen die Kosten der Schalung eine wesentliche Rolle.

Die Rüstungen und Schalungen sind tragfähig auszuführen; sie müssen genügend steif sein und sich ohne Erschütterung des Tragwerkes entfernen lassen. Vor dem Einbringen des Betons sind die Schalungen zu reinigen und dem Wetter gemäß anzunässen. Die Abmessungen und das Verhalten sind vor Beginn der Betonierungen und während derselben zu überprüfen. Kein Bauteil darf vor ausreichender Erhärtung des Betons ausgeschalt werden. Bis dahin sind die Bauteile feucht zu halten, vor Erschütterungen, Beschädigungen und vorzeitigem Austrocknen sowie vor Frost und Regen zu schützen.

Bei günstiger Witterung (niedrigster Wärmegrad $+4^0$) gelten im allgemeinen folgende Ausschalungsfristen:

Bei Verwendung von	Für die seitliche Schalung der		Für die tragende Schalung von Gewölben aus Beton	Für die Stützen der Balken und weitgespannten Deckenplatten	Für die Schalung der Deckenplatten aus Eisenbeton
	Pfeiler und Stützen aus Beton	Balken, Stützen und Pfeiler aus Eisenbeton			
Portlandzement oder gleichwertigem Zement mindestens...	4 Tage		4 Wochen		10 Tage
Frühhochfestem Portlandzement mindestens	2 Tage		2 Wochen		5 Tage

Frosttage dürfen in obigen Fristen nicht eingerechnet werden. Vorzeitiges Ausschalen kann unter Umständen mit besonderer Genehmigung und bei nachgewiesener vorgeschriebener Sicherheit ausnahmsweise gewährt werden. Die beabsichtigte Ausschalung ist der Baubehörde spätestens 48 Stunden vorher schriftlich anzuzeigen.

Die Schalung der Mauern und Wände kann auf vielerlei Art bewirkt werden. Sie besteht im allgemeinen (Abb. 31) aus waagrecht in der beabsichtigten Mauerstärke angeordneten Bohlen, die durch lotrechte Stiele ge-

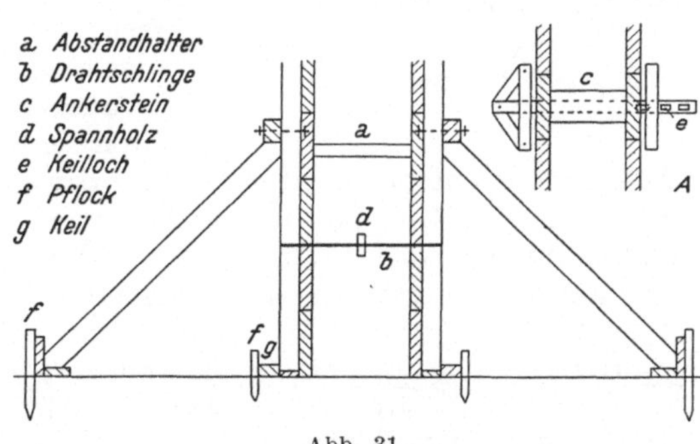

Abb. 31.

stützt und durch geeignete Maßnahmen in der gegebenen Entfernung gehalten werden. Die Stiele sind entsprechend abzusteifen. Je weniger Verschnitt und Nagelung die einzelnen Bestandteile beeinträchtigen und je häufiger dieselben Elemente wieder verwendet werden können, desto wirtschaftlicher gestaltet sich die Schalung. So dienen durch die Lagerfugen der Bohlen greifende und in die Stiele geschlagene Flügelkrampen zur Vermeidung der Nagelung der Bohlen oder bewahren Distanzhölzer mit in die Stoßfugen der Bohlen eingreifenden Flacheisen sowohl Bohlen als Stiele vor stets erneuerten Beschädigungen usw. Statt der Bohlen werden auch Holztafeln (Tafelschalung), Stahlblechformen, Lochbleche usw. verwendet, wobei stets eine möglichst oftmalige Wiederverwendung angestrebt wird.

Die „Rapidschalung" verzichtet auf die Stiele. Die Verbindung der gegenüberliegenden Bohlen erfolgt durch einen eisernen Anker mit einem Ankerstein aus Beton als Abstandhalter, die Befestigung des Ankers durch Verkeilung. Abb. 31 A.

Selbständige durchlaufende Eisenbeton-Außenwände kommen im Hausbau im allgemeinen selten zur Ausführung; häufiger im Industriebau als dünne Wandtafeln, die in tragende Skelette eingegliedert werden, oder als Außenabschlüsse von Silos, Kohlenbunkern, Flüssigkeitsbehältern und dergleichen.

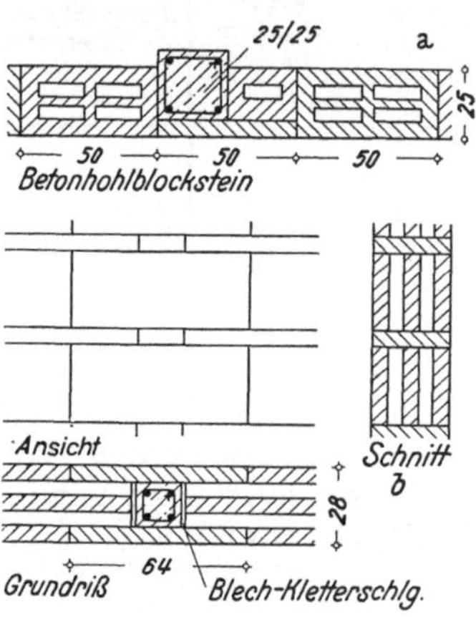

Abb. 32.
b Geriefte Leichtbetondielen.
Bauweise K i l g u s.

Eine Gruppe für sich bilden die nicht-monolithen Betonwände, das sind solche, die aus Betonsteinen allein oder aus tragenden Eisenbetonstützen mit zwischengelagerten Steinen oder Platten gebildet werden (Eisenbetonskelettbauweise). Geschoßweise durchlaufende Eisenbetonröste oder rahmenartig mit den Eisenbetonsäulen verbundene bewehrte Wandträger der Skelettbauweise übernehmen die Versteifung und die Lastverteilung bzw. die Überleitung der Lasten auf die Stützen; die Deckenkonstruktionen übernehmen die Übertragung der Windkräfte auf hierzu ausgebildete Windversteifungswände.

Im Eisenbetonskelettbau lassen sich dem Arbeitsgang entsprechend zwei Gruppen der Ausführung unterscheiden, und zwar eine Gruppe, bei welcher zuerst das Gerippe hergestellt wird und dann die Ausfachung erfolgt (Abb. 32), und eine zweite Gruppe, bei welcher zuerst die selbsttragenden Wände schichtenweise ausgeführt und die Bewehrung und der Beton in ausgesparte Hohlräume eingebracht werden. Abb. 33.

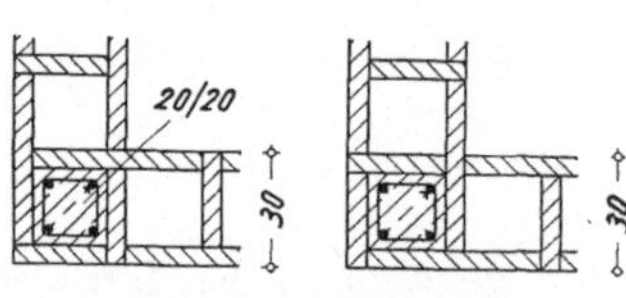

Abb. 33. Thermositbimsbetonplatten.
Bauweise Dr. Ing. D r a c h.

Das Schwinden des Betons und seine Wärmeausdehnung erfordern die Anordnung von Dehnfugen in Höchstabständen von etwa 40 m.

Zur Erzielung einheitlicher Putzflächen und zur Unterbrechung der Kältebrücken empfiehlt es sich, die Eisenbetonstützen mit dem für die Ausfachung verwendeten Baustoffe zu ummanteln.

Dünne Eisenbetonwände werden meist als Monierwände hergestellt; sie können bei entsprechender Verankerung in den seitlichen Mauern als selbsttragende Wände ausgeführt werden, sind in hohem Maße feuerbeständig und bieten erhöhten Schutz gegen Einbruch.

Sie erhalten in der Regel ein in der Wandmitte befindliches Netz aus waagrechten (Tragstäben) und lotrechten (Verteilungseisen), meist 6—12 mm starken Rundeisenstäben mit etwa 7—12 cm Maschenweite, deren waagrechte Eisen beiderseits womöglich etwa 10 cm in die anschließenden Mauern eingreifen sollen. An den Kreuzungsstellen der Trag- und Verteilungseisen sind die Stäbe mit Draht verbunden. Derlei

Wände erhalten mit dem beiderseitigen Verputze meist nur eine Stärke von 5—6 cm. Sie bedürfen nur einseitiger Schalung; der feinkörnige Beton wird mit der Kelle angeworfen und angepreßt oder im Torkretverfahren angeblasen. Größere Wandstärken werden meist zwischen zwei Schalungen gegossen.

Dünne Eisenbetonwände nach dem Wayßschen Verfahren besitzen gleichfalls ein Rundeisennetz, dessen Tragstäbe jedoch mit einem Stich nach aufwärts verlaufen.

Wände im System Hennebique zeigen die waagrechten Tragstäbe in der Wandmitte und die zur Aufnahme waagrechter Kräfte ausgebildeten lotrechten Stäbe abwechselnd nahe den beiden Wandflächen. Diese Stäbe sind überdies noch durch Flacheisenbügel mit dem Betonkörper verbunden. Wände dieser Ausbildung bieten eine hohe Sicherheit gegen seitliche Ausbiegungen.

Streckmetallbetonwände besitzen ein weitmaschiges, 10 mm starkes Rundeisengeripp, an das Streckmetalltafeln mit Draht gehängt werden. Übliche Stärken einschließlich Verputz 5—6 cm. Zur Aufnahme größerer Kraftwirkungen sind solche Wände nicht geeignet; sie finden nur im Inneren von Gebäuden Anwendung.

4. Wände aus Holz und Holz mit anderen Baustoffen.
Baustoffe S. 5 u. f.

Allgemeines.

Das Bauholz muß seiner Verwendung entsprechend ausgetrocknet, gerade gewachsen und gesund sein; Holz mit blauen Streifen und nagelfesten Rotstreifen darf verwendet werden.

Sofern eine bestimmte Holzart nicht vorgeschrieben wird, ist Fichten-, Tannen- oder Kiefern- (Föhren-) Holz je nach Ortsgebrauch zu verwenden.

Weitere Bestimmungen siehe in

ÖNORM B 2015, Technische Vorschriften für Zimmermannsarbeiten,

DIN 1990, Gütevorschriften für Holzhäuser,

DIN 1969, Technische Vorschriften für Bauleistungen.

Wände, bei welchen dem Holze eine tragende Aufgabe zufällt, können je nach der Art der Lastaufnahme unterteilt werden in:

Einheitliche Wände, die in ihrer ganzen Länge zur Aufnahme der Lasten geeignet sind (Blockwand), und

Wände, die aus einem zur Lastaufnahme bestimmten Traggerüste bestehen, dessen Hohlräume mit Holz oder anderen Baustoffen verschlossen wird (Ständerwand oder Bohlenwand, Riegelwand oder Fachwerkswand).

Über die Zulässigkeit von Block- und Riegelwänden geben die einzelnen Bauordnungen bezügliche Vorschriften; im allgemeinen sind sie als Außenwände nur unter erleichterten Bedingungen und mit besonderer Bewilligung gestattet; als Zwischenwände mit beiderseitigem Verputze sind sie im allgemeinen zulässig; in unmittelbarer Nähe von Feuerungen und Kaminen ist jedoch massives Mauerwerk herzustellen.

Die Bauordnung für Wien bestimmt, daß Blockwände und feuerbeständig ausgefachte oder verkleidete Riegelwände als Außenabschluß bei allen Bauten vorübergehenden Bestandes im ganzen Stadtgebiete und bei Industriebauten und Bauten auf Lagerplätzen zulässig sind. Bei sonstigen Bauten dauernden Bestandes sind Blockwände gestattet, bei freistehenden Gebäuden mit höchstens zwei Hauptgeschossen und bei dreigeschossigen im obersten Geschosse, Riegelwände wie vor bei allen Bauten auf Grünland, bei höchstens zwei Hauptgeschossen und im obersten Geschosse dreigeschossiger Bauten im ganzen Stadtgebiete und bei Gebäuden der Bauklasse II (10,5—12 m Höhe) in offener Bauweise. Holzverkleidete Riegelwände sind für vorübergehende Bauten, ebenerdige Wohngebäude auf Grünland in offener Bauweise und im obersten Geschosse höchstens zweigeschossiger solcher Wohngebäude zulässig.

Als Feuermauern sind derlei Wände laut Wiener Bauordnung unzulässig. Bei Bauten dauernden Bestandes sind die Schwellen wenigstens 15 cm über den Erdboden zu legen und zu isolieren. Sind solche Bauten auch in der kalten Jahreszeit bewohnt, haben die Wände den Wärmeschutz einer wenigstens 38 cm starken Ziegelmauer zu gewähren.

a) Die Blockwand.

Sie besteht aus waagrecht übereinandergelegten Rund- oder Kanthölzern. Die eckbildenden und abzweigenden versteifenden Wände sind mit Holzverbindungen angeschlossen.

Die zur Anwendung gelangenden Holzstärken sind sehr verschieden. Geringstmaße von 12 × 12 cm oder 12 × 16 cm sollten nicht unter-

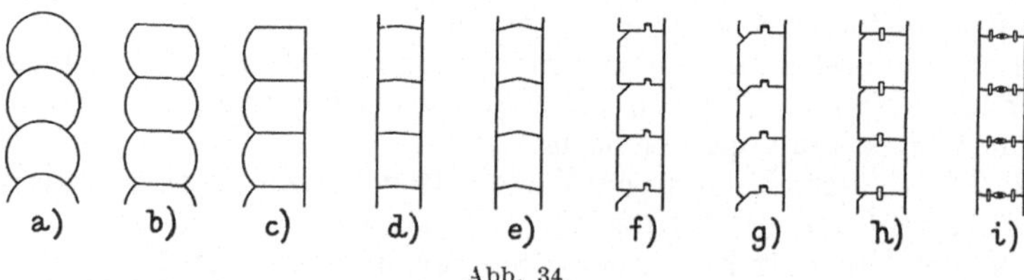

Abb. 34.

schritten werden. Die alten Blockwandbauten der Alpenländer zeigen diese Stärken meist sehr überschreitende Abmessungen.

Rundholz und nur an den Lagerflächen bearbeitetes Rundholz (Abb. 34 a, 34 b) kommt bloß für untergeordnete Zwecke in Betracht. Meist ist das Holz allseitig oder doch an drei Seiten bearbeitet (Abb. 34 c—34 i).

Zur Erzielung der Fugendichtung werden die Unterseiten der Balken etwas ausgehölt und diese Hohlräume durch Lehm, Moos, Werg, Filz, geteerte Hanfstricke u. dgl. geschlossen, oder die Balken greifen, wie gegenwärtig meist ausgeführt, mit Spundungen oder mit Feder und Nut ineinander. Abb. 34 f—34 i.

Die unterste Lage (Schwelle) der Wandhölzer liegt auf einem gemauerten, entsprechend fundierten Sockel auf, dessen Höhe zweckmäßig nicht unter 45 cm anzunehmen ist. Eine sachgemäße Isolierung der Schwelle ist ebenso zu berücksichtigen wie eine wohlüberlegte, Schnee- und Wasserablagerung vermeidende Überleitung von der Wand zur Schwellen- und Sockelflucht. Für die Schwelle empfiehlt es sich,

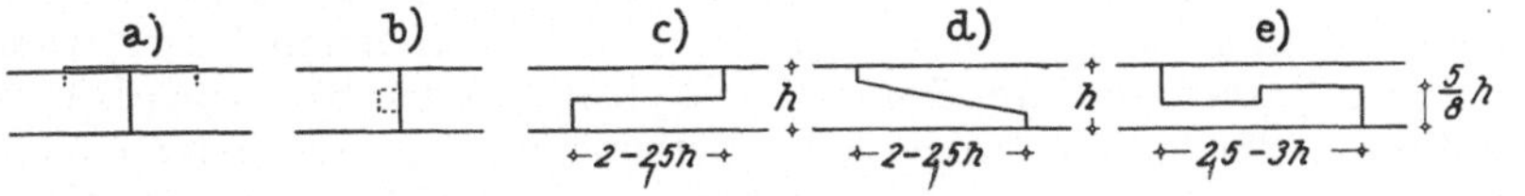

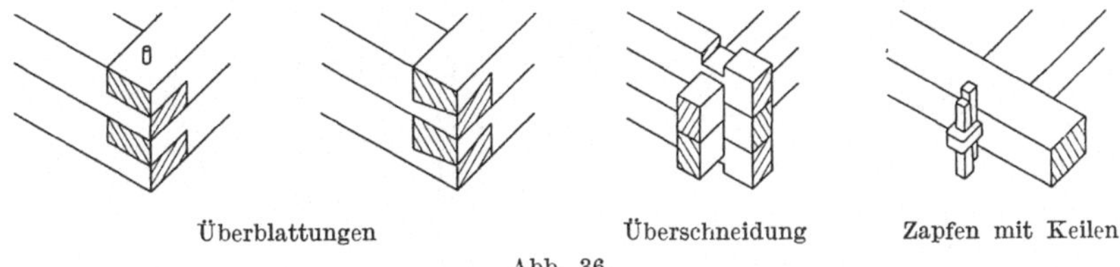

Abb. 35.

möglichst harzreiches Holz (Lärche oder Kiefer) zu verwenden; Kernseite nach unten legen.

Bei langen Wänden müssen die Balken gestoßen werden; die Stöße in den aufeinanderliegenden Balken sind zu versetzen. Ausbildung stumpf (*a*), mit Zapfenstoß (*b*), mit geradem (*c*), schrägem (*d*) oder Hakenblatt (*e*). Abb. 35.

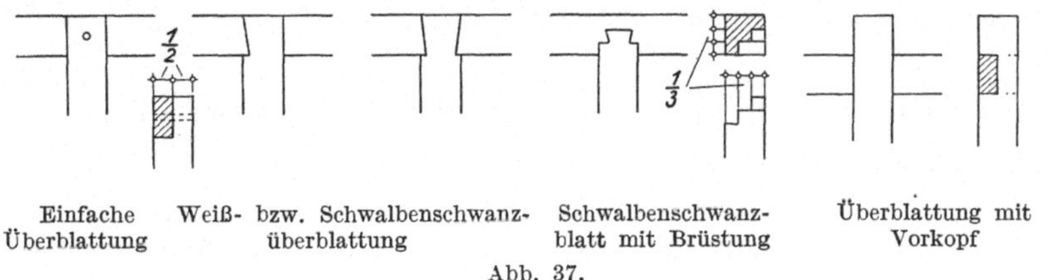

Überblattungen   Überschneidung   Zapfen mit Keilen

Abb. 36.

Die Balken werden mit 3 cm dicken und rund 15 cm langen Dübeln aus Lärchen- oder Eichenholz oder auch durch Spundungen und Feder und Nut gegen Verschiebungen gesichert.

An den Gebäudeecken kommen für die Verbindungen der Balken Überblattungen, Überschneidungen, Verkämmungen oder

Einfache   Weiß- bzw. Schwalbenschwanz-   Schwalbenschwanz-   Überblattung mit
Überblattung   überblattung   blatt mit Brüstung   Vorkopf

Abb. 37.

für die Schwellen auch die Verbindung mit Zapfen mit Keilen in Betracht. Abb. 36. Überblattungen müssen verdübelt werden.

Die Zwischenwände schließen mit geraden oder mit Weiß- oder Schwalbenschwanzverblattungen mit oder ohne Brüstung oder mit Verkämmungen an die Außenwände an. (Abb. 37).

Bei Deckenbalken empfiehlt es sich, sie am Auflager mit einfacher Überschneidung oder Verkämmung mit den Wandbalken zu verbinden; die Lücken können sodann mit in Nuten eingreifenden Balkenstücken geschlossen werden. Abb. 38.

Als lotrechte Tür- und Fenstergewände (Abb. 39) werden in die oberen und unteren Balken mit Zapfen eingreifende Stiele S angeordnet, die gegen die Wandseiten mit durchgehenden Nuten N versehen sind; in diese Nuten greifen die waagrechten Wandbalken B mit Zapfen ein. Die oberen Zapfen sind als Schwebezapfen Sz oder Blattzapfen Bz auszuführen, die den unvermeidlichen Setzungen infolge des Schwindens[1]) Rechnung tragen. Die Setzung beträgt im Mittel 3—4 cm pro Meter.

Blockwandbauten setzen — sollen sie den anzustellenden Forderungen entsprechen — die Verwendung guten Holzes und gute Werkmannsarbeit voraus. Solide ausgeführte solche Bauten haben sehr lange Lebensdauer, bieten dem Wärmeschutz bestentsprechende, wohnliche Räume

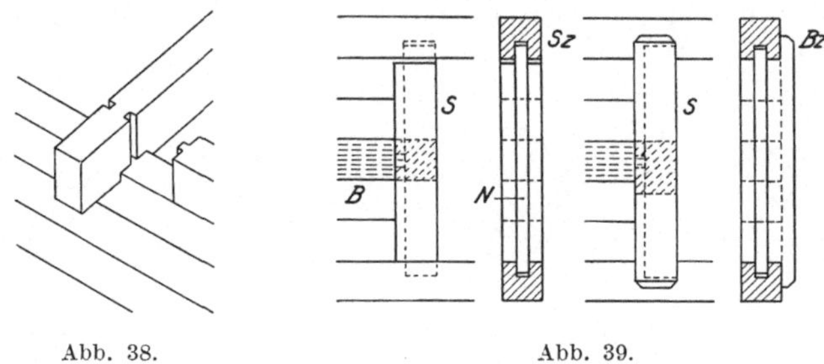

Abb. 38. Abb. 39.

und ermöglichen eine sehr wirkungs- und reizvolle Gestaltung. Die zahlreichen Beispiele der Alpen- und nordischen Länder bekräftigen dies in überzeugender Weise.

Die Innenflächen der Blockwände werden zweckmäßig mit gehobelten Schalungen verkleidet; vor Verputzungen der Blockwandflächen, namentlich noch nicht völlig ausgetrockneter, ist der unvermeidlichen Rissebildungen wegen abzuraten.

b) Die Ständerwand und die Fachwerkswand.

Allgemeines.

Beiden Wandbildungen gemeinsam ist die Gliederung in ein tragendes Gerüst und in die Ausfachung der zwischen den Gerüstteilen verbleibenden Lücken. Erfolgt die Ausfachung durch in das Traggerüst eingreifende Bohlen (Abb. 40 u. 44), spricht man von der Ständerwand im engeren Sinne oder der Bohlenwand, erfolgt der Wandverschluß durch Ausmauerung oder Verkleidung irgendwelcher Art, spricht man von einer Fachwerks- oder Riegelwand. Abb. 41.

---

[1]) Je nach der Trockenheit des Holzes ist mit einem Schwinden in der Spiegel- bzw. Umfangsrichtung von 2—8%, parallel zur Faser mit 0,07 bis 0,08% zu rechnen.

Das Traggerüst besteht aus den waagrechten Schwellen (Grundschwellen) S—S, den lotrechten Ständern oder Stielen (Pfosten) P und den waagrechten, die Wand nach oben abschließenden und die Deckenbalken aufnehmenden Ramhölzern R—R. Die Sicherung der Unverschieblichkeit wird in der Ständerwand durch die in die Ständer eingeschobenen Bohlen und allfällig durch Büge oder Knaggen K, in

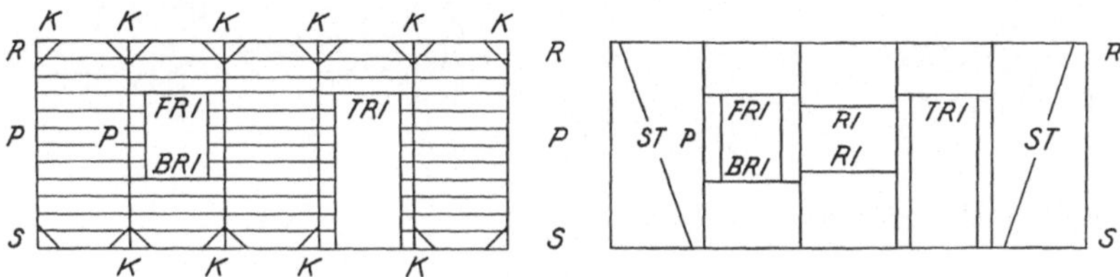

Abb. 40. Ständerwand.   Abb. 41. Riegelwand, Fachwerkswand.

der Fachwerkswand in der Regel durch Streben St, allfällig durch Schrägverschalungen bewirkt. Zwischen die Ständer versetzte waagrechte Hölzer, die entweder nur zur Versteifung oder auch zur Unterteilung dienen, führen die Bezeichnung Riegel Ri, die, wenn sie Fenster- und Türabschlüsse bilden, als Brustriegel BRI oder Fenster- und Türsturzriegel FRI und TRI bezeichnet werden.

Holzverbindungen: Schwellen: Stumpfe Stöße mit Klammern, Blatt, Hakenblatt, Überblattungen, Zapfen mit Keilen (Abb. 35 u. 36);

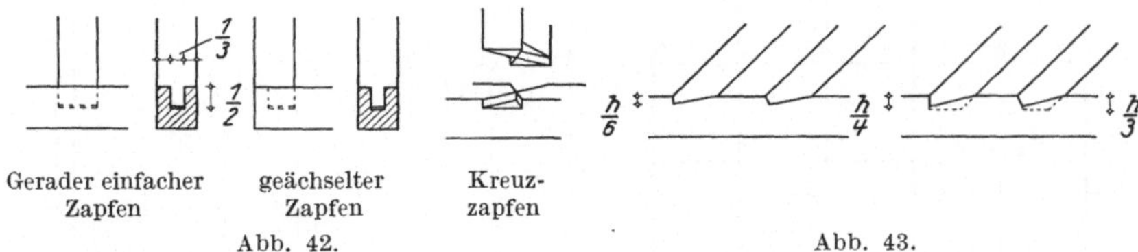

Gerader einfacher   geächselter   Kreuz-
Zapfen   Zapfen   zapfen
Abb. 42.   Abb. 43.

Ständer und Schwellen: Einfache gerade Zapfen, geächselte Zapfen, Kreuzzapfen (Abb. 42);

Ständer und Ramholz: Zapfen (Ständerwand: Schwebezapfen und Blattzapfen, Abb. 39);

Strebe und Schwelle bzw. Ramholz: Versatzung ohne oder mit Zapfen (Abb. 43);

Riegel und Ständer: Versatzung.

Auf gut isolierte Lagerung der Schwellen (Lärche, Kiefer, allfällig Eiche, Kernseite nach unten) auf wenn möglich wenigstens 45 cm hohen gemauerten Sockeln sowie auf sorgfältige, Schnee- und Wasserablagerung vermeidende Sockelgestaltungen ist besondere Aufmerksamkeit zu verwenden. Abb. 45.

Mehrgeschossige Anlagen wurden in der Vergangenheit meist durch das Übereinanderstellen gleichgestalteter Geschoßwandsysteme geschaffen. Abb. 46 links. Es erscheinen in einer solchen Anlage eine ganze Reihe liegender Balken (Schwellen, Ramhölzer, Deckenbalken), deren

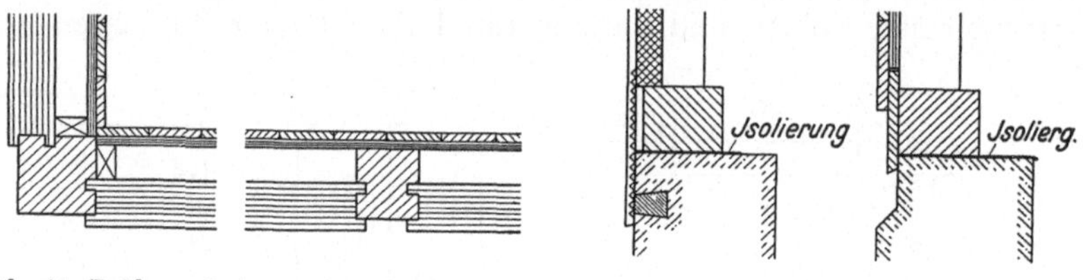

Abb. 44. Bohlenausfachung einer Ständerwand.   Abb. 45.

Schwindmasse summiert bei einer zweigeschossigen Anlage alten Systems im Mittel etwa 5 cm und mehr, bei einer dreigeschossigen Anlage im Mittel etwa 7 cm und mehr betragen können.

Derartige Setzungen sind nicht nur rücksichtlich des Verputzes, sondern auch im Hinblick auf die solche Setzungen nicht mitmachenden Konstruktionsteile des Ausbaus (Schornsteinpfeiler, Installationen usw.) bedenklich; hierzu treten die nicht selten oberflächlichen Ausführungen

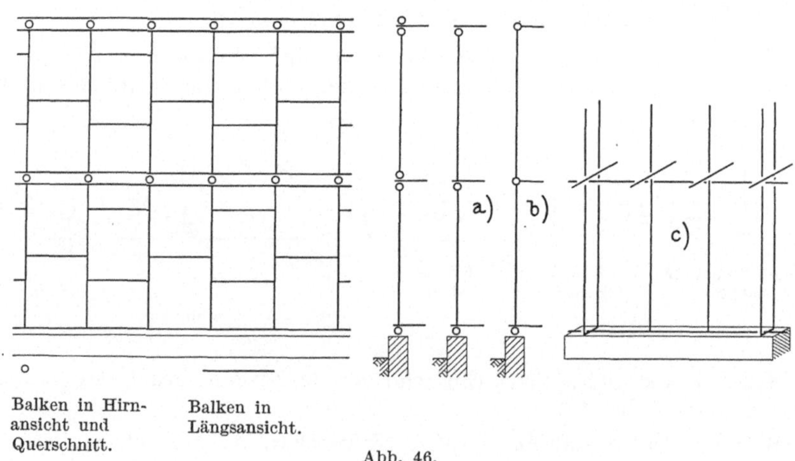

Balken in Hirn-   Balken in
ansicht und   Längsansicht.
Querschnitt.

Abb. 46.

der Holzverbindungen und die Verwendung von zu wenig ausgetrocknetem Holze, wodurch die Wiederholung alter Fachwerkswandkonstruktionen in der Gegenwart vielfach in Mißkredit geraten ist.

Unzählige Beispiele reizvoller Ständer- und Fachwerksbauten aus vergangener Zeit geben Zeugnis von ihrem jahrhundertelangen Bestande und ihrem festen Gefüge. Aber es war eine andere Zeit, eine Zeit, die vor allem die Hast unserer Tage und auch nicht die Not der Gegenwart im gleichen Maße kannte. Die reichliche Überbemessung in früherer

Zeit steht den bis zur Grenze der Zulässigkeit verringerten Maßen der Gegenwart, ein jahrelang abgelagertes Holz einem meist nicht genügend ausgetrockneten Material und liebevolle Werkmannsarbeit dem hastigen Einbau unserer Tage gegenüber. Neue Wege sollten neuen Verhältnissen Rechnung tragen, obgleich sich dort, wo solide Werkmannsarbeit — wie man sie erfreulicherweise insbesondere in den Alpengegenden auch heute noch vorfindet — und die Auswahl verläßlich trockenen, gut abgelagerten und gesunden Holzes gegeben sind, auch in der Gegenwart mit den althergebrachten Konstruktionsmethoden gute Erfolge zu erzielen sind.

Versuche, die Zahl liegender Hölzer des mehrgeschossigen altartigen Fachwerkbaus zu vermindern, indem man das Ramholz des Untergeschosses als Schwelle des Obergeschosses ausbildete (Abb. 46 a) und die Deckenbalken verselbständigte (Abb. 46 b) oder einzelne Ständer (einfach oder verdoppelt) durch mehrere Geschosse durchführte, die Zwischenständer stockwerksweise enden ließ und die Ramhölzer als Riegel zwischen die hochgeführten Ständer einfügte (Abb. 46 c), zeitigten manche erhebliche Verbesserungen, führten aber dennoch nicht immer zu befriedigenden Lösungen.

Vor etwa zehn Jahren hat man im Deutschen Reiche, durch amerikanische Vorbilder angeregt, begonnen, unter Preisgabe alter Handwerkskunst, dem Fachwerkbau wesentlich geänderte, den mechanisierten Gegenwartsverhältnissen angepaßte Bedingungen zugrunde zu legen, die zum sogenannten Gerippe- oder Skelettbau führten.

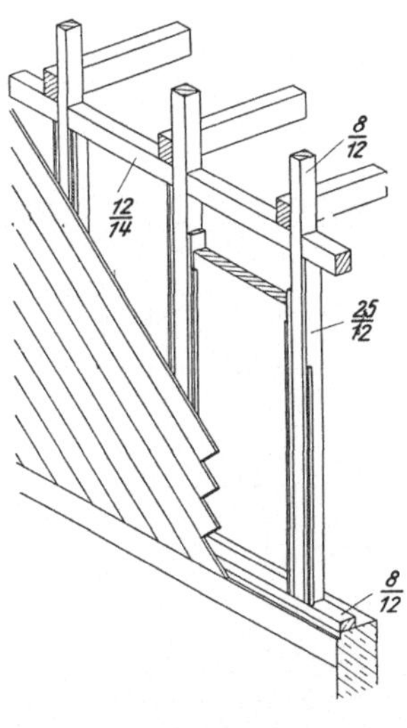

Abb. 47.

Dieser erstrebt: Weitmöglichste Ausschaltung der Setzungen mehrgeschossiger Fachwerkbauten, weitgehende Ausschaltung angearbeiteter Holzverbindungen und vollkommene Ausschaltung solcher umständlicher Gestaltung, volle Ausnutzung der Holzquerschnitte bei weitmöglichster Verwendung von Bohlen, Ersetzung der bisher durch Holzverbindungen bewirkten Fixierungen durch Nagelung und Verschraubung.

Aus der Vielheit der entstandenen Systeme seien die Frankbauweise, Weberbauweise, Freiburger Bauweise, Fafabauweise und Gitterskelettbauweise angeführt und die Freiburger Bauweise und die Gitterskelettbauweise im folgenden näher beschrieben:

Zum Unterschiede der nur aus schwachen Pfosten (Bohlen, 45 × 100 mm) und stärkeren Brettern (35 × 170 mm) zusammengefügten amerikanischen Skelettbauten wählen die beiden nachfolgend erläuterten deutschen Systeme Kanthölzer geringen Querschnitts.

Freiburger Skelettbauweise. Abb. 47. Sie besteht aus einer 8/12-cm-Eichenschwelle, bis zu 3 Geschossen durchlaufenden 12/12-cm-

Echständern[1]) und durch 2 Geschosse durchlaufenden 8/12-cm-Zwischenständern. Abstand der Stiele 50 cm. Im Erdgeschoß erhalten die Stiele eine 2,5 × 12 cm starke Bretterverstärkung, die an die Säulen genagelt wird und mit zum Tragen der zwischen die Stiele eingezapften Riegel (12/14) dienen; auf diesen Riegeln liegen die Deckenbalken des Erdgeschosses. In der Deckenhöhe des zweiten Geschosses läuft ein 12/14-cm-Ramholz über die eingezapften Zwischenstiele bis zu den dreigeschossigen Ständern und wird in dieselben versatzt und verzapft. Dieses Räm dient als Schwelle des dritten Geschosses. Die Unver-

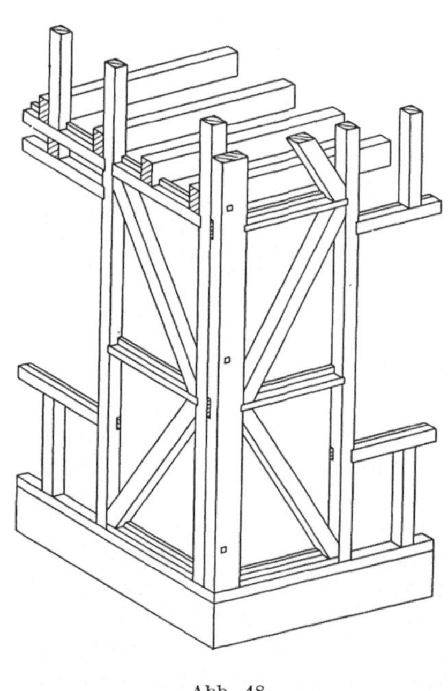

Abb. 48.

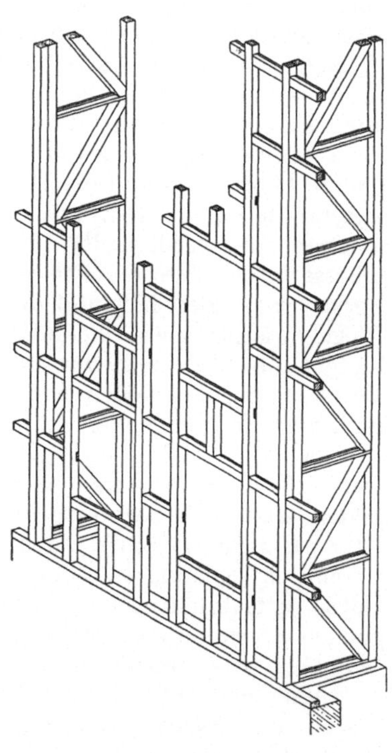

Abb. 49.

schieblichkeit wird durch eine äußere Schrägschalung unter 45⁰ bewirkt.

Gitterskelettbauweise.

Sie führt ihren Namen von den an den Gebäudeecken (Abb. 48) und in den Anfangspfeilern (Abb. 49) der Zwischenwände angeordneten Gitterstützen, die eine gute und beachtenswerte räumliche Versteifung des Systems bewirken.

Die durch zwei oder drei Geschosse durchlaufenden Stiele von 10/10 cm Stärke stehen in 50 cm Abstand auf einer 10 cm breiten Schwelle auf und werden in das Ramholz des obersten Geschosses verzapft. Die 7,5 cm breiten Riegel werden in 12—14 mm tiefe Nuten der Stiele stumpf ein-

[1]) Bei längeren Wänden laufen in etwa 6 m Abstand auch Mittelständer durch drei Geschosse durch.

geschoben und durch 24 mm starke, in voller Dicke in die Stiele eingelassene Stegbretter gehalten. Bei den deckentragenden Riegeln ergibt sich aus der Anordnung der 1—2 cm über die Riegeloberkante vortretenden Stegbretter die Möglichkeit der Aufkämmung der Deckenbalken. Die Eckständer sind aus verschraubten Doppelhölzern 10/10 oder 10/10 und 10/15 cm gebildet; sie werden mit den benachbarten Säulen vergittert, indem auf der Schwelle und in halber bzw. ganzer Geschoßhöhe 24 mm Spannriegel eingeschoben und durch Stegbretter fixiert und in die so geschaffenen Unterteilungen 10/10 cm Diagonalen stumpf angestoßen werden. Die Ausbildung ist aus den Abbildungen zu entnehmen.[1]

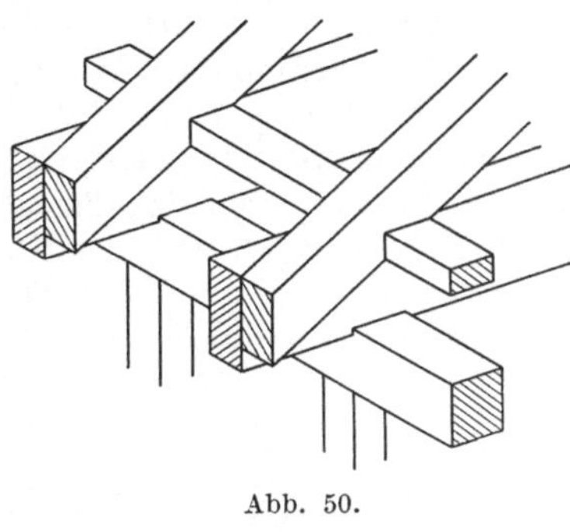

Abb. 50.

Die Abb. 50 zeigt eine bei Gerippebauten häufig angewandte Traufkantenausbildung.

Die Wandverschlüsse des Fachwerkbaus.

Die im alten Fachwerkbau fast ausnahmslos bewirkte Art des Verschlusses besteht in der Ausmauerung mit gebrannten Ziegeln, die entweder $^1/_2$ Stein stark zwischen die Ständer versetzt, oder 1 Stein stark die Ständer an drei Seiten umfassen. Zur Verbindung mit den Ständern (Abb. 51) werden entweder Dreikantleisten, *a* an dieselben genagelt und die Ziegel ausgeklinkt (Gefahr des Ausbrechens), die Ständer ausgebeilt, *b* (der tragende Querschnitt muß gewahrt bleiben), wodurch dem

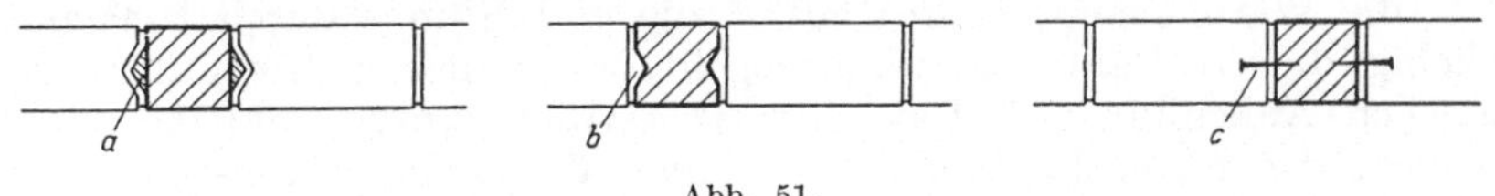

Abb. 51.

Mörtel ein besseres Haften gesichert wird und allfällig die Ziegel entsprechend behauen werden, oder es werden in jeder dritten oder vierten Schar lange Nägel (geschnittene Nägel) seitlich in die Ständer geschlagen, *c* und die vortretenden Teile der Nägel in Zementmörtelfugen eingebettet.

$^1/_2$ Stein starke Ausfachungen bieten für Aufenthaltsräume keinen ausreichenden Wärmeschutz; Erhöhung desselben durch Einschaltung isolierender Schichten. Abb. 53 bis 55.

Neben den gebrannten Ziegeln finden für die Ausfachung des Fachwerk- und Skelettbaus der Gegenwart Leichtbetonsteine aller Art und isolierende Bauplatten erfolgreiche Anwendung. Umhüllungen des Holzgerippes mit Gußbeton können wegen der starken Zufuhr von Feuchtigkeit unter erschwerter Abfuhr derselben nicht gutgeheißen werden.

---

[1] Fritz Kreß: Der Zimmerpolier, Otto Maier, Ravensburg.

Für die Verkleidungen der Holzgerippe kommen Bretterschalungen und Bau- und Sperrplatten aller Art, für Bauten vorübergehenden Bestandes allfällig auch nur Putzträger mit Verputz in Betracht.[1])

Im allgemeinen ist zu beachten, daß Mauerwerk sich stärker setzt, als das Schwindmaß des Holzes in der Längsfaser beträgt; daher ist die ununterteilte Höhe der Wandflächen zu beschränken. Riegel in Abständen von etwa 1,5 m. Putzschichten sind vom Holzgerippe durch Einschaltung frei über die Holzflächen gespannter Putzträger, wie Rohrgewebe, Rabitznetze, Staußziegelgewebe u. dgl. zu trennen. Beispiele in Abb. 54 u. 55. Beachtung der Fugendichtungen der Ausfachungs- und Verkleidungsstoffe, da der Wärmeschutz solcher Stoffe illusorisch wird, wenn Wind und Luft durch die Fugen hindurchstreichen. Bei Bretterver-

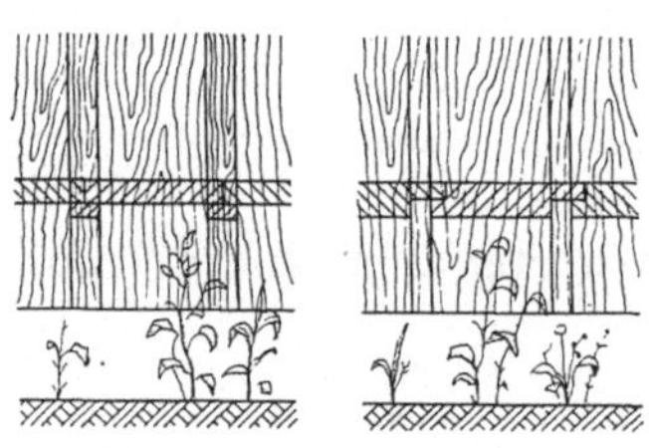

Abb. 52.

schalungen ist das Schwinden des Holzes zu berücksichtigen und dafür Sorge zu tragen, daß der Regen, ohne die Fugen zu durchnässen, abrinnen könne. Lotrechte Außenschalungen bei niedrigen Sockeln vermeiden; (das Spritzwasser und Pflanzen können beeinträchtigenden Einfluß üben und alle lotrechten Bretter schädigen; bei waagrechten Schalungen ist eine Auswechslung leicht möglich). Abb. 52.

In den Abb. 53, 54 und 55 sind eine Reihe von Ausfachungen und Verkleidungen dargestellt und deren Wärmedurchgangszahlen k angegeben. Zum Vergleiche sind die der gleichen Wärmedurchgangszahl entsprechenden beiderseits verputzten Ziegelmauerstärken dz beigefügt. Abb. 56 zeigt einige Beispiele zugehöriger Sockelausbildung.

Die in den Beispielen angegebenen Wärmedurchgangszahlen k, d. h. die Wärmemenge in kcal/m²h⁰, die in 1 Stunde durch 1 m² eines beliebig dicken Bauteiles hindurchgeht, wenn der Wärmeunterschied zwischen Außenluft und Raumluft 1⁰ beträgt, wurden annähernd errechnet; der reziproke Wert von k, der Wärmedurchgangswiderstand

$\dfrac{1}{k}$ = Summe der Wärmeübergangswiderstände $\dfrac{1}{\alpha}$, vermehrt um die Summe

der Wärmedurchlaßwiderstände $\dfrac{1}{\Lambda}$ (Dämmzahlen)[2]) in m²h⁰/kcal.

An Wärmeübergangswiderständen wurden die sich aus dem Übergange von Luft zu Baustoff und umgekehrt ergebenden berücksichtigt und bei Wandflächen im Freien der Wert 0,05 m²h⁰/kcal, bei Wandflächen in geschlossenen Räumen 0,14 m²h⁰/kcal nach Siedler in Rechnung gestellt. Die Wärmedurchlaßwiderstände (Dämm-

---

[1]) Nähere Angaben über Verkleidungen mit Dachziegeln, Schiefer, Eternit, Schindeln und Bretter siehe S. 111 bis 114.

[2]) Λ = Wärmedurchlaßzahl; $\dfrac{1}{\Lambda}$ = Wärmedurchlaßwiderstand (Dämmzahl) $= \dfrac{\vartheta}{\lambda}$, d. h. je > die Dicke und je < die Wärmeleitzahl λ, desto > > der Wärmedurchlaßwiderstand.

Außen

Eternit 5 mm
Bitumenpappe 3 mm
Schalung 2,4 cm
Heraklith 5 cm (Kork)
Luft

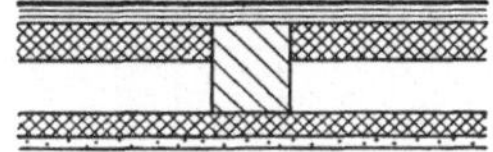

Solomit 3 cm
Putz 1,5 cm
$K = 0,55$ (0,47)
$dz \sim 130$ cm (154 cm)

Schalung 2,4 cm
Luft
Zellenbeton 5 cm
Luft

Insulite 1,3 cm
Heraklith 2,5 cm
Putz 1,5 cm
$K = 0,49$
$dz \sim 150$ cm

Innen

Abb. 53.

Schalung 2,4 cm
Bitumenpappe 3 mm
Schalung 1,5 cm
Luft

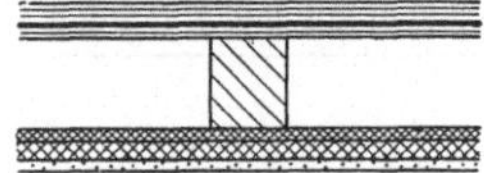

Insulite 1,3 cm
Heraklith (Kork) 2,5 cm
Putz 1,5 cm
$K = 0,69$ (0,74)
$dz \sim 90$ cm (83 cm)

Außen

Schalung 2,4 cm
Bitumenpappe 3 mm
Schalung 1,5 cm
Luft

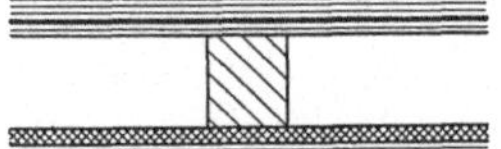

Insulite 2,0 cm
Schalung 1,5 cm
$K = 0,71$
$dz \sim 88$ cm

Putz 1,5 cm
Schwemmsteine 6,5 cm
(aufgestellte Ziegel)
Luft

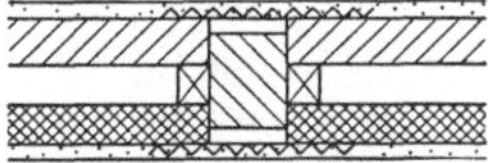

Heraklith 5 cm
Putz 1,5 cm
$K = 0,78$ (0,81)
$dz \sim 77$ cm (73 cm)

Innen

Abb. 54.

Schalung 2,4 cm
Bitumenpappe 2 mm
Lattenrost
Luft

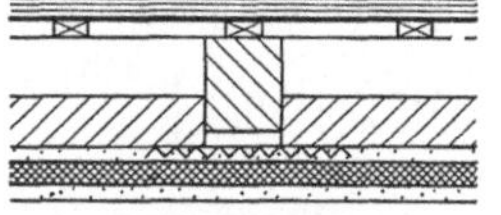

Aufgestellte Ziegel 6,5 cm
Putz 1,5 cm
Solomit 3 cm
Putz 1,5 cm
$K = 0,79$
$dz \sim 75$ cm

Außen

Schalung waagrecht 2,4 cm
Bitumenpappe 2 mm
Schalung lotrecht 1,5 cm
Luft

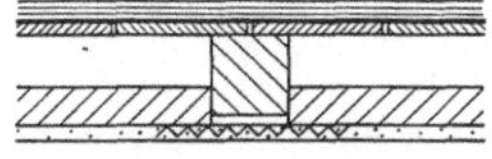

Zellenbeton 5 cm
Putz 1,5 cm
$K = 0,82$
$dz \sim 72$ cm

Schalung 2,4 cm
Heraklith 1,5 cm
Asphaltanstrich 5 mm
Luft

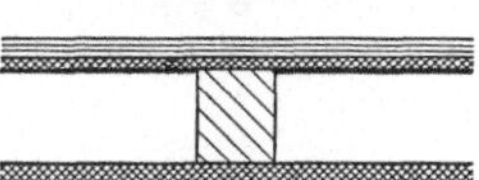

Heraklith 2,5 cm
Putz 1,5 cm
$K = 0,88$
$dz \sim 67$ cm

Innen

Abb. 55.

Schalung 2,4 cm
Heraklith 1,5 cm
Putz 1,5 cm
Luft

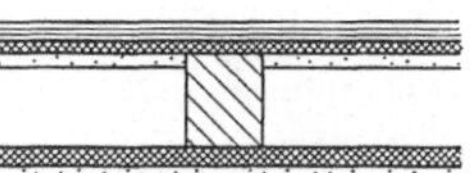

Heraklith 2,5 cm
Putz 1,5 cm
$K = 0,87$
$dz \sim 68$ cm

zahlen $\dfrac{1}{\varLambda}$) der häufigst verwendeten Baustoffe für Ausfachungen und Verkleidungen sind in der nachfolgenden Tabelle zusammengestellt.

Mittlere Wärmeleitzahlen λ[1]) in kcal/mh⁰ und Wärmedurchlaß-widerstände $\dfrac{1}{\varLambda}$ in m²h⁰/kcal einiger Baustoffe.

Baustoff	λ	$\dfrac{1}{\varLambda}$ für 1 cm
Asbestzementplatten (Eternit)[1]	0,19	0,053
Asphalt[1]	0,70	0,0143
Bimsbetonsteine (Schwemmsteine)[1]	0,45	0,022
Holzwolledämmplatten (Heraklith) mit mittl.[1]	0,07 / 0,08	0,143 / 0,125
Eisenbeton[1]	1,30	0,0077
Gasbetondämmsteine[1]	0,13	0,077
Gipsdielen	0,25	0,040
Holz[1] { vor Feuchtigkeit geschützt	0,12	0,083
dem Regen ausgesetzt	0,18	0,056
in mehreren Schichten; nur äußere dem Regen ausgesetzt	0,15	0,067
Insulite	0,037	0,27
K.-B.-Platten, im Mittel	0,118	0,085
Korkplatten[1] { Raumgewicht 250 kg/m³	0,04	0,250
„ 250—400 kg/m³	0,05—0,06	0,2—0,167
Neusiedlerplatten (Solomit)	0,062	0,161
Pappe, Teerpappe, Bitumenpappe[1]	0,12	0,083
Primanit	0,068	0,147
Schlackenbetonsteine[1]	0,60	0,017
Vollziegelmauerwerk als Außenwand[1]	0,75	0,0134
Vollziegelmauerwerk als Innenwand[1]	0,60	0,017
Weißkalkmörtelputz[1] { an Außenflächen	0,75	0,0134
an Innenflächen	0,60	0,017
Zellenbeton-steine { Raumgewicht 200 kg/cm³	0,04	0,25
„ 250 kg/cm³	0,045	0,22
„ 300 kg/cm³	0,055	0,18
„ 400 kg/cm³	0,07	0,14
„ 600 kg/cm³	0,11	0,09
„ 800 kg/cm³	0,15	0,066
„ 1000 kg/cm³	0,21	0,047
„ 1200 kg/cm³	0,26	0,038

[1]) Die angegebenen Werte sind einer Zusammenstellung in Jobst Siedler: „Lehre vom neuen Bauen" entnommen.

Ist die Wärmeleitzahl λ eines Stoffes bekannt, so läßt sich die Dämmzahl für 1 cm Stärke aus der Beziehung $\dfrac{1}{\varLambda} = \dfrac{0,01}{\lambda}$ ermitteln.

---

[1]) Die Wärmeleitzahl λ drückt das Wärmeleitvermögen aus und stellt die Wärmemenge dar, die in 1 Stunde durch 1 m² einer 1 m dicken Schicht eines Stoffes hindurchgeht, wenn der Wärmeunterschied zwischen den beiden Oberflächen 1⁰ beträgt.

Zu Vergleichszwecken dient die Tabelle auf S. 100, aus der für verschiedene Mauerstärken dz (gebrannte Vollziegel nach siebenmonatiger Austrocknung des Mauerwerkes) die **Wärmedurchgangszahlen** k und die **Wärmedurchlaßwiderstände** $\frac{1}{\Lambda}$ zu entnehmen sind.

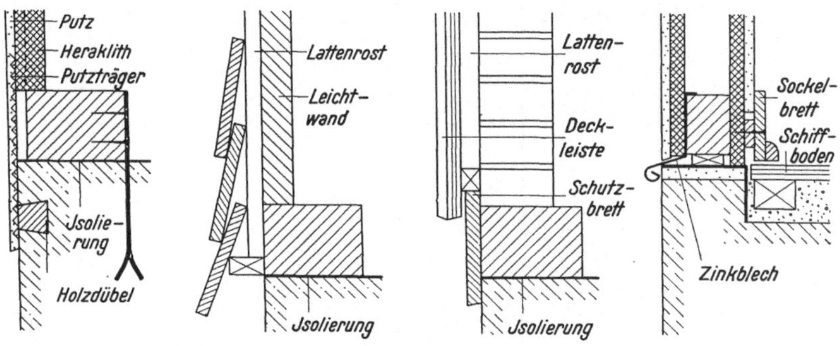

Abb. 56.

Beispiel der Errechnung der Wärmedurchgangszahl einer Wandkonstruktion: Annahme: Außenputz 1,5 cm Weißkalk, 2,5 cm Heraklith, 10 cm Hohlraum, 3,5 cm Heraklith, 1,5 cm Innenputz Weißkalk.

$$\frac{1}{k} = \frac{1}{\alpha_1} + \frac{1}{\Lambda_P} + \frac{1}{\Lambda_H} + \frac{1}{\alpha_2} + \frac{1}{\alpha_3} + \frac{1}{\Lambda_H} + \frac{1}{\Lambda_P} + \frac{1}{\alpha_4} =$$

= Übergangswiderstand Luft—Wand + Dämmzahlen Putz + Heraklith + Übergangswiderstand Heraklith—Luft + Übergangswiderstand Luft—Heraklith + Dämmzahlen Heraklith + Putz + Übergangswiderstand Wand—Luft

$$= 0{,}05 + 0{,}02 + 0{,}33 + 0{,}14 + 0{,}14 + 0{,}47 + 0{,}02 + 0{,}14 = 1{,}31.$$

$\frac{1}{k} = 1{,}31$; $k = 1 : 1{,}31 = 0{,}76$; entspricht laut Tabelle auf S. 100 einer beiderseits verputzten Ziegelmauer von rund 78 cm oder einer rund 51 cm starken, außen verputzten Ziegelmauer mit innerer 2,5 cm verputzter Heraklithisolierung.

Eine besondere Art der Ausfachung stellt der **Tafelbau** dar, bei welchem Tafeln aus meist mehrfach kreuzweise übereinandergenagelten Brettern mit zwischengelagerten Isolierstoffen in die Gefache eingesetzt oder mittragend zwischen Eck- und Mittelständern versetzt werden.

5. Wandbildungen aus Eisen und Eisen mit anderen Baustoffen.

Außer auf die bezüglichen Werkstoffnummern sei noch auf die folgenden Bestimmungen verwiesen:

ÖNORM B 2104   Genietete (geschraubte) Stahlbauwerke, Beanspruchung.
        B 2331   Genietete (geschraubte) Stahlbauwerke, Ausführung.

Ziegelmauerwerk aus gebrannten Vollziegeln nach siebenmonatiger Austrocknung des Mauerwerks	Mauerstärken dz in cm																
	12		25		38		51		64		77		90		139		152	
	k	$\frac{1}{\varLambda}$	k	$\frac{1}{\varLambda}$	k	$\frac{1}{\varLambda}$	k	$\frac{1}{\varLambda}$	k	$\frac{1}{\varLambda}$	k	$\frac{1}{\varLambda}$	k	$\frac{1}{\varLambda}$	k	$\frac{1}{\varLambda}$	k	$\frac{1}{\varLambda}$
Außen 1,5 cm Weißkalkmörtelputz	2,63	0,19	1,79	0,37	1,38	0,54	1,11	0,71										
Beiderseits 1,5 cm Weißkalkmörtelputz	2,50	0,21	1,73	0,39	1,34	0,56	1,09	0,73	0,91	0,91	0,78	1,08	0,69	1,26	0,53	1,90	0,48	2,08
Außen 1,5 cm Weißkalkmörtelputz, innen 2,5 cm Heraklith mit 1,5 cm Weißkalkmörtelputz.....	1,38	0,54	1,11	0,71	0,93	0,89	0,80	1,06										
Außen 1,5 cm Weißkalkmörtelputz, innen 2 cm Korkplatten mit 1,5 cm Weißkalkmörtelputz.....	1,11	0,71	0,93	0,89	0,80	1,06	0,70	1,23										

Die Werte bis einschließlich der 51-cm-Mauer wurden dem Buche von Jobst Siedler: Lehre vom neuen Bauen, Berlin 1932, entnommen.

B 2332 Geschweißte Stahlbauten, Richtlinien für die Berechnung und Ausführung.

DIN 1000 Normenbedingungen für die Lieferung von Stahlbauwerken.
1034 Darstellung von Einzelheiten bei Eisenkonstruktionen.
1910—1912 Schweißen. Begriff und Arten.
1030 Gütevorschriften für Stahlhäuser.

a) Unterscheidung.

Nach der Art des Traggerüstes: Eisenfachwerk- bzw. Stahlskelettbauten, Stahlrahmenbauten, Stahllamellenbauten.

Der Stahlskelettbau besteht aus einem Stahltraggerüst, dessen Zwischenräume mit anderen Baustoffen verschlossen werden. Zur Herstellung des Skelettes dienen Normal- ($\mathtt{I}$, $\mathtt{C}$, $\mathtt{I}$ P) oder Spezialprofile (Bandstahl-$\sqcup$-Profile von 2—3 mm Blechstärken u. a.).

Die Stützen laufen vom Fundament bis zum Dache durch. Wirtschaftlichste Abstände bei Wahl von Breitflanschträgern oder Verbundkonstruktionen aus $\rfloor$- und $\mathtt{I}$-Profilen nach den Erfahrungen im Deutschen Reiche 3,5—6,5 m bei vielgeschossigen und 2,4—4,0 m bei zwei- bis dreigeschossigen Gebäuden.

Eine Abart des Stahlskelettbaus bildet der Stahltafelbau, bei welchem das Traggerüst mit 3—4 mm starken Blechtafeln verkleidet wird; z. B. Böhler-Stahlbauweise.

Im Stahlrahmenbau werden geschoßhohe, meist aus **P** oder **S** Leichtprofilen von **3 mm** Stärke genietete oder geschweißte, in der Regel 1,48 m[1]) breite Rahmen nebeneinandergestellt und miteinander verschraubt. Die Leichtprofildeckenträger sind auf den oberen Rahmenriegeln in Abständen der halben Rahmenbreite mit Verbindungsblechen angeklemmt.

Der Stahllamellenbau setzt sich aus 1,15 m breiten und 2,80 m hohen (Bauweise Blecken), 3 mm starken, gekupferten Stahlblechtafeln zusammen, die an den Rändern 8 cm breite Umbördelungen erhalten; die solcherart gebildeten Lamellen ($\sqcup$ $\sqcup$ $\sqcup$) werden an den aneinanderstoßenden kurzen Schenkeln verschraubt. Die Lamellen stehen mit den unteren Borden auf dem Sockelmauerwerk auf; die oberen Borden tragen die Deckenkonstruktion. In die Fenster- und Türlamellen werden in entsprechend vorgesehenem Ausschnitte genormte Holz- oder Stahlverschlüsse eingepaßt.

Die angeführten Stahlbauweisen haben sich teils aus den großprofiligen, meist ausgemauerten und modernen Ansprüchen nicht mehr genügenden Eisenfachwerkbauten vergangener Jahrzehnte, teils nach amerikanischen Vorbildern[2]) entwickelt.

---

[1]) Das Maß hängt mit der Normengröße der Fenster zusammen.

[2]) 1884 entsteht in Chicago der erste Stahlskelettbau (10 Stockwerke). Der „Stahlhausbau" von Dr. Spiegel.

Im Deutschen Reich und in Österreich blicken die neuzeitlichen Stahlbauweisen auf eine erst etwa zehnjährige Entwicklung zurück.

Ein den Gegenwartsansprüchen gerecht werdender Stahlbau muß unter voller Ausnutzung der bezüglichen Baustoffeigenschaften den Forderungen der Festigkeit und Dauerhaftigkeit ebenso Genüge leisten wie jenen des Feuer-, Wärme- und Schallschutzes und muß gleichzeitig in wirtschaftlicher Hinsicht mit gleichwertigen anderen Bauweisen erfolgreich in Wettbewerb treten können.

Die hohe Entwicklung der Festigkeitslehre gibt dem Statiker die Mittel an die Hand, bei vollbewußter Verantwortlichkeit gegen Theorie und Praxis, den Stahlaufwand auf das unerläßliche Mindestmaß zu beschränken; Aufgabe des erfahrenen Baufachmannes ist es, die nicht minder wichtigen Fragen der Sicherung des Bestandes und des Feuer-, Wärme- und Schallschutzes vollwertigen Lösungen zuzuführen.

b) Dauerhaftigkeit, Feuer-, Wärme- und Schallschutz.

Die Dauerhaftigkeit ist wesentlich bedingt durch die Hintanhaltung der Korrosion. Allgemeine Vorbeugungsmaßnahmen gegen dieselbe siehe S. 48. Im besonderen sei daran erinnert, daß Zement-Kiesbeton einen sehr wirksamen Rostschutz bildet, manche Leichtbetone und Kalkmörtel hingegen korrodierende Wirkungen ausüben. Das Stahlgerippe ist daher vor Berührung mit solchen Baustoffen durch drei- bis viermalige Anstriche mit Zementmilch, durch Zementschlämme oder erprobte Rostschutzanstriche zu sichern. Hohlräume um das Stahlgerippe können zur Bildung von Kondenswasser führen. Genietete Bauteile bieten dem Rost mehr Angriffsgelegenheiten als geschweißte.

Feuerschutz. Allgemeines hierüber s. S. 49.

Die den Feuerschutz gewährende Ummantelung muß derart beschaffen sein, daß sie auch bei längerwährenden Bränden eine die Tragfähigkeit vermindernde Erhitzung des eingeschlossenen Stahles über 430° hintanzuhalten vermag, ohne in der Mantelstärke unwirtschaftliche Dimensionen anzunehmen. Ummantelungen aus aufgestellten Klinkern werden diese Grenze meist überschreiten,[1] Mantelbildungen aus Hohlformziegel meist wirtschaftlich günstigere Resultate ergeben.

Betonumhüllungen haben sich bei entsprechender Beschaffenheit des Zementes und der Zuschlagstoffe und zweckmäßiger Armierung sehr gut bewährt. Geeignete Zuschlagstoffe: Natürliche und künstliche Bimse, Thermosit, Synthoporit, Hochofenschlacke, Kohlenschlacke u. a. Die Mantelstärke ist durch den Grad des geforderten Schutzes bedingt. Amerikanische Brandversuche zeigten, daß eine Mantelstärke von 5 cm verschiedener armierter und nicht armierter Betone im Mischungsverhältnis 1 : 4 die vollbelastete Stütze wenigstens $1^3/_4$ und höchstens 8 Stunden vor dem Bruche zu bewahren vermochte. Abb. 57.

---

[1] Die einen I P 20-Träger ummantelnden Klinker ergeben, zu einem selbständigen Pfeiler gleicher Höhe umgebaut, eine Stütze mit einer einen I P 12 übersteigenden Tragfähigkeit.

Nach den Wiener Bauvorschriften hat die feuerbeständige Ummantelung eine Mindeststärke von 3 cm zu erhalten.

Portlandzementkalkputz (2,5 cm) auf Streckmetall ergibt bei sachgemäßer Ausführung einen ausreichenden, groben mechanischen Einflüssen wohl nur geringen Widerstand bietenden Feuerschutzmantel. Abb. 57 rechts.

Umhüllungen aus Asbest, Eternit, Korksteinplatten und ähnlichen Stoffen haben sich für Zwecke des Feuerschutzes teils der hohen Kosten, teils der Anarbeitung wegen bisher nicht durchgesetzt.

Die Wärme- und Schallschutzmaßnahmen sind vom Grade des geforderten Schutzes (meist gleich einer 38 cm beiderseits verputzten Vollziegelmauer), von den wärme- und schalltechnischen Eigenschaften der Dämmstoffe (Wärmedurchlässigkeit und Wärmehaltung, Schall-

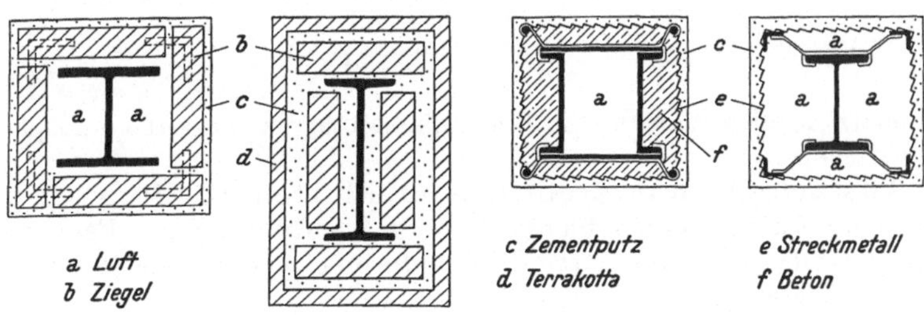

Abb. 57.

widerstände und Schalldurchlässigkeit usw.), den wirtschaftlichen Gegebenheiten und in hohem Maß auch vom Verhalten dieser Baustoffe dem Stahl und anderen gegebenen Materialien gegenüber abhängig.

In letztangeführtem Belange werden insbesondere die sehr verschiedenen Wärmeausdehnungskoeffizienten des Stahles und der Ausfachstoffe sowie die Schwindmaße derselben im Vergleiche zum Stahl aufmerksam zu berücksichtigen sein.

Als Beispiele der vorerwähnten Sicherungs- und Schutzmaßnahmen wird auf die Abb. 57 bis 63 verwiesen.

c) Ausfachung und Verkleidung der Stahlbauten.

α) Ausfüllung der Gefache mit Schütt- oder Gußbeton,
β) Ausfachung mit Steinen oder Platten,
γ) Verkleidungen.

α) Ausfüllung der Gefache mit Beton. Gewöhnliche oder Spezialschalungen aus Holz, Blech, Drahtgeflecht oder Bauplatten. Gefahr der Entmischung bei großen Schütt- oder Gießhöhen. Schwindrißgefahr. Hoher und bei manchen Betonen (Bimsbeton) langwährender Feuchtigkeitsgehalt. Kiesbeton guter Wärme- und Schalleiter. Leichtbeton in mancher Zusammensetzung (Gas- und Zellenbeton) auf der Baustelle schwer in einheitlichem, gleichbleibendem Gefüge herzustellen. Natürliche Schlacken (Lava) nur bei örtlicher Verwendung.

Bestgeeignet: Hochofenschlackenbeton, dessen Schlacken keine schädlichen chemischen Einwirkungen auf den Stahl ausüben, und Synthoporitbeton.

Außenflächen verputzen. Reiner Weißkalkmörtel nicht geeignet. Siedler empfiehlt für Leichtbetonaußenputz Zementmörtelputz mit

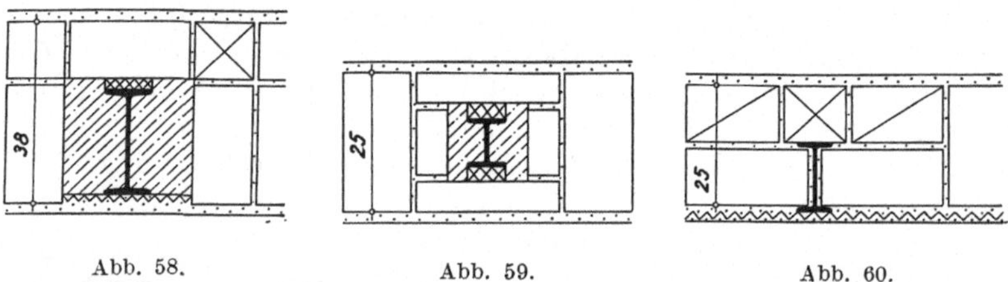

Abb. 58.   Abb. 59.   Abb. 60.

Traßzusatz unmittelbar auf die Betonfläche oder besser auf vorgespannte Drahtgeflechte.

β) Ausfachung mit Steinen oder Platten. Die Flanschen nicht umhüllende Ausfachungen bieten dem Stahlgerippe keinen Feuerschutz und unterbinden nicht die durch die Stahlprofile gegebenen Kältebrücken; sie bleiben daher außer Betracht.

Das ganze Gerippe beiderseits ummantelnde Ausfachungen erfordern bei höheren Profilen Wandstärken, die die Wahl des Baustoffes vom wirtschaftlichen Gesichtspunkt aus wesentlich einschränken; so werden z. B. 38 cm starke Ziegelausmauerungen in den meisten Fällen eine sehr unwirtschaftliche Ausfachung ergeben. Die umstehenden Abbildungen zeigen eine Reihe verschiedener Ausfachungsmöglichkeiten.

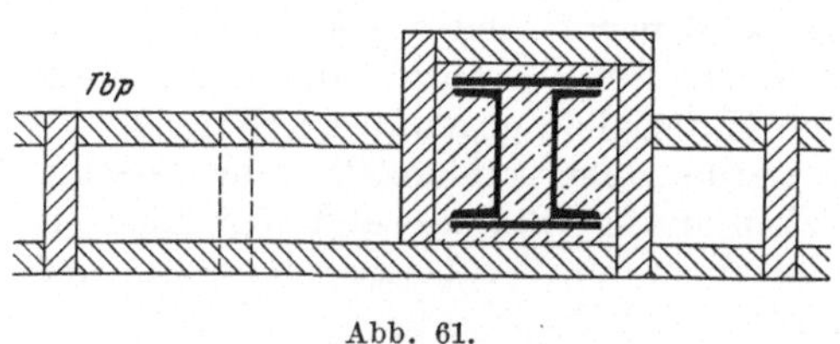

Abb. 61.

Tbp = Thermositbimsbetonplatte.

Abb. 58. Ausfachung mit Vollziegeln. An der Stelle des Profils trotz der Flanschenisolierung, z. B. durch Kork, erheblich größerer Wärmedurchlaß als in sonstigen Wandteilen (Kältebrücke).[1] Rostschutz des Profils erforderlich. Bei kleineren Profilen kann mit einer 25-cm-Ziegelmauerstärke das Auslangen gefunden werden. Sie bietet in Vollziegeln keinen ausreichenden Wärmeschutz für Aufenthaltsräume.

---

[1] Derlei Kältebrücken sind um so wirksamer, je stärker das Profil ist; sie sind rücksichtlich der Temperaturüberleitung zum Innenraume abzudämmen und um so wirksamer zu isolieren, je größer der Stahlquerschnitt ist. Die Isolierung bezweckt aber nicht nur, die Wirkung der Kältebrücke zu unterbinden, sondern auch den Stahl von den die Ausdehnung beeinflussenden Temperaturschwankungen weitmöglichst zu bewahren.

Abb. 59. Ausfachung in Vollziegeln. Der Peinerträger ist beiderseits durch Korkstreifen isoliert. Der Ziegelverband ist nicht ungünstig. In den Mauerfluchten aufgestellte Ziegeln. Feuerschutz ausreichend. Wärmeschutz gering.

Lochziegel (Frewen-, National- und ähnliche Steine) gestatten 25-cm-Mauerstärken mit ausreichendem Wärmeschutz.

Abb. 60. Ausfachung mit Hohlziegel. Die Kältebrücke ist durch einen 12-cm-Hohlstein günstig unterbunden. Rostschutz erforderlich. Raumseitig geringer Feuerschutz des Flansches.

Abb. 61. Guter Wärme- und Feuerschutz des Profils. Guter Korrosionsschutz (nicht aggressive Schlacke!); hoher Grad des Wandwärmeschutzes.

Abb. 62. Günstige Schutzverhältnisse. Sie würden durch Isolierung beider Flanschen weiter erhöht.

γ) Verkleidungen. Bei solchen Wandverschlüssen ist auf die Verschiedenheit der Ausdehnungskoeffizienten des Stahles und der Leichtwandplatten und auf die Gefahr der Kondenswasserbildung im Hohlraum im erhöhten Maße Rücksicht zu nehmen. Die Hohlräume sollen zur Vermeidung der die isolierende Wirkung herabsetzenden Zirkulationen waagrecht unterteilt und in der Höhe beschränkt werden.

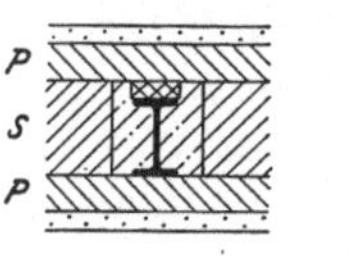

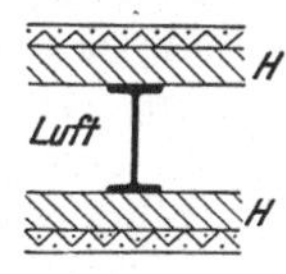

Abb. 62.   Abb. 63.

P = Thermositbetonplatte;
S = Thermositbetonstein; H = Heraklith-, Solomit- oder Korkplatte.

Befestigung der Platten mit Drahtbügeln, Drahtschlaufen oder Fugenklammern. Rostschutz des Profils erforderlich.

Es empfiehlt sich, an Stelle des unmittelbar auf die Platten aufgebrachten Verputzes ein Draht- oder Streckmetallnetz zwischenzuschalten. Abb. 63.

Ohne Plattenverkleidungen, lediglich durch Putzschichten auf Staußziegelgeweben, Streckmetall o. dgl. bewirkte Verkleidungen bieten einen nur geringen, für Aufenthaltsräume unzureichenden Wärmeschutz. Ausfüllungen der Hohlräume mit geeigneten, schlecht wärmeleitenden Füllstoffen können diesem Mangel wirksam begegnen. Die Auswahl ist mit Rücksicht auf die Korrosion sehr vorsichtig zu treffen (z. B. Glaswatte).

Beim bereits erwähnten Stahltafelbau wird die Verkleidung (meist nur einseitig) durch 3—4 mm starke Stahlblechtafeln bewirkt. Bei einseitiger Stahlverkleidung werden auf der blechfreien Seite dämmende Dielen eingeordnet.

Für derlei Stahlverkleidungen kommt auch Wellblech in Betracht.

II. Die Oberflächenbehandlung der Wände.

1. Unverkleidete Wandflächen.

Wände aus natürlichen Steinen.

Bruchsteine erhalten keine oder nur geringe Bearbeitung der Schauseiten. Quadermauerwerk zeigt eine sorgfältige Bearbeitung des Hauptes, der einzelnen, schichtenweise gleich hohen Steine. Je nachdem, ob die Häupter ebenflächig behandelt sind oder am Rande ein glattes und innerhalb dieses glatten Rahmens ein erhabenes Profil erscheint, unterscheidet man das reine Quadermauerwerk und das Rustikamauerwerk. Die Rustikaquader zeigen an den das Haupt begrenzenden Kanten einen umlaufenden, bearbeiteten und allfällig profilierten Randstreifen, Saum, Schlag, über dem sich mehr oder minder hoch eine erhabene Fläche, der Spiegel, erhebt. Der Rand kann glatt oder profiliert sein, der Spiegel naturbelassen bleiben oder bearbeitet werden, Polsterform erhalten und pyramidenförmig oder nach anderen geometrischen Körpern gestaltet werden. Das reine Quadermauerwerk setzt sich aus Einzelquadern zusammen, deren Stirn profillos in einer Ebene liegen. Die Oberfläche kann je nach dem geforderten Eindruck und dem Steinmaterial rauh bearbeitet oder vollkommen geglättet werden. Rauhe Flächen ergibt das Bossieren mit dem Zweispitz, dem Spitzeisen oder dem Bossierhammer; weniger rauhe Flächen, grob- und feinkörnige, werden durch das Kröneln oder Stocken mit dem Kröneleisen, dem Krönelhammer und dem Stockhammer erzielt; eine weitere Glättung bewirkt das Scharrieren mit dem Scharriereisen. Das Schleifen und Polieren — nur bei dichten Steinen angewandt — erfolgt unter Wasserzusatz mit Flußsand, Schmirgel, Filzlappen, Stahlhobeln oder Zinnasche und bewirkt eine vollkommen glatte, spiegelnde Oberfläche.

Ziegelwände.

Unverkleidete Ziegelwände werden als Ziegelrohbauwände bezeichnet. Der Ziegelrohbau erfordert vollkommen reinkantige, gleichförmige, ebenflächige, möglichst geschlämmte, in sorgfältigem Verbande mit einheitlichen waagrechten Lager- und lotrechten Stoßfugen verlegte Ziegel, die lotrecht und waagrecht in einer Ebene liegen. Die Fugen sind meist verbrämt, d. h. mit verlängertem Zementmörtel verstrichen und mit dem Fugeneisen wiederholt verrieben.

Beton- und Eisenbetonwände.

Sie können schalungsrauh belassen oder nachbehandelt werden. Im ersteren Falle muß die Schalung sehr sorgfältig aus gehobelten Brettern mit dichtem Fugenschlusse bewirkt werden; diese Art der Oberflächenbehandlung bleibt, insbesondere wenn ungehobelte Bretter verwendet werden, auf untergeordnete Verwendungszwecke (Einfriedungssockel, Futtermauern u. ä.) beschränkt.

Die Nachbehandlung kann durch Sandstrahlgebläse, durch nasses Abbürsten mit Stahlbürsten (bei allfälliger Verwendung verdünnter Salzsäure) vor vollkommener Erhärtung der Außenhaut und nachfolgendem Abspülen mit Wasser oder durch steinmetzmäßige Bearbeitung erfolgen. Letztere kann bei Eisenbeton zu Lockerungen der Haftwirkung zwischen Beton und Eisen und zur Loslösung der rostschützenden Zementhaut von den Eiseneinlagen führen; es ist daher bei Eisenbeton große Vorsicht bei Anwendung dieser Methode geboten. Als eine mechanische Bearbeitung nicht bedingendes und eine rauhe Oberfläche schaffendes Verfahren ist die Contex-Behandlung anzuführen. Sie besteht darin, daß eine lackartige Flüssigkeit oder Paste entweder auf den frischen Beton nach der Ausschalung aufgestrichen oder aufgespritzt oder vor der Betonierung auf die Schalung aufgetragen wird, die eine Abbindeverzögerung auf beschränkte Tiefe bewirkt. Nach der Erhärtung des Kernes kann die oberflächliche lose Zementhaut abgebürstet werden, wodurch die grobe Betonkörnung zutage tritt.

Schließlich sei noch der Vorsatzbeton erwähnt, der allerdings auch einer Nachbehandlung bedarf. Er wird meist im Verhältnis 1 : 3 bis 1 : 4 Portlandzement mit Hartsteinsplitt, allfällig mit farbigem Steinmehl gemischt und in einer Stärke von etwa 5—6 cm derart schichtweise in die Schalung eingebracht, daß in der Entfernung der gewünschten Stärke eine Blechtafel aufgestellt und hinter derselben der gewöhnliche Beton und vor ihr die Vorsatzbetonmischung eingeschüttet wird; das Blech wird dann herausgezogen und die ganze Schicht gestampft. Nach der Ausschalung und Erhärtung kann der Vorsatzbeton steinmetzmäßig bearbeitet werden.

2. Verkleidete Wandflächen.

a) Unmittelbar haftende Verkleidungen.

α) Der Putz, seine Funktion, Herstellung und Färbung. Der Putz auf Ziegelmauern. Er soll als Außenputz nicht nur eine ästhetischen Forderungen entsprechende Bekleidung der rohen Wandfläche bilden, sondern auch der sehr wichtigen Aufgabe, einen guten Wetterschutz für das dahinterliegende Mauerwerk und einen Wind- und Wärmeschutz für die Innenräume zu bilden, gerecht werden. Als Innenputz kommt ihm ästhetische Bedeutung und die Aufgabe zu, einen Ausgleich der Mauerunebenheiten zu bilden.

Die wichtigere Funktion kommt ihm als Außenputz zu. In welchem Grade er sie erfüllen kann, hängt von seiner die gegebenen Verhältnisse berücksichtigenden Zusammensetzung, von der Eignung und Beschaffenheit der Mörtelstoffe und vom Untergrunde ab. Der Putz soll auf dem Untergrunde gut und dauernd haften und langsam erhärten. Daher soll sich der Untergrund im Ruhezustande befinden (das Ziegelmauerwerk muß sich gesetzt haben) und muß rein und rauh (offene Fugen) und in der ganzen Fläche gleichwertig sein; er darf dem Mörtel nicht zu rasch die Feuchtigkeit entziehen, soll also vor dem Aufbringen des Putzes gut genäßt werden, darf aber auch den Mörtel an der Feuchtigkeitsabgabe an das Mauerwerk, deren er zur Erzielung des Abbindens und einer guten Haftwirkung bedarf, nicht behindern; auf von innen durchnäßten Mauern haftet der Putz nicht; er blättert ab und fällt los. Große Temperaturschwankungen haben starke Spannungswechsel im Mauerwerk zur Folge: der Verputz fällt ab. Deshalb ist es zweckmäßig, solche Bauteile, z. B. die über die Dachhaut ragenden Schornsteine, unverputzt zu lassen. Steter Luftaustausch durch die Poren des Putzes bewahrt ihn vor schädlicher Feuchtigkeitssättigung. Wo das Mauerwerk keine Gelegenheit oder Möglichkeit zu solchem Luftwechsel vorfindet, treten Durchfeuchtungen und Abfrierungen des Putzes ein; z. B. auf Sockeln nicht unterkellerter Gebäude, bei Einfriedungen usw.

Der Putz wird in der Regel in mehreren Schichten aufgebracht; zwei Schichten bilden den Unterputz; der Oberputz wird auf diesem wieder meist in mehreren Schichten angeworfen.

Der Unterputz hat die Unebenheiten des Mauerwerks auszugleichen und eine geeignete Unterlage für den Oberputz zu bilden. Er soll weder zu fett noch zu mager sein (Weißkalkmörtel 1 : 2,5 bis 1 : 3,5). Zu fette Mischungen schwinden, zu magere führen zu sehr raschem Anziehen des Oberputzes. Zur Erzielung höherer Wasserdichtheit werden erforderlichenfalls Portlandzement und Dichtungsmittel[1]) beigesetzt, die sich teils gut bewährt haben, teils aber auch zu Ausblühungen führen (z. B. Soda). Das Putzen ist bei großer Hitze ebenso zu unterlassen wie bei Frost; im ersten Falle wird der Verputz rissig und bindet der Mörtel zu früh, womöglich schon vor dem Auftragen, im zweiten Falle überhaupt nicht ab. Zur Herstellung des Unterputzes wird zunächst ein dünnflüssiger Mörtel mit der Kelle scharf angeworfen; nachdem er angezogen hat, werden zur Erzielung einer ebenen Verputzfläche lotrechte Leerstreifen von zirka 15 cm Breite in Entfernungen von rund 2 m aufgetragen, zwischen welche sodann die zweite Schicht des Unterputzes in etwas dickerem Mörtel angeworfen wird. Mittels einer auf den Leerstreifen geführten waagrechten Latte wird sodann der Mörtel abgezogen. Die Gesamtstärke des Unterputzes beträgt in der Regel 1,5 cm.

Auf dem gut ausgetrockneten Unterputz wird nach dessen Anfeuchtung der Oberputz aufgetragen. Er soll in Bezug auf auftretende Spannungen dem Unterputze gleichen, also gleich fett wie dieser sein. Er wird in der Regel etwa 0,5 cm stark aufgebracht und je nach der gewünschten Oberfläche behandelt.

Verriebener Putz (senkrecht oder rund verrieben) wird mit dem Reibbrett bearbeitet;

Spritzputz, Besenwurf, mit einem stumpfen Reiserbesen meist in mehreren Lagen aufgespritzt;

Kratz- und Kammputz mit Drahtstiftenkämmen, Holzkämmen oder Stahlblechkämmen gebürstet;

Patschputz durch Aufdrücken und horizontales Abheben des Reibbrettes erzielt;

Quetschputz durch das Aufdrücken des Mörtels mit einer Holzscheibe hergestellt;

Glatt verriebener Putz mit der Filzscheibe bearbeitet.

Schlämmputzverfahren (Professor Schmidthenner): Auf den vollfugig gemauerten Untergrund wird eine dickflüssige Schlämme aus einem Teil Weißkalk, der mit Öl emulgiert wird, und einem Teil feingesiebten Flußsand mit breitem Pinsel in etwa 3 mm Stärke aufgestrichen. Bei Wetterseiten Unterstrich aus Zementmilch mit Ceresitzusatz. Die Putzhaut bietet nach den gemachten Erfahrungen einen vollkommen

---

[1]) Siehe S. 26.

entsprechenden, oft besseren Wetterschutz als manche starke Putzschichten. Die Struktur der Mauer bleibt sichtbar.

Sgraffito besteht aus einem dunklen Unterputz und einem mehrmaligen hellen Kalkanstrich, der nach aufgebrachter Zeichnung stellenweise wieder derart abgekratzt wird, daß sich eine erhabene helle Zeichnung auf dunklem Untergrunde oder eine vertiefte dunkle Zeichnung auf hellem Grund ergibt.

Unter Edelputz versteht man aus meist färbigen Trockenmörteln mit ausgesuchtem edlerem Sandmaterial hergestellte Verputze. Nicht alle derartige in den Handel gebrachte Erzeugnisse verdienen jedoch die Bezeichnung „Edelputz". Gut bewährt: Terranova-Edelputz. Unterputz rauh, aus verlängertem Zementmörtel, 2 cm stark. Oberputz in zwei- oder mehrmaligem Anwerfen zusammen 6—8 mm stark. Bei den Terranova-Waschputzen wird die Bindemittelschlämme der Außenhaut nach besonderen Angaben durch wiederholtes feuchtes Abbürsten und Abspülen entfernt.

Steinputz besteht aus einem Mörtel aus zerkleinertem Naturstein und erprobten, meist geheimgehaltenen Bindemitteln, der auf einem Zementmörtelunterputz oder unmittelbar auf das gut genäßte und mit einer dünnen Zementschlämme versehene Mauerwerk aufgebracht wird. Nach zehntägiger Erhärtung wird er steinmetzmäßig bearbeitet.

Zementmörtelputze auf Ziegelmauerwerk können infolge der verschiedenen Ausdehnungen zu Rissebildungen führen. Für Kiesbetonwandflächen ist der Zementmörtelputz mit Rücksicht auf die gleichen Ausdehnungszahlen hingegen sehr geeignet.

Die Färbung des Putzes. Sie kann durch Zusätze von Farbe zum Mörtel oder nachheriges Auftragen des Färbels auf den naturfarbigen Putz erfolgen. Als Färbstoff kommen nur verläßlich licht- und kalkechte (bzw. zementechte) Farben, vor allem (als kalkecht) natürliche und gebrannte Erdfarben und künstliche anorganische Farben, z. B. Ocker, Englischrot, Kobalt, Ultramarin, Chromoxydgrün u. a. in Betracht. Keimsche Mineralfarben, Kronsteinerfarben.

Für die Färbelung des Kalkputzes wird der Farbstoff mit einem Bindemittel (Weißkalk) unter Einhaltung der bezüglichen Vorschriften in milchiger Konsistenz angesetzt und dem Gemisch allfällig noch Kaseïn, Milch oder etwas Leinöl oder Firnis beigefügt. Bei Verwendung wasserabweisender Zusätze ist stets Vorsicht am Platze. Das Auftragen des reinen Kalkfarbenanstriches erfolgt auf dem frischen oder 3—4 Wochen ausgetrockneten Putz mit dem Maurerpinsel, Besen oder Bürsten oder durch das Spritzverfahren. Bei alten Verputzflächen und Erneuerungen von Anstrichen sind dem Kalke stets noch besondere Bindemittel (allfällig auch Weißzement) zuzusetzen. Auf alten Ölfarben- und Zementuntergrund haftet Kalkfärbel nicht. Alte Färbelungskrusten vor Aufbringen des Färbels entfernen und erforderlichenfalls frischen Feinputz aufziehen. Für weiße Fassadenanstriche wird auch das Indurin, ein Erzeugnis der Carbolineumfabrik Avenarius, bestens empfohlen. Es bildet gleichzeitig Bindemittel und Farbstoff.

Den Farbstoff schon dem Mörtel zuzusetzen, bietet wohl den Vorteil eines durchgehend färbigen Putzes, führt aber leicht zu unerwünschten Farbenunterschieden an den Stößen der in verschiedenen Arbeitsphasen hergestellten Putzflächen.

Die als Edelputze in den Handel gebrachten Trockenmörtel haben den Farbstoff in jeweils einheitlichen Mischungen beigesetzt.

Unter dem „Weißen" der Putzflächen — meist nur bei untergeordneten Innenräumen angewendet — versteht man das Streichen der Putzflächen mit Kalkmilch (meist zweimal). Vor dem Weißen bereits wiederholt geweißter Wände sind die oberen Kalkschichten abzukratzen.

Ölfarbenanstriche auf Putzflächen sind, abgesehen von dem speckigen, mit der Porosität des Putzes im Widerspruche stehenden Aussehen, auch aus Zweckmäßigkeitsgründen nicht zu empfehlen. Sie führen nicht selten zu Zermürbungen des Putzes.

Ölfarbenanstriche auf gut ausgetrockneten (mindestens 2 Jahre) Innenputzen einwandfreier Beschaffenheit haben sich in beschränkten Flächenausmaßen bewährt.

β) **Verblendungen der Wandflächen.** Verblendungsbaustoffe: Naturstein, Ziegel, Klinker, Terrakotta, Glas. Die Verblendung kann, eine entsprechende Stärke des Steines, Ziegels oder Klinkers in der Verblenderschicht vorausgesetzt, mit zum Tragen herangezogen werden. Sie ist in solchen Fällen in regelmäßigem Verbande mit dem Mauerwerkskern und unter Beachtung verschiedener Setzungen und Ausdehnungen auszuführen. Gegenwärtig bildet die Verblendung meist nur eine dünne, nichttragende Außenschale.

Natursteinplatten (Jurakalksteinplatten, Travertin u. v. a.) werden in der Stärke von etwa 2—3 cm (und größer) sorgfältig bearbeitet, in Portlandzementmörtel an die Mauerfläche und mit verlängertem Zementmörtel als Fugenmörtel versetzt. Es empfiehlt sich, die Rückseiten der Platten mit Flintkote oder Asphalt zu streichen. Die Platten sind erst nach dem Setzen der Hintermauerung und der Einschaltung von Entlastungsfugen zu versetzen und untereinander und mit dem Mauerwerke durch nichtrostende Klammern und Anker, am besten aus Bronze, zu verbinden.

Verblendziegel (siehe Baustoffe) müssen aus hochwertigem Tone gebrannt, scharfkantig, gleichfärbig, glatt und dicht sein. Sie werden, meist als Halbsteine und Riemen in den Schichten wechselnd, gleichzeitig mit dem aufgehenden Mauerwerk versetzt. Die Fugen sind sorgfältig zu bearbeiten und offen oder ausgefugt in 8 mm Stärke auszuführen (Steinstärke daher rund 7 cm). Engobierte Verblender haben einen aus farbigem eingebrannten Tonbrei hergestellten Farbfilm, glasierte eine durch das Aufbrennen von Metalloxyden gebildete Glasur.

Fliesen, Feinklinkerplatten und Terrakotten. Fliesen kommen nur für Innenwandflächen in Betracht; sie werden auf einem Portlandzementmörtel-Untergrund versetzt.

Feinklinkerplatten und Terrakotten in den Stärken von 10 bis rund 30 mm und als Terrakottagroßplatten bis 40 × 80 cm und 50 ×

$\times$ 100 cm groß, sind wetterbeständig und werden sowohl als Außenverblendmaterial wie für Innenwände verwendet. Die Rückseiten sind rauh und bei größeren Abmessungen mit Haftausnehmungen versehen. Auf sehr sorgfältige dichte Fugenausbildungen ist besonders Wert zu legen.

Die Verblendung mit Klinkerziegeln wird meist in halber Steinstärke mit Bindern in jeder vierten oder sechsten Schicht oder auch ohne Verband mit der Hintermauerung ausgeführt. Die letzterwähnte Art sollte wohl auf Verblendungen geringerer Höhe beschränkt bleiben. Das sehr dichte und gut wärmeleitende Material erfordert gründliche Überlegung der Ausführung und größte Sorgfalt in der Arbeit. Feuchtigkeit, die durch undichte Fugen und Haarrisse des Klinkers in die Hintermauerung eindringt, kann infolge des dichten Gefüges der Verblendung nur in sehr geringem Maße wieder austreten; es besteht bei nicht bestem Material und nur geringen Mängeln in der Fugenausbildung die Gefahr der Mauerdurchfeuchtung. Bituminöse Schutzanstriche der Rückseiten, dichte, plastische, gut verfugte Fugenmörtel!

Die Verblendungen mit Glas kommt für Flächen sehr großer Ausmaße wohl nicht in Betracht. Meist Sockelverkleidungen, Pfeilerverblendungen bei Portalen und ähnlichen Baugliedern verwendet. Die zu solchen Zwecken verwendeten Glasplatten (Opakglas) werden mit Kopalharzkitt an die geputzte Hintermauerung versetzt. Voraussetzung ist, daß das Mauerwerk sich vollkommen gesetzt haben muß und die Fugen der Verblendung dicht und gegen das Eindringen von Feuchtigkeit geschützt sind. Die bei Temperaturschwankungen auftretenden verschiedenen Spannungen in der Verblendung und der Hintermauerung führen oft zu Sprüngen in der Verkleidung und erfordern aufmerksamste Berücksichtigung.

γ) Wandbespannungen. Im gewissen Sinne gehören auch die Tapetenbespannungen und Linoleum- und Gummiwandbeläge der Innenräume in den Rahmen der unmittelbar haftenden Verkleidungen. In letzter Zeit werden auch papierdünne, auf Papier geklebte Holzfurniere wie Papiertapeten mit Mehlkleister auf die sorgfältig geglättete Wand aufgezogen. Die Stöße der Bahnen werden mit Jutestreifen unterlegt.

b) Mittelbar haftende Verkleidungen.

Putz auf Putzträgern, die über die tragenden Wände oder Wandteile gespannt und mit ihnen in keiner starren Verbindung stehen. Solche Putzträger sind das Stukkaturrohrgewebe, Rabitznetze, Staußziegelgewebe, Streckmetall, Holzstabgewebe u. a. Derlei Verkleidungen sind geboten, wenn die Verschiedenheit der Baustoffe und die sich daraus ergebenden ungleichen Spannungen die möglichste Unabhängigkeit zwischen Verkleidungen und Wand erfordern oder dem Putze eine erhöhte Rissesicherheit gegeben werden soll. Abb. 64 (s. auch Abb. 54 Mitte und 60).

Verkleidungen auf Lattenrösten oder Schalungen. Hierfür geeignet: Dachziegel, Naturschiefer (immer auf Schalung), Kunstschiefer (Eternit, Welleternit), Holzschindeln, Bretter und

Metalle. Die Lattenröste bestehen aus lotrechten, etwa 45 × 60 mm starken, mit Carbolineum gestrichenen Staffeln, die in Abständen von 80 cm bis 1 m mit Mauerhaken an die Wand befestigt werden, und aus waagrechten, 25 × 50 mm starken Latten. Die Lattenentfernung richtet sich nach dem Verkleidungsmaterial und den erforderlichen Übergriffen.

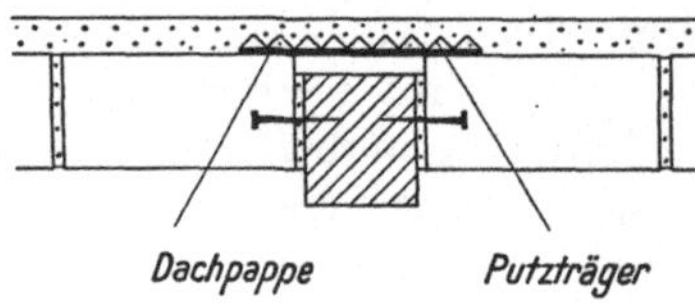

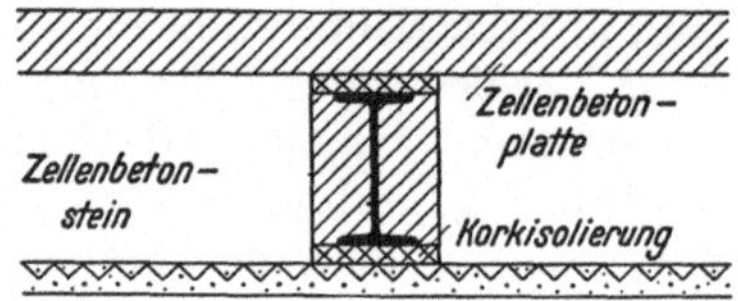

Abb. 64.

Die nachfolgenden Abbildungen zeigen Beispiele von Wandverkleidungen mit Dachziegeln (Abb. 65) und Eternitsteinen (Abb. 66, 67).

Bei Eternit-Großtafeln ist die Lattenentfernung so zu wählen, daß eine Verschraubung der Platten in Abständen von 30—60 cm (mit der Tafelstärke steigend) ermöglicht wird. Bei großen Platten empfiehlt es sich, auch die Lattenabmessungen, und zwar auf etwa 30 × 50 mm zu erhöhen oder Staffel 45 × 60 mm zu wählen. Die Platten sind stumpf gestoßen und die Fugen offen oder mit Spezialkitt verstrichen oder mit Leisten aus Eternit, im Innern auch aus Holz oder Metall gedeckt.

Für Außenwandverkleidungen nicht zu große Tafeln wählen (83 × 120 oder 60 × 250 cm).

Abb. 68 zeigt eine Eternit-Großplattenverkleidung. Befestigung der Platten mit Messingschrauben 4 mm $\oslash$, 25 mm lang mit Halbrundkopf. Löcher zirka 2 cm vom Tafelrande, Lochdurchmesser 1 mm größer als Schraubendurchmesser.

Abb. 69 zeigt eine Eternitverkleidung mit 6 mm starken Großplatten, die auf die Latten genagelt werden. Die 8-mm-Eternitleiste mit Messingschrauben geschraubt. Bei horizontalen Leisten Zinkblechstreifen zur Verhütung des Wassereintrittes.

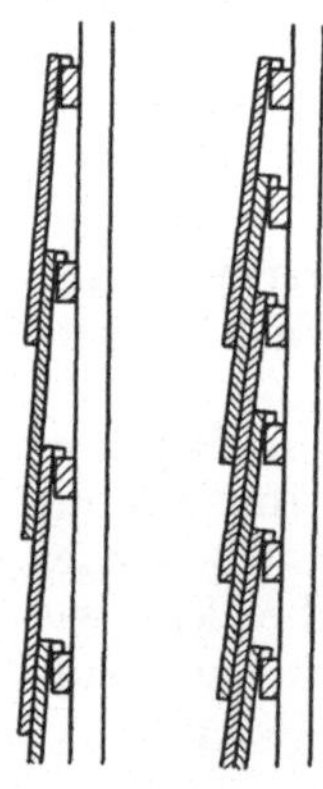

a)   b)
Abb. 65. a) Einfache, b) doppelte Ziegelverkleidung.

Verkleidungen mit Schindeln. Sie erfolgt gleichfalls auf Latten oder auch auf Schalung mit zwischengelegter Isolierpappe. Die Schindel aus Tannen-, Fichten- oder Lärchenholz haben sehr verschiedene Abmessungen, etwa 8—15 cm breit, 30—70 cm lang und meist 1—1,5 und 2 cm stark. Sie werden stumpf gestoßen, mit starken Übergriffen oder gespundet mit nur geringen Übergriffen (etwa 10 cm), im ersten Falle verdeckt, im zweiten Falle offen genagelt. Mitunter werden sie auch waagrecht geschuppt übereinandergelegt (Windrichtung beachten!). Guter Wärme- und Wetterschutz; sehr feuergefährlich, um so feuergefährlicher, je kleiner die Schindel.

Verkleidungen mit Metall. Außer den im Abschnitte Stahlhausbau besprochenen Verkleidungen seien noch die hauptsächlich im Portal

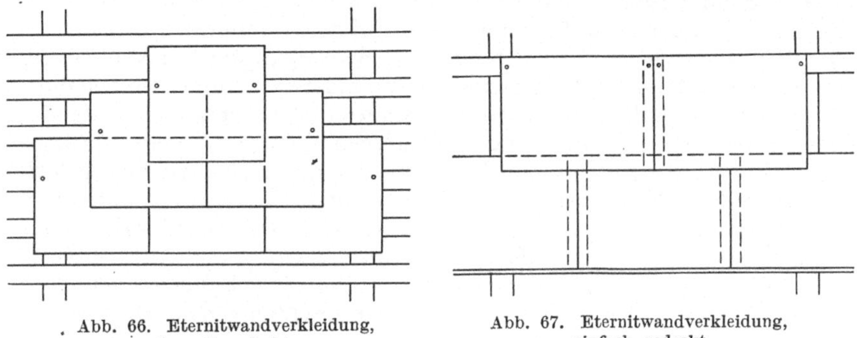

Abb. 66. Eternitwandverkleidung,
doppelt gedeckt.

Abb. 67. Eternitwandverkleidung,
einfach gedeckt.

bau, aber auch für Wandflächen größerer Abmessungen angewandten Metallverkleidungen aus Kupfer-, Aluminiumblech oder Anticorodalblech von etwa 0,7 mm Stärke auf Holzschalung mit zwischenliegender bitumenfreier Pappe erwähnt.

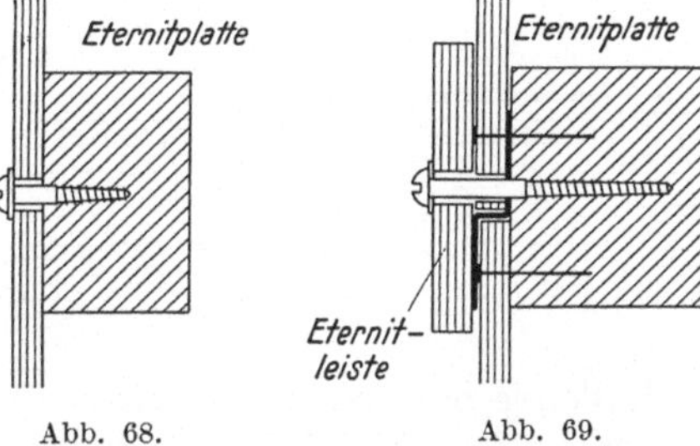

Abb. 68.					Abb. 69.

Verkleidung mit Brettern. Sie begegnet uns besonders bei Holzfachwerk- und Skelettbauten, sowohl als Außen- wie als Innenverkleidung; ihre Gestaltung ist durch die Verschiedenheit der Verwendung beeinflußt.

Außenschalungen. Bei Außenschalungen sind insbesondere die Einwirkungen der Atmosphärilien, bei Innenschalungen die durch das Schwinden und Quellen

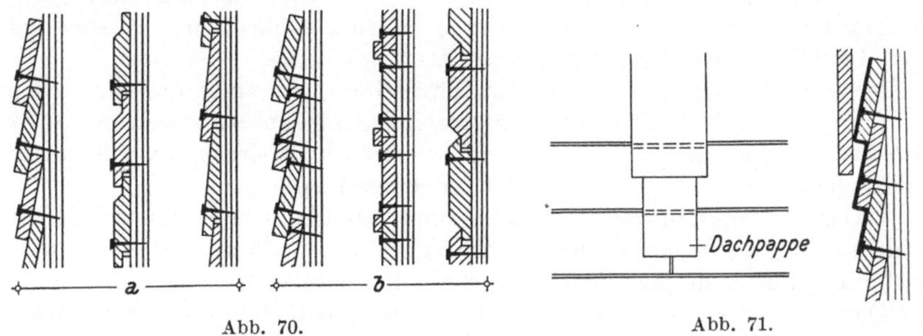

Abb. 70.					Abb. 71.

entstehenden Formänderungen im erhöhten Maße zu berücksichtigen.
Länger dauernde Durchfeuchtungen, das Eindringen der Nässe in Holzverbindungen oder zu anderen Stellen der Verkleidung, aus denen sie nur be-

schränkt auszutreten vermag, sind ebenso hintanzuhalten wie Befestigungen, die das allen Witterungseinflüssen ausgesetzte Holz in seinen unvermeidlichen Formänderungen zu hindern versuchen. Waagrechte Schalungen sind lotrechten (s. auch Abb. 52), einfache Nagelungen doppelten vorzuziehen. Abb. 70a zeigt richtige, Abb. 70b schlechte Befestigungsarten; Abb. 71 zeigt eine Stoß- und Fugendichtung einer ungespundeten waagrechten Schalung.

Lotrechte Schalungen sollten nur unmittelbar unter weit ausladenden, einen ausreichenden Schutz gegen Schlagregen bildenden Dachvorsprüngen ausgeführt werden. Nahe dem Erdboden kann der Dachvorsprung nicht hindern, daß die Nässe zwischen Deckleisten und Schalung oder in Holzverbindungen eindringt. Außerdem werden bei niederen Sockeln alle Bretter durch Spritzwasser und allfälligen Pflanzenwuchs gefährdet. Abb. 52.

Schutzanstriche: Sie sollen nicht nur das Ziel verfolgen, Schutz zu sein, sondern sie sollen auch dem Holzcharakter entsprechen. Die Struktur

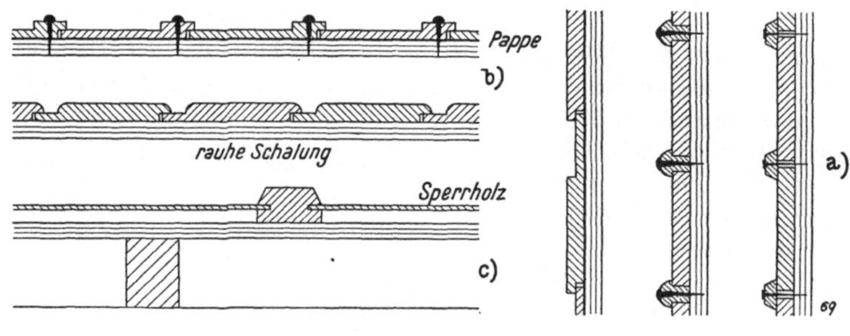

Abb. 72.

verhüllende oder gar edlere Hölzer vortäuschende Ölfarbenanstriche vermögen, auf großen Flächen angewendet, der letztausgesprochenen Forderung nicht zu entsprechen. Soll Ölfarbe verwendet werden, so ist auf gute Austrocknung des Holzes strenge zu achten. Gefahr des Erstickens, der Blasenbildungen und Abblätterungen. An sonstigen Farbstoffen haben sich gut bewährt: Avenarius- Carbolineum und Ravenar-Carbolineum braun, rot, grün und orange; ferner Ochsenblut, Mischungen von Leinöl, Petroleum und Farbstoff.

Innenschalungen. Es ist zu empfehlen, sie stets auf eine rauhe Schalung mit zwischenliegender teerfreier Dachpappe aufzusetzen und bei Hintermauerung die rauhe Schalung an einen Staffelrost, der gleichzeitig eine isolierende Luftschicht schafft, zu befestigen.

Dabei ist bei Holzgerippebauten nicht zu übersehen, daß solche Abschlüsse die Zwischenräume des Traggerüstes vollkommen abschließen und das Ersticken der Balken verursachen können.

Die gehobelte, gewöhnlich rund 20 mm starke Schalung kann waagrecht (Abb. 72a) oder lotrecht (Abb. 72b) versetzt werden. Brettbreite meist 15—18 cm. Neben den Bretterschalungen werden bei reichen Ausstattungen auch gestemmte Schalungen aus Friesen und Füllungen und Sperrholzplattenverkleidungen angewendet. Abb. 72c.

III. Pfeiler, Säulen und Stützen.

Angaben über Baustoffe, Oberflächenbehandlung, Verhalten gegen äußere zerstörende Einflüsse und Schutzmaßnahmen sind in den Abschnitten „Baustoffe" und „Wandbildungen" enthalten.

1. Pfeiler aus künstlichen und natürlichen Steinen.

Ziegelpfeiler.

Auf sachgemäße Ausführung und Auswahl der Baustoffe, regelrechten Ziegelverband und sorgsame Fugenausbildung ist bei allen Pfeilern, insbesondere bei stärker belasteten strenge zu achten. Quadratische oder rechteckige, selten polygonale Grundflächen.

Bei Pfeilern quadratischen Grundrisses wechselt der Ziegelverband in den Schichten derart, daß eine Schicht dem um 90^0 gedrehten Verband der darunterliegenden Schicht entspricht. Die Abb. 73 stellt Pfeilerverbände für quadratische und rechteckige Grundrisse dar.

Polygonale Ziegelpfeiler sind wegen des unvermeidlichen zeitraubenden Zuhauens der Steine möglichst zu vermeiden.

Die Pfeilerlast, die Querschnittsfläche und das Schlankheitsverhältnis bestimmen auf Grund der zulässigen Beanspruchungen die Wahl des Ziegelmaterials und des Mörtels. Siehe Tafel auf S. 73.

Rechnungsbeispiel.

Ein Ziegelpfeiler sei mit einer Last $P = 15850$ kg mittig belastet. Die Höhe des Pfeilers $h = 4{,}00$ m. Erwünschter Maximalquerschnitt 45×45 cm, $F = \dfrac{P}{\sigma}$;

$$\sigma = \frac{P}{F} = \frac{15850}{45 \times 45} = 7{,}8 \text{ kg.}$$ Das Schlankheitsverhältnis beträgt $\dfrac{400}{45} = 8{,}8$; da größer als 6, ist die zulässige Beanspruchung aus der Spalte „freistehende Mauerpfeiler mit einer Dicke von $^1/_{12}$ der Geschoßhöhe" der ÖNORM B 2102 (s. S. 73) zu entnehmen. Der Pfeiler ist daher in Hartbrandziegeln mit Kalkzementmörtel ($\sigma_{zul} = 8$ kg) auszuführen.

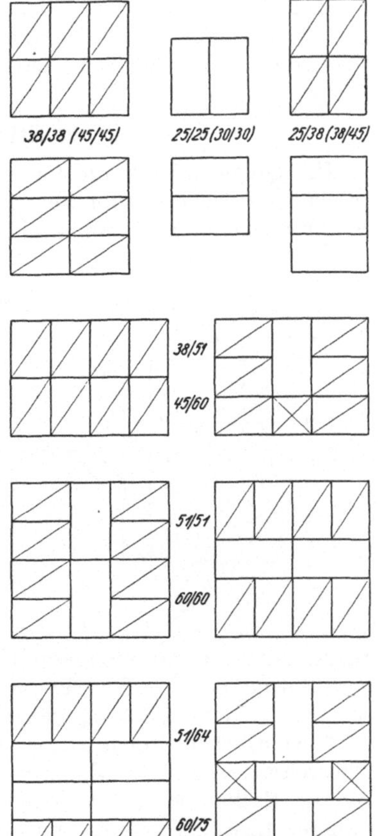

Abb. 73.

8*

Bei Verringerung des Querschnittes auf 38×38 cm ergibt sich $\sigma = \dfrac{15850}{38 \times 38} = 11$ kg. Laut Tabelle auszuführen in Klinkern mit Zementmörtel ($\sigma_{zul} = 15$ kg).

Pfeiler aus Werksteinen (Quadern und Bruchsteinen).

Der Berechnung der Werksteinpfeiler ist eine 15fache Sicherheit, wenn die geringste Dicke $>$ als $\dfrac{h}{10}$, und eine 25fache Sicherheit zugrunde zu legen, wenn die geringste Dicke $< \dfrac{h}{10}$ ist. Die Druckfestigkeit ist nach ÖNORM B 3102 festzustellen.

Bruchsteinpfeiler sollen nur aus lagerhaften und zugerichteten Steinen hergestellt werden und eine geringste Dicke von 40 cm, mindestens aber von $^1/_6$ der Höhe erhalten. Zulässige Druckbeanspruchung s. S. 81.

2. Stützen aus Holz.

Ihr Querschnitt kann den Beanspruchungen und konstruktiven Aufgaben entsprechend sehr verschieden sein; er kann aus einem Kantholz entsprechender Abmessung allein bestehen oder aus mehreren Einzel-

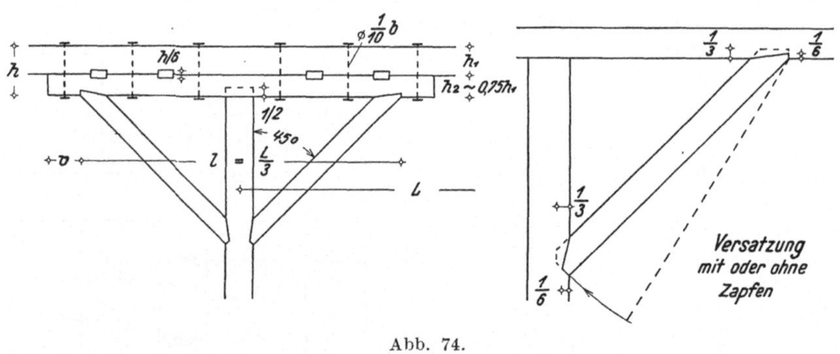

Abb. 74.

querschnitten zusammengesetzt sein, die durch Dübel oder Futterstücke und Bolzen oder fachwerkartig durch Streben und Spangen vereinigt, zu gemeinsamer Wirkung gelangen.

Die einfachste Form ist die aus einem Einzelstabe meist quadratischen Querschnittes bestehende Stütze, die mit einem Zapfen in den zu stützenden Balken eingreift (sehr geringe Auflagerfläche) oder zu wirksamerer Lastübertragung und zur Erzielung einer größeren Druckfläche ein Sattelholz und Kopfbüge zugewiesen erhält.

Balken (Unterzug) und Sattelholz erhalten in der Regel gleiche Breite und das Sattelholz rund $^3/_4$ der Unterzugshöhe. Länge des Sattelholzes rund 0,3 der Unterzugsfreilänge vermehrt um die beiden Vorkopflängen $v = \dfrac{H}{b \cdot \tau}$, wobei H die Horizontalkomponente des Auflagerdruckes,

b die Sattelholzbreite und τ die zulässige Schubbeanspruchung (bei Weichholz 12 kg/cm²) bedeuten.

Sattelholz und Unterzug sind durch Dübel (Hartholz in der Längsfaser) verbunden, deren Höhe rund $1/4$ bis $1/6$ der summierten Unterzugs- und Sattelholzhöhe und deren Länge das 2- bis 2,5fache der Dübelhöhe betragen. Schraubenbolzen pressen Sattelholz und Unterzug aneinander bzw. an die Dübel und befähigen sie dadurch zu gemeinsamer Wirkung. Die Kopfbüge liegen an einer Seite meist flüchtig mit der Stütze und sind durch Versatzung mit oder ohne Zapfen mit dem Sattelholz und der Stütze verbunden; sie erhalten zumeist eine etwas geringere Breite wie das Sattelholz. Abb. 74.

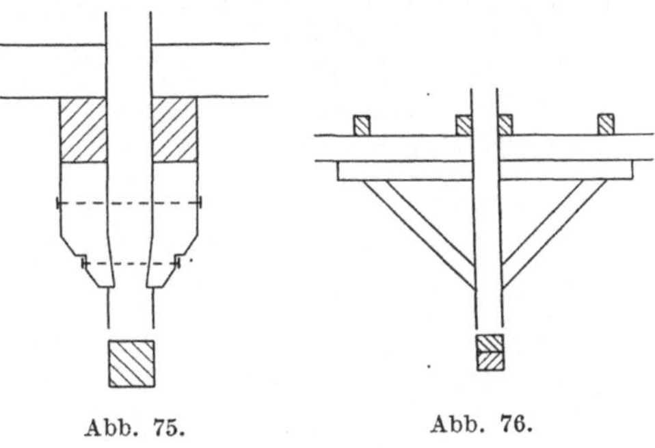

Abb. 75.   Abb. 76.

Für durch mehrere Geschosse durchlaufende Stützen ist der einfache Querschnitt nicht geeignet; er bedingt die Anordnung des Unterzuges zu beiden Seiten der Stützen (Abb. 75) und dessen Auflagerung auf Knaggen; es ergibt sich überdies bei ungeteilt durchlaufenden Stützen ein wenig günstiger Stützenstoß. Die Auflagerung des geteilten Unterzuges auf Knaggen läßt eine wenig wirksame Lastübertragung zu.

Eine Teilung des Stützenquerschnittes in zwei verdübelte und verbolzte Einzelquerschnitte ermöglicht einen günstigeren, einzeln versetzten

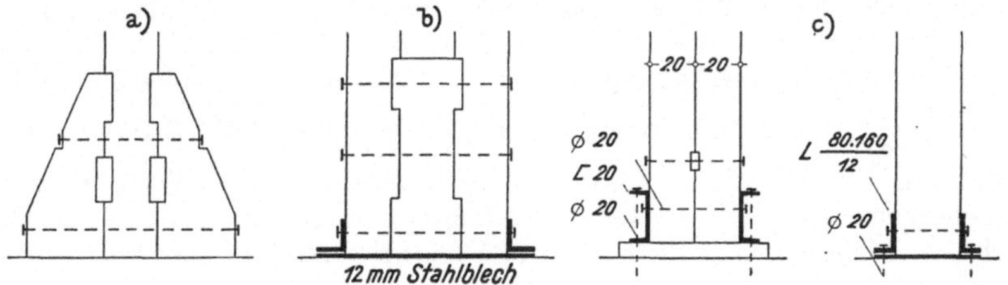

Abb. 77. Fußausbildung hölzerner Säulen.

Stützenstoß und gewährt eine wesentlich bessere und größere Lastübertragungen zulassende Auflagerung des ungeteilt durch Ausnehmungen der Doppelstütze hindurchgeführten Unterzuges, dessen weitere Unterstützung durch Sattelholz und Kopfbüge, wenn erforderlich, leicht bewirkt werden kann. Abb. 76.

Die Abb. 77a bis 77c zeigen einzelne Fußausbildungen hölzerner Stützen.[1]

---

[1] Aus Kersten: Freitragende Holzbauten. Berlin 1926.

Die statische Berechnung der Stütze erfolgt nach Art der Beanspruchung auf Druck oder Knickung.

Die im Hochbau der Berechnung meist zugrunde gelegte Befestigung ist die scharnierartige Lagerung des Stützenfußes und -kopfes.

Unter der Annahme einer zehnfachen Sicherheit ist, soll Knickung nicht eintreten, erforderlich, daß das Trägheitsmoment der Holzstütze $I > \dfrac{10 \cdot P \cdot l^2}{E \cdot \pi^2}$ sei, oder es muß die Stützenhöhe einer quadratischen Holzsäule $< 12\,a$ sein, wenn mit a die Seitenlänge des Stützenquerschnittes bezeichnet wird.

Allgemein: Die Grenzlänge zwischen reinem Druck und Knickung $\dfrac{l}{i}$ beträgt bei Holz (Druckfestigkeit 200 kg/cm², zulässige Druckspannung 60 kg/cm², Sicherheitsgrad = 10) 40,5.[1])

Liegt Knickung vor, ist die Stütze nach den Formeln von Euler, Tetmajer oder nach dem ω-Verfahren zu berechnen.

Euler: Die Knickbelastung, d. i. die Kraft, bei deren Auftreten Knickung erfolgt, $P_k = \dfrac{\pi^2 \cdot E\,I}{l^2}$; bei 10facher Sicherheit beträgt die zulässige, eine Knickung noch nicht hervorrufende Stablast $P = \dfrac{\pi^2 \cdot E\,I}{10 \cdot l^2}$;

$I = \dfrac{10 \cdot P \cdot l^2}{\pi^2 \cdot E}$ oder $I \doteq 100\,P\,l^2$, wobei P in t, l in m auszudrücken ist.

Die Euler-Formel ist jedoch nur anzuwenden, wenn $\dfrac{l}{i} \geqq 100$ ist; unterschreitet $\dfrac{l}{i}$ den Wert 100, so ist die Tetmajer-Formel oder das ω-Verfahren anzuwenden.

Nach Tetmajer ist die zulässige Stablast $P = \eta\,F\,\sigma_d$, wobei η die Abminderung (aus Tabellen zu entnehmen) und σ_d die zulässige Druckbeanspruchung bedeuten.

Nach dem ω-Verfahren lautet die Formel für die zulässige Stablast $P = \dfrac{F\,\sigma_{z\,\text{zul}}}{\omega}$; der Knickwert ω ist Tabellen (ÖNORM B 1002) zu entnehmen. Es empfiehlt sich, bei Anwendung des ω-Verfahrens eine Vorberechnung nach Euler vorzunehmen und den ermittelten Querschnitt bezüglich σ_{zul} nach dem ω-Verfahren zu überprüfen.

Beispiel:

Eine Holzstütze quadratischen Querschnittes sei mittig mit $P = 20$ t belastet; l (Stablänge = Knicklänge) = 3,00 m; $\sigma_{d\,\text{zul}} = 70$ kg/cm².

Auf reinen Druck gerechnet ergibt sich $F = \dfrac{P}{\sigma} = \dfrac{20\,000}{70} = 286$ cm², d. h. ein quadratischer Querschnitt mit Seitenlänge $a = 17$ cm; $\dfrac{l}{a} = \dfrac{300}{17} = 18 > 12$, daher liegt Knickung vor.

---

[1]) Emperger: Knickfestigkeit; bearbeitet im „Beton-Kalender".

Nach **Euler**: Angenommener Querschnitt: 17×17 cm; $I = 7200$ cm^4;

$$i = \sqrt{\frac{I}{F}} = 5; \quad \frac{l}{i} = \frac{300}{5} = 60 < 100, \quad \text{dahèr nach } \textbf{Tetmajer} \text{ zu rechnen;}$$

nach **Tetmajer**: $F = \dfrac{P}{\eta\,\sigma_d}; \quad \dfrac{l}{a} = \dfrac{300}{17} = 18$ entspricht einem $\eta = 0{,}613$;

$$F = \frac{20000}{0{,}613 \times 70} = 465; \quad a = \sqrt{465} \doteq 22 \text{ cm}.$$

Dem richtiggestellten $\dfrac{l}{a} = \dfrac{300}{22} = 14$ entspricht $\eta = 0{,}709$ und $F =$

$$\frac{20000}{0{,}709 \times 70} = 403; \quad a \doteq 20 \text{ cm}.$$

Nach ω-Verfahren: Vorberechnung nach **Euler**: $I = 100\,P \cdot l^2$; $I =$

$$= 100 \times 20 \times 9 = 18000; \quad \frac{a^4}{12} = 18000; \quad a \doteq 22 \text{ cm}; \quad \text{nach } \omega\text{-Verfahren}$$

muß $\dfrac{P \cdot \omega}{F} < \sigma_{zul}$; einem Querschnitte 22×22 cm entspricht $i = 6{,}36$

und $\dfrac{l}{i} \doteq 47$, bzw. $\omega = 1{,}59$; $\quad \dfrac{P \cdot \omega}{F} = \dfrac{20000 \times 1{,}59}{484} \doteq 65{,}6$; zulässig wäre

$\sigma_z = 90$ kg/cm^2.

Bei einem Querschnitte 20×20 cm ergibt sich auf gleichem Rechnungswege ein $\sigma_z = 84{,}5$ kg/cm^2.

3. Stützen aus Eisen.

Die dem Gußeisen eigene geringe Biegungsfestigkeit schränkt seine Anwendung im Stützenbau bedeutend ein, aber auch die erschwerte Nachprüfung allfälliger Herstellungsfehler, die schwierige Ausbildung der Anschlüsse, das Bersten der Säulen im Brandfalle bei auftreffendem Löschwasserstrahl und nicht zuletzt die dem Zeitgeschmacke wenig entsprechende Formgebung haben Gußeisenstützen stark verdrängt.

Wo sie zur Verwendung gelangen, erhalten sie meist die Form kreisrunder Hohlstützen mit einem Außendurchmesser D von 100—400 mm und einer Wandstärke d von 10—40 mm, mit in der Regel $d \doteq 0{,}1\,D$. Die größten Baulängen im gewöhnlichen Hochbau betragen 6—7 m.

Beispiele der Tragfähigkeit gußeiserner Säulen.

Äußerer Durchmesser mm	Wandstärke mm	Tragfähigkeit[1]) in t; $\sigma_{zul} = 600$ kg/cm^2; sechsfache Sicherheit gegen Knickung; Stützenhöhe von				
		3,00 m	3,50 m	4,00 m	4,50 m	5,00 m
120	16	13,4	9,85	7,54	5,96	4,83
160	16	35,2	25,9	19,8	15,6	12,7
220	20	75,6	75,6	66,0	52,2	42,3

[1]) Aus „Eisen im Hochbau" 1928.

Bei kleinen Lasten und mittigem Lastangriffe werden Kopf, Schaft und Fuß meist in einem Gußstücke hergestellt. Für größere Lasten, die in erhöhtem Maße eine sorgfältige, gleichstarke Wandbildung erfordern oder bei Lastangriffen, die ein Schrägstellen der Säulen bewirken können, werden Schaft und Fuß in zwei Teile getrennt (Abb. 78) und im letzteren Falle die Säule als Pendelsäule ausgeführt.

Nach Rühlmann betragen bei $\sigma_b = 300$ kg/cm² (Biegebeanspruchung) die Fußplattendicke $d_1 = 0,041\, b . \sqrt{p_{zul}}$, die Rippenhöhe

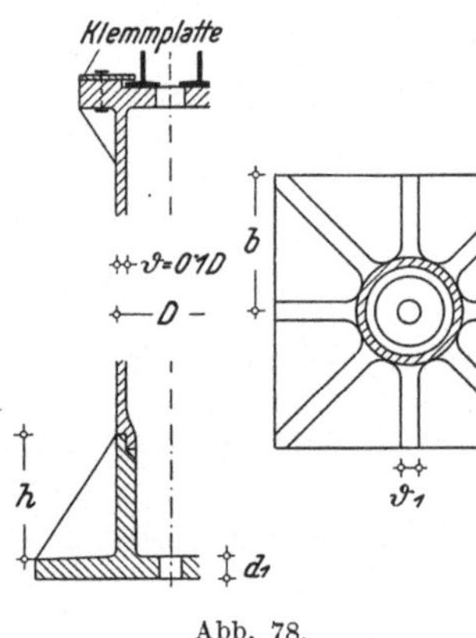

$$h = 0,141 \sqrt{\frac{P_1 \cdot x_0}{\delta_1}}$$ und Rippenstärke $\delta_1 = {}^3/_4\, d_1$, wobei bedeuten: b den geradlinigen Rippenabstand am Plattenrande in cm, p_{zul} die zulässige Pressung der Untermauerung, P_1 die Rippenbelastung in kg, x_0 den Schwerpunktabstand der Belastungsfläche vom Säulenschaft in cm und δ_1 die Rippendicke.

In der Praxis wird die Quadratseite der Fußplatte oder der Fußplattendurchmesser annähernd gleich dem 2,5- bis 3fachen Säulendurchmesser ausgeführt. Zwischen Fußplatte und Untermauerung Zementschicht von rund 15 mm Stärke oder 5 mm Bleiplatten.

Abb. 78.

Die Berechnung gußeiserner Hohlstützen auf Knickung erfolgt nach den reichsdeutschen Bestimmungen vom Jahre 1925 nach der Eulerformel unter Zugrundelegung einer 6fachen Sicherheit gegen Knickung bei $\sigma_{d\,zul} = 600$ kg/cm².

Darnach gilt bei mittiger Belastung: $I_{erf} = 6\, P s_k{}^2$; P in t, s_k (freie Säulenknicklänge) in m.

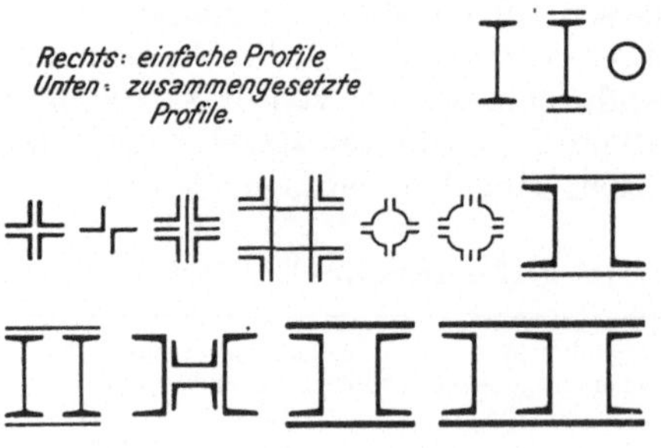

Ist $\frac{l}{i} < 80$, so ist die Berechnung nach Tetmajer durchzuführen. In Österreich wird in der Regel 8fache Sicherheit bei $\sigma_{d\,zul} = 1000$ kg zugrunde gelegt.

Zur Erhöhung der Feuersicherheit und Tragfähigkeit können Gußeisensäulen nach Emperger mit spiralumschnürtem Beton ummantelt werden.

Abb. 79.

Stützen aus Flußstahl. Die Wahl des Stützenprofils ist derart zu treffen, daß bei voller Ausnutzung der zulässigen Tragfähigkeit größte Wirtschaftlichkeit und die konstruktiv günstigsten Aufbau- und Anschlußmöglichkeiten geboten werden.

Der Querschnitt kann aus einem Profil gebildet oder aus mehreren zusammengesetzt werden.

Einfache Profile erfordern geringere Nietungen als zusammengesetzte; normalflanschige Doppel-T-Träger ergeben infolge kleiner Flanschbreite eine unbequeme Nietung. Flächenvergrößerung durch Gurtplatten.

Zusammengesetzte Querschnitte können auf vielerlei Art aus Doppel-**T**-, **U**-, ⌐-, Winkeleisen und anderen Profilen gebildet werden. Offene Querschnitte nennt man solche, deren Innenflächen zugänglich bleiben, geschlossene Profile solche, deren Innenflächen durch Gurtplatten verdeckt sind. Als Kastenquerschnitte werden durch Bindebleche, Diagonalstreben oder Gurtplatten verbundene zusammengesetzte Profile bezeichnet; sie können offen oder geschlossen sein. Die Art und die Stellung der Einzelquerschnitte zueinander beeinflussen den Nietvorgang und die Erneuerung des Innenanstriches in günstigem oder ungünstigem Sinne. Besteht der Querschnitt aus zwei oder mehreren, durch Bindebleche verbundenen Einzelstäben, so ist der Abstand der Einzelstäbe so zu wählen, daß das Trägheitsmoment des Stützenquerschnittes bezüglich der materialfreien

Art			Sinnbild für	
			Ansicht	Querschnitt
Stumpfnähte	V-Naht			
	X-Naht	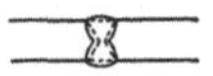		
Kehlnähte	Volle Kehlnaht durchlaufend	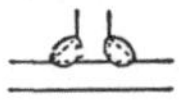	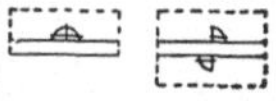	
	Leichte Kehlnaht	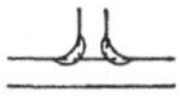	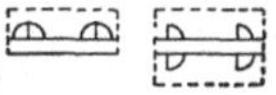	
	Volle Kehlnaht unterbrochen	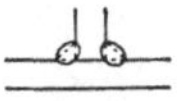	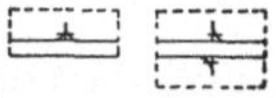	

Abb. 80. Sinnbilder für Schmelzschweißen.

Achse größer ist als bezüglich der Materialachse. Kreisförmige Querschnitte aus geschweißten Rohren oder Quadranteisen finden wegen der schwierigen Kopf-, Fuß- und Anschlußausbildungen wenig Verwendung.

Beispiele einfacher und zusammengesetzter Querschnitte: Abb. 79.

Durch Anwendung des Schweißverfahrens statt der Nietung kann nach Berichten der Verfechter der Schweißtechnik wesentlich an Material und Arbeit gespart werden. Das Verfahren wird im Hochbau erst seit etwa 10 Jahren angewandt; es hat viele Anhänger, aber auch zahlreiche Gegner gefunden und konnte sich bisher nicht allgemein durchsetzen. Als Verfahren kommen die elektrische Lichtbogenschweißung (Slawianoffverfahren), die elektrische Widerstand- und Gasschmelzschweißung oder gas-elektrische Schweißung in Betracht. Im Zusammenhang sei auf die Richtlinien für die Berechnung und Ausführung geschweißter Stahlbauten, ÖNORM B 2332, und auf die Vorschriften des preußischen Ministeriums für Volkswohlfahrt vom Jahre 1930 für die Ausführung geschweißter Stahlhochbauten sowie auf DIN 1910—1914 und 4100 verwiesen. Sinnbilder für Schmelzschweißen Abb. 80.

Schaftausbildung. In zusammengesetzten Querschnitten sind die einzelnen Profile bei mittigem Lastangriffe durch Bindebleche zu verbinden, bei ausmittigen oder Biegungsbeanspruchungen fachwerkartig zu vergittern.

Die Zahl der Bindebleche ergibt sich aus der Bedingung, daß jeder einzelne Querschnittsteil für den auf ihn entfallenden Lastanteil knicksicher sein muß; jedenfalls sind aber mindestens in den Drittelpunkten der Stützenhöhen solche Bindebleche anzuordnen. Der Anschluß erfolgt mit wenigstens zwei Nieten. Stützenstöße werden durch Verlaschungen bewirkt.

Fuß- und Kopfausbildung. Zur Übertragung der Auflast auf die Stützen bzw. der Stützenlast auf die Untermauerung dient je eine etwa 15 mm starke Flußstahlplatte, die mit dem Stützenprofil durch

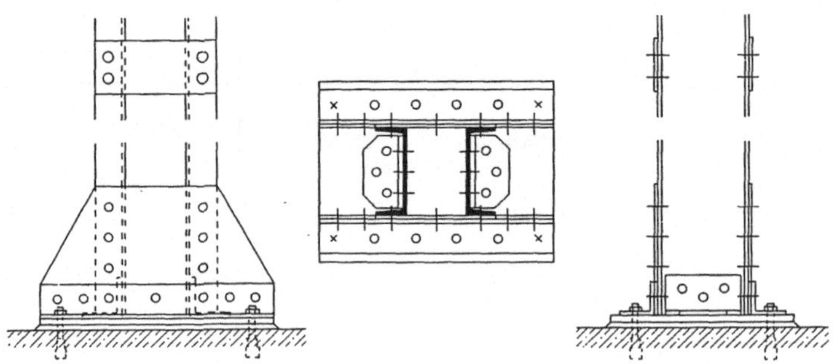

Abb. 81.

Winkeleisen und lotrechte, zirka 10 oder 12 mm starke Fuß- bzw. Kopfbleche verbunden sind.

Zwischen Fußplatte und Untermauerung ist eine rund 15 mm Zementmörtelschicht oder eine 5-mm-Bleiplatte eingebettet. Die Größe der Fußplatte wird durch das Verhältnis der Last zur zulässigen Pressung der Untermauerung, die Höhe der lotrechten Fußbleche und das Profil der Winkeleisen durch die zur Übertragung der Last erforderliche Nietanzahl bestimmt. Zur gleichmäßigen Druckübertragung empfiehlt es sich, die Nietzahl der lotrechten Bleche etwas größer zu halten, als sich rechnungsmäßig ergibt.   .

Die Fußplatte soll nicht mehr als das 2,5fache ihrer Stärke über die Fußwinkelkante vortreten.

Der Nietdurchmesser (Nietloch) ist allgemein $d = \sqrt{5\,t} - 0,2$ cm, wobei t die Stärke in cm der in einer Kraftrichtung geringsten Plattendicke bedeutet. Die Verbindung ist auf Abscherung zu rechnen, wenn bei einschnittiger Vernietung $d < 2,6\,t$ und bei zweischnittiger Vernietung $< 1,3\,t$ ist. Ist $d >$, so erfolgt die Berechnung auf Lochleibungsdruck. Die sich ergebende größte Nietzahl ist der Ausführung zugrunde zu legen.

Abb. 81 zeigt die Ausführung des Stützenfußes einer aus zwei U-Eisen gebildeten Stütze.

Bei mittiger Belastung genügt zur Sicherung gegen Verschieben die Anordnung von Steinschrauben; tritt ausmittige Beanspruchung auf, sind Zuganker mit im Mauerwerk angeordneten Ankerplatten, Winkel-, U- oder I-Eisen vorzusehen.

Die Berechnung der Stützen aus Flußstahl erfolgt nach ÖNORM B 1002, bzw. dem preußischen Ministerialerlasse vom Jahre 1925 nach dem ω-Verfahren. Darnach ist die erforderliche Knicksicherheit eines Druckstabes gewährleistet, wenn $\frac{S}{F}\,\omega \leqq \sigma_{z\,\mathrm{zul}}$, wobei S die Stabkraft in kg, F die volle Querschnittsfläche des Stabes, $\sigma_{z\,\mathrm{zul}}$ die zulässige Zugbeanspruchung bei einem Sicherheitsgrade von 2,5 für St 00.11 = = 1200 kg/cm², für St 37.11 und St 37.12 = 1400 kg/cm² und ω den Knickwert bedeuten.

Die ω-Werte sind in Tabellen den Schlankheitsverhältnissen $\lambda = \dfrac{l}{i}$ entsprechend verzeichnet. Im Hochbau ist die in Rechnung zu stellende Knicklänge l meist gleich der Stablänge.

Die Berechnung nach dem ω-Verfahren erfordert eine zuvorige Annahme eines bestimmten Querschnittes; sodann sind für denselben das kleinste Trägheitsmoment I, die unverschwächte Stabquerschnittsfläche F, der Trägheitshalbmesser $i = \sqrt{\dfrac{I}{F}}$ und das Schlankheitsverhältnis $\lambda = \dfrac{l}{i}$ zu ermitteln und für dieses λ das dem Baustoff entsprechende ω aufzusuchen. Der Wert $\dfrac{S}{F}\,\omega$ muß $\leqq \sigma_{z\,\mathrm{zul}}$ sein.

Bei mehrteiligen Stäben darf die Schlankheit der einzelnen Teile nicht größer als die Schlankheit des ganzen Stabes und nicht $>$ als 40 (nach dem preußischen Erlasse nicht $>$ als 30) sein, um als Vollstab berechnet zu werden. Überschreitet die Schlankheit ausnahmsweise diese Werte, so ist die Tragfähigkeit des Stabes besonders nachzuweisen.

Rechnungsbeispiel.

Eine Stütze aus Flußstahl St 37,11 von 4,0 m Höhe ist mit $S = 100\,\mathrm{t}$ mittig belastet. Es ist der Querschnitt zu ermitteln. Berechnung nach ω-Verfahren (ÖNORM):

Annahme: Zwei $\mathsf{][}$-Profile Nr. 18, Abstand 110 mm.

$$I = 2700\ \mathrm{cm^4};\quad F = 56\ \mathrm{cm^2};\quad i = 6{,}95;\quad \lambda = \frac{l}{i} = 57{,}6;\quad \omega = 1{,}43.$$

$$\frac{S}{F}\,\omega = \frac{100\,000}{56} \times 1{,}43 = 2554\ \mathrm{kg/cm^2},\ \text{also bedeutend höher als}\ \sigma_{z\,\mathrm{zul}} =$$
$$= 1400\ \mathrm{kg/cm^2}.$$

Neue Annahme: Zwei $\mathsf{][}$ Profil Nr. 26, Abstand 160 mm.

$$I = 9640\ \mathrm{cm^4};\quad F = 96{,}6\ \mathrm{cm^2};\quad i = 9{,}99;\quad \frac{l}{i} = 40;\quad \omega = 1{,}32.$$

$$\sigma = \frac{S}{F}\,\omega = \frac{100\,000}{96{,}6} \times 1{,}32 = 1366\ \mathrm{kg/cm^2},\ \text{daher}\ <\ \text{als}\ 1400\ \mathrm{kg/cm^2}.$$

Wird nach **Euler** bzw. **Tetmajer** gerechnet, so ist zunächst eine Annahme zu treffen und zu überprüfen, ob das Schlankheitsverhältnis $\dfrac{l}{i} > 105$ und die **Euler**-Formel anwendbar ist. Würde $\dfrac{l}{i} < 105$, ist nach **Tetmajer** weiter zu rechnen und zu überprüfen, ob die vorhandene Spannung die zulässige, in diesem Falle 1400 kg/cm², nicht überschreitet.

Abb. 82 zeigt eine durch 7 Geschosse durchlaufende Mittelstütze (⊥ P) eines Lagergebäudes mit hohen Deckennutzlasten und Anschluß der Unterzüge und Deckenträger.

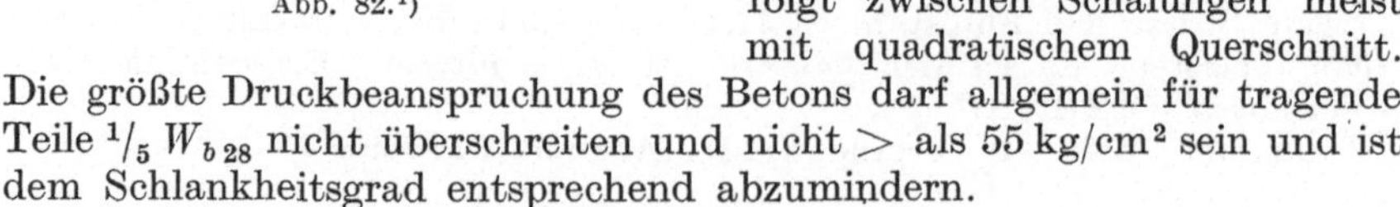

Abb. 82.[1]

4. Pfeiler und Stützen aus Beton und Eisenbeton.

Allgemeine Angaben über den Baustoff und dessen Eigenschaften sind in den Abschnitten auf den S. 19—31 und 83—87 enthalten.

Unbewehrte Betonpfeiler und Stützen.

Sie kommen nur in Betracht, wenn keine oder nur sehr geringe Zugspannungen zu erwarten sind, die Stützen größere Abmessungen erhalten können und die Zuschlagstoffe zu niedrigen Preisen zur Verfügung stehen. Die Ausführung erfolgt zwischen Schalungen meist mit quadratischem Querschnitt. Die größte Druckbeanspruchung des Betons darf allgemein für tragende Teile $^{1}/_{5}\,W_{b\,28}$ nicht überschreiten und nicht $>$ als 55 kg/cm² sein und ist dem Schlankheitsgrad entsprechend abzumindern.

Angenähert beträgt das Mischungsverhältnis etwa 1 : 6 bis 1 : 8, je nach Schlankheitsgrad.

Stützen aus bewehrtem Beton.

Eisenbetonstützen eignen sich zur Aufnahme hoher Lasten bei angestrebtem kleinen Querschnitt und bei Beanspruchungen, die außer lotrechten Drücken auch Biegungsmomente hervorrufen.

Nach Art der Bewehrung sind gewöhnliche Eisenbetonstützen mit Längsarmierung und Stützen aus umschnürtem Beton zu unterscheiden.

---

[1] Nach einer Darstellung in der Zeitschrift „Der Peinerträger".

Längsbewehrte Eisenbetonstützen erhalten meist quadratische oder rechteckige, selten vieleckige oder runde, umschnürte Betonstützen meist achteckige Querschnitte.

Bei reiner Längsbewehrung (rund 14—40 mm ⌀) soll der Gesamteisenquerschnitt je nach der Schlankheit der Stütze mindestens 0,5 bzw. 0,8% und höchstens 3% des Betonquerschnittes betragen (wenigstens 4 Längseien). Die Längseisen sind nahe an den Rand (1,5 bzw. 2 cm im Freien Betondeckung) zu rücken und mit horizontalen, meist Rundeisenquerbügeln von 5 bis 12 mm ⌀ im Höchstabstand der kleinsten Stützenstärke, bzw. des 12fachen Längseisendurchmessers zu verbinden (s. ÖNORM B 2302).

Als Säulenhöhe ist im Hochbau die volle Stockwerkshöhe anzunehmen; Stützen, deren Höhe $h > 20\,d$ und deren Querschnitt $< 25 \times 25$ cm ist, sind nur ausnahmsweise zulässig.

Als **umschnürte** Säulen sind Stützen mit kreisförmigem Kernquerschnitt[1]) zu betrachten, die mit einer nach einer Schraubenlinie verlaufenden Armierung oder mit einer Ringbewehrung versehen sind, deren Ganghöhe bzw. Abstände kleiner sind als 8 cm,

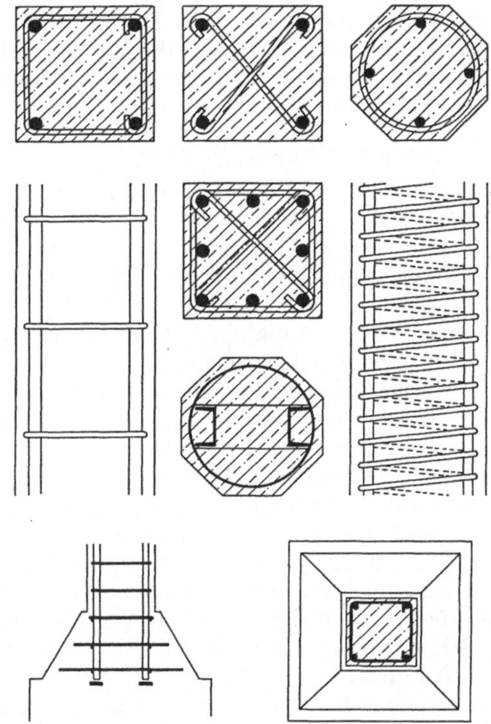

Abb. 83. Querschnitte und Fußausbildung von Eisenbetonsäulen.

bzw. $^1/_5$ des Kerndurchmessers. Die Längsbewehrung muß mindestens $^1/_3$ der Umwehrung und mindestens 0,8% des Betonquerschnitts betragen.

Abb. 83 zeigt Querschnitte und Fußausbildungen von Eisenbetonsäulen.

Ein standfestes Bewehrungsgerippe für umschnürte Eisenbetonsäulen sieht die Bauart Dr. Ing. Bruno Bauer vor.

IV. Schutz der Mauern und Wände gegen Feuchtigkeit.

Die Feuchtigkeit beeinträchtigt die meisten wandbildenden Baustoffe, gefährdet dadurch die Bestanddauer und die Standsicherheit der Konstruktion und übt auf die Gesundheit der Bewohner der Innenräume und auf den Bestand der in den Räumen gelagerten Stoffe einen nachteiligen Einfluß aus.

---

[1]) Kern = Fläche innerhalb der Umschnürung.

Die Abwehr der Feuchtigkeit wird daher auch bauordnungsmäßig gefordert; so verlangt die Bauordnung für Wien die Isolierung der Kellermauern gegen seitlich eindringende und aufsteigende Bodenfeuchtigkeit und die Ausführung des Grund- und Kellermauerwerkes abwärts der Isolierschicht in Portlandzementmörtel.

Die Feuchtigkeit kann hauptsächlich in die Mauern eindringen durch das Aufsteigen aus dem Untergrunde, seitliches Eindringen aus dem anliegenden Erdreiche der Keller- und Sockelmauern, Schlagregen, dauernde Dunstentwicklung im Rauminnern, Bauschäden, wie Undichtheiten des Daches und der Rinnen, wasserführender Leitungen usw.

Vorbeugungsmaßnahmen:

Baustoffe: S. 51—54, s. auch ÖNORM B 3635 und C 9201 und DIN 19166.

Der Feuchtigkeitszutritt zum Keller- bzw. Sockelmauerwerk ist weitmöglichst hintanzuhalten. Entsprechende Dachvorsprünge, Traufenpflaster; Terraingestaltung derart, daß das Meteorwasser nicht zur Hausmauer fließe, allfälliges Quellwasser auffangen, Hangwasser durch Drainagierung ableiten usw.

Aufsteigende Feuchtigkeit wird durch waagrecht verlegte Isolierschichten, seitliche Feuchtigkeit durch lotrechte Isolierungen abgewehrt. Liegt der Fußboden unter dem Erdreich, so ist der Schutz in beiden Richtungen durchzuführen, befindet er sich über Terrain (nicht unterkellert), genügt die waagrechte Sperrung in allfälliger Verbindung mit seitlicher Isolierung des Sockels.

Die Art der Vorbeugungsmaßnahmen und die Auswahl der Materialien ist abhängig vom geforderten Sicherheitsgrade, von der Art der Wandbaustoffe und von den örtlichen Verhältnissen (Untergrund, Feuchtigkeitsgrad, Grundwasserstand, Quell- und Hangwasser usw.).

Allgemein zu beachten: Nur vollkommen dichte, vor mechanischen und chemischen Einflüssen bewahrte und die sperrende Wirkung dauernd beibehaltende Isolierungen bieten wirklichen Schutz. Die Sperrung ist stets so auszuführen, daß die Isolierschicht durch den Feuchtigkeitsdruck nicht abgehoben werden kann. Waagrechte und lotrechte Isolierungen sollen zu einheitlicher, gemeinsamer Wirkung gelangen. Verflüchtigende Stoffe vermögen nur vorübergehend Schutz zu bieten. Heiß aufzubringende Schichten und Anstriche haften nur auf verläßlich trockenem Untergrund oder auf besonderen, kalt aufgestrichenen Grundanstrichen. Elastische Sperrstoffe sind geeigneter als spröde. Mörtelzusätze erfordern zur Erzielung dichtender Wirkung die genaue Einhaltung der Mischvorschriften und die Verwendung qualitätsmäßiger Mörtelbildner.

Als Isolierstoffe kommen in Betracht: Schichten von Bitumen, Asphalt, Teer und Pech, mit derlei Stoffen getränkte Pappen und Gewebe, bituminöse Anstrichmittel (Lösungen und Emulsionen), gegen schädigende Einflüsse geschützte Metallfolien (Blei), durch porendichtende Zusätze und geeignete Mischungsverhältnisse wasserhemmend gestaltete Mörtelschichten, Scharen von Klinkerziegeln in Portlandzementmörtel oder Asphalt und zirkulierende Luftschichten.

Nach der Lage der Isolierschicht unterscheidet man: 1. Horizontale oder waagrechte und 2. vertikale oder lotrechte Isolierungen.

1. Horizontale Isolierung.

Gußasphaltschichten, 1,5 bis 2 cm stark, auf trockener, staubfreier Mauerfläche in einer oder besser zwei Lagen heiß aufgebracht; Asphaltgudronanstriche von etwa 2 mm Stärke, auf trockenem Untergrund in 2—3 Lagen heiß aufgebracht; Jute- oder Pappezwischenlagen zu empfehlen;

Flintkoteschichten, kalt aufgebracht, und zwar: Grundanstrich, nach dessen Trocknen Auflegen mit Flintkote imprägnierter Jute, zweiter Grundanstrich und nach Trocknung Deckanstrich. Bedarf 1,5—2 kg/m²;

Primat und Aggerit (Asphaltwasseremulsionen) im ähnlichen Arbeitsfortgange, wie vor beschrieben;

Inertolanstriche oder Anstriche aus Siderosthen-Lubrose auf trockenem Untergrunde für leichtere Fälle; 3 kg/10 m², bzw. 1,5 kg/10 m² bei zweimaligem Anstriche;

Hydrasphalt-Anstriche (Asphaltemulsion); 1 kg für 2,5 m² einmaligen Anstrich;

Isolierpappen, teerfrei oder geteert (Österreich Nr. 70 und 90, Deutsches Reich Nr. 625 und 500). Mit Sägespänen oder Korkschrot bestreut, auf Mauerbreite mit beiderseitigem Überstande zugeschnitten und trocken verlegt; Übergriffe 10 cm mit heißem Bitumen, Asphalt, Gudron oder Holzzementmasse, je nachdem ob teerfreie oder Teerpappe verwendet wurde, geklebt. Bekieste Pappen wegen Durchlöcherungsgefahr wenig geeignet.

Ruberoid-, Permanit-, Duranit-, Sordonit-, Aboxit[1])-Pappen und dergleichen. Arbeitsvorgang wie vor;

Asphaltfilzplatten, 4 mm stark, Übergriffe mit Asphalt geklebt;

Siebelsche oder Aboxit-Bleiisolierplatten; zwei Isolierpappelagen mit zwischengeklebter 0,2 mm Bleifolien;

Bitumen-Gewebeplatten, 3—4 mm stark (Nessel-, imprägnierte Wolle- oder Jutegewebe mit Talkum bestreut), Bitumit usw.;

Klinkerziegelscharen in Portlandzementmörtel oder Asphalt;

Portlandzementmörtelschichten, 15—20 mm stark, im Mischungsverhältnis 1 : 3 bis 1 : 2, mit porendichtenden Zusätzen, wie Biber (1 kg auf 50 kg Mörtel), Ceresit (25 kg/m³), Fluresit und Murosan (8 bis 12 kg/m²), Aquasit (1—2 kg auf 50 kg Zement), Watproof, Sikurit, Nigrit u. a.

2. Vertikale Isolierung.

Sie erfolgt im allgemeinen mit den gleichen Stoffen, wie sie bei den horizontalen Isolierungen angewendet werden. Wichtig ist, daß ein sorgfältiger und dichter Anschluß der lotrechten an die waagrechte Sperrung

---

[1]) Aboxit: aus hochsiedenden Ölen unter Zusatz von anorganischen Stoffen und Asbest hergestelltes, kalt verarbeitbares Erzeugnis.

erfolgt. Wird die lotrechte Isolierung durch Isolierpappen oder Isolierplatten bewirkt, so werden die einzelnen Bahnen zunächst 10 cm breit auf die horizontale Isolierung aufgeklebt und nachdem die weitere Aufmauerung erfolgt ist, hochgezogen, abgeschnitten und etwa zwei Scharen über dem Erdreich in eine Lagerfuge eingelegt. Die benachbarten Bahnen übergreifen einander um 10 cm und werden an den Stoßstellen geklebt. Anstriche oder Asphaltaufzüge erfordern zur Schaffung eines entsprechenden Arbeitsraumes eine Ausschachtung, die nachher wieder zugeschüttet wird.

Eine sehr wirksame vertikale Isolierung kann durch vorgelagerte Luftschlitze, die mit der Außenluft in Verbindung stehen, geschaffen werden (Abb. 85); die Vormauer muß stark genug sein, den

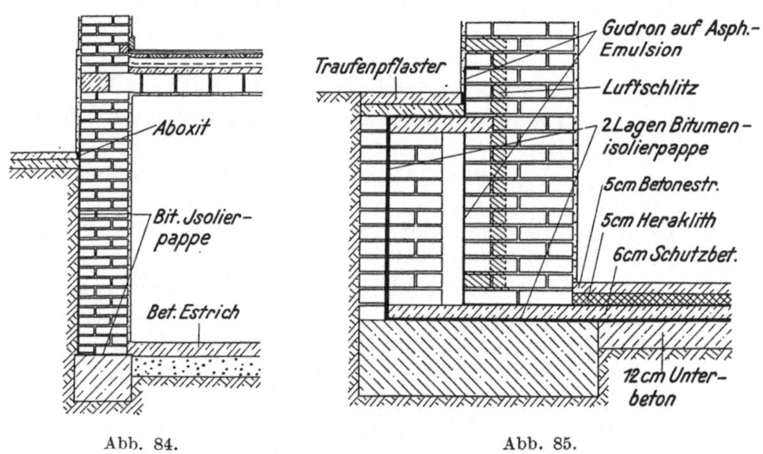

Abb. 84.   Abb. 85.

Erddruck aufzunehmen; die Schlitze werden 10 cm und breiter ausgeführt und oben abgedeckt; die Sohle liegt tiefer als der Kellerfußboden. In verschiedenen Höhen beginnende, etwa 1,5 m voneinander entfernte, in die Mauer verlegte Luftkanäle münden im Sockel aus und bewirken eine Zirkulation der Luft im Schlitze; liegt starke Bodenfeuchtigkeit vor, ist die Vormauer zu isolieren und für die Möglichkeit des Abrinnens allfällig in den Schlitz eingedrungenen Wassers Sorge zu tragen.

Die vorbesprochenen Isolierungen setzen normale Bodenfeuchtigkeit voraus; stehen die Kellermauern im Grundwasser, so ist ein erhöhter Schutz erforderlich. (Abb. 87.) Feststellung des höchsten Grundwasserspiegels. Die Grundwasserdichtung hat bis zirka 40 cm über den höchsten Grundwasserstand zu erfolgen. Während der Arbeiten muß das Grundwasser abgesenkt werden. Die Fußbodenunterkonstruktion ist in ihrer Stärke derart zu bemessen, daß sie vom Grundwasser nicht aufgehoben werden kann; damit Gleichgewicht herrscht, müssen die Gewichte der Platte und der Grundwassersäule gleich sein: $\gamma_p \cdot h_2 = \gamma_w \cdot h_1$, worin

γ_p und γ_w die Raumgewichte des Plattenmaterials, bzw. des Wassers und h_2 und h_1 die Stärke der Platte und die Höhe des Grundwassers, von Plattenunterkante gemessen, bedeuten (Abb. 87).

Die Abb. 84 bis 87 geben einige Beispiele für verschiedene Isolierungsfälle.

Zu Abb. 84: Unterkellerter Aufenthaltsraum; Erdgeschoßfußboden 80 cm über Erdreich; Kellerfußboden 2,20 m unter Erdreich; Kellermauer in Vollziegeln in Portlandzementmörtel; Kellerfußboden Betonestrich auf Unterbeton (zusammen 12 cm) mit porendichtendem Zusatz, darunter 15 cm Kies; horizontale und vertikale Isolierung aus geklebter Bitumenisolierpappe; innerer Kellerverputz in Zementmörtel; Sockelputz verlängerter Zementmörtel; Traufenpflaster mit Aboxitdichtung auf Unterbeton; Kellerdecke Rapidziegelbalkendecke.

Zu Abb. 85. Nicht unterkellerter Werkstättenraum; Fußboden 90 cm unter Erdreich; Luftschlitz durch

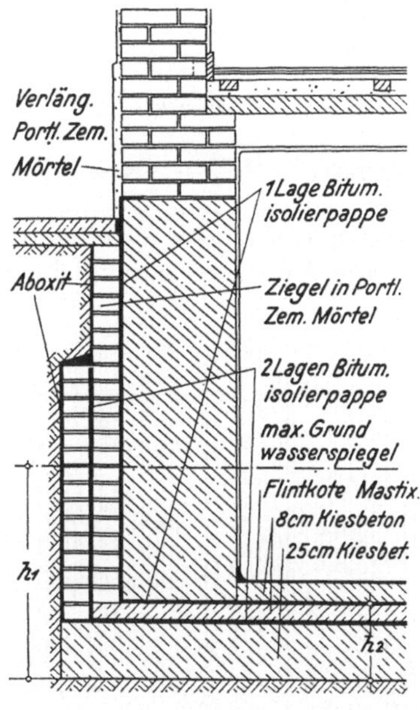

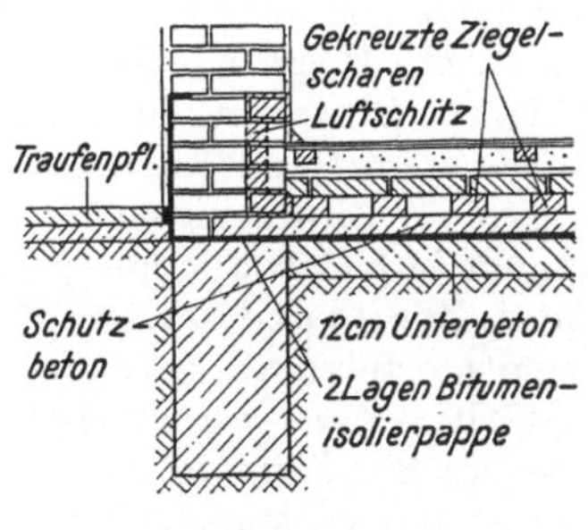

Abb. 86.Abb. 87.

Entlüftungskanäle mit Außenluft in Verbindung; Fundament: Kiesbeton; Kellerfußboden aus 5 cm Betonestrich, darunter 5 cm Heraklith, darunter 6 cm Schutzbeton mit porendichtendem Zusatz, darunter 1—2 Lagen mit Übergriffen geklebter Bitumenisolierpappe; zwischen dieser Isolierschicht und dem gewachsenen Boden 12 cm Kiesunterbeton mit porendichtendem Zusatz; Vormauer, aus 2 Schalen bestehend, mit zwischengelegter doppelter Lage geklebter Bitumenisolierpappe; oberer Abschluß des Luftschlitzes aus 7 cm Betonplatte, darüber 6 cm Überbeton und 6 cm im Gefälle verlegtes Traufenpflaster mit Aboxitdichtung; Sockelisolierung aus Gudronanstrich auf Asphaltwasseremulsion Grundanstrich oder Flintkote, Aboxit und ähnliches.

Zu Abb. 86: Nicht unterkellerter Wohnraum; Fußboden 20 cm über anliegendem Erdreich; Erdgeschoßfußboden: 2,5 cm Schiffboden, 7 cm

Beschüttung, 2 cm Zementmörtel, 2 Schichten trocken verlegter Ziegel, untere Schicht mit Luftzwischenräumen; darunter 6 cm Schutzbeton, 2 Lagen geklebter Bitumenisolierpappe oder Aufstriche von Flintkote,

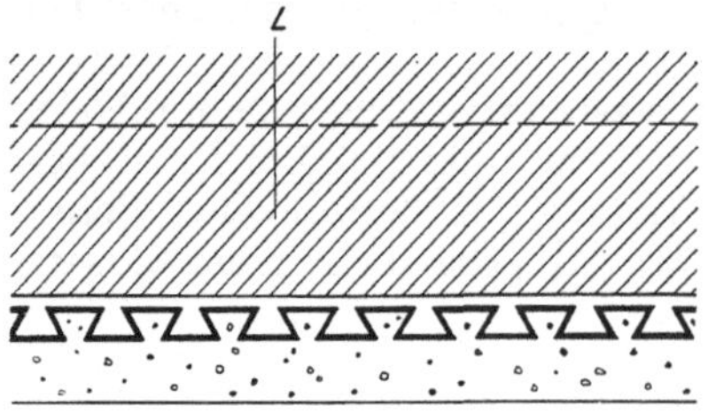

Abb. 88.
L = Luftschlitz.

Aboxit u. dgl., darunter 12—15 cm Kiesunterbeton; Sockelisolierung und Traufenpflaster wie bei voriger Abbildung beschrieben; die Luftschicht der Ziegellage des Fußbodens ist durch Kanäle mit der Innenluft in Verbindung.

Zu Abb. 87: Kellerfußboden im Grundwasser: Kellerfußboden: Flintkote-Mastix, und zwar Flintkote-Grundanstrich, imprägnierte Jute, zweiter Grundanstrich und 8 mm Flintkotemastix (1 Z + 2 S + 3 Splitt + 2 Flintkote); darunter 8 cm Kiesbeton, ferner 1 Lage geklebter Bitumenisolierpappe, darunter 8 cm Kiesbeton und 2 Lagen geklebter Bitumenisolierplatten, darunter 25 cm Kiesbetonplatten mit porendichtendem Zusatz; Anschluß zwischen Mastixfußboden und Wandaufzug mit Hohlkehlen; vertikale Isolierung dreifach, und zwar von außen beginnend: Aboxitanstrich, 12 cm Klinker, 2 Lagen geklebte Bitumenisolierpappen, 12 cm Ziegel in Portlandzementmörtel, 1 Lage geklebte Bitumenisolierpappe: Kellermauer in Kiesbeton mit porendichtendem Zusatz und innerem Portlandzementmörtelputz.

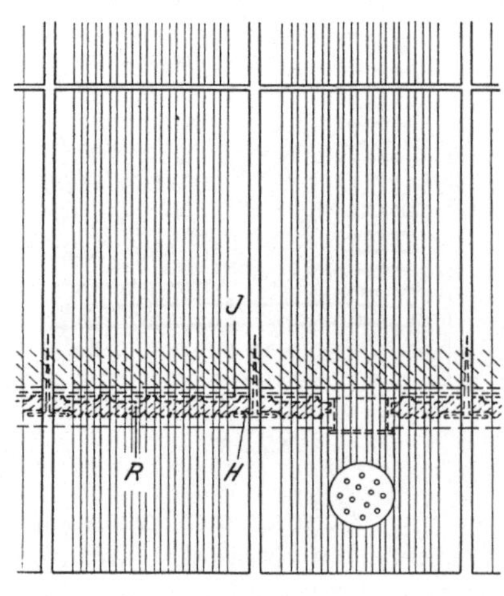

Abb. 89.
H = Doppelhaken, J = Isolierpappestreifen,
R = Horizontalschnitt durch die Rippenplatte (60 cm lang, 20 cm breit).

Maßnahmen gegen schädigende Einflüsse des Schlagregens: Dachvorsprünge und entsprechend unterschnittene Hauptgesimsbildungen sollen die Mauerflucht schützen; wetterseitiger Außenputz in verlängertem Zementmörtel, allfällig mit Weißzement verlängert, oder in hydraulischem Kalkmörtel; Mörtelzusätze, wie Aquasit, raffiniertem Watproof o. dgl., wetterfeste Fassadefarben, wie Kronsteinerfarben, Tempdurin- oder Betonitfassadefarben, Indurin u. ä.

Innere Dunstbildungen:

In Sonderfällen kann in industriellen und gewerblichen Anlagen, aber auch in hauswirtschaftlichen Betrieben (Waschküchen, Badezimmern, Küchen, insbesondere wo Gasheizung), dauernde innere Dunstbildung

Durchfeuchtungen hervorrufen. Wrasen- und Dunstabzüge, Luft-
erneuerung, verlängerter Zementmörtelputz, Fliesen- oder Plattenverkleidungen.

3. Nachträgliche Isolierungen an bestehenden Gebäuden.

Das nachträgliche Einschalten unterlassener horizontaler Isolierschichten ist nur nach kostspieligem Durchsägen der Mauern möglich.
Eine nachträgliche lotrechte Isolierung bei mangelnder waagrechter führt,
soferne die Feuchtigkeit aus dem Untergrunde aufsteigt, nur dazu, daß
die Feuchtigkeit höher steigt und oberhalb des Randes der Isolierschicht
neuerlich in Erscheinung tritt. Muß von hohen Kostenaufwendungen
abgesehen werden, erübrigt nur, die Feuchtigkeit im Mauerkörper zu
belassen und durch vorgebaute zirkulierende Luftschichten trockene
Putzflächen zu schaffen. Zur Bildung solcher Luftisolierungen geeignet:
Oka-Rippenplatten (Abb. 89), Falzbautafeln: Kosmos, Globus
und andere (Abb. 88).

Gute Erfolge wurden auch mit dem allerdings kostspieligen Trocken-
legungsverfahren „System strömende Luft" von Ing. Motzko erzielt.

B. Decken.

Die Decken unterteilen die Gebäude in den Geschoßhöhen; sie liegen
auf den tragenden Mauern oder den von Pfeilern gestützten Unterzügen
auf und haben die Verkehrslasten der Geschosse aufzunehmen. Sie haben
neben der Aufgabe der Unterteilung und der Lastaufnahme wesentlich
auch eine raumaussteifende, die Windkräfte übertragende Funktion, die
bei entsprechender Art der Lagerung zu rahmenartiger Wirkung gelangt.
Sie müssen tragfähig und, wenn Erleichterungen nicht zugebilligt sind,
feuerhemmend gestaltet sein und sind im obersten Geschosse so stark
zu halten, daß sie von herabfallendem Dachgehölze bei einem Brande
nicht durchschlagen werden.

Eigengewichte von Decken in kg/m² unter Benutzung von
ÖNORM B 2101.

Nr.	Art der Decke	Gewicht in kg/m²
1	Tramdecke mit 8 (7) cm Beschüttung. Blind- und Brettel-boden, Stukkaturschalung und Stukkaturung	230 (216)
2	Einschubtramboden (Tramtraversendecke) zwischen eiser-nen Trägern mit 8 (7) cm Beschüttung, Blind- und Brettelboden, Stukkaturschalung und Stukkaturung mit Trägern	250 (236)

Fortsetzung der Tabelle.

Nr.	Art. der Decke	Gewicht in kg/m²
3	15 cm starke Gewölbe aus Mauerziegeln zwischen eisernen Trägern mit 8 cm Beschüttung am Gewölbescheitel, Verputz, Blind- und Brettelboden, bei einer Verlagsweite der Träger bis 1,40 m, samt Träger	480
4	Desgleichen bei einer Verlagsweite der Träger von mehr als 1,4 m bis 3,00 m	550
5	Rapidziegeldecke, 15 cm hoch, 7 cm Beschüttung, Blind- und Brettelboden	300
6	Hourdisdecke, 7 cm Kohlenlösche, Blind- und Brettelboden, 5 m Lichtweite mit Träger	250
7	Försterdecke mit Stahleinlagen, 10 cm Koksasche mit 3 cm Dielenbelag	250
8	Sekuradecke aus 17 cm hohen Steinen mit Tonplattenpflaster in Zementmörtel	300

Eigengewichte (Rohdeckengewichte) von Decken in kg/m² unter Benutzung von DIN 1055.

Nr.	Art der Decke	Gewicht in kg/m²
1	Kappengewölbe bis 2 m Stützweite, 12 cm stark (ohne Träger)	275
2	Kappengewölbe bis 2 m Stützweite, 25 cm stark (ohne Träger)	540
3	Betondecke, 10 cm stark, einschließlich Stahleinlagen . . .	240
4	Kleinesche Decke, 12 cm stark, mit vollen Hartbrandziegeln, in Zement. Mörtel verlegt ohne Stahleinlagen .	220
5	Kleinesche Decke, 12 cm stark, mit vollen Hartbrandziegeln, in Zementmörtel mit Stahleinlagen	225

Füllstoffe — Raumgewichte

Pflaster und Fußboden — Eigengewichte.

Nr.	Art des Füllstoffes	Gewicht in t/m³		Nr.	Art des Bodens	Gewicht in t/m³
1	Sand, trocken . . .	im Mittel 1,6		1	Terrazzo, Tonfliesen	2,0
2	Mauerschutt	„ „ 1,4		2	Steinholz, Xylolith	1,8
3	Schmelzschlacke	„ „ 1,4		3	Linoleum	1,3
4	Rostschlacke	„ „ 1,0		4	Holzstöckel	1,1
5	Steinkohlenasche, Kohlenlösche	„ „ 0,7		5	Weichholzboden (Kiefer) .	0,6
				6	Hartholzboden (Eiche) . .	0,85

Isolierstoffe — Raumgewichte.

Nr.	Art des Stoffes	Gewicht in t/m³
1	Heraklithplatte im Mittel ...	0,40
2	K.-B.-Platte	0,60
3	Torfmull, Torfoleum	0,18
4	Korkplatten im Mittel	0,32
5	Insuliteplatte	0,26
6	Tekton	0,35

Putz — Eigengewichte.

Nr.	Putz	Gewicht in t/m³
1	Kalkmörtelputz ..	1,7
2	Zementmörtelputz.	2,1

Verkehrslasten.
kg/m².

Nr.	Raumbezeichnung	Önorm B 2101	DIN 1055
1	Wohn- und Nebenräume in Wohnhäusern .	200	200
	„ „ „ „ Kleinhäusern .	150	200
2	Dachbodenräume für hauswirtschaftliche Zwecke	125	200
3	Dachbodenräume zu anderen als hauswirtschaftlichen Zwecken	300	200
4	Flache Dächer zum zeitweiligen Betreten durch einzelne Menschen samt Winddruck und Schneelast	100	200
5	Flache Dächer zum Aufenthalt von Menschen samt Winddruck und Schneelast .	250	200
6	Kanzleien, Krankensäle, Schulzimmer, Hörsäle, Laden, Verkaufsräume bis 50 m² Bodenfläche	300	200 Krankensäle: 300
7	Wie Post 6, jedoch über 50 m² Bodenfläche	400	500
8	Treppen in Kleinhäusern	350	350
9	Treppen in sonstigen Gebäuden; Balkone, Versammlungssäle, Schau- und Lichtspielhäuser, Tanzsäle, Turnsäle, Gastwirtschaften mit mehr als 50 m² Grundfläche, und nicht befahrbare Höfe	400	500
10	Garagen (Raddruck < 500 kg/m²), Warenhäuser, Fabriken, Werkstätten	500	Je nach besonderem Fall
11	Befahrbare Höfe (Raddruck < 800 kg/m²).	800	dto.
12	Büchereien, Aktendepots	500	500
13	Leichte Scheidewände bis 7 cm Dicke samt beiderseitigem Verputz sind als gleich verteilte Zuschläge zur Verkehrslast, wenn nicht schon berücksichtigt, bei 1, 2, 3, 6, 7, 9, 10, 12 in Anrechnung zu bringen mit	75	$d < 6{,}5$ cm 75 kg/m², $d = 6{,}5—10$ cm 125 kg/m², $d > 10$ cm 150 kg/m²

Für Stöße, Erschütterungen oder Schwingungen sind die ruhigen Verkehrslasten je nach der Stärke dieser Einflüsse auf das 1,2- bis 1,5fache zu erhöhen (ÖNORM.) Nach DIN empfiehlt es sich, den Stoßzuschlag mit der Baupolizei vorher zu vereinbaren.

Lastverminderungen nach ÖNORM B 2101 und DIN 1055.

Die sich stets stärker auswirkenden **Luftschutzbestrebungen** beeinflussen die Deckenkonstruktionen in hohem Maße. Decken gegen auftreffende Fliegerbomben großen Kalibers widerstandsfähig zu gestalten, kann nur auf Sonderfälle beschränkt bleiben. Hingegen wird der größere Wahrscheinlichkeit zukommenden Gefährdung durch kleinkalibrige Brandbomben in Hinkunft erhöhte Berücksichtigung zugewendet werden müssen. Jedenfalls erscheint es mindestens geboten, insbesondere die Decken des obersten Geschosses als Massivdecken auszuführen.

Nach der Bauordnung für Wien bleibt die Wahl der Deckenkonstruktion im allgemeinen dem Bauherrn überlassen; jedoch ist die Verwendung von **Holzdecken unzulässig**:

Über Kellerräumen;

unter Badezimmern, Waschküchen, Aborten sowie unter und über Räumen, in denen besondere Feuchtigkeit entwickelt wird;

über Räumen, in denen größere Mengen von **selbstentzündlichen, leicht brennbaren oder schwer löschbaren Stoffen** erzeugt, verarbeitet oder gelagert werden, wenn sich darüber Aufenthaltsräume oder die einzigen Zugänge zu solchen befinden;

bei größeren, insbesondere **offenen Feuerstätten**, soweit eine Entzündung durch Wärmeleitung und Strahlung oder Funkenflug möglich ist und durch Schutzmaßnahmen nicht verhindert werden kann;

schließlich überall dort, wo **besondere Vorschriften Holzdecken** ausschließen.

Die Art der Deckenkonstruktion ist in den Plänen ersichtlich zu machen und gegebenenfalls der statische Nachweis ihrer Tragfähigkeit zu erbringen.

Die Wahl der Deckenkonstruktion hängt von der Größe und Art der aufzunehmenden Lasten, dem geforderten Feuersicherheitsgrade, dem geforderten Wärme- und Schallschutz und den örtlichen Verhältnissen (Beschaffungsgelegenheit der Baustoffe, Schulungsgrad der Arbeitskräfte usw.), den volkswirtschaftlichen Forderungen und der Wirtschaftlichkeit der Konstruktion ab.

Nach Art der Baustoffe und dem Feuersicherheitsgrad ist zwischen **Holz- und Massivdecken** zu unterscheiden. Erstere umfassen, wie der Name sagt, alle Arten der Holzdecken, letztere alle Arten der Gewölbe, Formstein-, Beton- und Eisenbetondecken. Eine Sonderstellung nehmen die wenig in Betracht kommenden reinen Eisendecken ein.

I. Holzdecken.

Sie sind billig und rasch und mit gering geschulten Arbeitskräften herzustellen und bieten in entsprechender Ausführung einen guten Wärme- und Schallschutz; sie sind jedoch **feuergefährlich** und gegen **Feuchtig-**

keit empfindlich. Die Feuergefährlichkeit kann durch Beschüttungen zwischen Fußboden und Tragkonstruktion, durch feuerbeständigen Belag des Fußbodens, wie dies die Bauordnung für Wien für den Dochboden vorschreibt, und durch verputzte Untersichten bedeutend gemindert, aber dem Baustoff gemäß nie vollkommen gebannt werden. Die Feuersgefahr bleibt nicht auf die Decken allein beschränkt; sie erstreckt sich weiter auf das ganze Innere der Gebäude, verringert die Eindämmungsmöglichkeit eines Brandes und beraubt im Brandfalle die Deckenkonstruktion ihrer aussteifenden Funktion. Hohe Versicherungsprämien sind eine Folge dieser Gefahrmomente.

In noch höherem Maße ist die Holzdecke durch Feuchtigkeit gefährdet; nach oben und unten abgeschlossen, fehlt dem eingebauten Holze die Möglichkeit, die ihm innewohnende und aus dem Mauerwerk, der Beschüttung u. dgl. aufgenommene oder sonst durch äußere Einflüsse zugekommene Feuchtigkeit wieder abzugeben; das Holz ist der Gefahr der Erkrankung, der Pilz- und Schwammbildung und Vermorschung ausgesetzt.

Es soll daher nur verläßlich trockenes Holz zum Einbau gelangen, für trockene, mit dem Mauerwerk nicht unmittelbar in Verbindung stehende Auflagerung und trockenes Beschüttungsmaterial Sorge getragen werden. Eine Umhüllung der Balkenköpfe mit Holz, Blech oder Pappe verringert nicht die Gefährdung, sondern vergrößert sie. Beste Gewähr bietet ein allseitiger Luftzwischenraum zwischen Mauerwerk und Balkenkopf von etwa 4 cm und die Auflagerung auf Hartholz oder harzreichen Unterlagsbrettern.

Arten der Holzdecken:

1. Holzbalkendecke, Sturzboden; in Österreich Tramdecke genannt;

2. Tram-Traversendecke, Träger-Tramdecke, Einschubtramboden zwischen eisernen Trägern;

3. Windelböden;

4. Dübelböden (Dippelböden).

1. Holzbalkendecke, Tramdecke.

Die Holzbalken (Träme), Kanthölzer überhöhten Querschnittes aus Tannen- oder Kiefernholz, liegen in Abständen von rund 85 cm (nach ÖNORM zulässig bis 1 m), sofern ein Mauerabsatz vorhanden ist, auf diesem, sonst in kastenartigen Aussparungen des Mauerwerkes. Als Unterlage dient bei einem Mauerabsatz eine 10 cm hohe und halbsteinbreite Föhren-Rastschließe (Mauerlatte), wenn diese gleichzeitig zur Längsverschließung der Mauer dienen soll, oder aus 3—5 cm hohen föhrenen Rastladen. Ist kein Mauerabsatz vorhanden, so dienen 5 cm starke, etwa 4 cm breiter als die Balken bemessene Föhrenbretter als Unterlage.

Nach den in Österreich üblichen, einen höheren Feuersicherheitsgrad gewährenden Anordnungen liegt auf den Balken eine rauhe, mindestens 2,4-cm-Sturz- (oder Schutt-) Schalung, die im obersten Geschosse in doppelter Stärke auszuführen ist. Zur Deckung der Fugen Deckleisten von mindestens 1,2 cm Stärke oder gestülpte bzw. versetzte Schalung. Auf derselben liegt nach österreichischen Bauvorschriften eine 7 cm starke Beschüttung aus trockenem, erdfreiem Sande, trokkener, schwefel- und säurefreier Schlacke, trockener Koks- oder Kohlenlösche oder allfällig auch aus geröstetem Bauschutt. Zur Lagerung von Holzfußböden werden in die Beschüttung in rund 80 cm Entfernung 5 × 8 cm Polsterhölzer (Lagerhölzer) eingebettet, auf welchen der weiche Holzboden unmittelbar, ein harter Brettelboden mittels einer rauhen Weichholzunterlage (2,4-cm-Blindboden) verlegt wird. Die Unterseiten der Balken sind nach der Bauordnung für Wien feuerhemmend zu gestalten, wenn die Decke Bestandteile verschiedener Wohnungen trennt. Diese feuerhemmende Untersicht wird durch eine mindestens 1,2 cm rauhe Schalung (Decken-, Stukkatur-, Putzschalung) mit aufgenageltem, 1,5 cm starkem Stukkaturrohrgewebe und 1,5 cm starkem Putz hergestellt. Allfällig kann auf die Schalung verzichtet werden und das Rohrgewebe nach besonderem Verfahren stark gespannt, unmittelbar auf die Tramunterkante genagelt (Böckelschalung) oder können andere Putzträger, wie Staußziegelgewebe, Spalierlatten, Bakulagewebe, Rabitznetze oder Ähnliches gewählt werden.

Verdrehungen der austrocknenden Deckenbalken können zu Rissen im Deckenputze führen, wenn der Putzträger mit der ganzen Unterseite des Balkens fest verbunden ist; die Befestigung auf Leisten, die in der Mitte der Balkenunterseiten und gleichlaufend mit den Balken angeordnet werden, verringern diese zwar nicht große Gefahr. Die Aufhängung schwerer Gegenstände an der Decke erfordert unter Umständen die Anordnung von Wechseln zwischen den Trämen.

Die Konstruktionshöhe kann durch versenkte Lagerung der Sturzschalung (Fehlbodeneinschub) verringert werden. Die Bauordnung für Wien schreibt vor, daß die Beschüttungshöhe in solchen Fällen über Tramoberkante wenigstens noch 3 cm betragen muß.

Soll die Deckenuntersicht von den Tragbalken unabhängig gemacht werden, so sind gleichlaufend mit den Trämen im Abstande von etwa 4 cm von denselben kleine, stark überhöhte, nur den Deckenputz tragende, sogenannte Fehlträme anzuordnen.

Die im Deutschen Reich übliche Ausführung sieht meist das unmittelbare Auflegen des Holzfußbodens, der Dielen, auf den Balken vor und ordnet die bis zur Fußbodenunterkante reichende Beschüttung auf einer eingeschobenen Stakung oder einem Einschubfehlboden an (s. Abb. 91a).

In Österreich geht man Füllstoffen und Belägen, die Feuchtigkeit in die Decke bringen können, mit Recht aus dem Wege. Deshalb werden auch die als Dachbodenfußboden häufig verwendeten Pflasterziegel womöglich trocken verlegt. Soll ein Lehm- oder Zementestrich aufgebracht werden, empfiehlt es sich unbedingt, eine Isolierpappe zwischen Schalung und Beschüttung zu legen.

Die Verlegung der Träme erfolgt derart, daß die unmittelbar neben einer Mauer (Feuer- oder Scheidemauer) liegenden Balken etwa 4 cm

Abstand von diesen Mauern einhalten (**Streichbalken**)[1]) und die übrigen Träme regelmäßig mit rund 85 cm Abstand von Mittel zu Mittel ausgeteilt werden. Scheidemauern von 12 cm aufwärts sind beiderseits von Trämen begleitet. 12 cm starke Scheidemauern dürfen durch die Balken nicht belastet werden. Leichtwände stehen meist am Blindboden auf und reichen bis zur Stukkaturschalung. Würden die Tramauflager

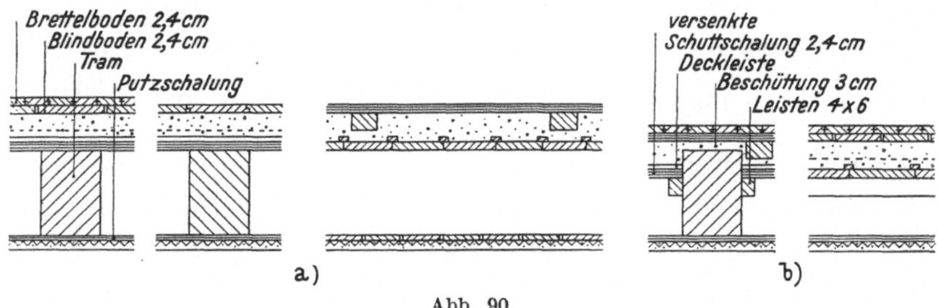

Abb. 90.

mit den Rauchschloten in Kollision geraten, sind die betreffenden Träme auf Wechsel aufzulegen. Bauordnungsmäßig muß der Abstand der Holzkonstruktionsglieder von der Schlotinnenwand wenigstens eine halbe Ziegelbreite $+ 1{,}5$ cm weiteren Schutzzwischenraum betragen.

Die Abb. 90 und 91 zeigen die in Österreich und im Deutschen Reiche meistausgeführten Anordnungen der Holzbalkendecken. Abb. 90a stellt die Regelausbildung der Tramdecke in Österreich, Abb. 90b die ebenfalls in Österreich viel verwendete Tramdecke mit versenkter Sturzschalung dar.

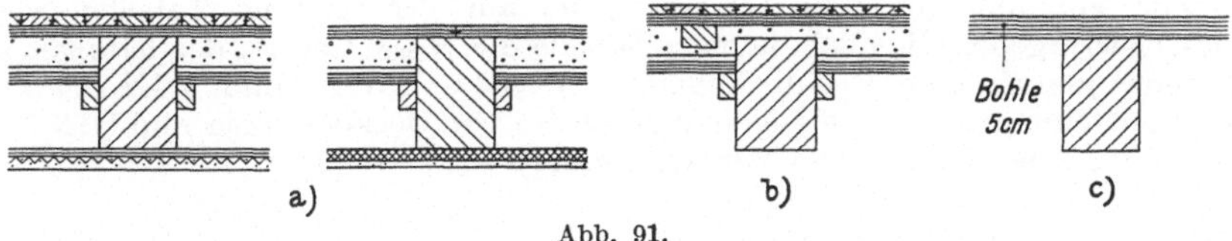

Abb. 91.

Wird auf erhöhte Feuersicherheit und höheren Wärme- und Schallschutz kein oder nur geringer Wert gelegt, sind auch die Ausführungen nach Abb. 91a bis 91c möglich.

Die gezeigten Ausführungsarten lassen mannigfache Varianten durch Einlegen schall- und wärmeisolierender Schichten, durch Verkleidungen der sichtbaren Tramteile, Kassettierungen usw. zu, auf die hier nicht näher eingegangen werden soll.

Bei großen Trakttiefen, größer als 6,5 m, und großen Belastungen empfiehlt es sich, die Trakttiefe mit Unterzügen aus einfachen starken Balken, verzahnten oder verdübelten Balken, ohne oder mit Stützenanordnungen oder aus eisernen Trägern zu überspannen und die Träme unter Ausnutzung der geringeren Spannweite zu verlegen.

---

[1]) Da die Streichbalken vermindert belastet sind, werden sie bei gleicher Höhe der übrigen Träme mit zwei Drittel deren Breite ausgeführt.

Berechnung einer Tramdecke.

Gegeben: Trakttiefe (Raumtiefe) $l = 5{,}20$ m, Verlagsweite der Träme $e = 0{,}85$ m; Eigengewicht der Decke $g = 230$ kg/m²; Nutzlast $p = 200$ kg/m². Gesucht: Balkenquerschnitt.

In Rechnung zu stellende Balkenlänge $1{,}05\,l = 5{,}46$ m; auf einen Balken entfallendes Deckenfeld: $5{,}46 \times 0{,}85 = 4{,}64$ m²; Gesamtlast Q auf einem Deckenbalken: $4{,}64 \times (230 + 200) = 1995$ kg.

$M_{\max}$ (Balken auf zwei Stützen, gleichförmig verteilt belastet) $= \dfrac{Q \cdot l}{8} =$

$= \dfrac{1995 \times 546}{8} = 136\,160$ kgcm; $\quad W = \dfrac{M}{\sigma}$; $\sigma = 90$ kg/cm²; $W = \dfrac{136\,160}{90} =$

$= 1513$ cm³; W eines Rechteckbalkens $= \dfrac{b \cdot h^2}{6}$; $\dfrac{b \cdot h^2}{6} = 1513$; bei gleichbleibendem Stammdurchmesser ergibt sich für das Verhältnis $5 : 7$ das größte Widerstandsmoment; b zu $^5/_7\,h$ angenommen: $\dfrac{5\,h^3}{42} = 1513$; $h \doteq 24$; $b = {}^5/_7\,h = 17$; gewählt 18/24.

Die Querschnittsfläche dieses Balkens $F = 432$ cm²; $W = 1728$ cm³. Sparsamer ist der Balken 14/26 mit $F = 364$ cm² bei vorhandenem $W = 1577$ cm³.

Überprüfung in bezug auf Durchbiegung ϑ. Höchstzulässige Durchbiegung $= \dfrac{1}{300}$ der Stützweite; $\vartheta = \dfrac{5 \cdot Q \cdot l^3}{384 \cdot E\,I}$, worin $E = $ Dehnmaß $=$

$= 110\,000$ kg/cm²; $I = $ Trägheitsmoment $= \dfrac{b \cdot h^3}{12} = 20\,505$ cm⁴; $\vartheta =$

$= \dfrac{5 \times 1995 \times 546^3}{384 \times 110\,000 \times 20\,505} \doteq 1{,}85$ cm $\doteq \dfrac{546}{300}$ und daher noch zulässig.

Zur Vereinfachung der Rechnung sei auf verschiedene Tabellen verwiesen; so ergeben die nachfolgende Tabelle die $W_{\max}$ und I_x der häufigst in Betracht kommenden Rechteckbalken, ÖNORM B 5210 und DIN 104 Zusammenstellungen der zulässigen Spannweite von Deckenbalken und DIN 104 außerdem eine Kurventafel zur Querschnittsermittlung.

Widerstands- und Trägheitsmomente der Rechteckbalken.

F cm		Widerstandsmoment $W_{\max}$	Trägheitsmoment I_x	F cm		Widerstandsmoment $W_{\max}$	Trägheitsmoment I_x
b	h	cm³	cm⁴	b	h	cm³	cm⁴
	14	326,7	2 287		20	1067	10 667
10	16	426,7	3 413	16	24	1536	18 432
	18	540	4 860		28	2091	29 269
	16	512	4 086		22	1452	15 972
12	20	800	8 000	18	24	1728	20 736
	24	1152	13 824		26	2028	26 364
	18	756	6 804		24	1920	23 040
14	22	1129	12 422	20	26	2253	29 293
	26	1577	20 505		28	2613	36 587

2. Tram-Traversendecke.

Zur Minderung der Feuchtigkeitsgefährdung der Holzbalken werden dieselben anstatt auf das Mauerwerk mit der Unterkante bündig auf eiserne Träger verlegt, die in rund 3 m Entfernung, am besten in Fensterpfeilerabständen, auf den tragenden Mauern aufruhen. Die geringere Länge der Träme ergibt kleinere Querschnitte; anderseits fordert die Bauordnung für Wien, daß die Beschüttung den Trägeroberflansch um wenigstens 3 cm überrage; daher nicht selten große Beschüttungshöhe. Zur Verringerung derselben empfiehlt es sich, die Träme stark überhöht (etwa 1 : 2) zu wählen. Die Ausführung (Abb. 92) gleicht sonst der gewöhnlichen Holzbalkendecke.

Einer der Hauptvorteile der Tram-Traversendecke ist darin gelegen,

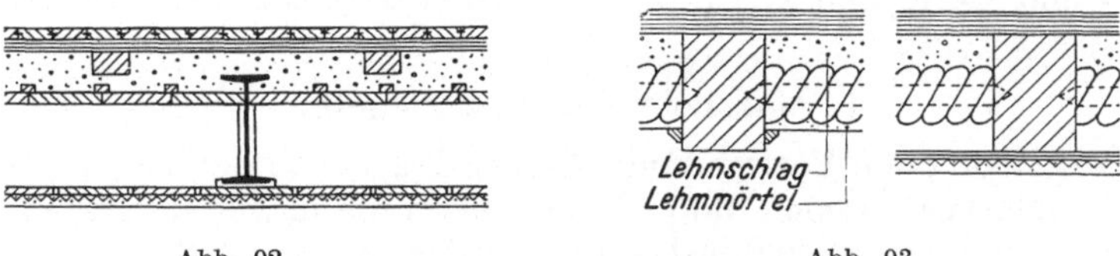

Abb. 92.   Abb. 93.

daß sie jede Berührung der Holzbalken mit dem Mauerwerk vermeidet und damit die Gefahr der Erkrankung und Schwammbildung bedeutend herabsetzt.

3. Windelböden.

Im Deutschen Reich viel verwendet. Sie bestehen aus Holzbalken mit zwischengelegten oder aufgelegten Schlettstangen oder Staken von 3—7 cm Stärke, die mit zirka 4 cm dicken Strohlehmstricken (Windel) umwickelt sind. Darüber Lehmschlag, Aufschüttung und Fußboden. Je nach der Lage der Windel über den Balken, in halber Balkenhöhe oder bündig mit Unterkante Balken unterscheidet man gestreckte, halbe (Abb. 93) und ganze Windelböden.

4. Dübelböden.

Die dreiseitig bearbeiteten, an der Oberseite baumwälzigen Balken liegen von Mittelmauer zur Hauptmauer Mann an Mann und sind durch Dübel miteinander verbunden. Auf der Unterseite Putzträger und Putz, über den Balken Beschüttung und Fußboden.

Wegen des großen Holzverbrauches und der Feuersgefahr einerseits und der insbesondre bei unausgetrocknetem Holz sehr hohen Erstickungsgefahr und der erforderlichen Mauerverstärkungen in jedem Geschosse anderseits ist diese Deckenart heute völlig außer Gebrauch gekommen.

II. Massivdecken.

Nach den verwendeten Baustoffen lassen sich die Massivdecken einteilen in solche aus:

1. Ziegeln, und zwar:

a) Gewölbe ohne Verwendung von eisernen Trägern;

b) Gewölbekappen und Platten ohne Bewehrung zwischen eisernen Trägern;

c) Platten mit oder ohne eisernen Trägern mit Bewehrung (Steineisendecken).

2. Beton und Eisenbeton, und zwar:

a) Unbewehrte Betondecken,
b) bewehrte Betondecken.

Nach dem Baubetriebe kann zwischen Schalungsdecken und Montagedecken, vom Konstruktionsgedanken ausgehend, zwischen Platten-, Balken- und Gerippedecken (Jobst Siedler) unterschieden werden.

1. Massivdecken aus Ziegeln.

a) Gewölbe ohne Verwendung eiserner Träger: In der Vergangenheit bis in die letztverflossenen Jahrzehnte stellten die in Ziegeln gemauerten Gewölbe sozusagen ausnahmslos die einzige in Anwendung stehende Massivdeckenart dar, wenn man von den Steingewölben der Monumentalbauten, den klassischen Steinbalkendecken und manchen zum Teil in betonartiger Bauweise hergestellten Großraumdecken des Altertums absieht.

Mit der Erzeugung und der rasch zunehmenden Verbreitung der Walzträger und dem Auftreten der Beton- und Eisenbetonkonstruktionen tritt die Anwendung der Gewölbe im Hochbau stark in den Hintergrund

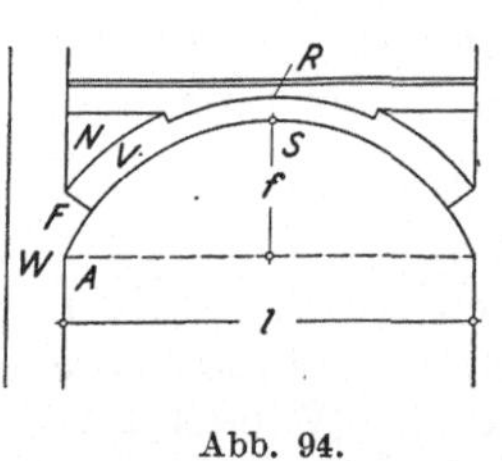

Abb. 94.

und bleibt mit geringen Ausnahmen auf die Fälle beschränkt, in denen architektonische Forderungen die Ausführung bedingen.

Allgemeine Bezeichnungen laut Abb. 94.

l = Stützweite.
W = Widerlager.
F = Gewölbefuß, Füßel.
f = Pfeil, Stich.
S = Scheitel.
R = Gewölberücken.
V = Verstärkung.
N = Nachmauerung.
A = Anlauf.
Leibung = die dem Innern zugekehrte Begrenzungsfläche des Gewölbes.

Der geometrischen Form der Leibung nach unterscheidet man zylindrische, konische und sphärische Gewölbe und als Haupttypen volle, segmentförmige und flache[1]) Tonnen, Kreuz-, Kloster- und Muldengewölbe, Kuppeln und böhmische[2]), bzw. preußische[3]) Platzel.

Segmentförmige Tonnen (Abb. 95) erhalten in der Regel einen Pfeil von $^1/_4$ bis $^1/_6$ der Spannweite; bei Wohnraumbelastungen reicht bis zu 6 m Spannweite eine Scheitelstärke von 25 cm mit Verstärkungen gegen das Widerlager auf 38 cm aus. Ausführung in Längsscharen (Kuf). Die Verstärkung erfolgt im Schnittpunkte der Scheiteltangente; s. Abb. 95. Die Gewölbezwickel sind nachzumauern oder mit Beton aufzufüllen.

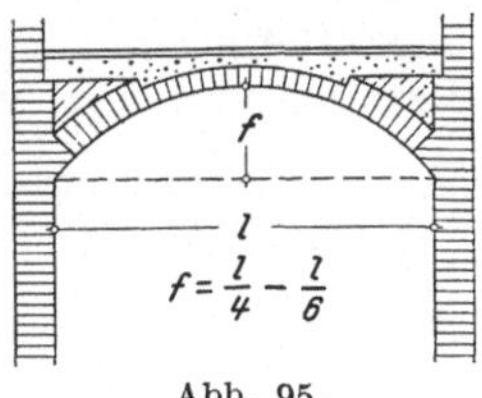

Abb. 95.

b) Gewölbe und Platten aus Ziegeln zwischen eisernen Trägern: Ein auch im Hochbau der Gegenwart noch oft ausgeführtes Gewölbe sind die flachen Tonnen (preußisches Kappengewölbe) zwischen eisernen Trägern, in Wien auch „Platzel" genannt. Abb. 96.

Sie werden mit einem Pfeil $f = \dfrac{l}{8\text{—}12}$, in der Regel $= \dfrac{l}{10}$ in halber oder bei größeren Lasten auch mit ganzer Steinstärke mit Normal-, Volloder Hohlziegeln zwischen ⊥-Trägern gewölbt.

Die Spannweite ist von der Belastung, der Scheitelstärke, der Pfeilhöhe und der zulässigen Druckspannung des Materials abhängig und wird in der Regel < 3 m gewählt.

Die Ausführung des Gewölbes erfolgt meist in Schrägscharen (auf den Schwalbenschwanz) oder in Ringscharen (Querscharen) oder

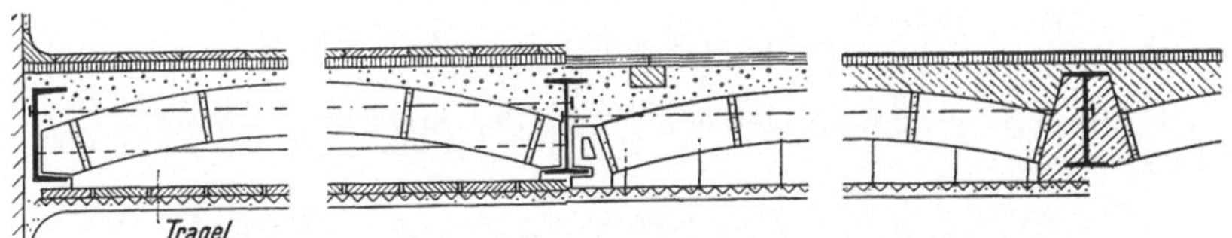

Abb. 96. Ziegelkappendecke zwischen eisernen Trägern. 1. Feld: Brettel- und Blindboden auf Beschüttung; ebene Untersicht: Holztragel mit Schalung, Stukkaturung und Putz. 2. Feld: Schiffboden auf Beschüttung bzw. Estrich auf Beton. Flanschenziegel bzw. Betonstelze; ebene Untersicht: aufgehängte Putzträger und Putz. 3. Feld: Estrich auf Beton. Betonstelze; Untersicht uneben.

auch in Längsscharen (auf den Kuf) mit verlängertem Zementmörtel und bei großen Trägerentfernungen und großen Belastungen mit reinem Zementmörtel.

Die Einwölbung mit Längsscharen erfordert eine vollkommene Einrüstung und Schalung, während die Wölbungen mit Schrägscharen und Ringscharen nur Leerbogen (Rutschbogen, Romenadbogen) erfordern, die, dem Arbeitsfortschritte folgend, verschoben werden. Im Deutschen Reiche sind statt der Rutschbogen Wölbkasten gebräuchlich.

---

[1]) Im Deutschen Reiche preußische Kappengewölbe genannt.

[2]) Im Deutschen Reiche Hänge- oder Stützkuppel, auch böhmisches Gewölbe.

[3]) Im Deutschen Reiche böhmisches Kappengewölbe.

Die von den Kappen ausgeübten Horizontalschübe gleichen sich bei gleichmäßig verteilter Belastung mit den Horizontalschüben der Nachbarfelder aus. In den Endfeldern werden sie durch Schließen aufgenommen (2 oder 3 letzte Felder). Zur Erhöhung der Feuersicherheit empfiehlt es sich, die Trägerunterflanschen durch Verkleidungen mit Flanschenziegel oder Beton und Mörtelschichten vor dem unmittelbaren Zutritte der Brandeinwirkung zu schützen und den freien Stegteil in Beton einzuhüllen (siehe z. B. Abb. 96 Mitte).

Gewünschte ebene Untersichten können durch horizontale Putzschichten auf Putzträgern (Schalung und Stukkaturung, Staußziegelgewebe, Rabitznetz usw.) geschaffen werden. Abb. 96.

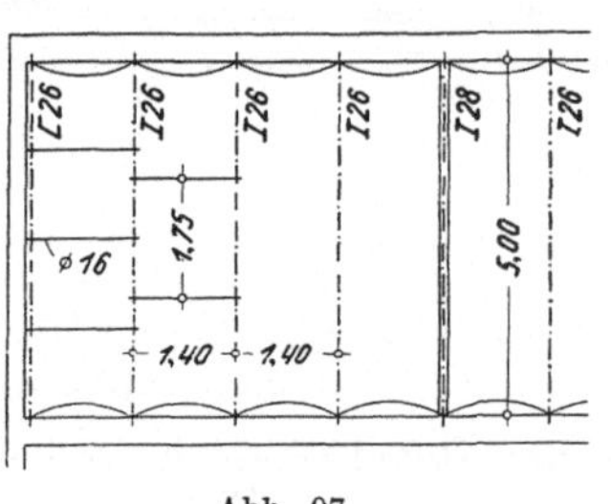

Abb. 97.

Berechnung der Träger einer Ziegelkappendecke. Abb. 97.

Gegeben: Verlagsweite 1,40 m, Eigengewicht der Decke einschließlich Fußboden 480 kg/m², Nutzlast 300 kg/m², Trakttiefe 5,00 m.

Gesucht: Trägerprofil. In Rechnung zu stellende Stützweite $1,05 \times 5 = 5,25$ m; auf einen Träger entfällt ein Deckenfeld: $5,25 \times 1,4 = 7,35$ m²; Gesamtlast eines Trägers: $7,35 \times (480 + 300) \doteq 5750$ kg.

$$M = \frac{Q \cdot l}{8} = \frac{5750 \times 525}{8} \doteq 377340 \text{ kgcm};$$

$$W = \frac{M}{\sigma} = \frac{377340}{1200} = 314 \text{ cm}^3 \quad \text{entspricht} \quad I\,24 \text{ mit } W = 354 \text{ cm}^3.$$

Die Durchbiegung muß kleiner als $\frac{1}{500}$ der Stützweite, somit $< \frac{525}{500} < 1,05$ cm sein;

$$\vartheta = \frac{5 \cdot Q \cdot l^3}{384 \cdot E\,I}; \quad E = 2100000 \text{ kg/cm}^2, \quad I = 4250 \text{ cm}^4.$$

$$\vartheta = \frac{5 \times 5750 \times 525^3}{384 \times 2100000 \times 4250} = 1,2 \text{ cm}, \quad \text{daher zu} >; \text{ es müßte } I\,26 \text{ gewählt}$$

werden.

Berechnung der Schließen: Horizontalschub $H = \frac{Q \cdot l}{8\,f}$; $f = \frac{l}{10} = \frac{140}{10} = 14$ cm; angenommen: Schließenentfernung 1,75 m; auf eine Schließe entfällt ein Feld von $1,75 \times 1,40 = 2,45$ m²; $Q = 2,45 \times (480 + 300) = 1910$ kg;

$$H = \frac{1910 \times 140}{8 \times 14} \doteq 2390 \text{ kg}; \quad \text{der erforderliche Querschnitt der Schließe}$$

$$F = \frac{H}{\sigma} = \frac{2390}{1200} \doteq 2 \text{ cm}^2; \quad \text{gewählt } \varnothing \, 16 \text{ mm mit } F = 2,01 \text{ cm}^2.$$

Statt zwischen eisernen Trägern können solche flache Kappen auch zwischen gemauerte Gurten gespannt werden.

Zur Erzielung geringer, durch Putzschichten auszugleichender Pfeilhöhen bei gleichzeitiger Herabsetzung des Horizontalschubes bedient man sich der fast **scheitrechten Kappen** (Stich 2—4 cm) aus Normalziegeln oder Formsteinen zwischen I-Trägern und der **ebenen Platten** zwischen ⊥-Trägern. Die Tragfähigkeit ist bei diesen Decken in hohem Grade von der Bindekraft des Mörtels abhängig, und empfiehlt es sich, zur Erzielung einer größeren mechanischen Verbundwirkung profilierte Steine statt der glatten Normalsteine zu verwenden. Derlei Decken erfordern durchwegs eine volle Einschalung und die Mauerung mit Zementmörtel sowie die Anordnung von Schließen. Spannweite je nach Decken-

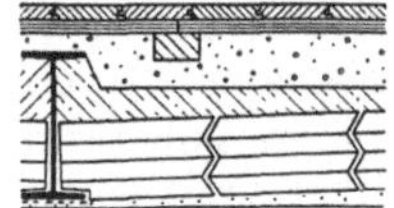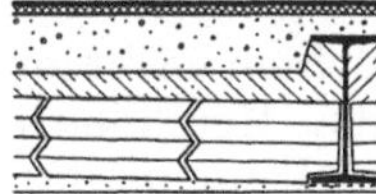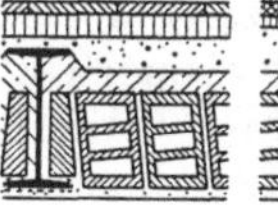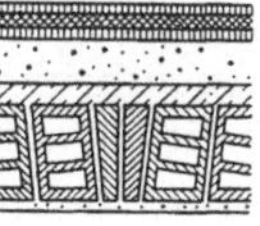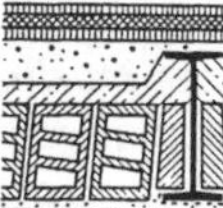

Abb. 98. Zackenziegeldecke, System L u d w i g.   Abb. 99. S e k u r a decke.

art und Last bis rund 1,5 m. Nach DIN 1046 ist bei 12 cm hohen Steinen und Anordnung nach K l e i n e scher oder ähnlicher Art 1,40 m als Höchstspannweite für Wohngebäude zugelassen.

Zu solchen fast scheitrechten oder scheitrechten Kappen zählen:

Die Z a c k e n z i e g e l d e c k e, S y s t e m L u d w i g (Abb. 98), aus Formsteinen 14 × 26 × 8 cm (Abb. 2g). Der Stich beträgt 2—4 cm; über die Steine wird zur Verbesserung der gleichmäßigen Druckübertragung auf alle Steine eine im Scheitel 5 cm starke Aufbetonschicht verlegt. Schließen

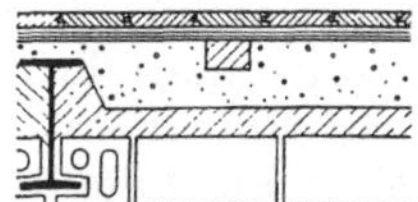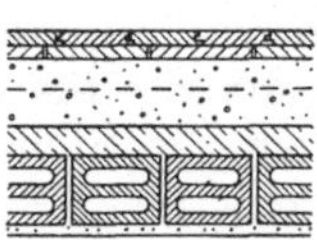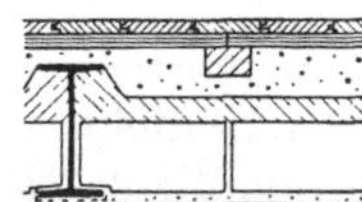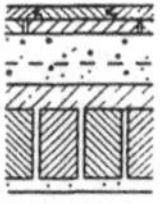

Abb. 100. K l e i n e sche Decke; links aus Hohlsteinen mit flanschenumhüllenden Anfängern, rechts aus Vollsteinen.

in allen Feldern. Zulässige Spannweite bei 14 cm Höhe und $q = 500$ kg/m² $l = 1,80$ m.

Die S e k u r a d e c k e (Abb. 99) mit schiefwinkeligen Ziegelhohlsteinen (Abb. 2h) mit in der Drucklinie liegenden Stegen, 17 oder 22 cm hoch, 25 cm lang und 12,5 cm breit. Aufbeton wie vor. Verputzte Untersicht waagrecht. Schließen in den Endfeldern. Höchstspannweite laut Verordnung des Berliner Polizeipräsidiums 3,19 m bei 22 cm hohen Steinen und $q = 520$ kg/m².

Die K l e i n e sche D e c k e (Abb. 100) aus Normalziegeln oder Formvoll- oder Lochsteinen, meist 15 × 25 × 10 oder 12 cm, hoch- oder flachkantig verlegt. Untersicht waagrecht. Höchstspannweite für Wohngebäude bei 12 cm hohen Steinen nach DIN 1046 1,40 m. Stich 3—5 cm.

Abb .101. Försterstein.

Die F ö r s t e r d e c k e aus gebrannten Formhohlsteinen, 13 oder 10 × × 25 × 14 cm (Abb. 101). Untersicht waagrecht. Zulässige Spannweite bei 13 cm hohen Steinen und $q = 500$ kg/m² 1,80 m.

Die Hourdisdecke aus gebrannten Tonhohlsteinen (Abb. 102 und 2d), 8 cm hohen, 40—120 cm langen und 20 cm breiten Normalhourdis (rippenlos) oder aus Rippenhourdis gleicher Abmessungen.

Die Hourdis liegen senkrecht zu den Trägern. Maximale Verlagsweite der Träger 1,20 m. Liegen die Normalhourdis auf den Unterflanschen auf, so treten bei Ummantelung der Flanschen die Träger vor; nicht ummantelte Flanschen sind durch Anstriche gegen Rostbildung zu schützen. Bei Anwendung von Flanschenziegeln oder in die Steinfugen verhängter Putzträger ist die Ausführung ebener Untersichten leicht zu bewirken. Rippenhourdis ermöglichen ohne weiteres die Herstellung einer vollständig ebenen Untersicht mit feuerhemmender Ummantelung der Trägerunterflanschen durch Einziehen verzinkter Drähte in die Rippenlöcher oder durch Einlegen verzinkter Drahtnetzstreifen in die schwalbenschwanzförmigen Nuten der Steine.

Da die Träger zur Vermeidung unzulässiger Durchbiegungen meist höher gewählt werden müssen, als es die aufzunehmende Last erfordern würde, ergeben sich leicht große Beschüttungs- oder Aufbetonhöhen. Zur Verringerung können Stelzen an den Trägerstegen (Stelzkörper-Hourdisdecken) verwendet werden.

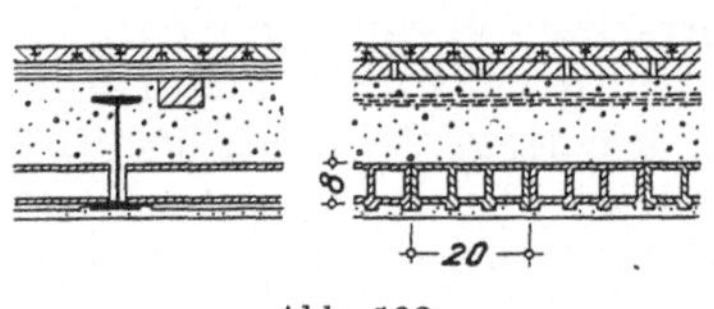

Abb. 102.

Die Verlegung erfolgt entweder trocken und die Fugen werden nachträglich mit verlängertem Zementmörtel ausgegossen, oder die Bemörtelung der Schmalseiten erfolgt unmittelbar beim Versetzen. In den Endfeldern können die Steine auf Mauerabsätze verlegt werden; es empfiehlt sich jedoch mit Rücksicht auf allfällige ungleichmäßige Setzungen, stets auch am Ende des Deckenfeldes einen Träger anzuordnen.

Widerstandsmoment der Hourdis (20 cm breit, 8 cm hoch) $= 141$ m³; zulässige Biegungsbeanspruchung $= 15$ kg/cm². Größte zulässige Belastung der Ziegel bei $l = 100$, 110 und 120 cm 890, 730 und 610 kg/m².

c) Platten zwischen eisernen Trägern mit Bewehrung. Steineisendecken. Für die Ausführung u. a. maßgebend: In Österreich: Die Stadtbauamtsverordnungen der Gemeinde Wien bzw. die Verordnungen der Bundesländer; im Deutschen Reiche: Die Richtlinien der Berliner Baupolizei, DIN 1046 u. a.

Steineisendecken sind mit Stahleinlagen bewehrte Steindecken ohne oder mit einer bis zu 5 cm in Rechnung gestellten Betondruckschicht, bei denen die Steine zum Unterschiede nur als Füllkörper verwendeter Steine mancher Eisenbetonrippendecken zur Aufnahme der Druckspannungen herangezogen werden. Die Stahleinlagen aus Flach- oder Rundeisen (je nach Fugengestaltung) nehmen die Zugspannungen auf, entheben dadurch die Steine von einer ihnen nicht eigenen Beanspruchungsart und ermöglichen gleichzeitig eine günstigere Auswertung ihrer Druckbeanspruchung. Auf richtige Lage der Bewehrung und entsprechende Beton- bzw. Zementmörtelumhüllung derselben ist strenge zu achten;

die Armierung ist von Auflager zu Auflager zu verlegen und kann bei Steinen, deren Verlegungsart es gestattet und eine allseitige Auflagerung der Platte gegeben ist, auch kreuzweise durchgeführt werden. Als Mörtel ist Portlandzementmörtel 1 : 4, als Druckbeton Kiesbeton im Mischungsverhältnis 1 : 4 zu verwenden.

Die Eiseneinlagen erhalten den Belastungen und Spannweiten entsprechend in der Regel Abmessungen von 1—4 mm $\times$ 10—20 mm, ausnahmsweise bis 35 mm als Bandeisen oder 5—14 mm $\varnothing$ als Rundeisen.

Die Spannweiten sind nach Last, Druckbetonschicht, Stahleinlagen und Steinmaterial sehr verschieden und reichen im Mittel bis etwa 4 m, unter Umständen aber auch bis 6,5 m.

Eine der häufigst angewendeten Steineisendecken ist die Kleinesche Decke aus Ziegelhohlsteinen von 25 cm Länge, 6,5, 10 oder 12 cm Höhe

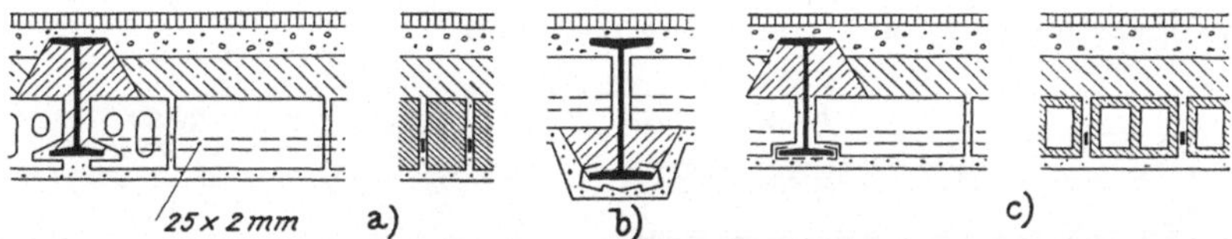

Abb. 103. Kleinesche Decke; a) mit Vollsteinen und Flanschziegel, b) mit Betonstelze, c) mit Lochsteinen und ausgeklinkten Anfängern.

und 12 oder 15 cm Breite oder aus Vollsteinen des Normalformates. Abb. 103. Fugenbreite 2 cm. Sie erfordert eine volle Einschalung und ergibt in der verputzten Untersicht infolge Verschiedenheit des Materials (Stein und Fugen) unwillkommene Streifenbildungen.

Die Berechnung der Steineisendecken erfolgt wie bei Eisenbetontragwerken.

Beispiele der sich ergebenden Werte größter Stützweite für eine Kleinesche Decke aus Ziegelhohlsteinen sind in der folgenden Tabelle zusammengesetzt:[1])

Steinhöhe in cm	Überbeton	Gesamtlast	Eiseneinlage in jeder Fuge	Größte Stützweite in m
10	— 3 cm 4 cm	500 kg	25 × 2 mm	2,25 2,70 2,82
15	— 3 cm 4 cm 4,5 cm	500 kg	25 × 2 mm	3,48 3,87 3,99 4,05

---

[1]) „Stahl im Hochbau", Taschenbuch für Entwurf, Berechnung und Ausführung von Stahlbauten; Verein Deutscher Eisenhüttenleute, Düsseldorf. J. Springer.

Rapidziegeldecke (Abb. 104); Österreichisch-ungarische Baugesellschaft, Wien; Mohringdecke, Berlin. Sie wird aus Mann an Mann verlegten Hohlsteinbalken ohne Schalung hergestellt. Die Deckenbalken werden durch bemörteltes Aneinanderlegen der gut genäßten Rapidziegel (Abb. 2f) auf einer Arbeitsbühne mit Wendegeräten hergestellt, indem nach Einlegen der Bewehrungseisen die Nuten ausbetoniert werden. Die Zugeisen der Balken sind an den Enden entsprechend hakenförmig zu biegen. Die Balken dürfen bei Verwendung von frühhochfestem Portlandzement frühestens nach 10 Tagen, bei Verwendung von gewöhnlichem Portlandzement nicht vor 4 Wochen abbefördert oder verlegt werden. Die Bewehrung besteht aus einem oberen, stets 5 mm starken, 15—20 cm vorstehenden Druckeisen und dem 7—20 mm starken unteren Zugeisen. Beim ersten und letzten Stein eines Balkens ist der untere mittlere Quersteg auf die Länge des Endhakens abzuhauen, um denselben satt einbetonieren zu können.

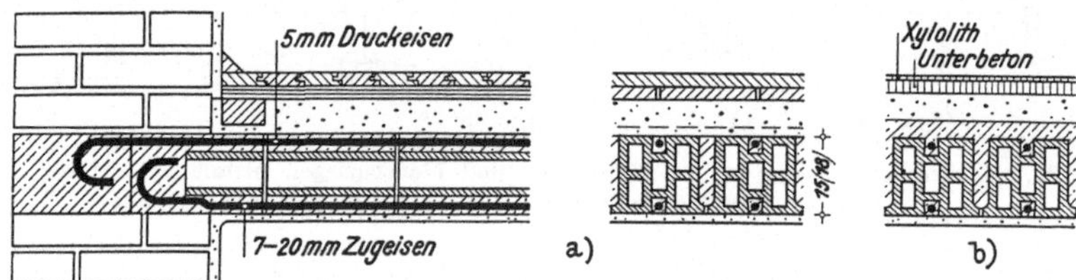

Abb. 104. Rapidziegeldecke; a) ohne, b) mit Betondruckschicht.

Die Größtspannweite beträgt bei 15 cm hohen Steinen, einem Zugeisen von 18 mm $\varnothing$ und einer Gesamtlast $q = 500$ kg/m² 5,40 m und bei zusätzlicher Anordnung von oberen 14 mm starken und 1,35 m langen Zulageisen 6,50 m; bei 18 cm hohen Steinen und entsprechender Bewehrung kann die Spannweite bis 7 m erhöht werden.

Ähnlich wie die Rapidziegeldecke sind die Feifelbalkendecke und die Wenkohohlbalkendecke.

Försterdecke. Um aus den Försterdeckensteinen eine Steineisendecke zu bilden, wird die halbe Oberseite des Steines (Abb. 101) herausgeschlagen und in die so geschaffene Rille das Eisen eingelegt und in Beton gebettet. Zur Ausführung ist eine Einschalung erforderlich.

Außer den oben angeführten Steineisendeckenarten steht noch eine ganze Reihe anderer Steinformen in Verwendung. So die mehr oder minder Rechtecksquerschnitt mit Hohlräumen und Basiserweiterung zeigenden Ackermann-, Röseler- (Abb. 118 u. 119) und Sperlesteine, die Neosimplexsteine (Abb. 3a) mit abgedachter Oberfläche, die Perrasteine in Dreiecksform, die Kronos- und Dedecosteine mit besonderer, die Aufbetonhöhe bestimmender Oberfläche, die rund gelochten Westphalsteine (Abb. 122) u. a.

2. Decken aus Beton und Eisenbeton.

Siehe Bestimmungen für die Ausführung von Bauwerken aus Beton ÖNORM B 2300, Bestimmungen für die Berechnung und Ausführung von Tragwerken aus Eisenbeton ÖNORM B 2302, Bestimmungen für Ausführung von Bauwerken aus Eisenbeton DIN 1045 und Bestimmungen für Ausführung von Bauwerken aus Beton, Deutscher Ausschuß für Eisenbeton.

Auszug aus obigen Bestimmungen: Auf Zug beanspruchte Stahleinlagen sind an den Enden mit halbkreisförmigen oder spitzwinkeligen Haken zu versehen, deren lichter Durchmesser $\geq 5\,d$ der Stahleinlage. Lichter Krümmungshalbmesser abgebogener Stahleinlagen $\geq 10\,d$.

Betondeckung der Stahleinlagen bei Platten ≥ 1 cm (im Freien $\geq$ $\geq 1,5$ cm). Überdeckung der Bügel $\geq 1,5$ cm (im Freien ≥ 2 cm). In Rippen kleinster lichter Abstand der Stahleinlage $\geq d$ der Einlagen und ≥ 2 cm. Sind Bauteile chemischen Einflüssen oder hohen Hitzegraden ausgesetzt, besondere Schutzmaßnahmen.

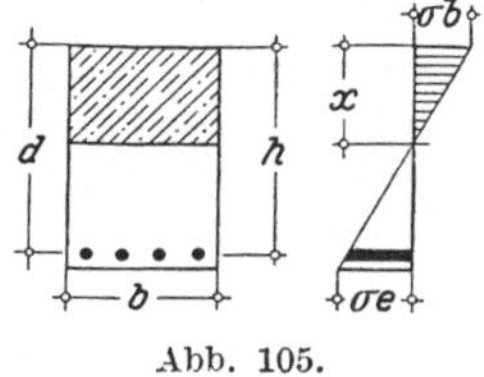

Abb. 105.

Die Nutzhöhe h (Abb. 105) der Platten mit Hauptbewehrung nach einer Richtung soll mindestens betragen: Bei beiderseits freier Auflagerung $^1/_{27}$ der Stützweite, bei durchlaufenden oder eingespannten Platten $^1/_{27}$ der größten Entfernung der Momentennullpunkte. Falls die Nullpunktentfernung nicht nachgewiesen wird, kann sie zu $^4/_5$ der Stützweite angenommen werden.

Die Mindeststärke d der Platte ist 7 cm, bei Rippendecken wenigstens 5 cm. Ausgenommen sind Dachplatten und Decken, die nur zum Abschlusse dienen oder nur zwecks Reinigung u. dgl. begangen werden.

An Verteilungseinlagen sind auf 1 m Tiefe mindestens 4 von je 5 mm Dicke vorzusehen.

Die aufgebogenen Stahleinlagen durchlaufender Platten sollen genügend weit ins Nachbarfeld, bei annähernd gleicher Feldweite durchschnittlich bis auf $^1/_4$ der Stützweite eingreifen, sofern die aufwärtsbiegenden Momente nicht eine durchgehende obere Bewehrung erfordern.

Die Stützweite zweiseitig gelagerter Platten ist bei flächengelagerten oder eingespannten Platten gleich der Lichtweite zuzüglich der Plattenstärke in Feldmitte anzunehmen. Ist die Länge eines Auflagers geringer als die Plattenstärke in der Feldmitte, so ist seine Sicherheit besonders nachzuweisen.

Die Stützweite beiderseits frei aufliegender Balken ist die Entfernung der Auflagermitten, bei außergewöhnlich großen Auflagerlängen die um 5% vergrößerte Lichtweite.

Weitere Bestimmungen betreffen die Berücksichtigung äußerer und innerer Kräfte, die Berechnung der Momente, Bestimmungen der Querkräfte und Stützkräfte, Beanspruchungen usw.

a) **Unbewehrte Betondecken.** Kappen aus Kies- oder Hochofenschlackenbeton zwischen eisernen Trägern in der Form der preußischen Kappen mit einem Stich von etwa $^1/_{12}$ bis $^1/_{14}$ der Spannweite.

Nach der Art des gewählten Fußbodens wird die Kappe durchgehend in der Scheitelstärke (in Schalenform) oder in Plattenform mit gewölbter Untersicht hergestellt. Abb. 106. Im ersteren Falle ergeben sich Gewölbezwickel, in die eine Beschüttung und Polsterhölzer (Lagerhölzer) eingebracht werden können, im zweiten Falle ergibt sich eine ebene Oberfläche. Zwecks besserer Verspannung der Kappe und eines höheren Schutzes des Trägers sind auch im ersten Falle Kiesbetonstelzen bis zum Oberflansch des Trägers zu führen.

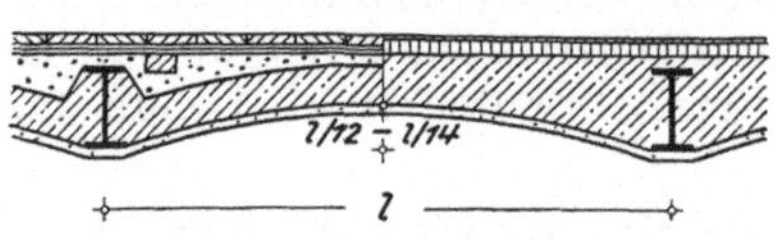

Abb. 106. Betonkappe; links in Schalenform, rechts in Plattenform mit gewölbter Untersicht.

Die Einschalung erfolgt in der Regel mit Hilfe an die Trägerunterflanschen befestigter Aufhängevorrichtungen, wobei als Leerbogen meist der Leibung angepaßte Bohlen oder Flacheisen verwendet werden, die in Flacheisenhaken an den Flanschen verkeilt oder durch Kanthölzer mittels Scheren oder Krebsen (Abb. 107) gestützt werden. Über den Leerbogen liegt sodann die eigentliche Schalung.

An den Kämpfern ist es zweckmäßig, auch bei Verwendung von Hochofenschlackenbeton für die Kappe, für die Stelze stets Kiesbeton zu verwenden.

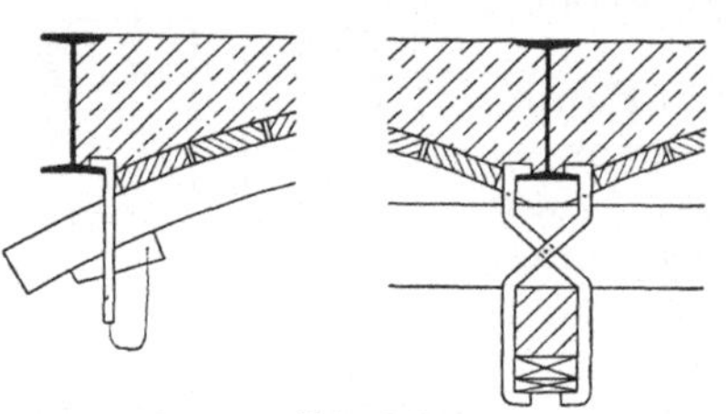

Abb. 107.

Als größte Spannweite bei Kiesbeton kann bei $q = 700\ \text{kg/m}^2$ und 10 cm Scheitelstärke rund 2,80 m, bei 15 cm Scheitelstärke rund 3,20 m in Betracht gezogen werden. Im allgemeinen werden die Spannweiten solcher unbewehrter Kappen jedoch aus wirtschaftlichen Gründen meist geringer gehalten.

b) **Bewehrte Betondecken.** α) **Eisenbetonplatten** beiderseits auf Mauern aufliegend oder zwischen eisernen Trägern:

Beiderseits frei aufliegende Platten sind auf eine Höchstspannweite von etwa 3—4 m beschränkt, da sie sonst zu große Abmessungen erhalten und dadurch unwirtschaftlich würden. Die im rechten Winkel zum Auflager liegenden Trageisen

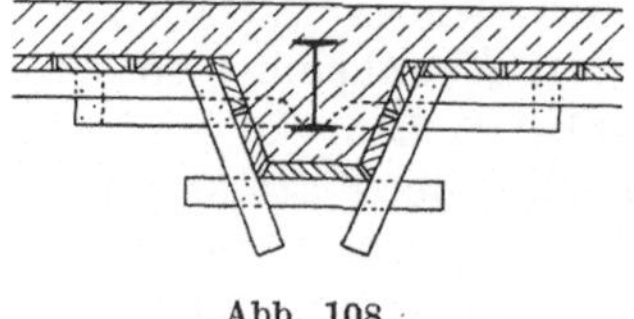

Abb. 108.

von meist 8—16 mm ⌀ sollen nicht weiter als höchstens 15 cm voneinander abstehen; besser kleinere Querschnitte und kleinere Abstände. Die Hälfte der Trageisen wird an den Auflagern zur Aufnahme allfälliger Einspannungsmomente hoch geführt. Die Tragstäbe rechtwinkelig kreuzend, liegen über denselben und mit Draht verknüpft in der Regel in 20 cm Abstand die 5 bis 8 mm starken Verteilungseisen. Bis zu etwa 2,4 m Spannweite genügt auch eine Bewehrung aus 4 mm starkem Streckmetall.

Bei beschränkter Höhe oder wechselnder Belastung der Decke kann eine doppelte Bewehrung (Zug- und Druckbewehrung) mit einem allerdings bedeutenden Mehraufwand von Eisen von Vorteil sein.

Bei größeren Spannweiten können Eisenbetonplatten zwischen eisernen Trägern in Betracht kommen. Wirtschaftliche Trägerentfernung bis zu etwa 2 m. Einschalung sinngemäß wie bei den Kappen beschrieben

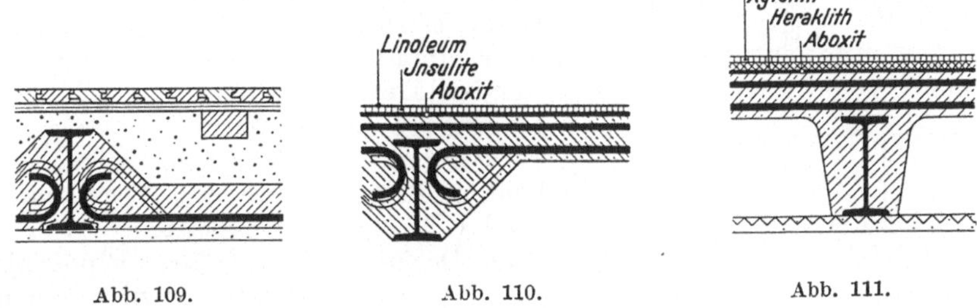

Abb. 109.   Abb. 110.   Abb. 111.

(Abb. 108). Ausführung entsprechend der frei aufliegenden Platte. Mit Rücksicht auf die schmalen Auflagerflächen gewöhnlicher I-Profile und zu erhöhtem Schutze der Träger soll die volle Einbetonierung des Profils nicht verabsäumt werden.

Die Platten können unmittelbar am Unterflansche (Plandecke) (Abb. 109) oder auf Betonstelzen (Abb. 110) (gestelzte Decken, Voutendecken) oder am Oberflansche (Abb. 111) aufliegen. Erstere Deckenarten ergeben eine ebene Untersicht und erfordern eine Auffüllung, letztere lassen die einbetonierten Träger nach unten vortreten und machen die Auffüllung entbehrlich; es läßt sich aber auch in diesem Falle vermittels Putzträger eine ebene Untersicht und durch Einschaltung dämmender Stoffe ein höherer Isolierungsgrad erreichen.

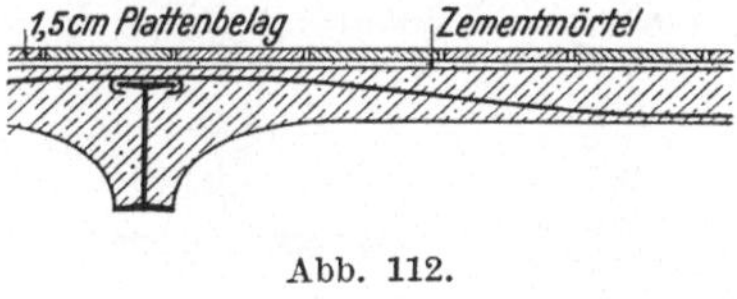

Abb. 112.

Koenen-Voutenplatten (Abb. 112): Verlegung zwischen eisernen Trägern. Die in den Feldern zueinander versetzten Tragstäbe hängen im Mittelteile der Platte kettenlinienartig durch und übergreifen an den Auflagern, eine gute Einspannung bewirkend, den Trägeroberflansch. Breite Vouten $\left(\text{Ausladung} > \dfrac{l}{10}\right)$ entsprechen den gegen das Auflager zunehmenden Schubspannungen. Die Plattenoberkante liegt wenigstens 3 cm über Trägeroberflansch. Plattenstärke und Bewehrung nach Last und Spannweite verschieden. Spannweite in der Regel bis 6,50 m. Plattenstärke bei Spannweiten über 4 m rund 15—25 cm; Abstand der Trageisen hierbei rund 12 bis 7 cm. Durchmesser der Rundeisen zirka 12 mm.

Die Voutenplatte kann bei entsprechender Verankerung auch zwischen Mauern verlegt werden.

β) **Eisenbetonkappendecke** in Schalenform oder als Vollkappen. Stich meist $^1/_{10}$—$^1/_{14}$ l. Scheitelstärke zwischen 5 und 8 cm. Bewehrung bei kleinen Spannweiten an der Leibungsseite, bei größeren Spannweiten meist doppelte Bewehrung. Einhüllung des ganzen Trägers in Beton. Enge Lage der Verteilungseisen (rund 15 cm). Bei Vollkappen obere Einlage über die Träger durchlaufend mit entsprechend weitem Eingriff ins Nachbarfeld. Zur Vereinfachung der Einschalung werden statt der Rundeiseneinlagen auch ⌐ oder kleine, der Wölbungsform folgende ⊤ Profile verwendet (**Melan**), an denen die Schalung aufgehängt werden kann.

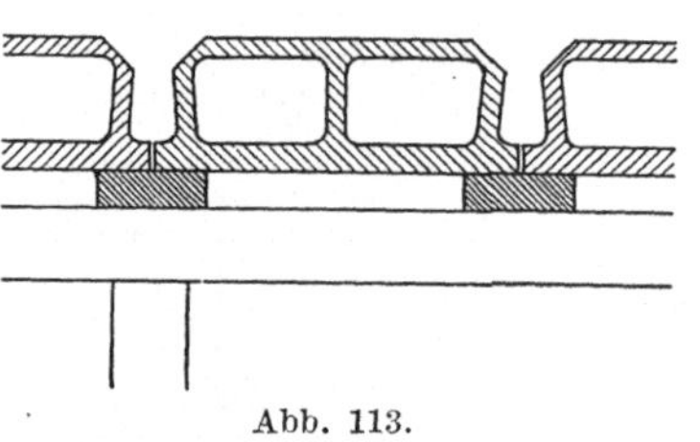

Abb. 113.

γ) **Rippendecken** sind Decken mit lichtem Rippenabstande $\leqq$ 90 cm (nach DIN $\leqq$ 70 cm). Druckplattenstärke solcher Decken $\geqq$ $^1/_{10}$ lichter Rippenabstand und $>$ 5 cm. Quer zu den Rippen wenigstens 4 $\varnothing$ zu 5 mm je Meter. Nach DIN wenigstens 3 $\varnothing$ zu 7 mm je Meter.

Wenn der lichte Rippenabstand $\geqq$ 40 cm, so sind in den Rippen Bügel anzuordnen.

Die Rippendecken entstanden aus den Eisenbetonplatten, der Erwägung folgend, den zur Aufnahme von Zugspannungen nicht geeigneten Beton in der Zugzone auf das Maß einzuschränken, das zur Einhüllung der Längseisen und zur Verbindung mit der Druckzone erforderlich ist.

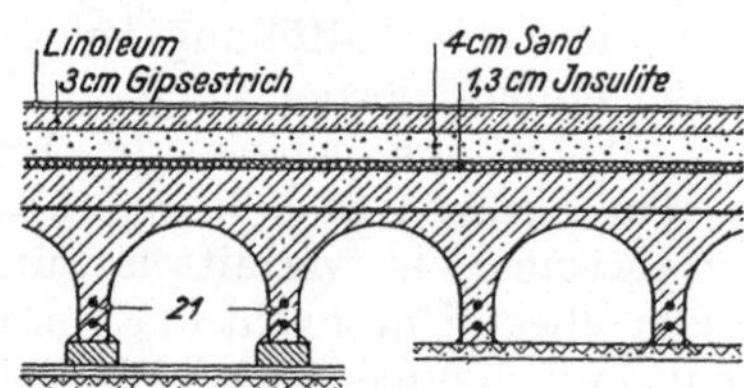

Abb. 114. Plandecke von Koenen.

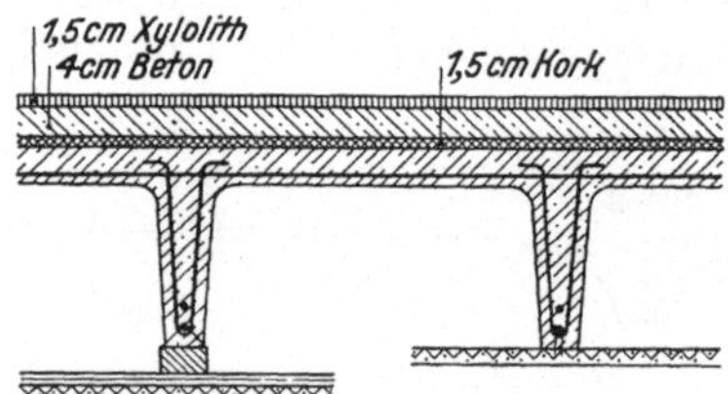

Abb. 115. Ast-Mollin-Decke.

Dadurch ergeben sich aneinandergereihte ⊤-förmige Querschnitte, die aus Stegen und Platten bestehen. Die Formgebung erfolgt durch eine entsprechende, meist rückzugewinnende Einschalung oder durch das Einstellen von verlorenen, zur Aufnahme von Druckspannungen nicht herangezogenen Füllkörpern, die in der Regel gleichzeitig eine ebene Untersicht schaffen.

Die Unterschalung kann voll oder bei breiteren Füllkörpern auf die Füllkörperstöße beschränkt sein. Abb. 113.

Die Rippen nehmen die teils bis zum Auflager durchlaufenden, teils als Schrägeisen aufgebogenen Längseisen und bei größeren Rippenabständen auch die Flach- oder Rundeisenbügel von meist 5—8 mm $\varnothing$ auf; Bügelabstand rund 15 cm, gegen die Mitte zu steigend. Rippenbreite meist 4—10 cm (von der Bewehrung abhängig), Längseisen meist 14—22 mm, Plattenstärken etwa 5—10 cm.

Die Rippendecken können bis zu etwa 6 m auf Mauern oder auch zwischen Eisenbetonunterzügen oder I-Trägern verlegt werden.

Sie finden ihrer guten dämmenden Wirkung und ihrer einfachen Gestaltung wegen sowohl im Wohnhausbau als auch bei Nutzbauten sehr ausgebreitete Verwendung.

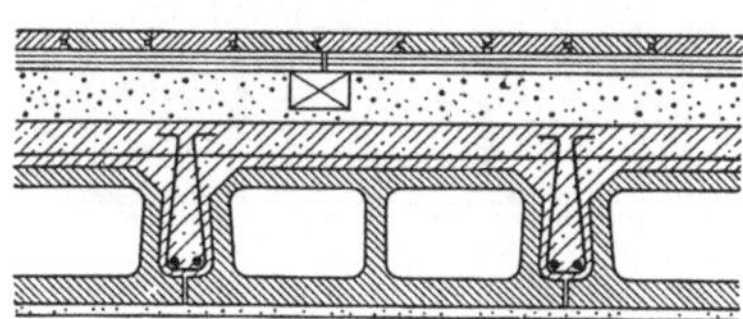

Abb. 116. K.-B.-Steindecke.

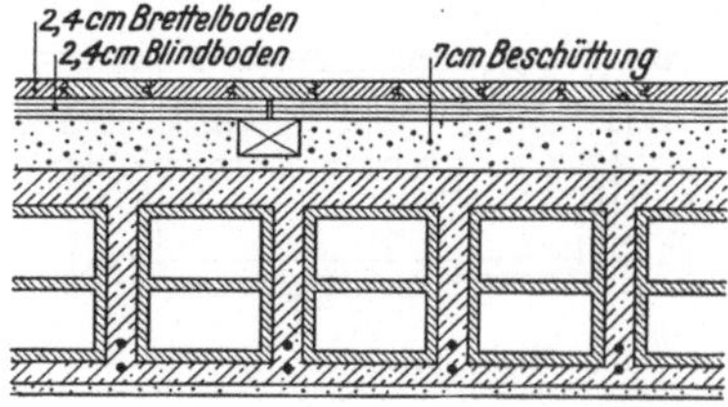

Abb. 117. Zöllnersche Zellendecke.

Plandecke von Koenen. Abb. 114. Rückzugewinnende Blechleeren von 1—1,5 mm Stärke auf Unterschalung. Rippenbreite nach Eiseneinlagen $\geq$ 4 cm; Platte 5—10 cm. An der Unterseite der Rippen allfällig Latten mittels einbetonierter Drähte aufgehängt, an welchen eine Stukkaturschalung genagelt werden kann; sonst Streckmetall, Staußziegelgewebe o. ä.

Rippendecke Ast-Mollin. Abb. 115. Rückzugewinnende Blechleere auf Unterschalung. Rippenbreite an schwächster Stelle 5 cm. Rippenabstand 40—70 cm. Mitunter auch zwei Längseisen nebeneinander; weniger günstig, weil Schrägeisen dadurch aus der Symmetrieachse fällt.

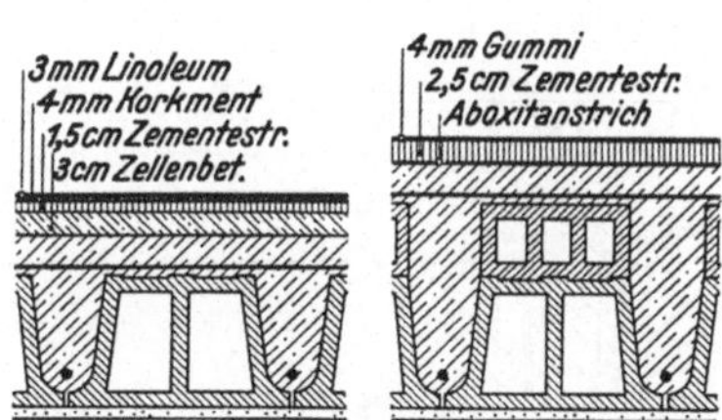

Abb. 118. Ackermanndecke.

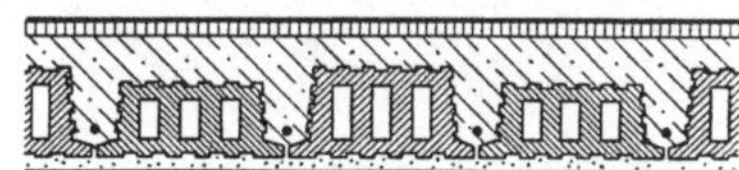

Abb. 119. Röselerdecke.

K.-B.-Steindecke (Isostonesteine) Abb. 116. Aus Kieselgur, Kork, Portlandzement und Sägespänen hergestellte Hohlkörper 18 und 24 cm hoch, 50 cm breit und 25 cm lang. Rippenbreite rund 10 cm.

Ganz ähnlich: Remy-Bimsbeton-Hohlsteindecke.

Zöllnersche Zellendecke. Abb. 117. Dünnwandige, gebrannte Tonhohlsteine, 18 cm breit und 15 oder 21 cm hoch, werden auf die Schalung aufgestellt. Rippe bewehrt und wenigstens 4 cm breit. Untersicht nicht einheitlich. Struktur der Decke im Putz wahrnehmbar. Variante: Zuerst bewehrte Platte auf Schalung betonieren, dann Aufstellen der Füllkörper und weiter wie vor.

Ackermanndecke. Abb. 118. Gebrannte Tonhohlsteine 10 bis

22 cm hoch, 30 cm breit und 25 cm lang. Bei großen Spannweiten kann die Höhe durch besondere Auflagesteine vergrößert werden.

Röselerdecke. Abb. 119. Tonhohlkörper 10—26 cm hoch, 25 cm breit und lang. Wechselseitiges Verlegen zweier Steine verschiedener Höhen zwecks guten Verbandes zwischen Druckbeton und Stein.

Rohrzellendecke System Wayß. Abb. 120. Holzrahmen

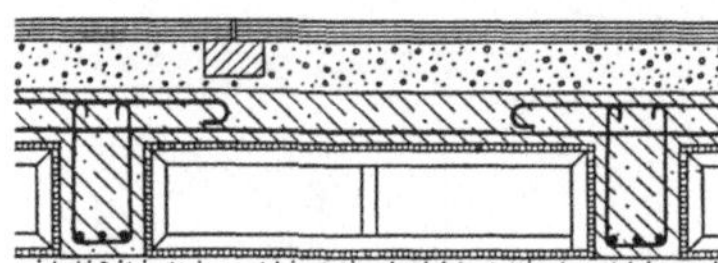

Abb. 120. Rohrzellendecke, System Wayß.

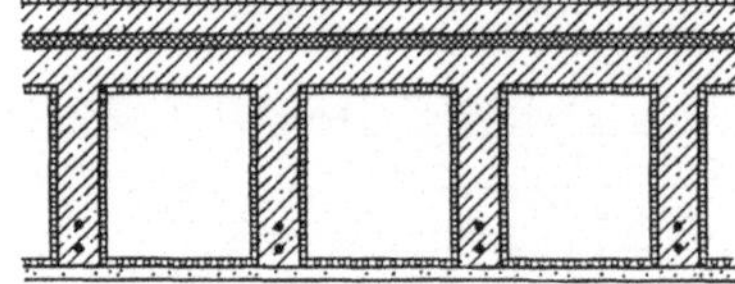

Abb. 121. Pohlmann-Rahmenzellendecke.

werden auf der Baustelle mit Schilfrohrmatten überspannt; hierdurch entstehen Rohrzellen von 24 cm Höhe, 21 cm Breite und 1 m Länge. Rippenbreite rund 6 cm.

Aus der Wayßdecke Weiterentwicklung in die Pohlmanndecke.

Pohlmann-Rahmenzellendecke. Abb. 121. Mit Pappe und Schilfrohrmatten auf der Baustelle überspannte, zusammenklappbare Holzrahmen. Füllkörper 30—60 cm breit, bis 1 m lang, 8—28 cm hoch. Rippen gleichfalls mit Rohrmatten unterspannt, um einen einheitlichen Putzträger zu erzielen. Die breiten Füllkörper machen eine volle Ein-

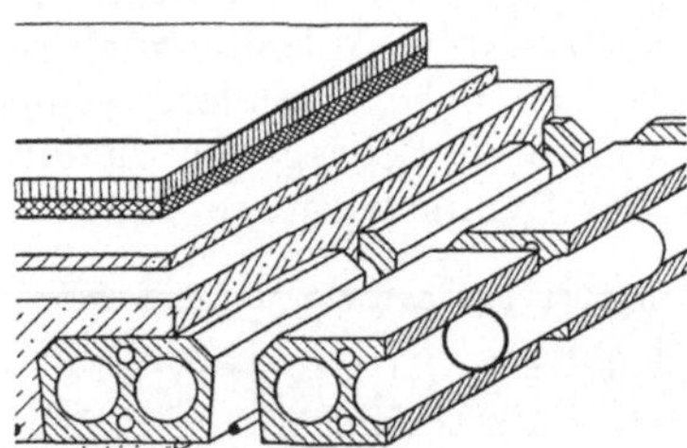

Abb. 122. Westphaldecke.

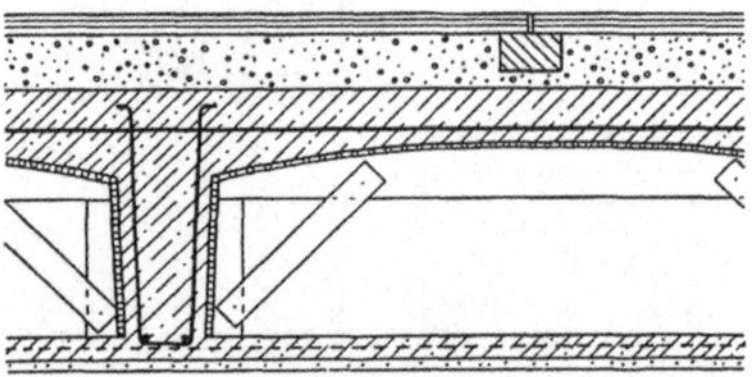

Abb. 123. Rippendecke, System Porr.

schalung entbehrlich. Verlegung breiterer Füllkörper auch zwischen eisernen, die Rippenbewehrung bildenden Trägern.

Westphaldecke. Abb. 122. Gebrannte Tonhohlkörper mit Rundlöchern, 15 cm hoch, 25 cm breit und lang. Die Steine werden auch in der Längsrichtung mit Rippenabstand verlegt, so daß eine kreuzweise Bewehrung leicht zu bewirken ist. Papperollen in den Hohlräumen oder Pappescheiben vor diesen verhindern das Eindringen des Betons in die Steine. Nicht einheitliche Untersicht.

Rippendecke System Porr. Abb. 123. Unten offene Füllkörper aus dünnen Brettern oder unten offene, mit Schilfrohrgewebe ummantelte Rahmen werden auf eine auf einer Schalung aufbetonierte Eisenbeton-

platte aufgestellt, die Drahtgeflechtbewehrung der Unterdecke mit dem
Rippeneisen durch Bügel verbunden und die Hohlräume und Druck-
schicht sogleich aufbetoniert. Füllkörper bis 40 cm hoch und 90 cm breit.

δ) Plattenbalkendecken. Bei großen Raumabmessungen und
hohen Belastungen würden einfache Eisenbetonplatten zu schwer und

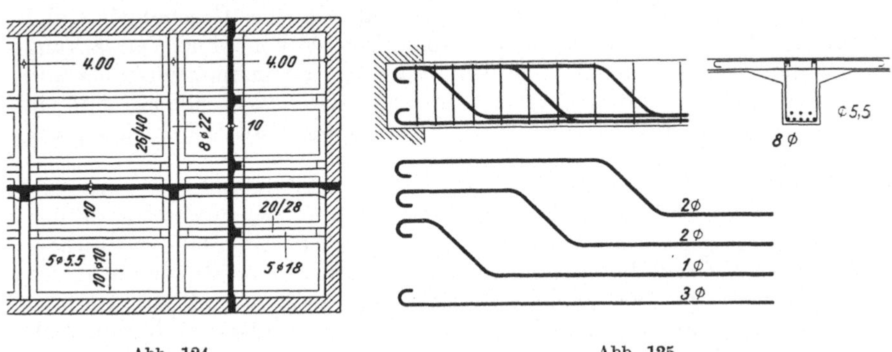

Abb. 124.   Abb. 125.

unwirtschaftlich, ebenso wie reine Rippendecken in solchen Fällen als
unrationell ausscheiden.

Ausbildung des Tragwerkes in ein System von Haupt- und Neben-
balken (Abb. 124) mit dazwischen eingespannten Eisenbetonplatten,
bei allfälliger Anordnung die Hauptbalken stützender Säulen. Ausbildung der Platten meist als durchlaufende Platten mit voutenförmigen
Anschlüssen an die Balken (Abb. 126).
Nutzhöhe $h \geqq {}^{1}/_{20}$ Stützweite; im Hochbau dürfen Platten kleiner als 6 cm als
Druckgurt nicht in Rechnung gestellt
werden. Liegen die Deckeneisen parallel
zum Hauptbalken, so sind wenigstens
8 obere Stahleinlagen zu 7 mm auf
1 m Balkenlänge rechtwinkelig zu den
Hauptbalken zu verlegen.

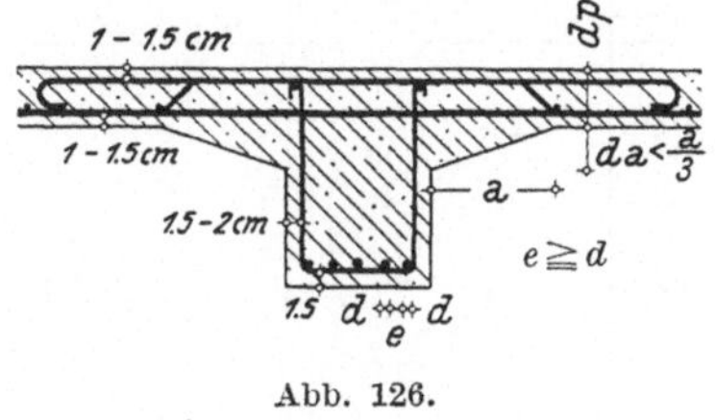

Abb. 126.

$a \sim \dfrac{1}{10}$ des Rippenabstandes.

In der Regel sollen in den Rippen
nicht mehr als zwei Reihen Stahlein-
lagen übereinander angeordnet sein. Mit Rücksicht auf die Querkräfte
sind — auch bei freier Auflagerung — einige abgebogene Eisen bis über
die Auflager zu führen. Bügel sind stets anzuordnen. Rippenabstand
etwa 1,5—3 m, unter Umständen auch mehr.

Die Zahl und der Querschnitt der Längseisen ist von den auftretenden
Zugkräften abhängig und die Aufbiegung durch den Momentenverlauf
und die Querkräfte bestimmt.

Eine gleichzeitig als Schalung wirkende Bewehrung durch biegungs-
steife Trogwandungen aus gelochtem Stahlblech, meist in Verbindung
mit Rundstäben sieht die Bauart nach Dr. Ing. Bauer vor.

ε) **Pilzdecken (Punktgelagerte Platten)** liegen ohne Vermittlung von Unterzügen unmittelbar auf Säulen auf. Die Platten sind mit den Stützen biegungsfest verbunden und kreuzweise (gleichlaufend mit den Stützpunktrechteckseiten oder gleichlaufend und diagonal) bewehrt. Die Bewehrung liegt in der Plattenmitte unten, an den Säulen oben. Die Säule darf nicht schwächer sein als $^1/_{20}$ der in gleicher Richtung gemessenen Stützweite bzw. nicht kleiner als $^1/_{15}$ der Geschoßhöhe und muß mindstens 30 cm Stärke besitzen. Bei Decken ohne Verstärkung darf die Achsenlänge des Säulenkopfes an Deckenplattenunterkante gemessen nicht kleiner als $^2/_9$ der Stützweite sein. Plattendicke $\geqq 15$ cm und $> ^1/_{32}$ der größeren der beiden Stützweiten. Mittlere Neigung des Pilzkopfes 40—45°.

Zeichnerische Darstellung der Eisenbetonkonstruktionen: Deckenuntersicht Abb. 124 im Maßstabe 1 : 50. Querschnitte in den Grundriß umgelegt und voll schwarz gezeichnet. Angabe der Stärken, Rippenteilung und Bewehrung für die Rippen in der Rippenmitte, für Platten für 1 m Deckenbreite. Unterzüge, Balken und Rippen sind in der Regel in Sonderzeichnungen mit allen Einlagen, Bügeln, Aufbiegungen, Vouten und Höhenlagen darzustellen. Abb. 125.

In Tabellenform zusammengestellte Eisenauszüge ergänzen die erforderlichen Angaben, z. B.:

Post Nr.	Anzahl	Durchmesser mm	Zuschnitt m	Skizze	Gewicht kg
1 a	36	20	6,10	5800	543,24
1 b	24	20	6,30	325 / 325; 250 230 — 4840 — 250 230	373,44
1 c	24	20	6,34	382 / 384; 550 270 — 4160 — 270 550	375,12

Die große Anpassungsfähigkeit der Eisenbetondecken an die unterschiedlichsten Belastungsverhältnisse und Auflagerungsbedingungen hat ihnen in allen, verschiedensten Zwecken dienenden Gebäudearten Eingang gebracht und weite Verbreitung gesichert. Die weitestreichende Modulationsfähigkeit der Eisenbetonkonstruktionen und die Freiheit in ihrer Gestaltung erfordern aber auch mehr als bei anderen meist auf einfachere Fälle beschränkten Deckenkonstruktionen eine sehr gründliche vorausgehende Klärung des zu erwartenden Kräftespieles, von dessen Verlauf die Konstruktion abhängt. Es ist dies auch der Grund, weshalb bei Eisenbetondecken noch weniger als bei anderen Deckenarten „Rezepte“ für die Dimensionierung gegeben werden können.

Für die im Wohnbau mit einfacheren Belastungsfällen üblichen Deckenarten mögen die oft in Tabellen zusammengestellten Dimensionierungen unter verantwortlicher Einsetzung der tatsächlichen Eigengewichte und Verkehrslasten ausreichen; in allen schwierigen, namentlich im Industriebau oft auftretenden Fällen sehr hoher, wechselnder, ungleichförmiger und stoßweiser Belastungen dürfen „Rezepte" keinesfalls zur Grundlage der Dimensionierung gemacht werden.

ζ) Bewehrte Betondecken, die ganz oder zum Teil aus Fertigteilen bestehen. Sie erfordern keine Einschalung, ermöglichen eine wesentliche Verkürzung der Arbeitszeit, verursachen eine geringere Baufeuchtigkeit und sind während der Ausführung von störenden Witterungseinflüssen weniger abhängig als andere Eisenbetondeckenarten.

Die fabriksmäßig hergestellten Bestandteile werden in der Regel in bestimmten abgestuften Abmessungen auf die Baustelle geliefert,

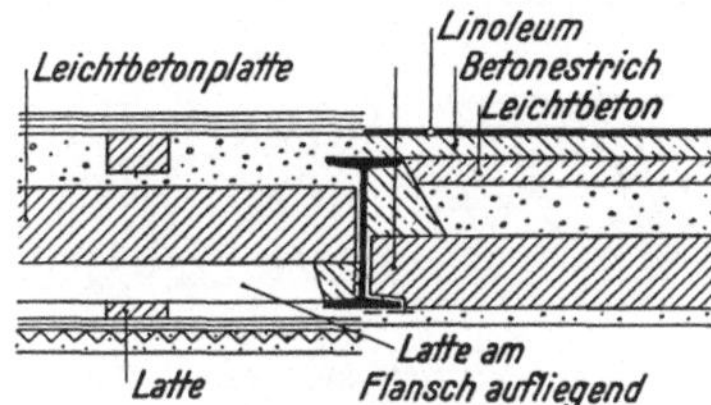

Abb. 127. Bimsdielendecke zwischen I.

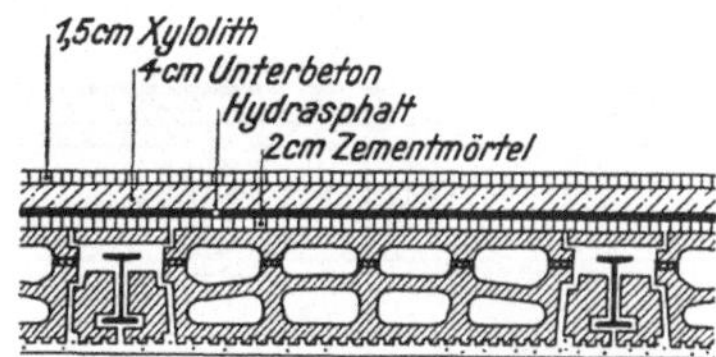

Abb. 128. Kontrasondecke.

dortselbst versetzt und gegebenen Falles noch miteinander verbunden.

Die fertigen Bauteile werden entweder als Vollplatten (bewehrte Bims- und Zellenbetonplatten zwischen I-Trägern),

als plattenförmige Tragteile (Kontrasondecke zwischen I-Trägern),

als Vollwandträger (Rapidträgerdecke),

als Hohlträger (Siegwartdecke, Montageträgerdecke Dr. Drach, Bürklebalkendecke),

als Stege mit zwischengelagerten Füllkörpern oder Platten (Herbstdecke, Istegdecke, Drexlerdecke, Zechdecke)

oder als Fachwerksträger (Visintinidecke) geliefert.

Bimsdielendecke zwischen eisernen Trägern. Abb. 127.

Bewehrte, meist gelochte oder mit kasettenartiger Untersicht hergestellte Bimsdielen auf Unterflansch oder Kiesbetonstelze aufgelegt. Träger voll in Kiesbeton eingehüllt. Für geringe Belastungen geeignet. Plattenstärke 8 und 10 cm, Länge 1 und 1,2 m, Breite 50 cm.

Kontrasondecke. Abb. 128. (Kleiner & Bockmayer, Wien.)

Gewölbeartige K. B.-Formsteine aus zwei mit Korkzwischenlage getrennten Schalen mit K. B.-Flanschsteinen zwischen eisernen Trägern. Höhe 24 und 27 cm, Länge rund 1 m.

Rapidträgerdecke. Abb. 129. (Ö.-U. Baugesellschaft, Wien.)
I-förmige Eisenbetonträger mit 12 cm Flanschbreite und 16 cm Höhe,
deren Flansche einander übergreifen, so daß ebene Drauf- und Unter-
sichten entstehen. Die Stege zeigen gegen die Mitte Aussparrungen. Längen bis 6 m. Bewehrung mit 8 mm Trag- und 5 mm Transporteisen. Lagerung: frei aufliegend oder eingespannt.

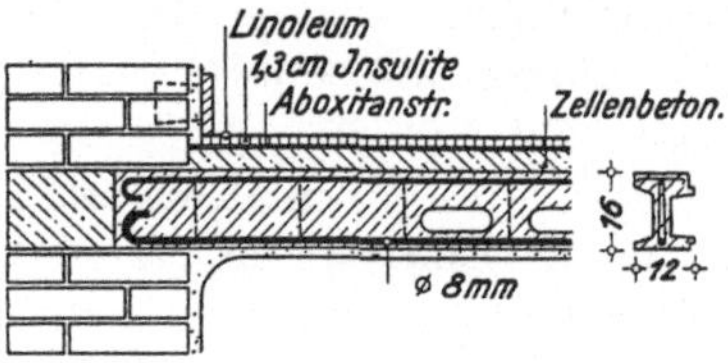

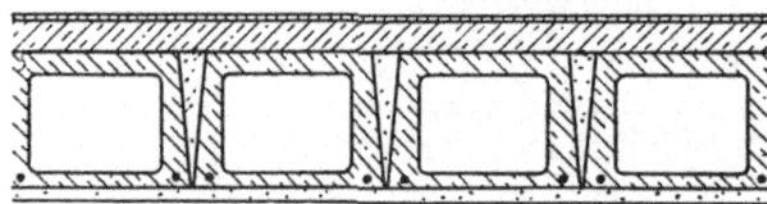

Abb. 129. Rapidträgerdecke.

Siegwartdecke. Abb. 130. Eisen-
beton-Hohlbalken 12—23 cm hoch, 25 cm breit und bis 6 m lang. Stoßfugen mit Zementmörtel vergossen. Verlegung mit oder ohne Druckbeton.

Ähnlich: Bürklebalkendecke.

Zylinderstegdecke, System Herbst. Abb. 131. Oben 3 cm,
unten 5—6 cm starke Eisenbetonstege, 12—24 cm hoch, mit zwischen-

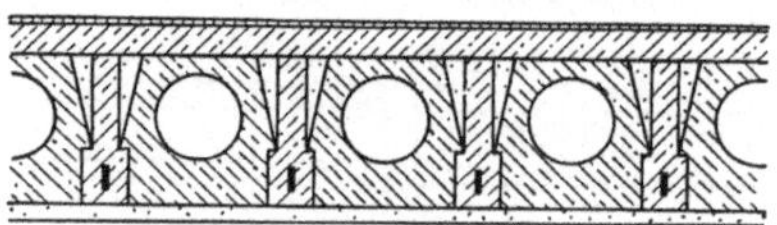

Abb. 130. Siegwartdecke.

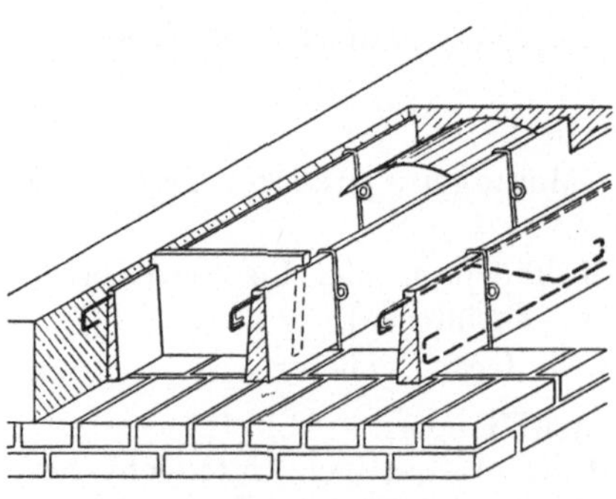

Abb. 131. Zylinderstegdecke, System Herbst.

gelegten Ton- oder Schlackenbeton-Hohlkörpern von 20 cm Länge.
Druckbeton 5 cm. Stegentfernung 25 cm.

Istegdecke, Hoffmann & Co., Wien. Abb. 132 u. 133.[1]) Nach oben ver-
jüngte 5 cm breite Eisenbetonstege in rund 33 cm Entfernung mit Druck-
betonplatte in Gesamthöhe der Rohdecke von 23 und 27 cm. Vor den Auflagern quer zu den Stegen

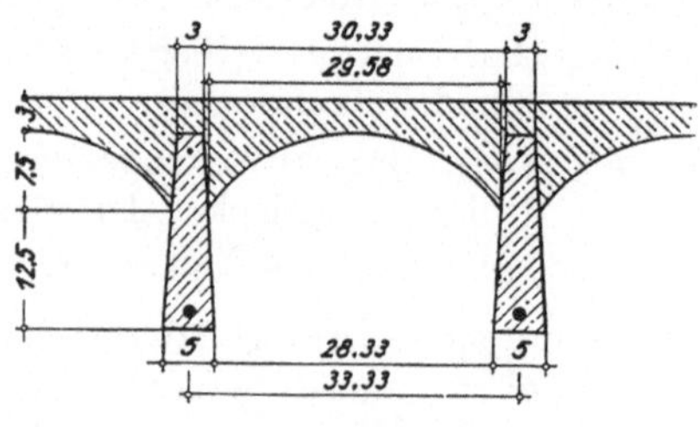

Abb. 132. Istegdecke.

Abb. 133.

eingehängte Platten (Abb. 132) fixieren die Stegentfernung und dienen
gleichzeitig als seitliche Schalung des Rostbetons. Über die Stege gelegte Drahtbügel tragen die auswechselbaren Schalbleche der Druck-

---

[1]) Wiedergabe nach dem Prospekte des „Isteg"-Betonbau.

betonplatte und die mit Draht verknüpften Putzträger der Untersicht. Die Bewehrung der Stege aus Istegstahl besteht in einem unteren Zug- und einem oberen Transporteisen und dem Schrägeisen. Bei Verkehrslast 200 kg/m² und Spannweiten bis 6,20 m reicht die Deckenhöhe mit 23 cm aus; Spannweiten bis 7,30 m Deckenhöhe 27 cm.

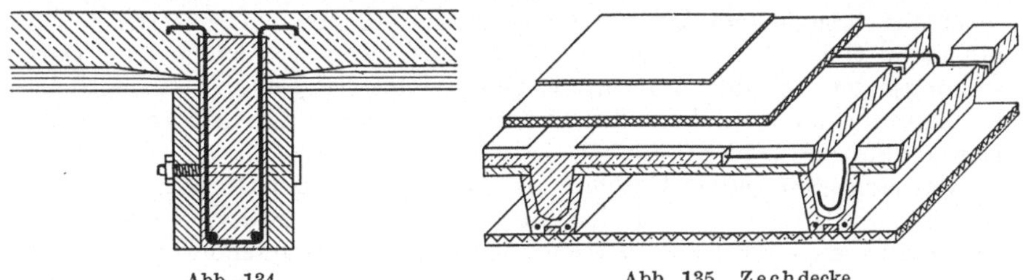

Abb. 134. Abb. 135. Zechdecke.

Die Isteg-Bewehrung besteht aus zwei nebeneinander liegenden Rundeisen, die mit ortsfesten Enden verwunden sind; Mindeststreckgrenze 3400 kg/cm².

Drexlerdecke, Wien. Abb. 134. Eisenbetonfertigstege werden mit seitlichen Schalbohlen, die als Träger der Deckenschalttafel dienen, versetzt. Durch Lösen der die Seitenbohlen verbindenden Schraubenbolzen kann die ganze Einschalung wieder entfernt werden.

Zechdecke. Abb. 135. Eisenbeton-Trog-Fertigbalken mit gesondert auf die Stege aufgelegten bewehrten Betonplatten, die an den Stößen senkrecht zu den Trögen abgeschrägt sind. Bewehrung der Trogbalken im Fuße; in den Stößen der

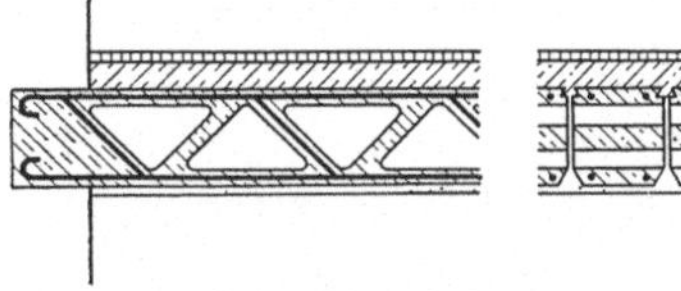

Abb. 136. Visitinidecke.

Platten Stahleinlagen, die in die Tröge eingreifen. Ausbetonieren der Tröge und Stöße. Im Trogfuß einbetonierte Holzlatte zur Befestigung des Putzträgers. Trogbalken unten 10, oben 15 cm breit, Höhen 12,5—20 cm. Platten 33 × 55 cm und 5 cm stark. Balkenlänge bis 6,10 m.

Visintinidecke. Abb. 136. Eisenbeton-Gitterbalken 15—40 cm hoch und 20 cm breit. Ober-, Untergurt und Diagonalen rund 5 cm stark. Die Obergurte erhalten seitlich schwalbenschwanzförmige Nuten, die nach dem Verlegen zur Erzielung besseren Verbandes mit Beton ausgegossen werden.

C. Stiegen (Treppen).

I. Allgemeines.

Darstellung in Plänen: Es sind verschiedene Arten der Grundrißdarstellungen üblich: Entweder voll ausgezogene Einzeichnung des ganzen Stiegenlaufes in dem Geschoß, in dem der Antritt liegt, oder es wird in etwa $^1/_3$ Geschoßhöhe ein Schnitt gedacht und nur jener Teil des Stiegenlaufes dargestellt, der bei dieser Schnittführung sichtbar bleibt; mitunter werden aber auch die über dem Schnitte liegenden Teile strichliert angedeutet. Die Schnittführung wird durch zwei parallele Schräglinien dargestellt.

In Österreich ist die Darstellung derzeit nicht genormt, daher erscheinen verschiedene Darstellungen in den Plänen. Keinesfalls sollen in einem Gebäude für die verschiedenen Geschosse verschiedene Darstellungsarten gewählt werden. Es empfiehlt sich, solange einheitliche Bestimmungen fehlen, die in den Deutschen Normen DIN 1356 angegebene Darstellung zu wählen.

Darnach ist in jedem Geschoß in etwa $^1/_3$ Höhe ein Horizontalschnitt gedacht; bis zu diesem Schnitte, der durch zwei parallele Schräglinien angedeutet ist, wird der im betreffenden Geschoß beginnende Treppenlauf voll eingezeichnet und außerhalb der Schräglinie der Teil des Treppenlaufes des unteren Geschosses, der durch das Abreißen sichtbar wird, ebenfalls voll ausgezogen. Abb. 137.

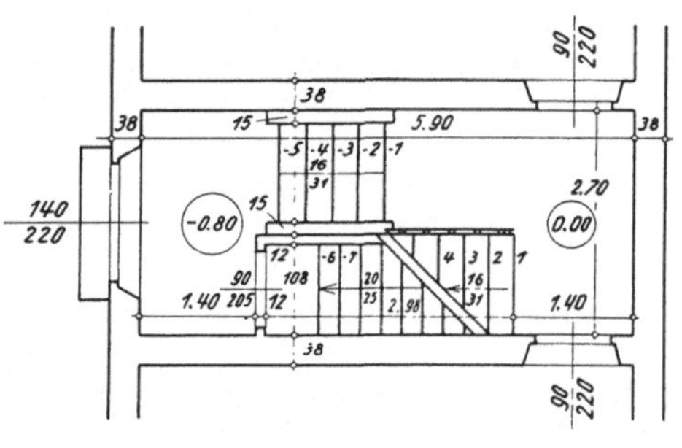

Abb. 137.

Die Stufen sind von $\pm$ 0.00 (meist Erdgeschoßfußboden) nach oben ($+$) und unten ($-$) fortlaufend zu numerieren und die Nummern zur Stufenkante zu setzen.

Ferner ist das Steigungsverhältnis (Auftrittbreite zu Stufenhöhe) in Bruchform einzutragen, und sind die Höhenlagen auf den Geschoßfußböden zu vermerken; die Ganglinie (Gehlinie) ist einzutragen und der Antritt mit einem kleinen Kreise und die Gehrichtung mit einem Richtungspfeil zu kennzeichnen; bei Holztreppen die Wangen einzeichnen.

In Detailplänen größeren Maßstabes (1 : 20, 1 : 10) ist es der Übersichtlichkeit halber vorzuziehen, für jedes Geschoß den zugehörigen Stiegenlauf darzustellen.

Einteilung: Nach der Widmung unterscheidet man Haupt- und Nebenstiegen, im weiteren Sinne Geschoßstiegen, Keller- und Dachbodenstiegen, Freitreppen usw.; nach der Form unterscheidet man gerade, gewundene und gemischtlinige, nach der Zahl der Läufe ein-, zwei- und mehrarmige und nach der konstruktiven Ausbildung Stiegen mit einseitig eingespannten (freitragenden) und mit beiderseits unterstützten Stufen; schließlich werden die Treppen noch nach dem Baustoffe der Stufen als Stein-, Kunststein-, Eisenbeton-, Holz- und Eisenstiegen bezeichnet.

Über den Begriff der „Hauptstiege" als solchen und die Baustoffe, den erforderlichen Grad der Feuersicherheit, die Stufenlänge, Steigungsverhältnisse usw. derselben geben die Bauordnungen der einzelnen

Länder und Städte bestimmte, den Verkehrsverhältnissen Rechnung tragende Bestimmungen.

So fordert die Bauordnung für Wien u. a.: Zulässige Größtentfernung eines Aufenthaltsraumes vom Stiegenhause 40 m; Treppenläufe, Stiegengänge und. Absätze (Podeste) in Häusern mit mehr als 3 Hauptgeschossen müssen aus feuerhemmenden Baustoffen bestehen (tauglicher Natur- und Kunststein, Eichenholz); bis zu 3 Hauptgeschossen sind unten feuerhemmend verkleidete Weichholzstiegen mit Trittstufenbelag aus Hartholz, Holzstein, Linoleum und dergleichen zulässig. Feuerbeständige Abschlüsse gegen Keller und Dachboden; Stiegenhausdecke mindest gleich feuersicher wie oberste Wohngeschoßdecke. Treppenlaufbreite bis zu 3 Hauptgeschossen im Lichten ≥ 1 m, bei mehr als 3 Hauptgeschossen in den oberen zwei ≥ 1 m, sonst $\geq 1{,}20$ m; Stiegengang- und Podestbreite wenigstens 1,20 m. Stufenbreite ≥ 26 cm, Stufenhöhe ≤ 18 cm; (Keller- und Bodenstiegen: Stufenhöhe ≤ 20 cm); bei gewundenen Stiegen ist das vorgeschriebene Geringstmaß der Stufenbreite in einer Entfernung von 40 cm (Gehlinie, Ganglinie) von der äußeren Mauer einzuhalten; Spitzstufen-Geringstbreite am Spitzende ≥ 13 cm. Anhaltstangen an der Mauerseite und mindestens 1 m hohes Geländer an den freien Stellen.

Für Kleinhäuser verringern sich die Grenzmaße der Treppenlaufbreiten auf 75 cm, wenn die Stiege nur den Verkehr zwischen Bestandteilen einer Wohnung vermittelt, der Stufenbreite auf 24 cm und des Spitzstufenendes auf 12 cm, bzw. erhöht sich der Grenzwert für die Stufenhöhe auf 19 cm. Besteht das Kleinhaus nur aus zwei Geschossen, so sind Weichholzstiegen auch ohne feuerhemmende Verkleidung zulässig.

In Industrie-, Lager-, Bürogebäuden u. dgl. wird als geringste Treppenlauf- und Stiegengangbreite bis zu einer Zahl von 50 Benützern das Maß von wenigstens 1,25 m gefordert; für je weitere 10 Personen 10 cm Zuschlag. Größte zulässige Treppenlaufbreite 2,50 m. Türen in solchen Gebäuden müssen, ohne den Verkehr auf der Stiege zu behindern, gegen das Stiegenhaus oder nach beiden Seiten aufschlagen.

Für die Stiegen in Schulen, Spitälern, Theatern und Lichtspieltheatern bestehen besondere Vorschriften.

Die angegebenen Bauordnungsmaße der Stufenhöhen, Stufenbreiten und Ruheplätze sind Grenzmaße. Es ist bei vielbegangenen Stiegen in Wohn- und Industriegebäuden jedoch anzustreben, die Stufenhöhe mit 15—17 cm zu bemessen und bei den Stiegengangbreiten womöglich über das Grenzmaß hinauszugehen. Die Stufenbreite soll zur Erzielung eines leichten Begehens der Stiege in einem entsprechenden Verhältnisse zur Stufenhöhe stehen. Als solche Beziehungswerte werden angegeben:

Allgemein: $b = 52 - \dfrac{4}{3} h$, ferner

für Stufenhöhen 14—19 cm: $b = 63 - 2\,h$ oder $b = 62 - 2\,h$,

für Stufenhöhen bis 14 cm: $b = 48 - h$,

für Stufenhöhen über 19 cm: $b = \dfrac{500}{h}$.

Die Stufenhöhen und Stufenbreiten sollen in allen Geschossen möglichst gleich oder die Höhen nach oben um ein Geringes niedriger gehalten werden.

Das Aufwärtsschreiten über lange nicht unterbrochene Stiegenläufe ermüdet; das Abwärtsschreiten über lange gerade und nicht unterbrochene Stiegenarme löst Unsicherheit aus; lange Stiegenläufe daher durch Ruheplätze (Zwischenpodeste) nach 10 bis 15 Höhen unterbrechen; Breite der Podeste geradarmiger Stiegen im allgemeinen $\geq$ Stiegenlaufbreite $\geq$ 1,20 m; Zwischenpodeste gewundener Stiegen erhalten auf der Gehlinie eine Breite von 3 oder 5 Stufenbreiten.

Die Gehlinie (Ganglinie) ist für Stiegen mit geraden Armen ohne Belang für die Austeilung; sie wird in der Mitte des Stiegenlaufes eingezeichnet; bei gewundenen oder gemischtlinigen Stiegen erfolgt jedoch die Austeilung auf der Gehlinie. Je näher sie zur Außenwand rückt, desto länger wird sie und um so schmäler werden die Spitzstufen; liegt

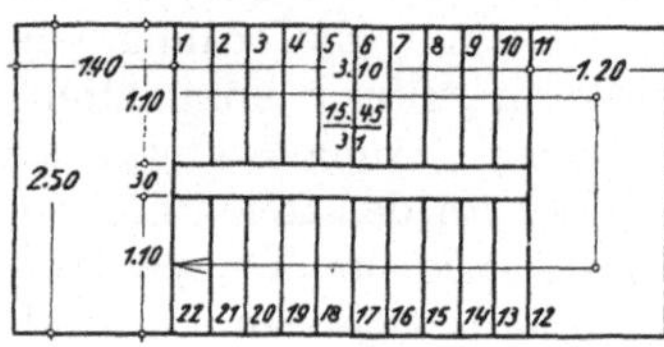

Abb. 138.

sie nahe dem inneren Stufenende, wird sie kürzer und es erhalten die Spitzstufen gegen die Außenwand unverhältnismäßig große Breiten. Viele Treppenbauer legen die Ganglinie gewundener Treppen in die Mitte und begründen dies mit der eben auch in der Mitte liegenden tatsächlichen Gehrichtung, für die eine gleichbleibende Stufenbreite anzustreben ist. Die Bauordnung für Wien schreibt für die Lage der Ganglinie einen Abstand von 40 cm von der Außenmauer vor. Die Abnutzung der Stufen lange bestehender Stiegen rechtfertigt diese aus der Mitte und wandseitig verlegte Ganglinie und bestätigt, daß ein Beschreiten näher zur Wand bevorzugt wird.

Ermittlung der Stiegenhausabmessungen. Abb. 138.

Die Ermittlung erfolgt stets für das höchste Geschoß. In städtischen Gebäuden, deren Erdgeschosse mit Rücksicht auf daselbst untergebrachte Geschäftsräume mitunter viel höher gehalten werden als die Wohngeschosse, werden die Differenzstufen meist in den Eingangsflur verlegt.

Beispiel:

Gegeben: Größte Geschoßhöhe eines dreigeschossigen Gebäudes $H =$
$= 3{,}40$ m; die Stiege soll als zweiarmige, geradarmige Treppe ausgeführt werden.

Angestrebt: Stufenhöhe $\leq$ 16 cm.

$3{,}40 : 16 = 21{,}25$; es werden 22 Höhen gewählt; Stufenhöhe $h = 3{,}40 : 22 =$

$= 15{,}45$ cm; somit: 22 Höhen zu 15,45 cm; zugehörige Breite: $b = 52 - \dfrac{4}{3} h =$

$= 31{,}4$ cm; gewählt $b = 31$ cm. Da die Stiege aus zwei (i. d. R.) gleich langen Armen, einem Zwischenpodest P_z und einem Gangpodest P_g besteht, ergeben sich für jeden Arm 11 Stufenhöhen h zu 15,45 cm und 10 Stufenbreiten (die Breite der obersten Stufe liegt bereits im Podeste) zu 31 cm und eine Stiegenhauslänge von $10 \times 31 = 3{,}10$ m $+$ den Breiten von P_z und P_g.

Das Gebäude ist dreigeschossig; zulässige Geringstbreite des Stiegenlaufes $L = 1,00$ m; gewählt $L = 1,10$ m; zulässiges Geringstmaß für P_z und P_g je 1,20 m; gewählt für $P_z = 1,20$ m für P_g mit Rücksicht auf das Verweilen von Personen bei den dort befindlichen Wohnungseingängen und zur Ermöglichung zweiflügeliger Eingangstüren 1,40 m.

Stiegenhauslänge $3,10 + 1,20 + 1,40 = 5,70$ m.

Die Breite des zwischen den Stiegenarmen verbleibenden Raumes (Spindel, Spindelraum, Kropföffnung) ist abhängig von der Konstruktion der Stiege (z. B. Spindelmauer, Geländerausbildung, Lage der Wangenträger usw.), von allfälligen Aufzugseinbauten und sonstigen Sonderwünschen. Aus wirtschaftlichen Gründen wird der Spindelraum, wenn keine gegenteiligen Forderungen bestehen, mit etwa 20—30 cm anzunehmen sein.[1]) Somit Stiegenhausbreite: $2 \times 1,10 + 0,30 = 2,50$ m. Abb. 138.

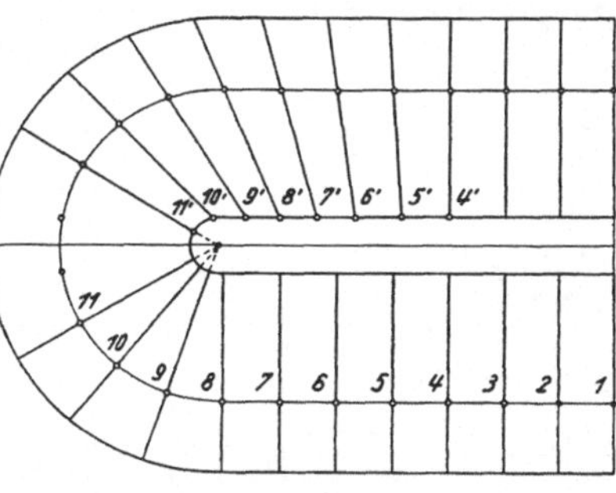

Abb. 139.

Dieselbe Stiege als gemischtlinige Stiege ermittelt: Abb. 139.

Stufenhöhe und Stufenbreite wie vor; $h = 15,45$, $b = 31$ cm; $L = 1,10$ m. Im Hinblick auf 22 Höhen Einschaltung eines Zwischenpodestes; Breite desselben auf der Ganglinie drei Stufenbreiten; daher Länge der Ganglinie: $2 \times 10 \times 31 + 3 \times 31 = 7,13$ m, die sich auf zwei gerade Arme und einen Halbkreis mit dem Halbmesser $0,15 + (1,10 - 0,40) = 85$ cm verteilen; Länge des Halbkreises $= r \cdot \pi = 0,85 \times 3,14 = 2,67$ m; daher entfallen auf jeden geraden Arm $\dfrac{7,13 - 2,67}{2} = 2,23$ m.

Würden die Stufenkanten der Spitzstufen nach der Radialen verlaufen (Abb. 139 unterer Teil), ergäben sich am Spitzende Maße < 13 cm; überdies würde an der Spindel (Lichtwange) ein sehr unvermittelter Übergang zu den Parallelstufen erfolgen; es werden daher noch einige Parallelstufen in die Ziehung einbezogen.

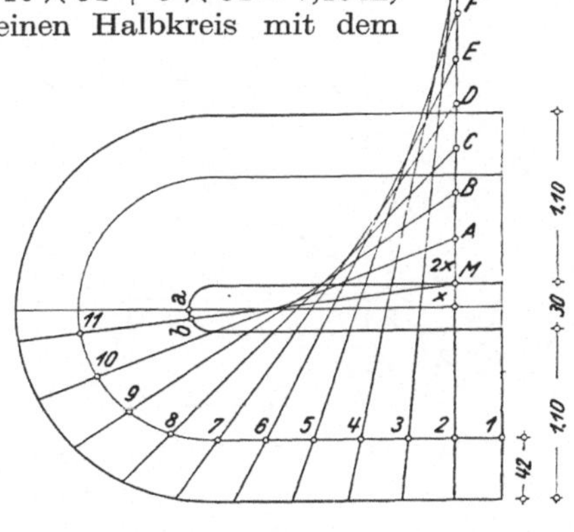

Abb. 140.

Hiefür werden verschiedene Methoden empfohlen; der Praktiker zieht häufig vor, die Austeilung auf dem Reißboden in Naturgröße gefühls-

---

[1]) Bei angestrebter größter Sparsamkeit kann die Breite des Spindelraumes auch Null werden; die Geländer laufen dann an die Unterseiten der Treppenläufe an.

mäßig vorzunehmen. Für die Plandarstellung und zur Unterstützung der freihändigen Naturausteilung stehen u. a. folgende Verfahren zur Verfügung.

1. Austeilung nach der Steigungslinie (Abb. 141). Auf dem waagrechten Arm eines Achsenkreuzes werden die Stufenbreiten des halben Stiegenlaufes so aufgetragen, wie sie sich in Abb. 139 unterer Teil an der Spindel durch das Ziehen der Spitzstufen gegen den Kreismittelpunkt ergeben. Am lotrechten Arm werden die zugehörigen Höhen aufgetragen. Die Schnittpunkte der Koordinaten ergeben in der Verbindung die gebrochene Steigungslinie. Nun wird die dem Podeste vorangehende Spitzstufe in einer Breite ≥ 13 cm (z. B. 14 cm) waagrecht vom Punkte A aufgetragen und auf die untere Stufenbreite projiziert (B), die Gerade ABC gezogen, die Strecke CD gleich CA aufgetragen und der in den Punkten A und D tangierende Kreis gezeichnet, der die neue Steigungslinie (Hauptsteigungslinie) darstellt. Die mit den waagrechten Koordinaten gebildeten Schnittpunkte zurückgeführt (4′—10′), ergeben die Spitzstufenbreiten an der Spindel (Lichtwange). Abb. 139 oberer Teil.

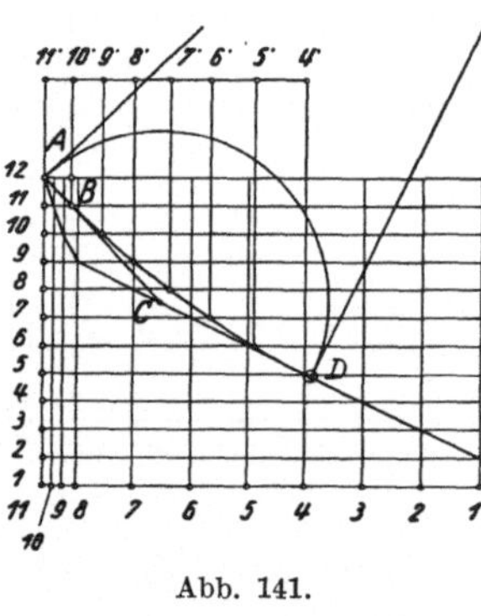

Abb. 141.

Die Übertragung des Verfahrens in die Praxis stößt wegen der weit

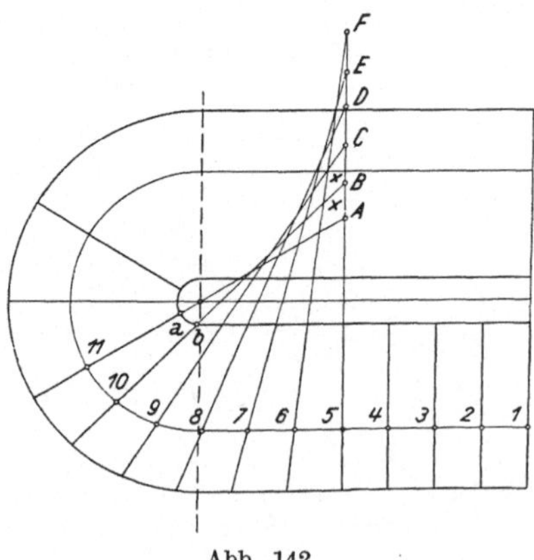

Abb. 142.

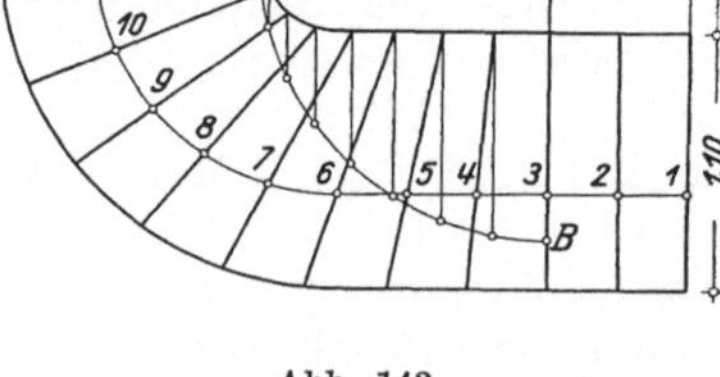

Abb. 143.

(unter Umständen 8 m und mehr) auswärts liegenden Kreismittelpunkte auf Schwierigkeiten.

2. Evolventenmethode (Abb. 140). Angenommen: Stufenbreite in der Achse; auf der Gehlinie normale Stufenausteilung; auf der Spindel $a{-}b \geq \dfrac{13}{2}$; $11{-}b$ trifft die Spindel im Punkte M; diesem zunächst-

liegende Stufenkante als letzte Parallelstufe gewählt. Im vorliegenden
Falle Stufenkante 2; 11—b mit verlängerter Stufenkante 2 zum Schnitte
gebracht, ergibt Abschnitt x; x entspricht $^{1}/_{2}$ Stufenbreite; daher 2 x
wiederholt auftragen und die Punkte $A, B, C \ldots$ mit den zugehörigen
Punkten der Gehlinie 10, 9, 8, 7, $\ldots$ verbinden.

Ist ein Zwischenpodest vorhanden (Abb. 142), Podestkanten zum
Mittelpunkte ziehen; a—$b \geq 13$ cm auftragen, 11—a und 10—b mit der
gewählten letzten Parallelstufenkante (5) zum Schnitte bringen, ergibt
auf dieser in A—B den Abschnitt x; x wiederholt auftragen und mit den
Gehlinienpunkten verbinden.

3. **Halbkreismethode** (Abb. 143). Stufenkante 3 gewählte letzte
Parallelstufe (meist 3. bis 5. Kante); vom Punkte M tangierenden
Kreis an den Spindelhalbkreis; Bogen A—B in ebensoviel Teile

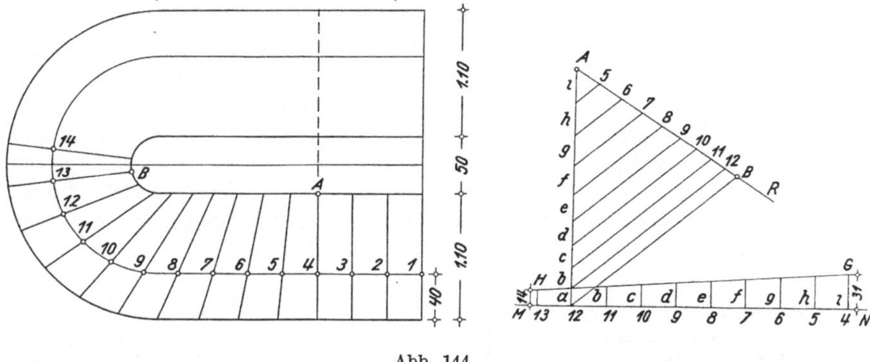

Abb. 144.

teilen, als solche auf der Gehlinie von 3 bis $11^{1}/_{2}$ erscheinen; Teilungspunkte auf die Spindel projizieren und zugehörige Punkte verbinden.

4. **Das Dänische Verfahren** (Abb. 144) ergibt sehr gute Aus-
teilungen.

Auf der Ganglinie normale Stufenausteilung (1—14). Stufenkante 4 gewählte letzte Parallelstufe; Spitzstufe 13—14 mit 14 cm
gewählt.

Auf einer Waagrechten MN werden die gleichen Stufenbreiten
der Ganglinie (z. B. 31 cm) von 13 bis 4 aufgetragen; in 13 wird
die Spitzstufenbreite (13—14) mit 14 cm auf einer Lotrechten verzeichnet, in 4 ebenso die normale Stufenbreite, hier 31 cm; die Lotrechten in den Punkten 12, 11, 10 $\ldots$ ergeben die Abschnitte a,
$b, c, \ldots$

$a, b, c, \ldots i$ auf der Lotrechten 12 abgetragen, ergibt den Punkt A;
aus diesen unter beliebigem Winkel den Strahl AR ziehen und in A—B
die errechnete Länge der Spindel (s. Grundriß) auftragen; B mit 12 verbinden und Parallele ziehen; die Teilungspunkte $A, 5, 6, \ldots 12, B$ sind
die Ziehungspunkte der Stufenkanten.

II. Konstruktive Ausbildung der Stiegen.

1. Einseitig gelagerte Stufen (eingespannt, freitragend).

Baustoff: Naturstein ausreichender Biegungsfestigkeit (einzelne Sandsteine, Kalksteine, Eruptivgesteine[1]) und Eisenbeton.

Freie Stufenlänge in der Regel nicht größer als 1,50 m. Wangenmauer: Mindeststärke 45 cm. Stufeneingriff $\geqq$ 20 cm je nach Auskragung, Einspannung und Baustoff.

Naturstein bietet hohen Brandtemperaturen geringen Widerstand; bei raschem Temperaturwechsel (Löschwasser) springt er.

Das Versetzen erfolgt nach fertiggestellter Aufmauerung der Stiegenhausmauer in nachträglich, nach dem Setzen ausgemeißelte Nester bei gleichzeitiger Unterpölzung der freien Stufenenden.

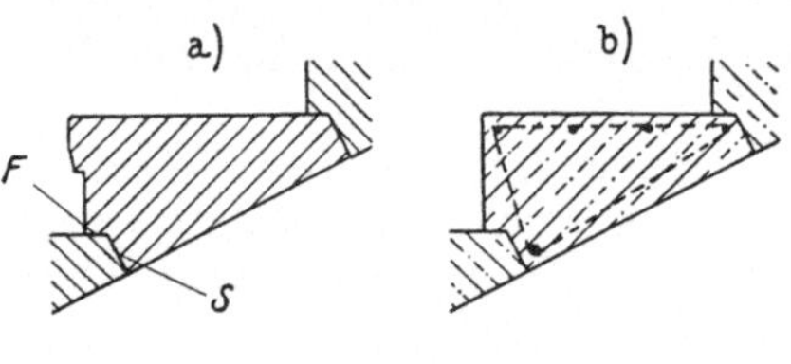

Abb. 145.

F = Tragfalz; S = Stoßfalz.

Die Stufen erhalten trapezförmigen Querschnitt (Keilstufen) und innerhalb von Gebäuden meist ein angearbeitetes Profil von etwa 2—3 cm Vorsprung und mindestens $^1/_3$ Stufenhöhe. Die Stufenuntersicht bildet eine durchlaufende Schrägfläche (ausgeschalte Stiegen); sie wird ver-

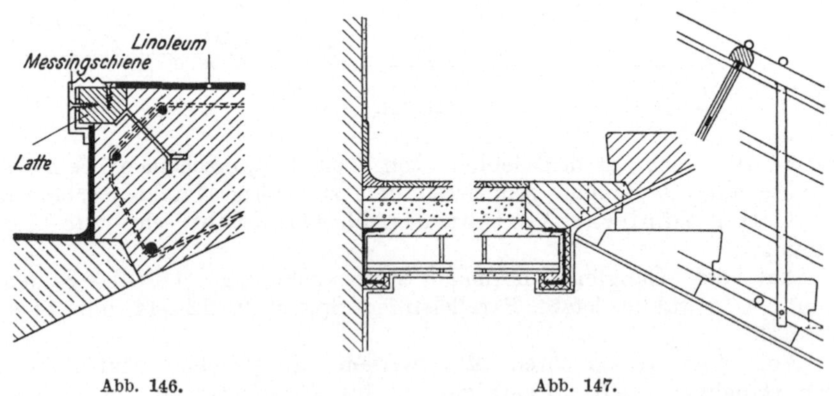

Abb. 146.　　　　　Abb. 147.

putzt. Der Auftritt (Trittfläche, Trittstufe) wird leicht gekrönelt oder gestockt, die lotrechte Fläche (Setzfläche, Setzstufe) gestockt, geschliffen oder poliert.

Jede Stufe wird im Auflager (Nest) mit Portlandzementmörtel versetzt und verkeilt und liegt auf der nächstunteren vermittels eines Falzes auf; Tragfalz F (2—4 cm), Stoßfalz S (5—7 cm) in Abb. 145. Fugen am Tragfalz rund 2 mm mit eingelegten Pappestreifen o. dgl.

---

[1]) Gattung und Bezugsort ist in den Einreichplänen anzugeben.

Freitragende Eisenbetonstufen sind der doppelten Biegungs- und der Torsionsbeanspruchung entsprechend bewehrt (Abb. 145b); die Lage der Bewehrung ist durch den Momentenverlauf bedingt.

Eisenbetonstufen erhalten, untergeordnete Verwendung ausgenommen, Beläge aus Hartholz, Linoleum, Naturstein usw. oder eine etwa 7 mm Beton-Härteschicht. Abb. 146 zeigt einen Belag mit Linoleum mit Messing- oder Bronzevorstoßschiene.

Die Ruheplätze können aus eingespannten, freitragenden Platten oder aus Gewölben oder Platten zwischen eisernen Trägern oder Eisenbetonträgern gebildet werden. Abb. 147 zeigt den Anschluß des Stiegenlaufes einer freitragenden Natursteintreppe an einem als Kleinesche Decke ausgebildeten Podest.

2. Beiderseitig unterstützte und voll aufliegende Stufen.

Stufen aus Natur- und Kunststein, Beton, Eisenbeton, Ziegel, Holz, Eisen.

Die Auflagerung — nach den Baustoffen verschieden — kann erfolgen:

a) beiderseits auf Mauern,

b) einerseits auf Mauern und anderseits auf Balken- oder Bogentragwerken oder auf in gleicher Weise gestützte Platten oder Gewölben,

c) beiderseits auf Wangentragwerken.

Sehr große Stufenlängen (über 2,5 m) erfordern Zwischenunterstützungen.

Auflagerung beiderseits auf Mauern.

Stufen aus Naturstein, bewehrtem Kunststein und Eisenbeton. Die Stufen liegen ein- oder beiderseitig auf Mauerabsätzen auf, wenn die Mauern unter dem Stiegenlauf verstärkt sind, oder sie lagern bei gleichbleibender Wandstärke in den Mauern (Wangenmauern, Spindelmauern). Ist die Untersicht nicht eingesehen, z. B. bei Kellerstiegen und Freitreppen, werden die Stufen häufig als Blockstufen

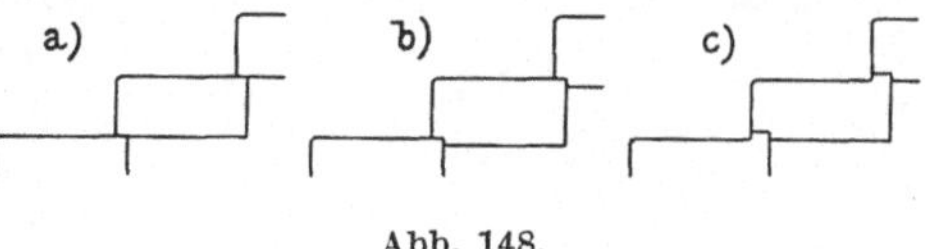

Abb. 148.

(Abb. 148), sonst fast ausnahmslos als Keilstufen ausgebildet. Auflagerlängen mindestens 7,5 cm. Freie Stufenlänge: aus Naturstein je nach Biegefestigkeit bis 2,45 m; aus bewehrtem Kunststein und Eisenbeton der Bewehrung entsprechend.

Die Stufen der Keller- und Freitreppen erhalten meist kein Profil; die Vorderkante wird schwach abgefast; die Blockstufen liegen mit 2—3 cm Übergriff fugenlos oder mit Falz (Abb. 148) übereinander.

In die Auflagerfuge eindringendes Wasser im Freien befindlicher Treppen kann bei Frost zu schweren Schäden führen. Daher stets den Trittflächen ein kleines Gefälle, etwa 1%, geben. Dichtung der Fugen mit Aboxit u. dgl.; verstemmte Bleidichtung sehr zu empfehlen. Eine Sonderprofilbildung nach Abb. 148 c ist zweckmäßig, verteuert jedoch die Ausführung.

Freitreppen-Wangenmauern frostsicher und ausreichend tief fundieren und gleichzeitig im Verbande mit den Gebäudehauptmauern ausführen, da sonst Gefahr besteht, daß sich die Wangenmauern von den Hauptmauern lostrennen oder abreißen. Die erste Stufe einer Freitreppe jedenfalls als Blockstufe ausführen, wenigstens 3—4 cm unter das Erdreich bzw. unter das Pflaster reichen lassen und auf ausreichend tiefes Fundament auflegen.

Stufen einerseits auf Mauern und andererseits auf Balken- oder Bogentragwerken

oder auf in gleicher Art gestützte Platten aufruhend.

Stufen aus Naturstein, bewehrtem Kunststein, Eisenbeton. (Unbewehrte Beton- und Kunststein- und Ziegelstufen nur bei vollflächiger Auflagerung auf tragenden Platten.)

Unterstützung der Freiseite der Stufe durch eiserne Träger, Steinzargen, Eisenbetonträger, gewölbte Gurten.

Zumeist erfolgt die Auflagerung auf eisernen Trägern, Wangenträgern (I, ⊐). Derlei Ausführungen werden in Österreich häufig Traversenstiegen genannt; die Wangenträger liegen auf den Podestträgern auf und sind mit ihnen durch Winkel verbunden. Das Abbiegen von Trägern ist zu vermeiden.

Feuerhemmende Verkleidung der Träger geboten. Die Lage des Podestträgers ist für den Anschluß des Wangenträgers und die Stufengestaltung von wesentlicher Bedeutung; unrichtige Lage ergibt schlechten Steinschnitt und ungünstigen Trägeranschluß. Die richtige Lage des Podestträgers ist aus der schematischen Darstellung, Abb. 149, ersichtlich.

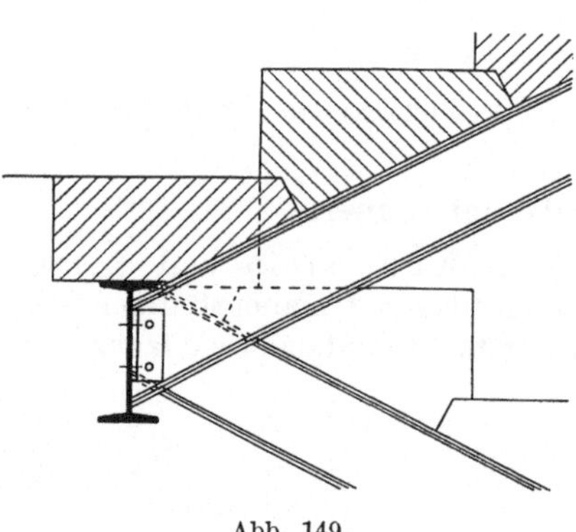

Abb. 149.

Die Podeste werden als Massivdecken zwischen eisernen Trägern ausgebildet.

Abb. 150 zeigt den Grundriß einer zweiarmigen, geradarmigen Steinstiege, deren freie Stufenenden auf eisernen Trägern aufruhen.

Berechnung der Träger

der in Abb. 150 dargestellten Treppe:

      Eigengewicht der Stufen ..... 350 kg/m² Grundriß,
      Eigengewicht der Podeste .... 440 kg/m² Grundriß,
      Verkehrslast .... 400 kg/m².

Wangenträger, Horizontalprojektion $l_1 = 3,10 + 2 \times 0,20 = 3,50\,\text{m}$; Belastung des Wangenträgers: $(350 + 400) \cdot \dfrac{1,20}{2} = 450\,\text{kg/m}$ Grundriß, Eigengewicht des Trägers angenommen: $15\,\text{kg/m}$; q_1 aus Belastung des Wangenträgers und seines Eigengewichtes $= 450 + 15 = 465\,\text{kg/m}$;

$$M_1 = \frac{q \cdot l^2}{8} = \frac{465 \times 3,5^2}{8} = 712\,\text{kgm} = 71\,200\,\text{kgcm};$$

$$W_1 = \frac{M_1}{\sigma} = \frac{71\,200}{1200} = 59,3\,\text{cm}^3 \;\ldots\; \text{entspricht } I\,12 \text{ mit } W = 65,45\,\text{cm}^3.$$

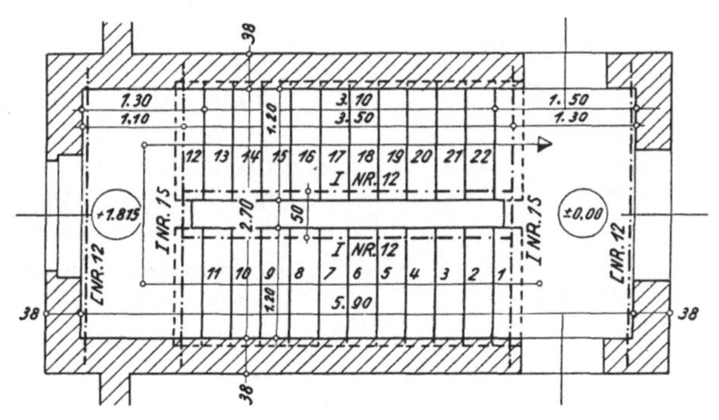

Abb. 150.

Podestträger: $l_2 = 2,70\,\text{m}$. Auflagerdrücke der Wangenträger: $P = \dfrac{q_1 \cdot l_1}{2} =$

$$= \frac{465 \times 3,5}{2} = 814\,\text{kg};$$

Eigengewicht und Verkehrslast des Podestes: $\dfrac{(440 + 400) \times 1,1}{2} = 462\,\text{kg/m}$;

Eigengewicht des Podestträgers angenommen $25\,\text{kg/m}$; Gesamtbelastung des Podestträgers $q_2 = 462 + 25 = 487\,\text{kg/m}$.

Das Größtmoment setzt sich zusammen aus dem Momente infolge der beiden Einzellasten und aus dem Momente infolge der gleichförmig verteilten Belastung:

$$M = P \cdot \left(\frac{l_2}{2} - 25\right) + \frac{q_2 \cdot l_2^2}{8} =$$

$$= 814 \times 1,1 + \frac{487 \times 2,7^2}{8} =$$

$$= 1339\,\text{kgm};$$

$$W_2 = \frac{133\,900}{1200} = 111\,\text{cm}^3 \;\ldots$$

entspricht $I\,15$ mit $112,05\,\text{cm}^3$.

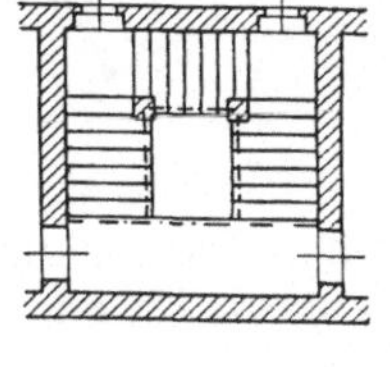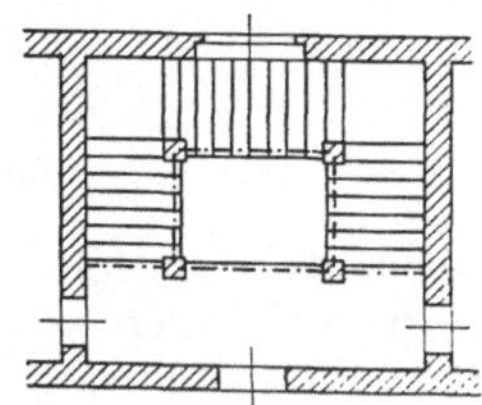

Abb. 151.

Ebenso wie zweiarmige Stiegen lassen sich auch drei- und vierarmige Treppen (Abb. 151) mit eisernen Wangenträgern ausbilden; die Wangenträger sind dann auf Pfeilern oder Pfeilern und Podestträgern gelagert.

Eine pfeilerlose Ausführung drei- oder mehrarmiger Stiegen mit eisernen Trägern ist wegen des Abbiegens der Träger nicht zu empfehlen.

Die Auflagerung auf Steinzargen oder gemauerten Gurten ist in der Gegenwart auf Sonderfälle beschränkt; ebenso werden Eisenbeton-Wangenträger als selbständige Tragwerke nur selten verwendet; sollen Eisenbetonwangen verwendet werden, so besteht die häufigere Ausführung in der einheitlichen Ausbildung der Wangenträger mit unmittelbar anschließenden biegungsfesten Stufen oder solchen ebenen Platten (Laufplatten) mit aufgelegten Stufen. Im ersteren Falle wird die Stufe ebenso wie der Wangenträger aus Eisenbeton ausgeführt und

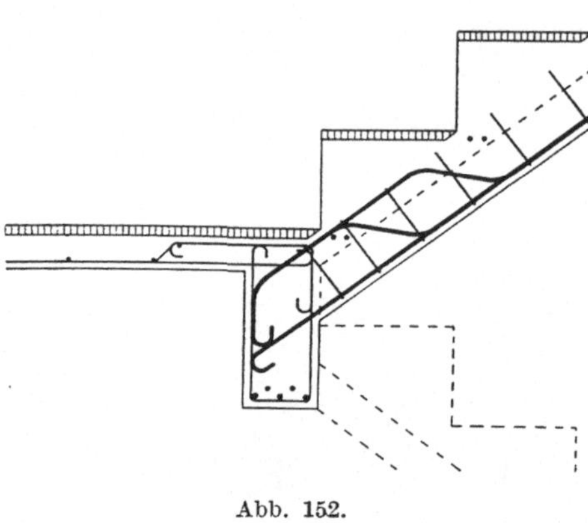

Abb. 152.

statisch mitausgenützt (Abb. 152)[1]; im zweiten Falle ist die ebene Laufplatte allein tragend, während die Stufen aus beliebigen, auch nicht biegungsfesten Baustoffen bestehen können. Abb. 153.[1]

Die meistverwendeten Ausführungsarten solcher zweiarmiger, geradarmiger Eisenbetontreppen mit Laufplatten zeigen zwei Podestträger und Wangenträger mit Eisenbeton-Podest- und Laufplatten, die am wirtschaftlichsten auf die Wangenträger aufgelegt oder unterseitig mit den Wangenunterflächen bündig verlegt oder derart angeordnet werden können, daß die Wange teils

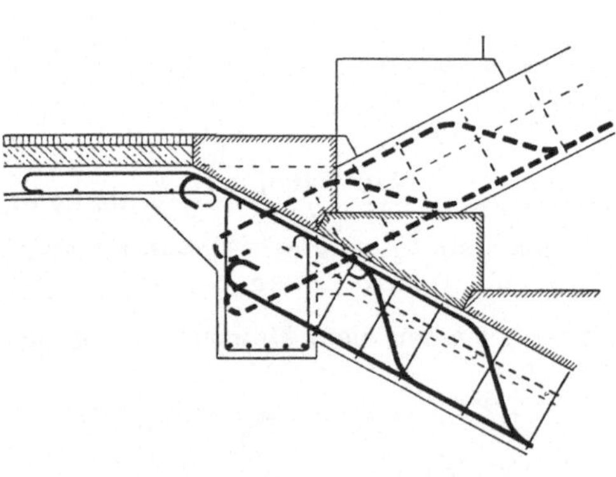

Abb. 153.

oben, teils unten vorsteht. Das mauerseitige Ende der Stufenplatte liegt auf einer schräg abgeglichenen Mauerfläche auf; es muß mit der Weiterführung der Mauer bis nach Fertigstellung des Stiegenlaufes gewartet werden. Beiderseits angeordnete Wangenträger s. nächsten Abschnitt.

---

[1] Die Abbildungen sind dem derzeit in Bearbeitung stehenden Buche „Konstruktiver Eisenbetonbau" von Ing. Karl Hoffmann, Wien, entnommen.

Die Stufen liegen beiderseits auf Wangentragwerken auf.

Stufen aus Naturstein, Eisenbeton, Holz, Eisen. Die beiderseits angeordneten Wangenträger sind je nach dem Stufenmaterial aus eisernen Trägern, Eisenbetonbalken oder Holzwangen gebildet.

Die Ausbildung ist ähnlich wie bei einseitiger Wangenauflagerung. Diese Anordnung wird angewendet, wenn die Stiegenhausmauern nicht tragend sind oder Auflagerschlitze aus anderen Gründen vermieden werden sollen. Ausnahmslos auf beiderseitigen Wangen ohne Rücksicht, ob die Mauern tragend oder nichttragend ausgebildet sind, erfolgt die Lagerung bei Holz- und Eisentreppen.

Holztreppen.

Sie werden in einfachster Weichholzausführung für untergeordnete Zwecke bis zu sehr reichen und kunstvollen Gestaltungen in Hartholz für Gebäude erlesener Ausstattung verwendet.

Bei geschlossenen Stiegenläufen werden die Stufen aus waagrechten Tritt- und aus lotrechten Setzstufen (Futterbrettern) gebildet; bei offenen Stiegenläufen entfallen die Setzstufen.

Die Auflagerung der Trittstufen auf den Wangen kann durch das Einpassen derselben in entsprechende Ausnehmungen der Wangen (gestemmte Treppen), durch Auflegen der Stufen auf die zahnartig ausgeschnittenen Wangen (aufgesattelte Treppen) oder durch Einschieben der Stufen in Nuten (eingeschobene Treppen) bewirkt werden. Abb. 154.

Holztreppen können aus weichem Holz, Fichte, Kiefer, Lärche, oder aus hartem Holz, Eiche, allenfalls Buche, oder schließlich gemischt aus beiden Hozarten ausgeführt werden.

Hartholztreppen gelten als „feuerhemmend"; Weichholztreppen nur dann, wenn sie auf der Unterseite 1,5 cm stark gerohrt und geputzt oder gleichwertig bekleidet sind.

Bei gemischter Verwendung von Hart- und Weichholz werden zumeist die Wangen und Setzstufen aus weichem Holz, die Trittstufen aus hartem Holz hergestellt.

Die für jedes Bauholz aufzustellende Forderung trockener und gesunder Beschaffenheit gilt in besonderem Maße für das zum Treppenbau bestimmte Holz.

Holzstärken: Wangen (möglichst Kernbohlen) meist 5—8 cm;

Trittstufen 3,5—5 cm,
Setzstufen 1,8—2,5 cm.

Die angegebenen Stärken gelten für Stufenlängen bis etwa 1,25 m.

Der Form und Armzahl nach können, ebenso wie bei Massivstiegen, auch Holztreppen als gerade, gewundene oder gemischtlinige bzw. als ein-, zwei- und mehrarmige Stiegen ausgebildet werden.

Die Wangen ruhen auf dem Podestbalken auf und sind mit den Geländerpfosten (Antritt-, Austritt- und Übergangspfosten) verbunden; die Wandwange wird überdies durch Bankeisen befestigt. Die oft geübte, sehr gründliche Verbindung von Wange und Geländerpfosten bzw. Geländerpfosten und Podestbalken sowie von Wange und Podestbalken durch zapfenartige und nicht geringen Zeitaufwand verursachende Holzverbindungen wird von vielen Praktikern, die den in sich geschlossenen Treppenlauf nur an die Podestbalken „angelehnt" wissen wollen, verworfen; sie begründen die Ablehung mit den zu erwartenden Rissebildungen in den Holzverbindungen bei Gebäudesetzungen.

Die Stufenauflagerung bei gestemmten (I), aufgesattelten (II) und eingeschobenen (III) Holzstiegen zeigt Abb. 154.

Die weitaus verbreitetste Ausbildung ist die als gestemmte Treppe; aufgesattelte Stiegen sind in Österreich und Deutschland selten; eingeschobene Treppen für untergeordnete Zwecke.

Das Zusammenhalten der Wangen wird bewirkt: Durch 12—15 mm Schraubenbolzen (Treppenschrauben) unter jeder vierten bis fünften Stufe (Abb. 154, I) oder durch Kropfschrauben in den Trittstufen oder schließlich, wo es angängig ist, durch zugfeste Holzverbindungen (Abb. 154, III, Var. 1).

Das lästige Krachen vieler Holztreppen wird hauptsächlich durch die Setzstufen (Futterbretter) hervorgerufen und durch das Verschieben derselben in den Fälzen der Trittstufen bedingt. Zur Vermeidung sollen die Trittstufen bei ihrer Versetzung durch einen Hebel auseinandergespannt, die Setzstufen in die obere Nut gedrückt und noch während der Verspannung mit zirka 8—10 langen Nägeln an die unteren Trittstufen genagelt werden; hierauf wird die Verspannung gelöst.

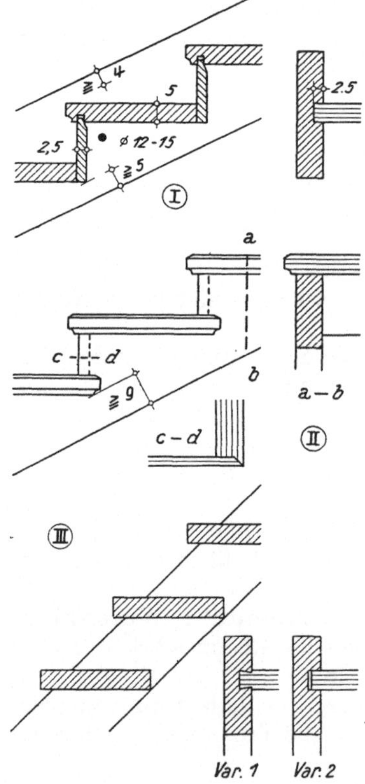

Abb. 154.

Die Abb. 155 zeigt eine zweiarmige, geradarmige, gestemmte Holzstiege, die im Erdgeschoß beginnt und im ersten Stock endet mit Antritts-, Übergangs- und Auftrittspfosten.

Die Befestigung des Antrittspfostens (A, Abb. 155) mit dem Fußboden erfolgt, sofern der Pfosten auf einer massiven Unterkonstruktion steht, mit Steinschrauben, auf Blockstufen mit Zapfen mit allfällig seitlich eingetriebenen Keilen, mit der Wange mit Zapfen, Hartholzdübeln und Kropfschrauben. Die Austrittspfosten (C, Abb. 155) lehnen am Podestbalken und sind mit der Wange mit Zapfen, Dübeln oder allfällig auch mit einer Kropfschraube verbunden. Manchmal werden die Austrittspfosten ausgeschnitten und auf den Podestbalken aufgelegt und die Wange in den Hängepfosten eingelassen, wodurch eine erhebliche Schwächung des Pfostens entsteht.

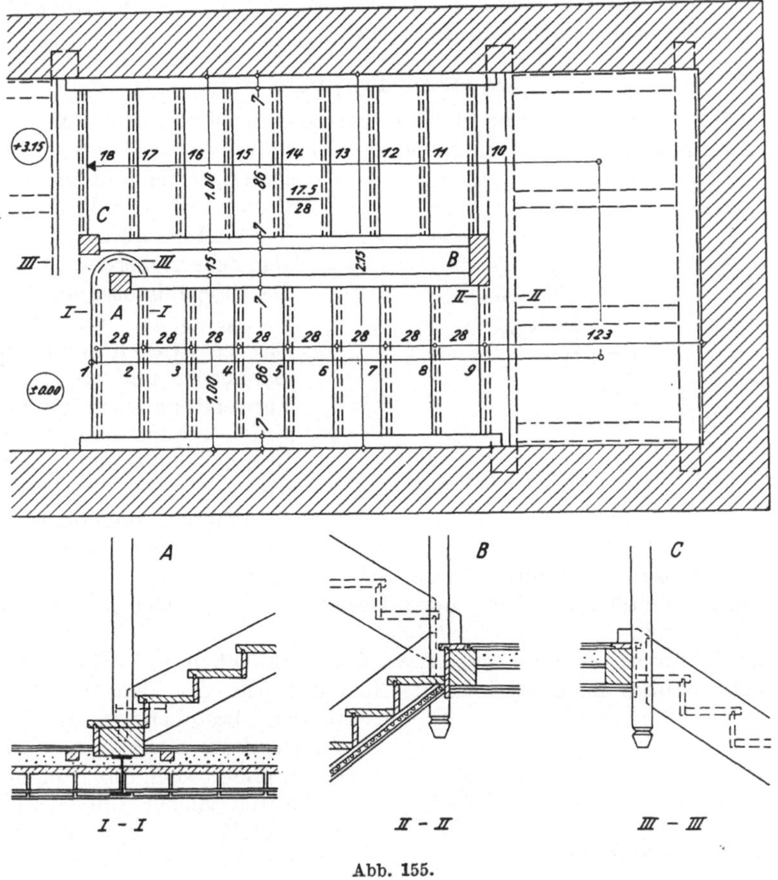

Abb. 155.

Die Befestigung der Übergangspfosten (*B*, Abb. 155) erfolgt sinngemäß wie bei den Austrittspfosten.

Anstatt die Wangen an selbständige Übergangspfosten anzuschließen, wird auch häufig ein im Grundriß halbkreisförmiges Wangen-Übergangsstück (Krümmling, Kropfstück) verwendet, das wieder an dem für die seitliche Schubkraft entsprechend bemessenen Podestbalken lehnt.

Soll die Treppenuntersicht des Aussehens wegen oder aus Gründen des Feuerschutzes verkleidet werden, so erfolgt die Befestigung der Verkleidung entweder zwischen den Wangen an den abgeschrägten Setzstufen (Abb. 155 *B*) oder auf den Wangenunterseiten, in welchem Falle für einen entsprechenden Abschluß an den Wangenseitenflächen gesorgt werden muß. Als feuerhemmende Verkleidungen kommen Verputz auf entsprechenden Putzträgern (Schalung und Berohrung, Staußziegelgewebe, Streckmetall, Heraklith o. ä.) oder allfällig auch Eternitplatten und ähnliche Sperrplatten in Betracht.

Eiserne Treppen.

Sie finden, durchaus nur in Eisen hergestellt, meist nur als Not- und Nebentreppen in Nutzbauten sowie als Verbindungen zu Galerien, Laufstegen, Arbeitsbühnen u. dgl. Verwendung. Im Wohnhausbau sind sie ab und zu nach dem feuersicheren Abschluß des Stiegenhauses als Dachbodentreppen anzutreffen. Eiserne Stiegen sind nicht feuersicher und werden bei Verwendung eiserner Trittstufen schon nach kurzem Brande nicht mehr betretbar.

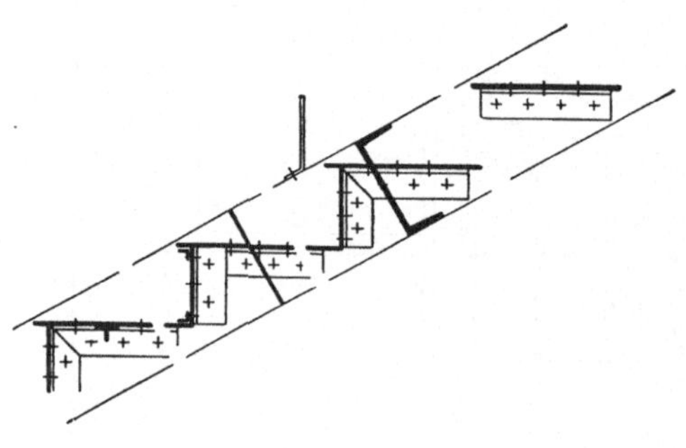

Abb. 156.

Treppen mit einer Neigung $> 60^0$ werden als Leitertreppen, lotrechte als Leitern bezeichnet.

Eiserne Leitern als Not- oder Rettungsleitern, Dach-, Kranbahnaufstiege u. dgl.

Als Baustoff kommt gegenwärtig ausschließlich nur Flußstahl in Betracht (früher auch Gußeisen). Nebentreppen sind den für Hauptstiegen bestehenden amtlichen Vorschriften nicht unterworfen. Es empfiehlt sich, das Steigungsverhältnis solcher Nebentreppen nicht steiler als 20×25 cm zu wählen und die Laufbreite bei mehrgeschossigen Treppen nicht geringer als 1 m zu halten. Bei Leitern: Holmabstand $\geqq 60$ cm, Sprossenabstand $\leqq 30$ cm.

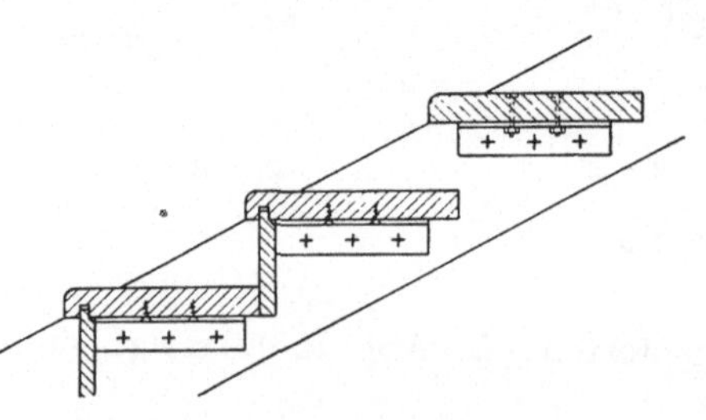

Abb. 157.

Die Wangen eiserner Treppen bestehen aus I, J, Blech- oder Fachwerksträgern, die Stufen aus Eisen oder Holz. Demnach zu unterscheiden: Reineiserne Stiegen und gemischteiserne Stiegen.

Gemischteiserne Treppen mit Naturstein- oder Kunststeinstufen s. S. 166, Traversenstiegen.

Reineiserne Stiegen. Abb. 156.

Tritt- und Setzstufen aus Riffelblech oder Warzenblech (Kernstärke 4—8 mm) auf 55 × 55 oder 65 × 65 mm Winkel genietet, die ihrerseits mit Nieten an die Wangen angeschlossen sind; bei größeren Stufenlängen Saumwinkel oder Versteifungswinkel (⊥-Eisen) an den Stufenunterseiten. Bei schwerbelasteten solchen Treppen kann es zweckmäßig sein, die Setzstufen als ⅂-Eisen auszubilden. Bei wenig begangenen Eisenstiegen oder Leitertreppen entfallen die Setzstufen.

Gemischteiserne Stiegen mit Holzstufen. Abb. 157.

Die rund 35 mm starken Trittstufen aus Holz liegen wieder auf Winkeln auf und werden an der Unterseite mit diesen verschraubt; Setzstufen können fehlen oder werden auch aus Holz oder aus Blech gebildet.

Abb. 158 zeigt einen Laufsteg mit Leitertreppe, Plattform und Stufen aus Riffelblech.

Abb. 158.

Geländer.

Die Bauordnung für Wien schreibt vor: Entlang der Treppenläufe müssen wenigstens auf einer Seite Anhaltestangen angebracht werden. Dienen die Treppenläufe dem Zugange zu Räumen für die Ansammlung größerer Menschenmassen, so sind beide Seiten mit Anhaltestangen zu versehen. An den freien Stellen der Stiegen und Gänge ist ein mindestens 1 m hohes, genügend dichtes Geländer anzubringen und bei freitragenden Stiegen der Geländergriff mit Vorrichtungen gegen das Herabgleiten zu versehen.

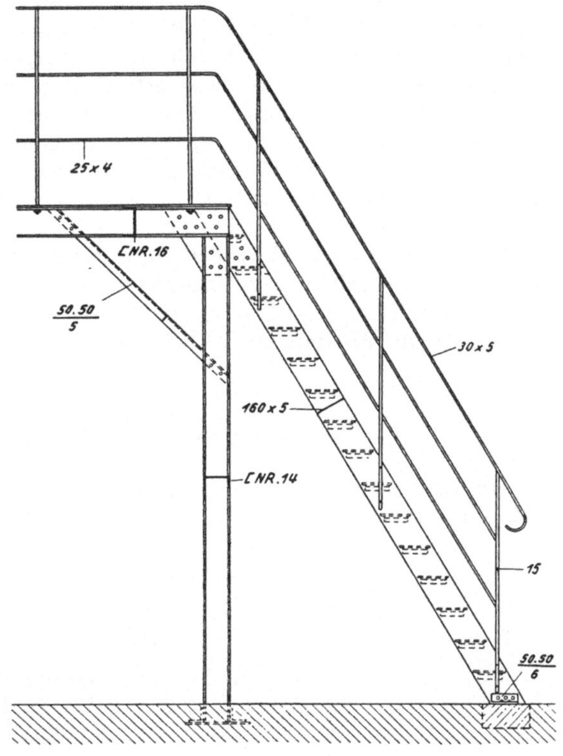

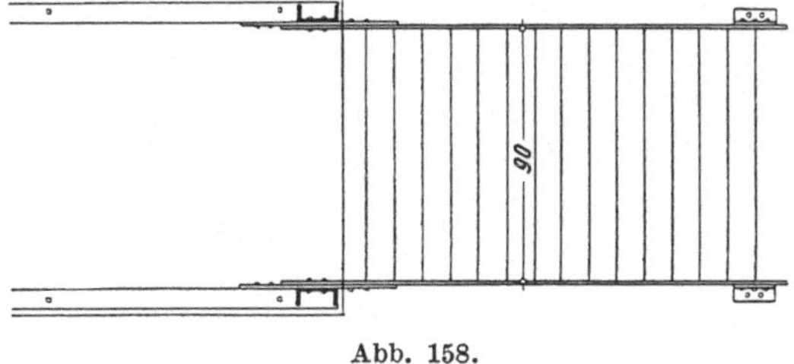

Die Geländer bei massiven Stiegen können durch Natur- oder Kunststeinbrüstungen (meist nur bei Monumentalbauten) auf Zargen aufruhend oder durch Stahl- oder Gußeisenstäbe mannigfacher Ausführung gebildet werden. Gußeisengeländer sind ganz außer Gebrauch gekommen. Fast ausnahmslos Flußstahl als Flach-, Quadrat- und Rundeisen allfällig in Verbindung mit Stahldraht-Gittergeflechten. Die Befestigung der Stäbe erfolgt in den Stufenoberflächen oder einfacher und unabhängig von der Stufeneinteilung an Flacheisenschienen, die seitlich mit Steinschrauben an die Stufenhäupter angeschlossen werden (s. Abb. 147). Den oberen Abschluß bilden Hartholzhandleisten verschiedener Profilierung (6,5 × 7 cm und >) mauerseits meist flache Hartholzleisten auf kleinen Metallkonsolen.

Die Geländer bei Holztreppen werden durch Holzstäbe (Staketen) oder Brettchen mit oberem Handleistenabschlusse gebildet. Die Füllstäbe greifen etwa 6 cm in die Wangen, die Handleisten mit etwa 6 cm langen Zapfen in die Pfosten ein. Abstand der Staketen meist 16—17 cm.

D. Dächer und Dachstühle.

Bezeichnungen der Begrenzungslinien der Dachflächen. Abb. 159 links. a—b, b—c, c—d, d—e, e—f, Saum, Traufe.

$$
\begin{aligned}
&a\text{—}g\text{—}f \ldots\ldots\ldots & &\text{Giebel,}\\
&d\text{—}k\text{—}c \ldots\ldots & &\text{Walm,}\\
&g\text{—}h,\ i\text{—}k \ldots\ldots & &\text{First,}\\
&b\text{—}i,\ c\text{—}k,\ d\text{—}k \ \ldots & &\text{Grat,}\\
&e\text{—}h \ldots\ldots\ldots & &\text{Ichse, Kehle,}\\
&i\text{—}h \ldots\ldots\ldots & &\text{Verfallungsgrat,}\\
&k,\ i,\ h \ldots\ldots & &\text{Anfallspunkte.}
\end{aligned}
$$

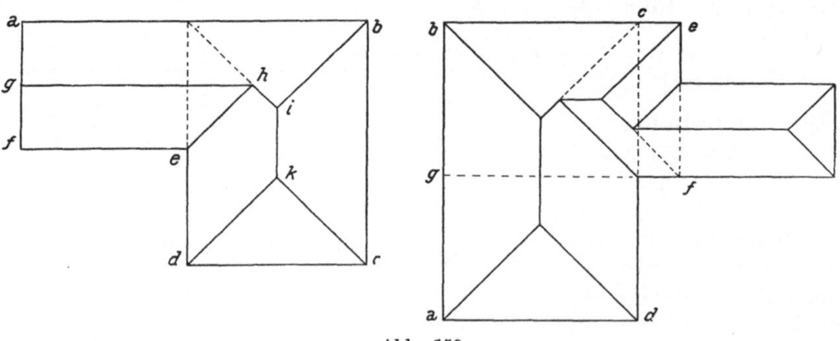

Abb. 159.

Der Neigung nach unterscheidet man Steildächer (Neigungen s. Tafel auf S. 177) und Flachdächer und ferner nach der Dachform (Abb. 160): Pultdach mit Giebel oder mit Walm (a, b), Satteldach mit Giebel oder mit Walm (*c, d*) (Skizze *e* zeigt einen Krüppelwalm), **Mansardesatteldach mit Walmen** (*f*), **Kreuz- oder Zeltdach** (*g*), **Turmdach** (*h*), **Sägedächer** (*i*).

I. Dachausmittelung.

Sie bezweckt die Feststellung der Traufen, Firste, Grate und Ichsen, und damit der Fallrichtung des Wassers. Es ist unzulässig, das Dachwasser gegen die Nachbargrenze und gegen Bauteile, die das Dach über-

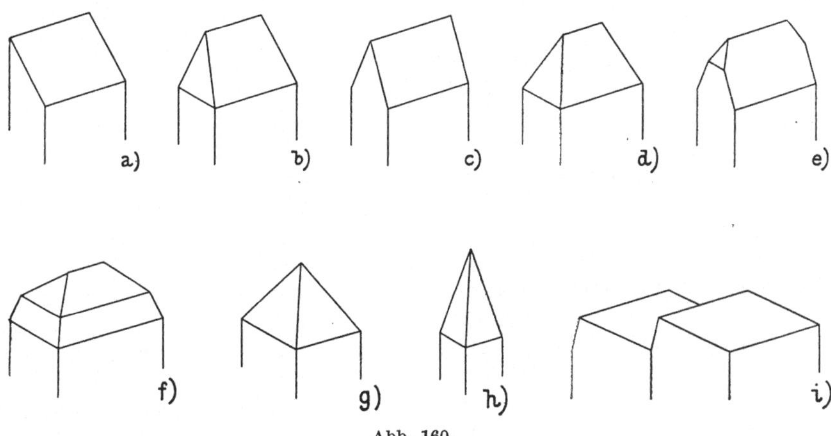

Abb. 160.

ragen, abfließen zu lassen. Die Säume (Traufen) werden, wenn nicht besondere Gründe eine andere Anordnung erfordern, in gleiche Höhe gelegt. Liegen die Säume in verschiedenen Höhen, so sind zwecks Einzeichnung

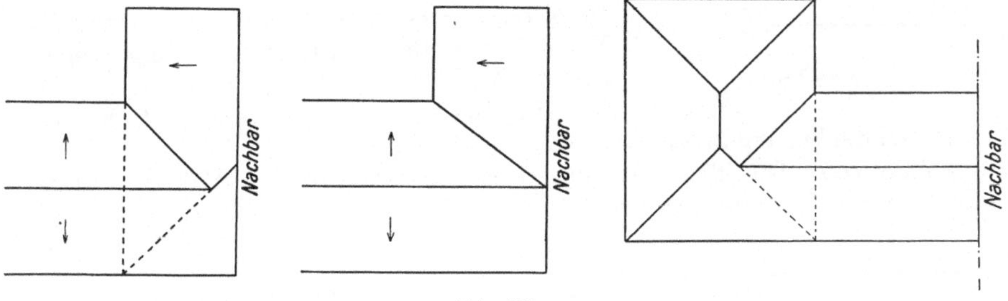

Abb. 161.

der Dachausmittelung die Säume der höheren Dachflächen auf die durch den tieferen Saum gelegte waagrechte Ebene zu beziehen. Abb. 165.

Die Neigung wird in der Regel bei allen Dachflächen eines Gebäudes gleich gewählt. Windschiefe Dachflächen sind zu vermeiden. Der Grundriß der Schnittlinien zweier Dachflächen liegt bei gleichen Neigungen in der Winkelhalbierenden der Säume.

Beispiele:

Abb. 159 rechts. Alle Säume liegen gleich hoch, alle Neigungen gleich, Walme an allen Traufen.

Es empfiehlt sich, bei der Zeichnung stets von der größten einfachen Dachform, die aus dem Gesamtgrundriß herausgeschnitten werden kann,

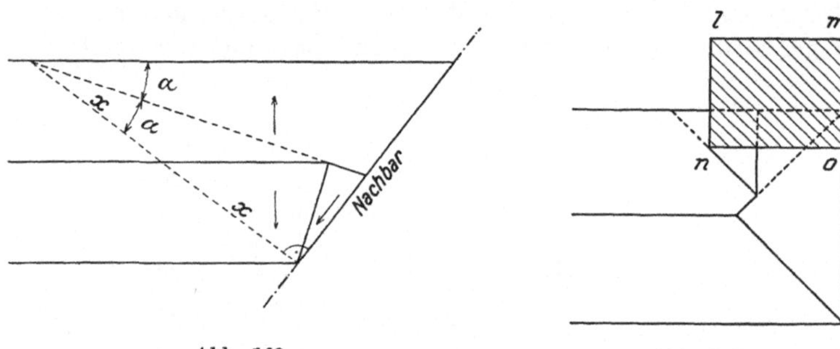

Abb. 162.   Abb. 163.

z. B. a, b, c, d, auszugehen, dann zur nächstkleineren einfachen Dachform, z. B. e, f, g, b, überzugehen usw.

Abb. 161. Das Gebäude steht an der Nachbargrenze; es muß vermieden werden, daß das Dachwasser gegen die Nachbargrenze fließt (Pultdach, Giebel).

Abb. 162. Der Anschluß an die Nachbargrenze erfolgt im schiefen Winkel. Einschaltung einer Hilfsebene x—x.

Abb. 163. Der Gebäudeteil l, m, n, o überragt die übrige Dachfläche. Einschaltung eines Firstes senkrecht zu n, o zwecks Vermeidung der Wasserfallrichtung gegen diesen Wandteil.

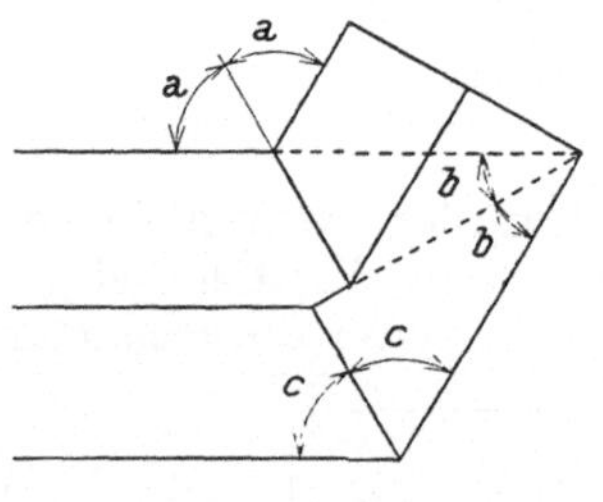

Abb. 164.

Abb. 164 Verschieden breite Gebäudeteile schneiden einander in einem schiefen Winkel.

Abb. 165. Die Traufen liegen in verschiedenen Höhen. Siehe auch unter I, erster Absatz.

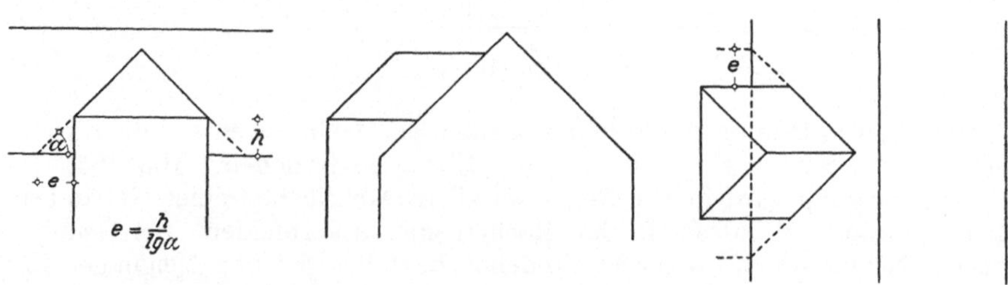

Abb. 165.

II. Übliche Dachneigungen und Gewichte der gebräuchlichsten Dachdeckungen.

Eigengewicht des Tragwerkes bei Stützweiten bis 16 m, bei eisernen Tragwerken 10—20, bei hölzernen Tragwerken 20—30 kg/m² Grundrißfläche.

Art der Eindeckung	Dachneigung		Gewicht in kg/m² der schiefen Dachfläche samt Schalung oder Lattung und Sparren, ohne Tragwerk	
	Neigungswinkel $\alpha =$	$\mathrm{tg}\ \alpha$ ~	Nach ÖNORM B 2101	Nach amtl. deutschen Vorschriften v. J. 1919
Einfaches Ziegeldach (Biberschwänze)	45⁰ u. >	1 : 1	100[1]	75—85
Doppeltes Ziegeldach	35⁰ u. >	1 : 1₅	125[2]	95—115
Falzziegeldach	35⁰ u. >	1 : 1₅	65	65
Einfaches Schieferdach Doppeltes Schieferdach	22⁰ u. >	1 : 2₅	70 80	45—65
Kunstschieferdach (Eternit) mit Dachpappenunterlage	20⁰ u. >	1 : 2₈	41	45
Einfaches Teerpappedach Doppeltes Teerpappedach	8—12⁰	1 : 7—1 : 5	35 40	35 55
Preßkiesdach	3⁰	1 : 20	52—55	
Holzzementdach mit 5 cm Sand und 5 cm Kies	3⁰	1 : 20	240	180 (mit 7 cm Kies)
Blechdach bis 1 mm Blechstärke	i. M. 9—18⁰	i. M. 1 : 6—1 : 3	36—38	40
Wellblechdach auf Winkeleisen (Wellblech 40 × 150 × 1,5)	i. M. 20—33⁰	i. M. 1 : 2₈—1 : 1₆	25	25
Glasdach mit 6 mm Rohglas (Drahtglas)	33⁰ u. >	1 : 1₆ u. steiler	30 (35)	30 (35)

(Spalte „$\mathrm{tg}\ \alpha$": bei den Einträgen von Einfaches Ziegeldach bis Kunstschieferdach steht rechts die Beschriftung „und steiler".)

[1] Nach den Gewichten der Wienerberger Erzeugnisse ~ 60 kg.
[2] Nach den Gewichten der Wienerberger Erzeugnisse ~ 90 kg.

III. Dachstühle.

Den verwendeten Baustoffen entsprechend, sind Holz- und Eisendachstühle bzw. Eisenbetondachkonstruktionen zu unterscheiden. Die eine gemeinsame Verwendung von Holz und Eisen voraussetzenden Holz-Eisendachstühle werden gegenwärtig nur selten verwendet.

1. Holzdachstühle.

Sie bestehen aus einzelnen, äußere Kraftangriffe übernehmenden und das Traggerüst für die Dachhaut bildenden Scheiben, den Bindern oder Vollgespären und dazwischen eingeschalteten, nur die Dachhaut tragenden Leergespärren.

Je nach dem Vorhandensein oder dem Fehlen von Bundträmen (Binderbalken, Bundbalken, s. nachfolgenden Abschnitt, unter a)[1] in diesen Scheiben lassen sich die Holzdachstühle in Dachstühle mit Bundträmen und in bundtramlose Dachstühle einteilen. Beispiel eines Dachstuhls mit Bundtram Abb. 170, eines bundtramlosen Dachstuhls Abb. 185.

Zu ersteren gehören alle im Wohnhausbau und bei beschränkten Spannweiten üblichen sogenannten zimmermannsmäßigen Dachstühle, zu letzteren manche nach alterprobten Zimmermannsregeln gebaute Hallendachstühle, alle Bogen- und Sprengwerksdächer älterer Konstruktion und alle neuzeitlichen, aus fachwerkgegliederten und vollwandigen Bindern gebildeten Dachstühle.

a) Dachstühle mit Bundträmen.

Die Binder bestehen aus einem unteren, die Stützweite überspannenden waagrechten Balken, dem Bundtram (Binderbalken oder Bundbalken), den in der Dachneigung liegenden Sparren und den zur Unterstützung und Gewährleistung der Unverschieblichkeit erforderlichen weiteren Balken und Konstruktionsgliedern.

Binderabstand 4—5 m.

Sparrenabstand $\leq 1,0$ m.

Die Sparren sind die Träger der Dachhaut. Zu ihrer Unterstützung dienen je nach dem System, zwischen je ein Sparrenpaar eingeschaltete Horizontalbalken (Kehlbalken, Hahnenbalken) oder rechtwinkelig zu den Sparren angeordnete Balken, die Pfetten.

Sind die Sparren am Fußpunkte unmittelbar mit dem Bundtrame (Stichbalken)[3] verbunden und in ihrer Freilänge, wenn erforderlich, durch Kehlbalken und Hahnenbalken abgestützt, so liegt ein Sparrendach[2]

---

[1] Unter Umständen können auch die Deckenbalken, wie im Deutschen Reiche meistens, als Bundträme herangezogen werden; in Österreich im allgemeinen nicht zulässig und nur unter erleichterten Bedingungen und bei entsprechenden Schutzvorkehrungen gegen das Übergreifen eines Brandes erlaubt.

[2] Oft auch Kehlbalkendächer genannt.

[3] Siehe S. 179.

vor, sind die Sparren am Fuße und wenn erforderlich in ihrer Freilänge durch Pfetten unterstützt, so spricht man von einem **Pfettendache.**

Das Traggerüst eines Pfettendaches behält auch ohne Sparren seine Standfestigkeit, das Traggerüst des Sparrendaches nur unter gewissen Bedingungen.

Zur klaren Veranschaulichung der Dachstühle dienen die Darstellungen des Binders im **Querschnitte,** im **Werksatze** und im **Längenschnitte.** Im Querschnitte (Profil) sind die Holzabmessungen einzutragen; der Werksatz bildet den Grundriß mit Einzeichnung aller waagrecht liegenden Balken in der Draufsicht und aller lotrechten Balken im Querschnitte.

Sparrendächer.

Die Sparren greifen am Fuße mit Zapfen und Versatzung in die Bundträme bzw. **Stichbalken** ein (Abb. 166) und stützen einander am First mit **Schere** und **Zapfen** (Abb. 166 B) oder finden dort, stumpf gestoßen, ihr Auflager auf einem mit dem First gleichlaufenden Balken, dem **Rähm,** das durch Zangen gestützt wird. Abb. 166 a.

Die Bundträme liegen auf einem auf die Mauer verlegten flachen Balken, der **Mauerbank (Mauerlatte),** meist 14 × 12 cm, auf. Um an Bundträmen zu sparen, werden diese

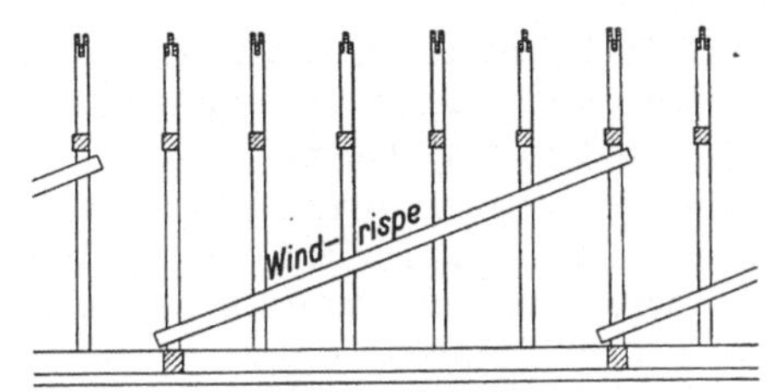

Längsschnitt.

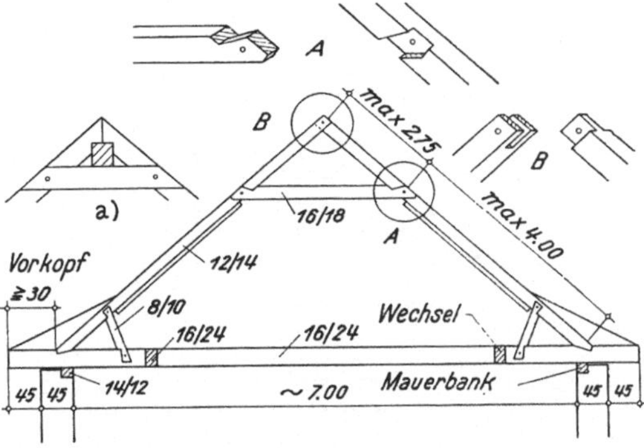

Querschnitt (Profil).

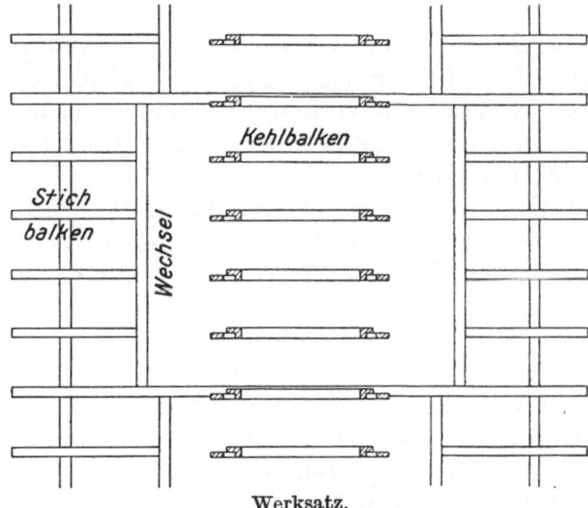

Werksatz.

Abb. 166. Sparrendach.

nur alle 4—5 m (Binderabstand) verlegt und für die Auflagerung der dazwischenliegenden Sparren (**Leersparren**) kurze Bundtramstücke (**Stich-**

balken) angeordnet, die einerseits mit Brustzapfen in den zwischen den Bundträmen verlegten Wechseln, anderseits auf der Mauerbank aufruhen.

Mit Rücksicht auf den auftretenden Schub sind flache Dachneigungen zu vermeiden und ist für eine entsprechend große Vorkopflänge am Bundtram Sorge zu tragen.

Die freie Sparrenlänge soll, sofern keine Zwischenunterstützung vorhanden ist, 3,5 m nicht überschreiten. Wird dieses Maß größer, so sind Zwischenunterstützungen anzuordnen. Die freie Sparrenlänge soll dann je nach Eindeckungsart bei 12 × 14 cm Sparren und 1,0 m bzw. 0,9 m Sparrenabstand im Mittel 3,7—4,0 m und bei 14 × 16 cm Sparren im Mittel 4,5—4,8 m nicht überschreiten. Die Zwischenunterstützung wird im Sparrendach durch waagrecht angeordnete, zugfest (Weißschwanzblatt) mit den Sparren verbundene Kehl- und Hahnenbalken

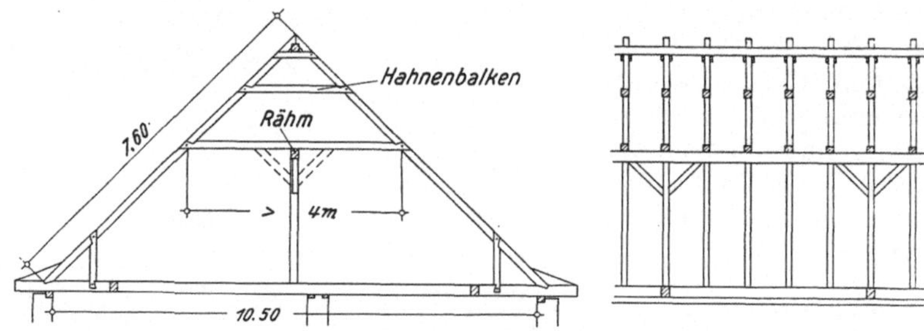

Abb. 167. Fußbänder zwischen Bundtram und Sparren; Kopfbüge zwischen Säule und Rähm, bzw. (strichliert) zwischen Säule und Kehlbalken.

bewirkt. Ist die Länge dieser Balken kleiner als 4 m, so bedürfen dieselben keiner Stützung; bei größeren Längen sind senkrecht zu den Kehlbalken verlegte Balken (Rähme) anzuordnen, die ihrerseits wieder in 4—5 m Abstand (über den Bundträmen) abzustützen sind. Abb. 167—169.

Diese Abstützung kann durch stehende oder liegende Stühle erfolgen, wobei Druckbeanspruchungen nicht unterstützter Bundträme zu vermeiden sind und für die Sicherung einer entsprechenden Unverschieblichkeit des Systems (beispielsweise durch Fußbänder, s. Abb. 166, 167, oder Kopfbüge, s. Abb. 167, 168) Sorge zu tragen ist.

Sparrendächer ohne Rähm erfordern, um die einzelnen Gespärre gegen Umkippen zu sichern, die Anordnung von Windrispen (~ 6 × 12 cm) an den Unterseiten der Sparren (s. Abb. 166).

Abb. 167. Sparrendach mit einer Mittelstütze: einfacher stehender Stuhl (eine Stuhlsäule).

Da eine größere Spannweite (10,5 m) und damit eine größere Sparrenlänge (7,6 m) vorliegen, sind zwei Unterstützungen erforderlich; Kehlbalken und Hahnenbalken; Kehlbalken über 4 m lang; daher mit Rähm und Stuhlsäule unterstützt. Stuhlsäule (Belastung des Bundtrams) zu-

lässig, da der Bundtram durch eine Mittelmauer unterstützt wird. Kopfbüge zwischen Rähm und Säule bilden eine Längsversteifung und beschränken die freie Länge des Rähms. Allfällige weitere Aussteifung
durch Kopfbüge zwischen Kehlbalken und Säule (strichliert).

Abb. 168 zeigt das Schema eines
Sparrendaches mit doppeltem stehenden
Stuhle.

Voraussetzung: Unterstützung des
Bundtrams.

Kopfbüge zwischen Rähm und Stuhl-
säulen. Die Anordnung der strichliert
angedeuteten Kopfbüge ist zur Sicherung
der Unverschieblichkeit zu empfehlen.

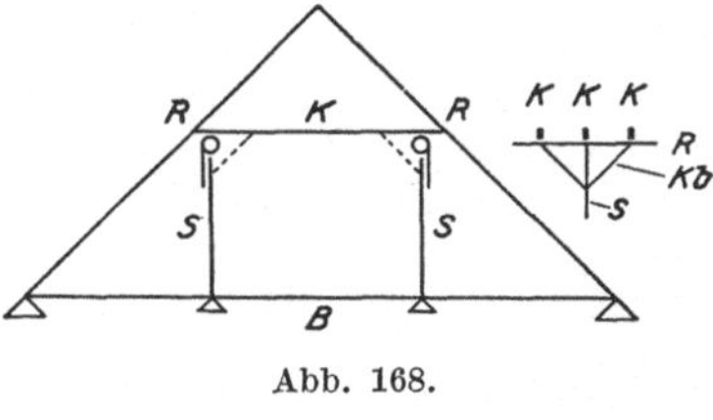

Abb. 168.

Soll der Dachbodenraum möglichst frei gehalten werden oder fehlen
bei normalen Bundtramabmessungen die für stehende Stühle erforderlichen Zwischenauflagerungen, so können liegende Stühle und Hänge-
werkskonstruktionen verwendet werden. Schematische Darstellung eines
liegenden Stuhles Abb. 169 a.

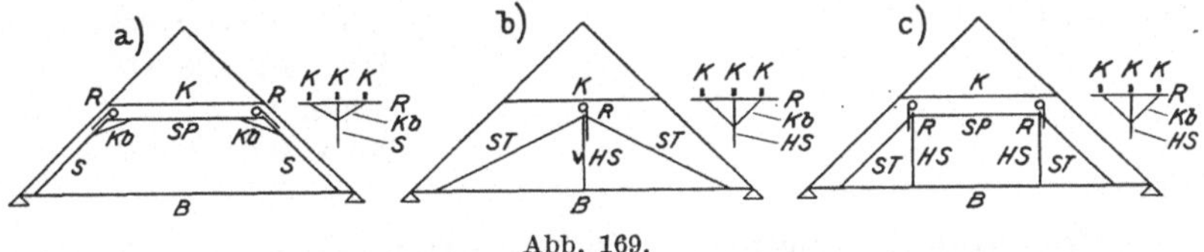

Abb. 169.

R = Rähm, K = Kehlbalken, Kb = Kopfbug, S = Stuhlsäule, HS = Hängesäule, ST = Strebe,
SP = Spannriegel, B = Bundtram.

Abb. 169 b zeigt die Unterstützung eines Kehlbalkens durch ein Hängewerk (einfaches Hängewerk), Abb. 169 c die Unterstützung durch ein
doppeltes Hängewerk. Die Ausbildung eines Mansardendachstuhles als
Sparrendach, s. Abb. 178.

Sparrendächer erfordern bei sachgemäßer Ausführung einen großen
Zeitaufwand geschulter Kräfte für zahlreiche, meist umständliche Holzverbindungen und eine verhältnismäßig große Holzkubatur.

Pfettendächer.

Die Sparren sind auf hochkantig gestellte Balken, die Pfetten gelagert,
die nach ihrer örtlichen Lage als Fuß-, Mittel- oder Firstpfetten
bezeichnet werden. Die Pfetten liegen auf einem Traggerüst auf, das
von den 4—5 m voneinander entfernten Bindern oder Vollgespärren
gebildet wird; zwischen den Vollgespärren liegen in 80—100 cm Abstand
die aus den Sparren gebildeten Leergespärre.

Die Stellung der Pfetten mit Ausnahme der stets erforderlichen Fuß-
pfetten (Sparrenschwellen) ist abhängig von der zulässigen freien
Sparrenlänge (siehe S. 180); die Art der Unterstützung ist durch die

Verhältnisse bestimmt (Dachneigung, allfällige Zwischenauflagerung des
Bundtrams, geforderte Freihaltung des Dachbodenraumes usw.). Die üb-

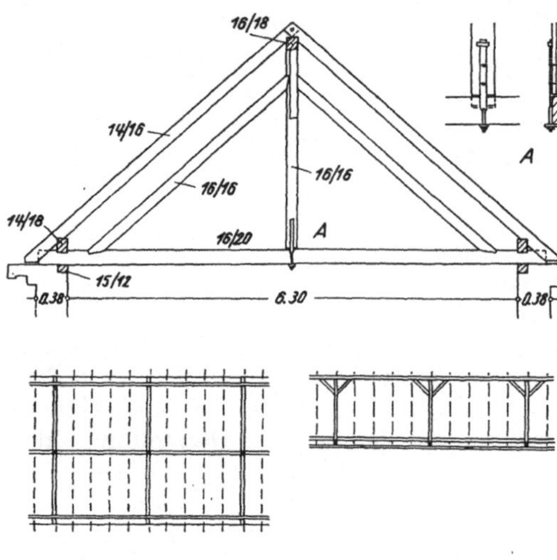

Abb. 170.

lichen Abmessungen des
Bundtrams[1) gestatten
Belastungen nur in der
Nähe des Auflagers. Stuhl-
säulen sind daher unter
Voraussetzung der allge-
mein verwendeten Stär-
ken der Bundträme nur
zulässig, wenn Gelegen-
heit geboten ist, den
Bundtram zu unterstüt-
zen.

Pfettendächer mit
Hängewerken. Abb. 170,
172, 173, 176. Einfaches
Hängewerk (Abb. 170).
Bundtram in der Mitte
nicht nur unbelastet, sondern an die Hängesäule
gehängt. Freie Sparren-
länge, laut Beispiel, 4,4 m.

Holzverbindungen:

Bundtram-Fußpfette ..	Kamm (Abb. 171 a).
Pfetten-Sparren.......	Klaue. Abb. 171 b.
Strebe-Bundtram ..... Strebe-Hängesäule	Versatzung. Abb. 43.
Hängesäule-Bundtram . Hängesäule-Pfette.....	Zapfen. Abb. 42.
Kopfbüge-Pfette ...... Kopfbüge-Säule.......	Weißschwanzblatt (Abb. 37) bzw. Jagdzapfen. Abb. 171 c.

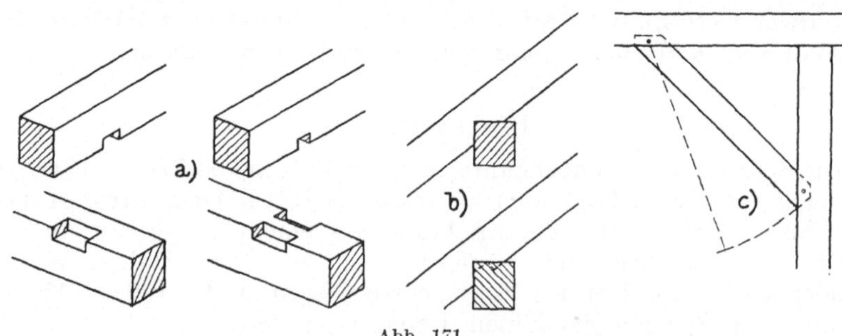

Abb. 171.

---

¹) Im Hinblick auf den Anschluß anderer Konstruktionsglieder meist
stärker dimensioniert, als es die zukommende Zugbeanspruchung erfordert.

Wird die Sparrenlänge bei 14 × 16 cm Sparren größer als 4,5 m, sind weitere Pfetten derart anzuordnen, daß die freie Sparrenlänge zwischen zwei Pfetten nicht mehr als 4,5 m, bzw. wenn keine Firstpfette vorhanden ist, der

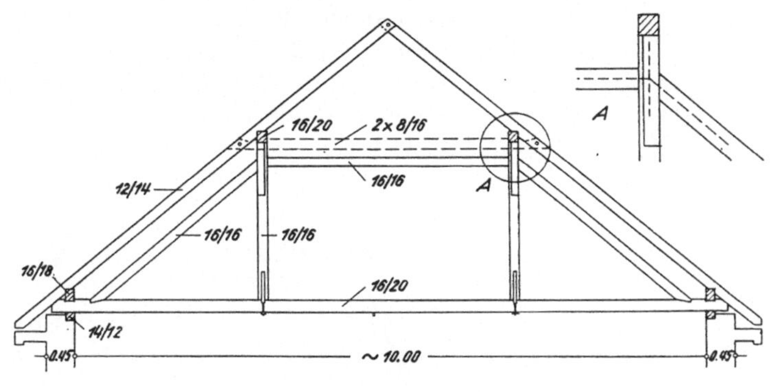

Abb. 172.

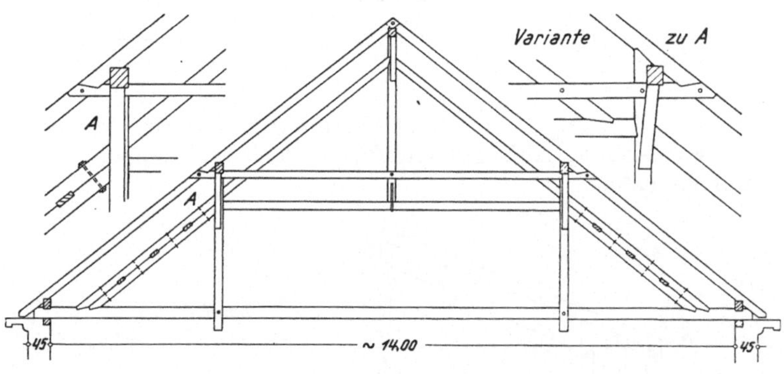

Abb. 173.
A = Säule doppelt, Var. A = Säule einfach.

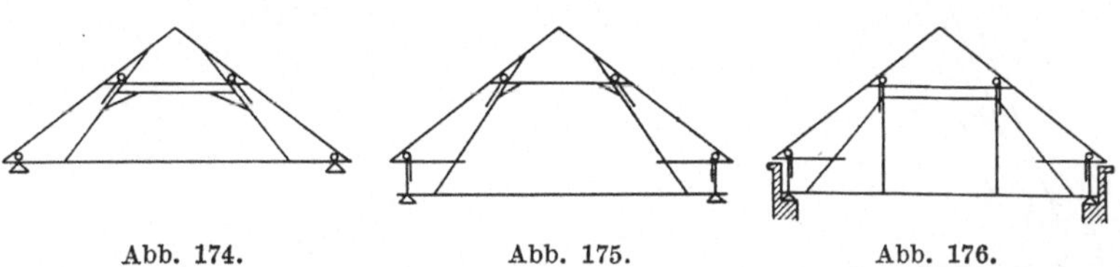

Abb. 174.   Abb. 175.   Abb. 176.

Pfettenabstand, über den First gemessen, nicht mehr als rund 5,5 m beträgt.

Da jede Pfette abgestützt werden muß, ergeben sich bei größerer Pfettenzahl, z. B. 6 oder 7 Pfetten, bereits recht umständliche Konstruktionen. Es entspricht dies aber auch schon Spannweiten von 14 bis 20 m, für welche sich neuzeitliche Dachbinder meist wirtschaftlicher erweisen werden.

Abb. 172. Doppeltes Hängewerk (Trapezhängewerk). Die Achsen von Riegel, Säulen und Streben schneiden einander in einem Punkte. Die Anordnung der gestrichelt gezeichneten Zange ist zu empfehlen.

Abb. 173. Dreifaches Hängewerk. Die auf Druck beanspruchten Hölzer, die Streben und der Riegel erhalten vollen Querschnitt; die auf Zug beanspruchten Hängesäulen sind als Doppelhölzer ausgebildet (s. Det. A).

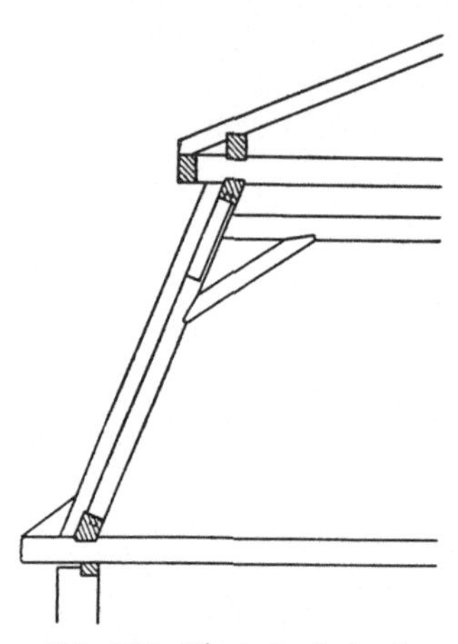

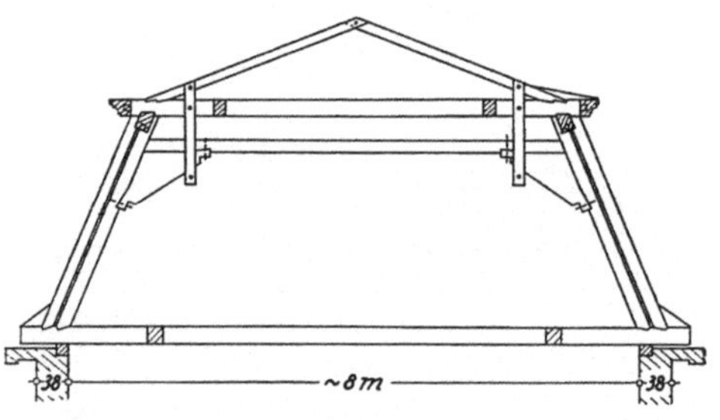

Abb. 177. Mansardendach als Pfettendach.

Abb. 178. Mansardendach als Sparrendach, Aussteifung mit Knaggen.

Abb. 174 u. 175 zeigen Pfettendächer mit liegenden Stühlen ohne und mit Kniestock, Abb. 176 ein Pfettendach mit doppeltem Hängewerk und Kniestock.

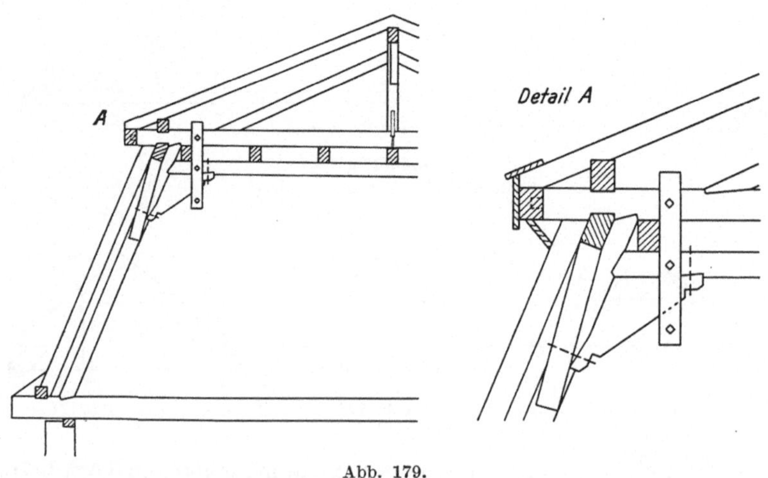

Abb. 179.

Als Mansardendächer bezeichnet man Dächer mit einem steilen Unter- und einem flachen Oberdach. Abb. 160f, 177—179. Die Neigungen werden sehr verschieden ausgeführt, teils einem halben regelmäßigen Achteck entsprechend, teils mit Unterdachneigung 3 : 1 und Oberdachneigung 2 : 3, teils mit 60° für das Unterdach und mit 30° für das Oberdach. Derlei Dächer eignen sich besonders bei angestrebter Ausnutzung des Dachbodenraumes.

Abb. 177 zeigt ein Mansardendach als Pfettendach ausgebildet.

Abb. 178 zeigt ein Mansardendach als Sparrendach ausgebildet.

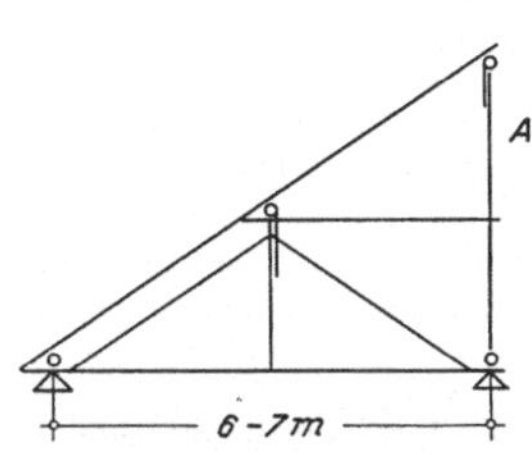
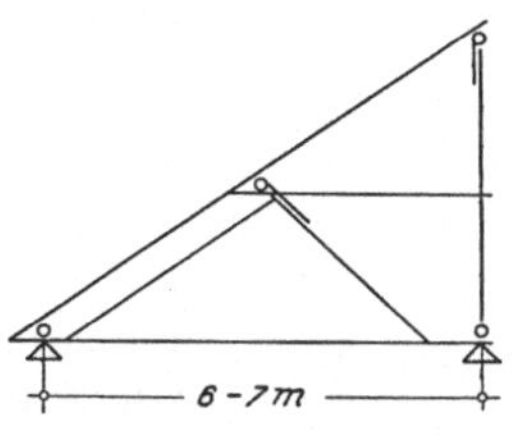
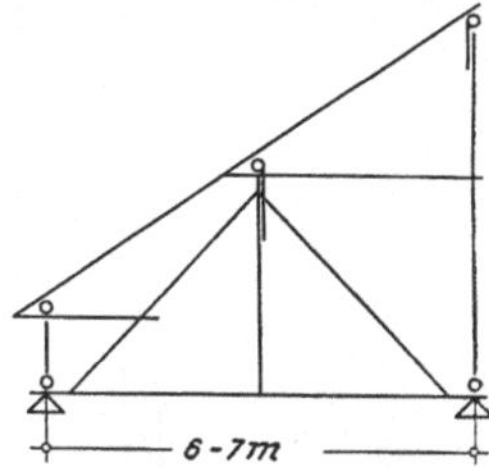

<table>
<tr><td>Abb. 180. Pultdachstühle.
Ausbildung als Pfettendach
mit einfachem Hängwerk.</td><td>Abb. 181. Pultdachstühle.
Pfettendach mit Bockstrebe.</td><td>Abb. 182. Pultdachstühle.
Pfettendach mit Kniestock
und einfachem Hängwerk.</td></tr>
</table>

Wenn die Deckenbalken in den Dachstuhl eingezogen werden können und der Sparrenabstand dem Deckenbalkenabstand entspricht, entfällt das Stichgebälke.

Abb. 179 zeigt eine Variante der Ausführung in Abb. 177 mit aufgehängten Deckenbalken im Mansardengeschosse.

Pultdächer. Abbildungen 180—182. Zu Abb. 180: A „Hohe Wand", ausgebildet als Fachwerkswand mit rund 2 m voneinander entfernten Stielen mit Riegel und Streben. Die nur schwache Mauer wird durch keine Scheidemauern versteift und ist daher mit Stichanker an die Stiele der Fachwerkswand verhängt.

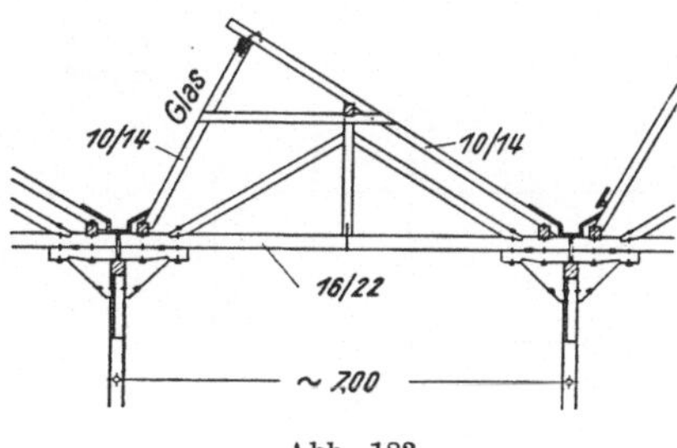
Abb. 183.

Säge- oder Shed-Dach. Anwendung im Industriebau zur Erhellung großflächiger Räume. Die steile Dachfläche ist verglast, die flache meist leicht gedeckt.

Besondere Aufmerksamkeit ist der Rinnenausbildung zuzuwenden; über 20—25 m lange Rinnen müssen nach innen abgeleitet werden.

Die Gestaltung des Dachstuhles nach Abb. 183 erfordert den Einbau zahlreicher, die Lichtverteilung ungünstig beeinflussender Hölzer und zahlreicher Säulen. Binderentfernung rund 5 m; daher laut obigem Beispiel Säulenabstand 5 m senkrecht zur Binderebene und 7 m in der Binderebene.

Erfordert der Betrieb eine weiträumige Anordnung, so können bei entsprechender Ausbildung, Einschaltung von Unterzügen und ausreichender Dimensionierung die Stützen jeder zweiten Binderebene entfallen (Abb. 184); es empfiehlt sich jedoch, die Binderentfernung in solchen Fällen nicht über 4 m anzunehmen.

Die Ausbildung als Fachwerksbinder in Holz oder Eisen oder als Eisenbetonrahmen gestattet eine wesentlich günstigere Lichtverteilung.

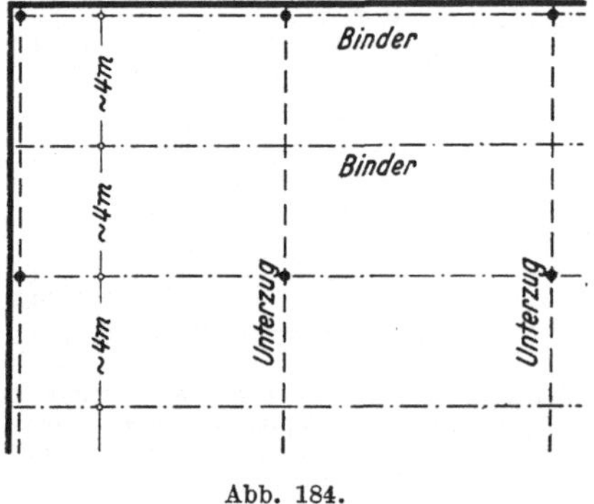

Abb. 184.

b) Bundtramlose Dachstühle.

Zu dieser Gruppe zählen zunächst alle nach erprobten Zimmermannsregeln — bei größeren Spannweiten meist mit Zwischenstützen — ausgeführten Hänge-Sprengwerksdächer (Abb. 185), die insbesondere bei Werkstätten, Hallen, Schuppen, Scheunen usw. im Holzfachwerksbau auch gegenwärtig vielfach angewendet werden. Der die Ausübung seitlicher Schübe auf die Auflager verhindernde Bundtram fehlt; die auf die Widerlager einwirkenden Seitenschübe erfordern die ausreichend standfeste Ausbildung der die Widerlager bildenden Wände oder Stützen und die Anordnung von Zugorganen. Diese werden bei derlei Dächern meist durch Doppelhölzer (Zangen) gebildet. Auf Druck beanspruchte Stäbe sollen einen

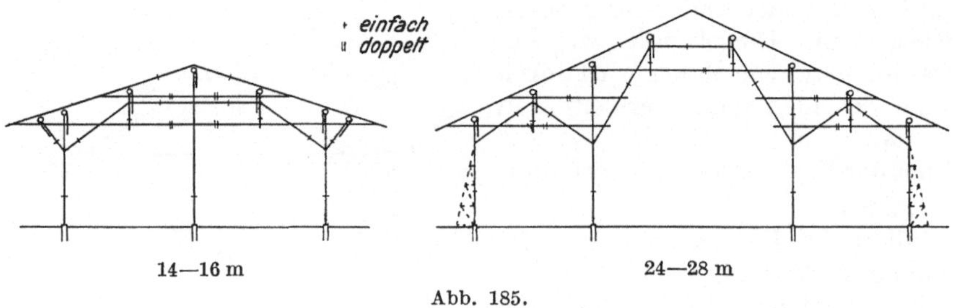

Abb. 185.

vollen, möglichst ungeschwächten Querschnitt erhalten, die auf Zug beanspruchten Stäbe können, wo erforderlich, als Doppelhölzer ausgeführt werden.

Gleichfalls den bundtramlosen Dächern zuzuzählen sind die Bogendächer von de L'Orme und Emy und das Sprengwerksdach von Ardand, die vor etwa 100 Jahren durch die Kühnheit der Konstruktion größtes Aufsehen hervorriefen. Sie stehen am Beginne der Entwicklungsreihe der neuzeitlichen Bogenbinder.

Dachbalkenstärken.

Balken	Dachstuhl-Spannweite in m			
	bis 5	5—10	10—14	14—18
Bundtram	14/18—16/20	16/20—16/24	16/20—18/24	18/24—18/26
Fußpfetten	14/18	14/18—16/18	16/18	16/18
Mittel- und First- pfetten		16/18—16/20	16/20—18/24	18/20—18/24
Hängesäulen		16/16	16/16—16/18	16/18—18/18
Spannriegel		16/16	16/16—18/18	18/18
Streben		16/16	16/16—18/18	18/18
Kopfbüge		12/12—12/16		
Zangen		2 × 8/16, 2 × 10/16, 2 × 8/20		
Sparren bei 1 m Abstand und 4 m Freilänge . .		10/14, 12/14, 10/16, 14/16		

Statische Berechnung der Sparren und Pfetten eines Dachbinders aus Holz. Abb. 186.

Gebäudehöhe 20 m; Binderentfernung 4,5 m; Sparrenabstand 0,90 m; Dachdeckung = Falzziegel; Dachneigung $\sphericalangle \alpha = 30^0$.

Sparrenberechnung: Ermittlung der auf einen Sparren wirkenden Normalkräfte aus Wind-, Schnee- und Dachhautbelastung.

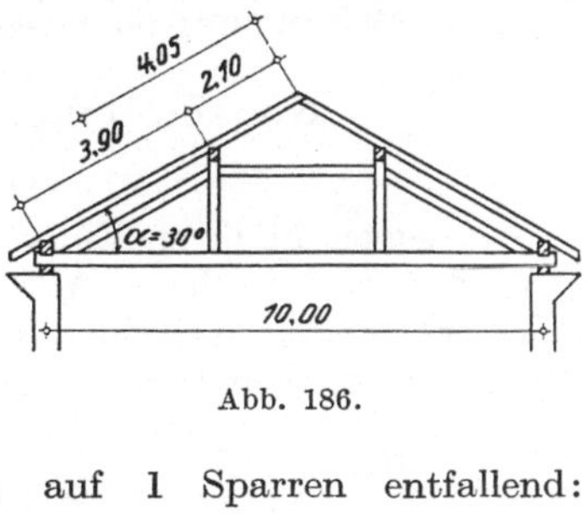

Waagrechter Winddruck $W = 125\,\text{kg/m}^2$; Normalkraft $W_n = W \sin^2 \alpha = 125 . 0{,}5^2 = 31{,}25\,\text{kg/m}^2$; auf 1 Sparren entfallend: $0{,}9 . 31{,}25 \doteq 28\,\text{kg/m}$; Schneelast c auf 1 m² Grundriß bei $\alpha = 30^0 = 70\,\text{kg/m}^2$; Normalkraft $c_n = c . \cos \alpha = 70 . 0{,}866 \doteq 60\,\text{kg/m}^2$; auf 1 Sparren entfallend: $0{,}9 . 60 = 54\,\text{kg/m}$; Eigengewicht Dachhaut, geneigte Fläche: $65\,\text{kg/m}^2$; Normalkraft: $65 . \cos \alpha = 65 . 0{,}866 = 56{,}7\,\text{kg/m}^2$; auf 1 Sparren entfallend: $56{,}7 . 0{,}9 = 51\,\text{kg/m}$.

Abb. 186.

Auf den 3,90 m frei aufliegenden Sparren (Träger auf 2 Stützen) wirkt eine gleichförmig verteilte Belastung aus Wind, Schnee und Dachhaut

$$q = 28 + 54 + 51 = 133\,\text{kg/m}; \quad M_{\text{max}} = \frac{q . l^2}{8} = \frac{133 \times 3{,}9^2}{8} \doteq 252\,\text{kgm}; \quad W =$$

$$= \frac{M}{\sigma} = \frac{25\,200}{90} = 280\,\text{cm}^3; \text{Profil } 10/14 \ldots W \text{ (laut Tabelle S. 138)} = 326\,\text{cm}^3.$$

Spannungsüberprüfung: $\sigma = \dfrac{25\,200}{326} \doteq 77$ kg.[1]) Die Axialkraft im Sparren hat nur geringen Einfluß und bleibt im Beispiel unberücksichtigt.

Tritt außer den angenommenen Belastungen noch eine Einzellast in Sparrenmitte (Dachreparatur) $P = 100$ kg auf, so ergibt sich ein Zusatzmoment $M_1 = \dfrac{P \cdot \cos \alpha \cdot l}{4} = 84{,}5$ kgm; $\Sigma M = 252 + 84{,}5 = 336{,}5$ kgm;

$W = \dfrac{33\,650}{90} \doteq 374$ cm³; Profil 12/14 … $W = 392$ cm³.

Da jedoch bei gleichzeitiger Berücksichtigung von Wind und Schnee auf der Windseite die Schneelast auf zwei Drittel des Tabellenwertes ermäßigt werden kann, würde sich M_{max} auf $\sim 218{,}5$ kgm vermindern und ΣM auf 303 kgm reduzieren; $W \doteq 337$ cm⁴; bei gleichzeitiger Einwirkung von Wind, Schnee, Dacheigengewicht und Einzellast wäre daher ein Sparrenprofil 11/14 … $W = 359$ cm³ zu wählen.

Pfettenberechnung: Ermittlung der Vertikallasten auf die Pfette für 1 m² Grundriß: Wind $= W_v = \dfrac{W \cdot \sin^2 \alpha}{\cos \alpha} = 36$ kg/m²; Schnee $= 70$ kg/m²;

Eigengewicht: $\dfrac{65}{\cos \alpha} = 75$ kg/m²; $\Sigma = 181$ kg/m²; Gesamtvertikallast auf 1 m' der Pfette $= 181 \cdot 4{,}05 \cdot \cos 30 = 633$ kg.

Die Pfette ist ein Durchlaufträger auf mehreren Stützen gleicher Feldweite, wenn nur die Säulen der Binder und ein Durchlaufträger auf mehreren Stützen ungleicher Feldweite, wenn die Kopfbügeunterstützungen mitberücksichtigt werden.

Für die Praxis ausreichende Querschnitte ergeben sich, wenn angenommen wird, daß die Pfette zwischen den Kopfbügeunterstützungspunkten einen Balken auf zwei Stützen darstellen, welche Annahme ein größeres, also ungünstigeres Moment ergibt als die Auflagerung auf mehrere Stützen. Bei einer Binderentfernung von 4,5 m betrage die Pfettenfreilänge zwischen den Kopfbügen 3 m: $M = \dfrac{p \cdot l^2}{8} = \dfrac{633 \times 3^2}{8} = 712$ kgm; $W_{erf} = \dfrac{71\,200}{90} =$

$= 792$ m³; Pfettenprofil 16/18 … $W = 864$ cm³; Spannungsüberprüfung $= \dfrac{71\,200}{864} = 82{,}5$ kg/cm²; da < 90, zulässig.

c) Neuzeitliche Balken- und Bogenbinder.

α) Allgemeines.

Sie gehen in ihrer Entwicklung auf die vor etwa 100 Jahren konstruierten Longschen (Abb. 187) und Howschen (Abb. 188) Parallelfachwerksbinder und die vorgenannten französischen Bogenbinder von de L'Orme, Emy und das Sprengwerksdach von Ardand zurück.

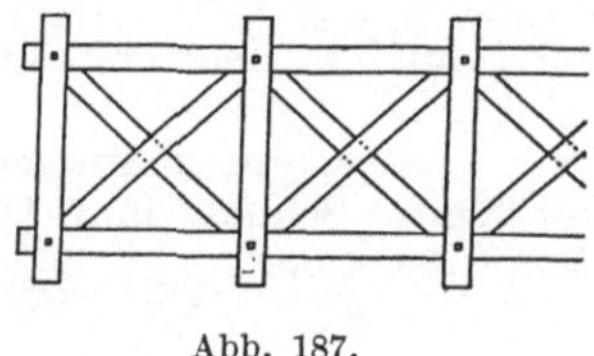

Abb. 187.

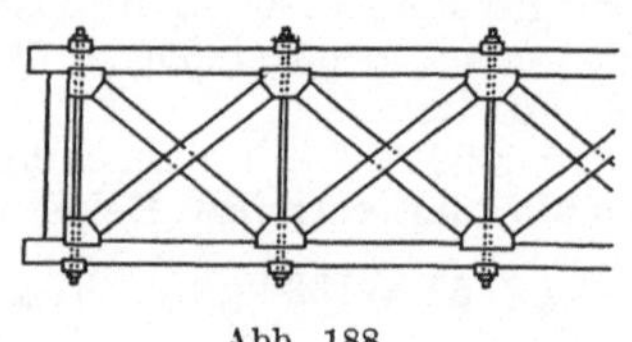

Abb. 188.

---

[1]) Zul. 90 kg; s. S. 32.

Die im Holz als Baustoff und in seinem Verhalten begründete Schwierigkeit, die Knotenpunktausbildungen für die erhöhten Anforderungen in gewohnter Weise durch Überschneidungen, Verblattungen, Versatzungen, Zapfen-, Schrauben- und Bolzenverbindungen zu bewirken einerseits und das Bestreben, die Holzabmessungen in wirtschaftlich wettbewerbsfähige Grenzen zu verweisen anderseits, führten um die Jahrhundertwende zu grundlegenden Neugestaltungen, die der ferneren Entwicklung die Wege bahnten und zu einer ganzen Reihe neuer Bauweisen überleiteten.

In diesen neuen Verfahren spielen insbesondere die **dübelartigen Knotenpunktseinlagen** eine sehr bedeutende Rolle. Sie ermöglichen es, die auftretenden Kräfte in die Systempunkte zusammenzuführen und große Kräfte auf einen möglichst kleinen Raum zu konzentrieren, sie schränken die Verschiebungen auf Geringstwerte ein und gestatten es, Kräftespiel und Beanspruchung rechnerisch genau zu ermitteln.

Als Beispiele solcher durchwegs durch Patente geschützter Dübeleinlagen seien angeführt:

a) **Der Tuchscherersche Ringdübel,**
b) **die Federringdübel von Schulz,**
c) **die Krallenscheibe von Metzke und Greim,**
d) **die Doppelkegeldübel von Kübler,**
e) **die Tellerdübel der Firma Christoph und Unmack,**
f) **die Rohrdübel der Bauweise ,,Cabröl`` und**
g) **die Bandeisendübel von Stephan.**

Zu a): Der geschlitzte Ringdübel von **Tuchscherer** (Abb. 189 a) besteht aus einem offenen, mit Zahn und Nut ineinandergreifendem Flacheisenring, der je zur Hälfte in kreisförmig ausgefräste Nuten der zu verbindenden Hölzer eingelegt wird. Ein durch die Ringmitte geführter Schraubenbolzen sichert die Verbindung. Die geschlitzte Ausführung gewährleistet es, daß die Stabkräfte sowohl auf den Kern als auch auf die Nutenwandung übertragen werden. Die Ringdurchmesser steigen von 8—30 cm, die Bandeisenabmessungen von 0,35—1,2 cm Stärke und 1,6—6 cm Breite.

Zu b): Bei den Federringdübeln von **Schulz** wird das satte Anliegen am Vorholz und Kern durch Federwirkung zweier miteinander verbundener profilierter Stahlblechscheiben erreicht. Abb. 189 b.

Zu c): Die Berliner Firma **Metzke und Greim** verwendet kreisrunde, paarweise versetzte Tempergußscheiben mit einseitig gegen das Holz gerichteten keilförmigen Zähnen, sogenannte Krallenscheiben; die einander zugekehrten Scheibenflächen zeigen bei einer Scheibe konzentrisch angeordnete Rippen, bei der anderen entsprechende Rillen; die Scheiben liegen in ausgefrästen Aussparungen, die Zähne werden durch Hammerschläge in das Holz getrieben; ein Schraubenbolzen mit großen Unterlagsscheiben hält die Verbindung zusammen. Scheibendurchmesser 70 und 90 mm. Abb. 189 c.

Zu d): Die Doppelkegeldübel der Holzbauweise Kübler (Abb. 190a)
bestehen aus kreisrunden höheren Grauguß- oder flacheren Hartholz-
scheiben, die beiderseits einen konischen Anlauf zeigen. Neuerdings
werden meist nur die flachen Hartholzdübel verwendet. Mittels je nach
der Knotenpunktgestaltung angeordneten Überlags- und Zwischen-
hölzern und der Dübeleinlagen wird erreicht, daß Zug- und Druckkräfte

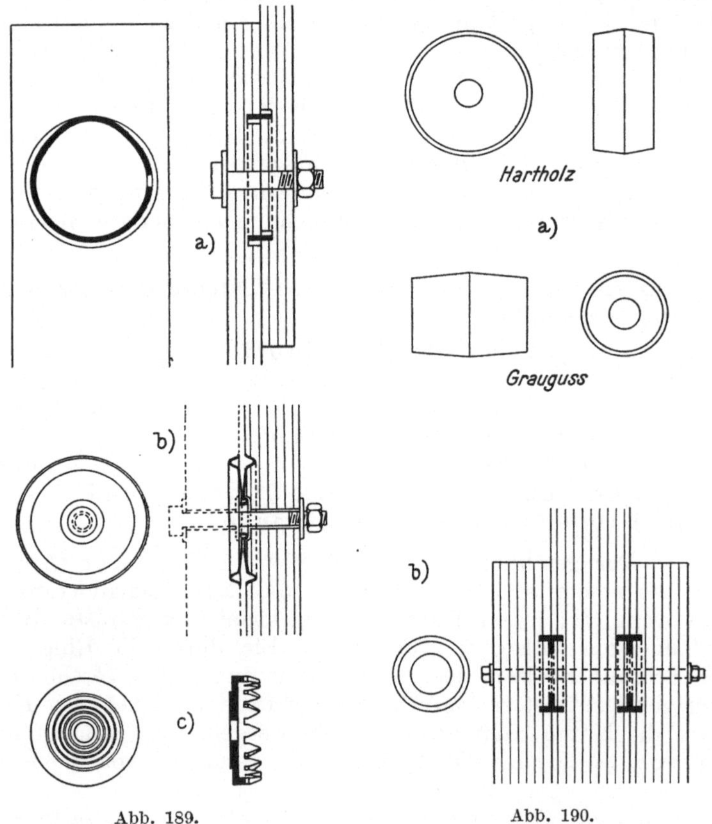

Abb. 189.   Abb. 190.

senkrecht zur Holzfaser und Längenänderungen vermieden werden.
Heftbolzen halten die einzelnen Konstruktionsteile zusammen. Durch
den Systempunkt läuft ein Bolzen durch, dessen Bohrloch größer ist
als der Bolzendurchmesser, um das freie Arbeiten der Stäbe nicht zu
behindern.

Zu e): Die Firma Christoph und Unmark verwendet gußeiserne
Tellerdübel. Abb. 190b.

Zu f): Rohrdübel, Bauweise „Cabröl", aus Stahl oder Hartholz
(Eiche oder Esche) in Verbindung mit Futterstücken, ähnlich der Bauweise Kübler. Durch die Rohrdübel werden die Bolzen hindurchgeführt.

Zu g): Die Bandeisendübel der Firma Stephan dienen zum zug- und druckfesten Anschluß der gitterartig angeordneten Streben der Stephansbinder an die Gurtlamellen. Abb. 191. (Siehe auch S. 194.)

Ein weiteres, bei der Ausbildung vollwandiger Binder in Betracht kommendes neues Verfahren stellt zu Beginn des Jahrhunderts die Ausbildung doppel-T-förmiger Binderquerschnitte dar (Abb. 192), bei welchen, dem Spannungsverteilungsgesetze gemäß, die Flanschen aus Lamellen besonders zug- und druckfesten Kernholzes — (Zug: Fichte, Druck: Buche) — und die Stege aus weniger widerstandsfähigem Holze gebildet und die einzelnen Teile durch einen in der Feuchtigkeit unlöslichen Klebestoff unter Preßdruck verbunden werden (Bauweise Hetzer).

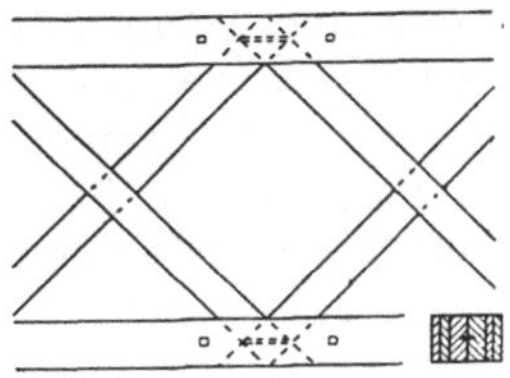
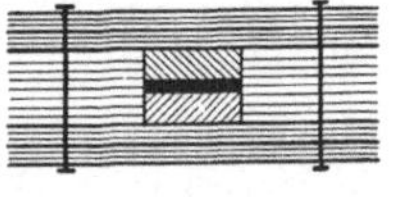

Abb. 191.

Der Berechnung hölzerner Balkenbinder wird ein festes und ein bewegliches Lager zugrunde gelegt; in der Ausführung wird jedoch mit Rücksicht auf die geringe Wärmeausdehnung des Holzes und die im Vergleiche zu Eisen weniger starre Knotenpunktausbildung bis zu etwa 25 m Spannweite von der Ausbildung beweglicher Lager abgesehen. Bogenbinder sind unverschieblich (gelenkig oder eingespannt) gelagert. Ausbildung als Zwei- oder Dreigelenksbogen.

Binderentfernung 5—7 m; Pfetten bei großen Binderabständen allfällig als Gitterträger ausgebildet. Liegen große Zusatzbelastungen, z. B. durch Transmissionen vor, ist es empfehlenswert, die Binderentfernung auf etwa 4 m zu beschränken. Die Sparren sind meist auf Pfetten gelagert, die über den Knotenpunkten liegen, und verlaufen dann parallel zur Binderebene oder sie werden senkrecht zur Binderebene verlegt; in diesem Falle liegen die Sparren über den ganzen Obergurt verteilt.

Zur Aufnahme der durch den Winddruck hervorgerufenen Längskräfte und zu deren Überleitung in die Auflager werden soge-

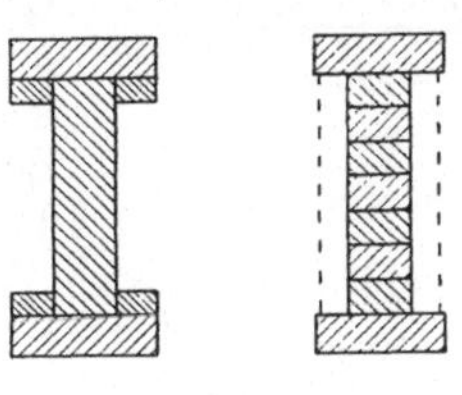

Abb. 192.

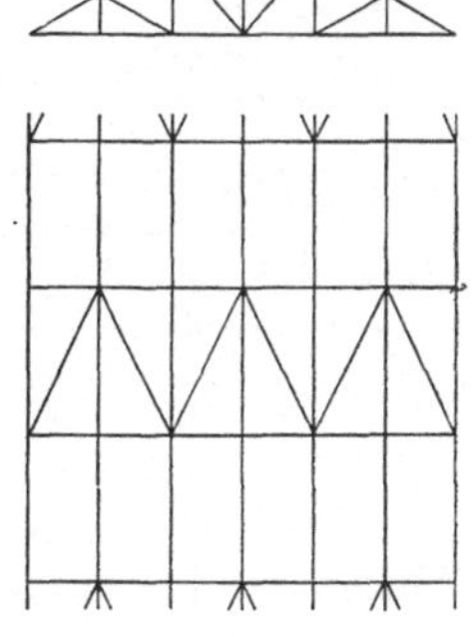

Abb. 193.

nannte Windverbände angeordnet. Sie liegen in der Regel in der Obergurtebene der Binder und werden durch einfache oder gekreuzt angeordnete und je zwei Binder verbindende flache Holzstäbe geschaffen. Abb. 193.

Eine weitere Aussteifung in der Längsrichtung wird durch die Vertikalverbände bewirkt, die durch Kopfbüge zwischen Pfetten und Untergurt oder auch durch Gitterpfetten gebildet werden können. Diese

Anordnung ist in besonderem Maße geboten, wenn die Binderuntergurten durch bewegliche Lasten, wie Laufkatzen, Transmissionen u. dgl., beansprucht werden.

Die Formgebung und Ausbildung der Binder ist von sehr vielen Momenten beeinflußt; z. B.: Zweck des Baues, Grundrißform, Spannweite, Art des Betriebes, Stützenanordnung, Lasten, Belichtung, Beheizung, Fundierung, ästhetische Forderungen, Kostenaufwand u. v. a.

Es ist daher jeweils nach den gegebenen Verhältnissen die Wahl zu treffen; im allgemeinen wird bei Spannweiten über 40 m der Bogenbinder bevorzugt werden.

β) Balkenbinder.

Fachwerkgegliederte Binder. Balkenbinder in Mansardedachform. Abb. 194. Insbesondere für industrielle Betriebe und Werkstätten-

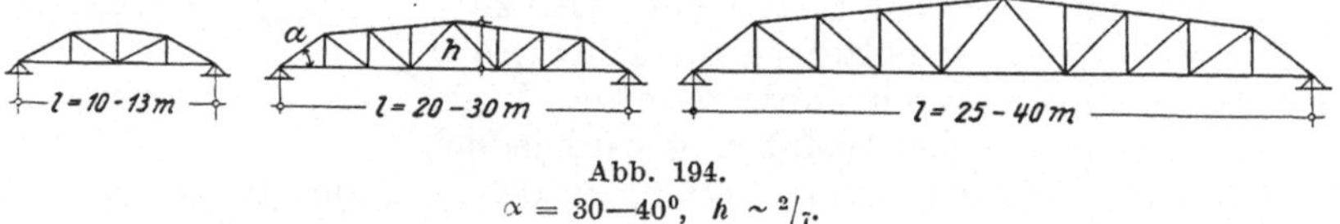

Abb. 194.
$\alpha = 30{-}40^0, \ h \sim {}^2/_7.$

hallen geeignet. Übliche Höchstspannweiten bei Auflagerung auf massiven Mauern 40—45 m, bei Holzstützen rund 35 m.

Balkenbinder in Dreiecksform. Abb. 195. Zur Vermeidung zu spitzwinkeliger Stabanschlüsse empfiehlt es sich, die Neigung nicht zu flach anzunehmen; $h > \dfrac{1}{5} l$. Die schematischen Darstellungen zeigen zwei englische (Abb. 195 b u. c) und einen einfachen und einen doppelten Polonceau-Binder (Abb. 195 a u. d). Abbildungen 196, 197 zeigen einen **Balkenbinder in Dreiecksform der Bauweise Kübler** mit Laterne und Kranbahnstütze

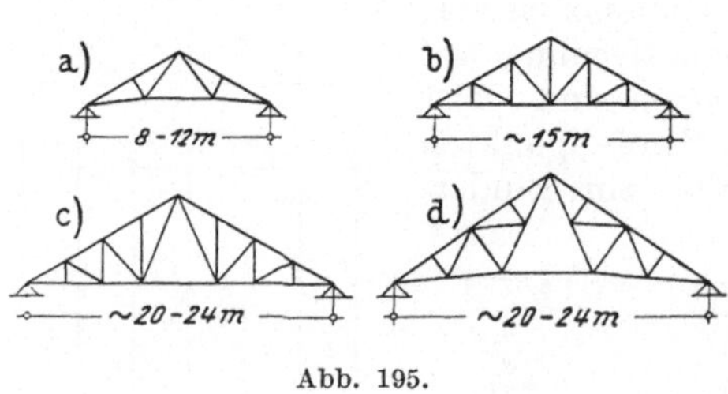

Abb. 195.

für die neue Schwer-Maschinenhalle des Werkes Feuerbach der Firma Werner und Pfleiderer, Cannstatt-Stuttgart.[1])

Vollwandbinder. Abb. 199 zeigt einen **Hetzerbinder** für eine Spannweite von rund 12 m; Binderhöhe in der Mitte rund 90 cm, Binderabstand rund 5 m, Querschnitt nach Abb. 192.

γ) Bogenbinder.

Sie können als **Fachwerksbinder** oder **Vollwandbinder** gestaltet werden. Für die Standuntersuchung ist die Lagerung maßgebend; die

---

[1]) Von der Firma Karl Kübler A. G., Stuttgart, in entgegenkommender Weise freundlich zur Verfügung gestellt.

Bögen können eingespannt (gelenklos) oder mit zwei oder drei Gelenken versehen sein. Zwei- oder Dreigelenkbogen.

Meist werden die Bogenbinder als Zweigelenkbogen mit paraboli-

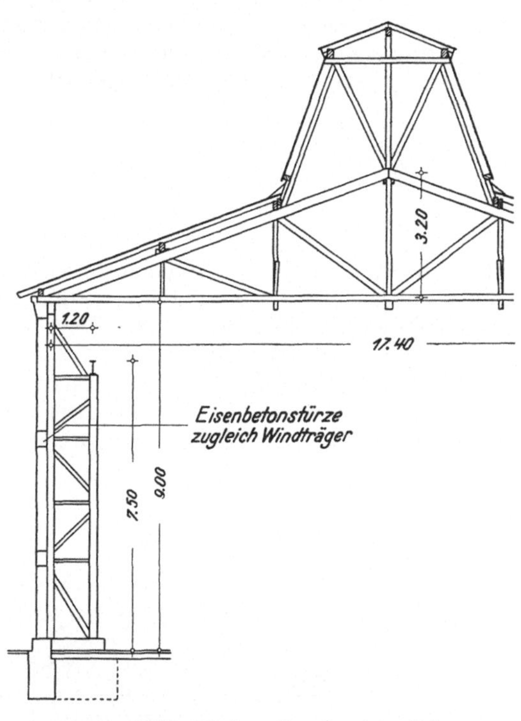

Abb. 196. Kübler-Binder mit aufgesetzter Laterne.

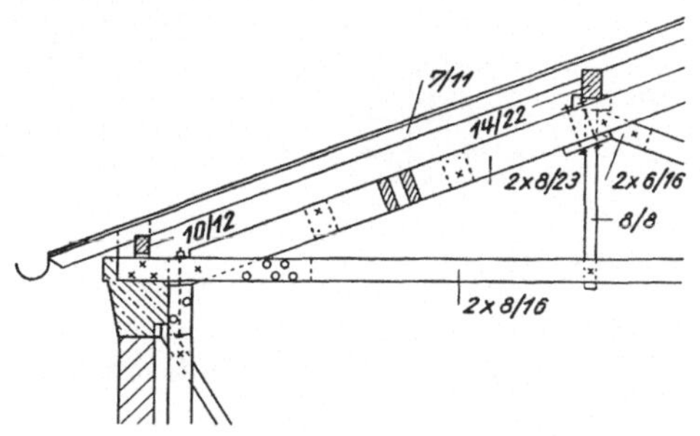

Abb. 197. Binderdetail zu Abb. 196.

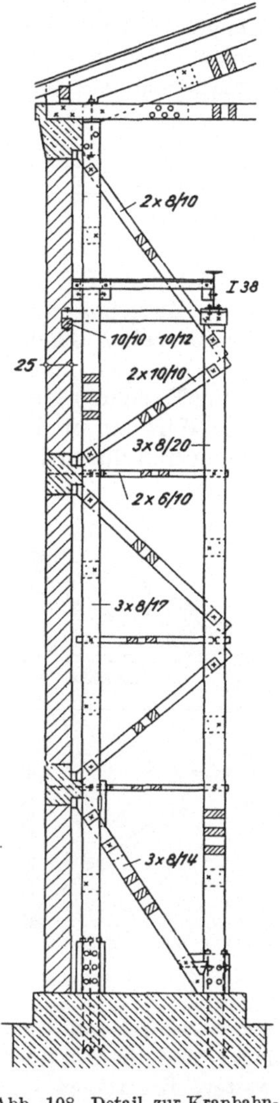

Abb. 198. Detail zur Kranbahnstütze in Abb. 196.

schen, annähernd parabolischen oder segmentförmigen Gurtungen, aber auch als Dreigelenkbogen ausgeführt. Zur Aufnahme des Horizontalschubes sind Zugstangen aus Holz oder Eisen in jedem Binder anzuordnen.

Die häufigst angewendeten Systeme sind die von Hetzer und Stephan.

Die nach Hetzer ausgeführten Bogenbinder zeigen ähnliche Querschnitte wie die Balkenbinder gleicher Bauart.

Die Stephan-Bogenbinder bestehen aus gleichlaufenden bogenförmigen Ober- und Untergurten mit zwischengestellten gekreuzten Streben oder in vollwandiger Ausführung mit gekreuzten Bohlen. Die Gurtquerschnitte sind aus hochkantig gestellten, versetzt angeordneten

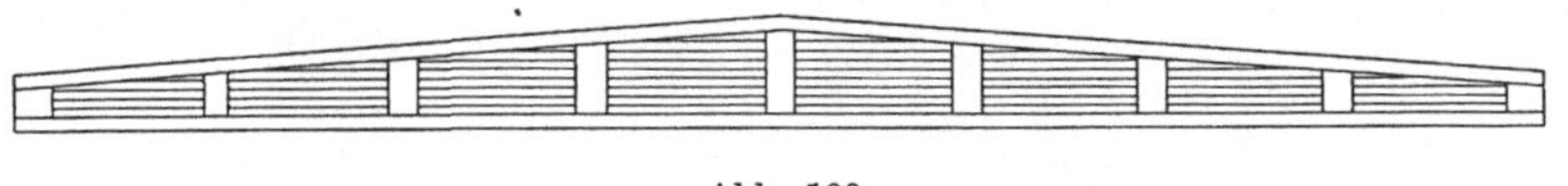

Abb. 199.

6—8 m langen Bohlen gebildet, die über die hohe Kante gebogen werden sollen. Zwischen die Gurtbohlen (meist je zwei) sind die als einfaches oder doppeltes Fachwerk ausgebildeten Streben eingefügt. Die Gurtungen erhalten manchmal auch flache Lamellenauflagen.

Zur Erzielung zug- und druckfesten Anschlusses und statisch einheitlicher Wirkung sind die Streben durch Flacheisendübel (Abb. 191) verbunden und durch Futterhölzer festgehalten, die zwischen die Gurtungen

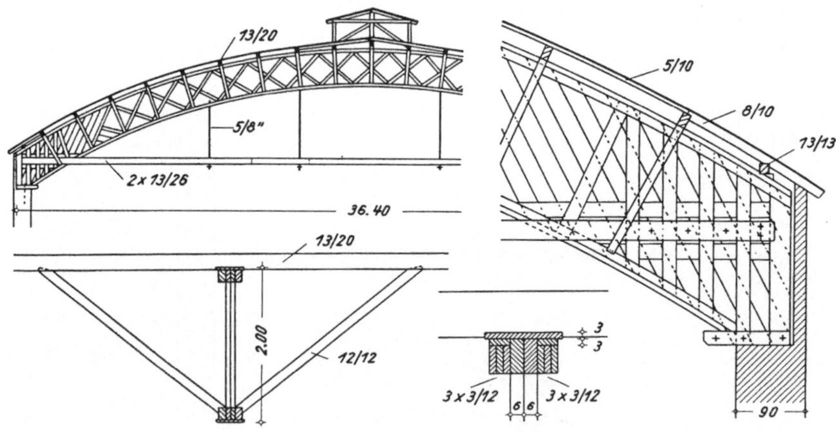

Abb. 200.

gebettet und mit diesen durch Nagelung verbunden werden. Am Auflager sind die Binder vollwandig ausgestaltet und allenfalls noch durch weitere Brettlagen verstärkt.

Die Abb. 200 zeigt einen Stephan-Binder der Großgarage Hernals für die städtischen Fuhrwerksbetriebe in Wien.

<h3 style="text-align:center">Zollbauweise.</h3>

Eine eigenartige, aus den letztvergangenen $1\frac{1}{2}$ Jahrzehnten stammende Bohlenbauweise in Bogenform stellt das Zollbau-Lamellendach des Baurates Zollinger dar. Das Segment- oder Spitzbogenform zeigende Dach (Abb. 201) wird durch ein rautennetzartiges Tragwerk gebildet, das aus einzelnen gleichartigen verspreizten und verschraubten, in der Regel 2,5 × 14 bis 5 × 30 cm bei 2—2,5 m Länge messenden Bohlen besteht.

Latten und Kehlbalken und Schalung erhöhen die Versteifung des Rautenwerkes.

2. Eisendachstühle.

Sie finden im Wohnhausbau selten, im Industrie- und Hallenbau jedoch weitestverbreitete Anwendung.

Ebenso wie bei Dachstühlen aus Holz sind Balkenbinder, Bogenbinder und Rahmenbinder und je nachdem, ob der einzelne Binder für sich

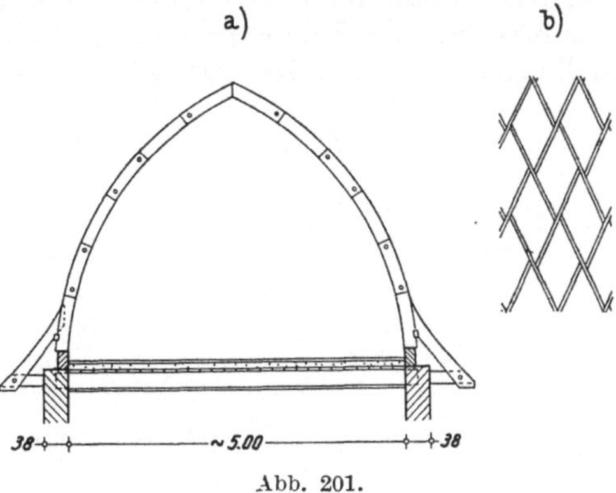

Abb. 201.

stabil ist oder nur als ein Teil eines räumlichen Gebildes zu betrachten ist, ebene und räumliche Dachkonstruktionen zu unterscheiden. Im folgenden werden nur die Balkenbinder besprochen werden.

Sie tragen die Pfetten, auf welchen die Sparren als Träger der Dachhaut gelagert sind, oder die Sparren liegen senkrecht zur Binderebene unmittelbar auf den Bindern.

Wie bei den Holzfachwerksbindern gelten auch bei den eisernen Fachwerksbindern die gleichen Bezeichnungen: Obergurt, Untergurt und Füllstäbe (Schräge und Pfosten).

Bezüglich Beanspruchung, Belastungsannahmen, Berechnung und Ausführung wird auf die bestehenden Vorschriften verwiesen: ÖNORM B 1002, B 2104, B 2331 und 2332, DIN 1000, DIN 1970, DIN 1050 und 4100 und Vorschriften des Preußischen Ministeriums für Volkswohlfahrt vom Jahre 1925.

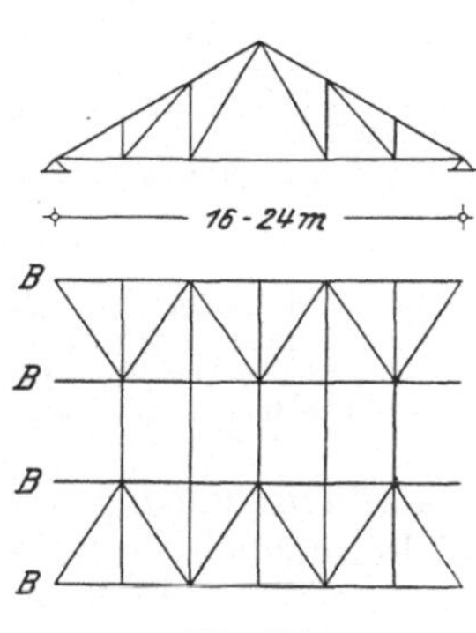

Abb. 202.

Allgemeine Angaben.

Der Binderabstand wird mit Rücksicht auf die Pfettenbemessung meist mit 5—6 m gewählt. Gitterpfetten bei Binderentfernungen von 6—10 m.

Die beiden den Giebelwänden zunächst liegenden Binder (Endfelder) und weiter die dritten, fünften usw. Binderfelder werden durch Windverbände — meist in der Obergurtenebene liegend — zu räumlichen Fachwerken verbunden. Abb. 202. Die Windverbände bestehen aus einfachen oder gekreuzten Diagonalstäben, meist ∟ etwa 60/90/6.

a) Binderformen. (Abb. 203.)

Die Binderhöhe soll zur Vermeidung allzu spitzwinkeliger Stabanschlüsse nicht zu gering gewählt werden; meist beträgt sie etwa ein Viertel der Spannweite. Die Pfettenauflager sollen womöglich mit den Knotenpunkten der Obergurte zusammenfallen; in der Regel beträgt der Abstand der Knotenpunkte 2,5—4 m. Unnötig enge Knotenkunktstellungen verteuern überflüssig die Ausführung. Liegen die Sparren ohne

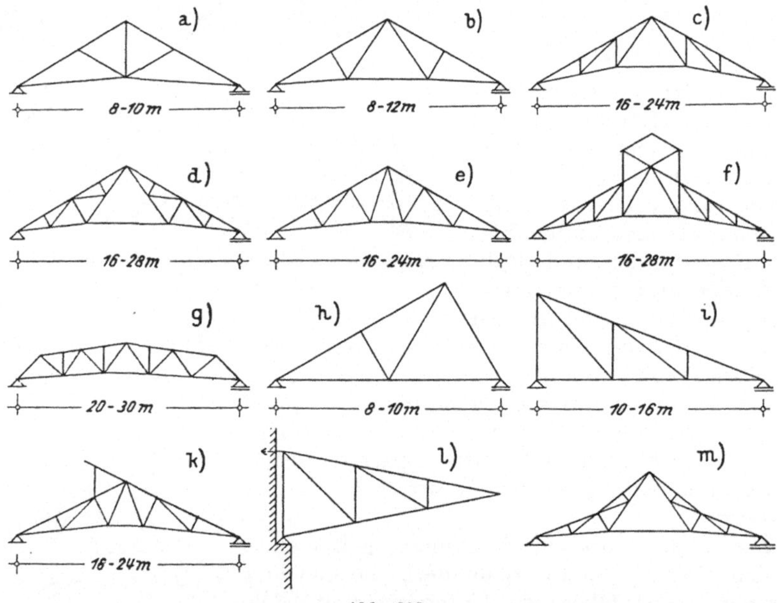

Abb. 203.

a) Deutscher Binder, b) einfacher Polonceau- (Wiegmann-) Binder, c) englischer Binder, d) doppelter Polonceau- (Wiegmann-) Binder, e) belgischer Binder, f) englischer Binder mit Laterne, g) Mansardendachbinder, h) Sägebinder, i) Pultdachbinder, k) belgischer Binder mit Entlüftung, l) Krag-Binder, m) Polonceau-Binder mit gebrochenem Obergurt (Entlüftung, Belichtung).

Zwischenschaltung von Pfetten normal zum Obergurte, ist es natürlich nicht möglich, unter jeden Sparren einen Knoten anzuordnen; die auftretenden Biegungsspannungen sind im Obergurte zu berücksichtigen.

b) Stabausbildung.

Die Stabausbildung erfolgt nach den Stabkräften. Es werden zunächst die Knotenpunktlasten festgestellt und sodann die Auflagerdrücke durch Rechnung oder Zeichnung (mit Kraft- und Seileck) und die Stabkräfte rechnerisch nach Ritter oder zeichnerisch mittels der Cremona-Pläne ermittelt.

Stabquerschnitte.

Berücksichtigung symmetrischer Anschlußmöglichkeit. Für Ober- und Untergurtstäbe meist ⌐⌐ (gleichschenkelig oder ungleichschenkelig);

Profile der Nietung wegen nicht kleiner als 55 mm; hat der Obergurt Biegungsmomente aufzunehmen, so werden häufig auch][-Profile gewählt.

Füllungsstäbe: ⊥⊥, ⊐⊓, ⊐⊥.

Zusammengesetzte Profile sollen jeweils in Abständen von 1—1,5 m miteinander verbunden werden.

c) Knotenpunkte.

Der Zusammenschluß der Stäbe erfolgt mit Hilfe von Knotenblechen und Nietung; Schweißung hat sich bisher bei Bindern noch wenig eingebürgert. Die Stärke des Knotenbleches beträgt in der Regel 8—16 mm. Jeder Stab ist mit mindestens zwei Nieten anzuschließen; die Nietzahl ergibt sich aus den Stabkräften, bzw. den zulässigen Beanspruchungen

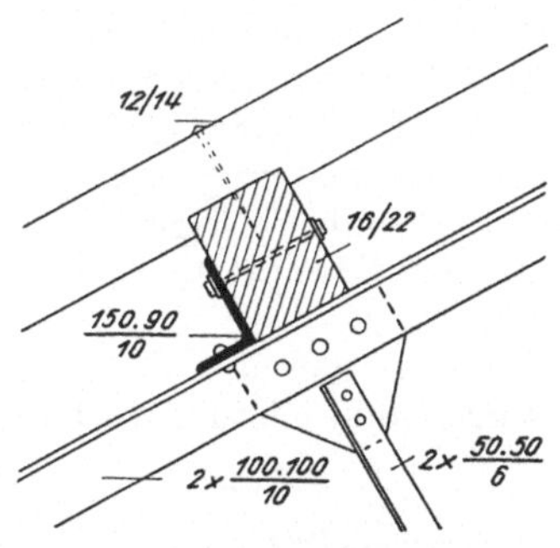

Abb. 204. Holzpfette.

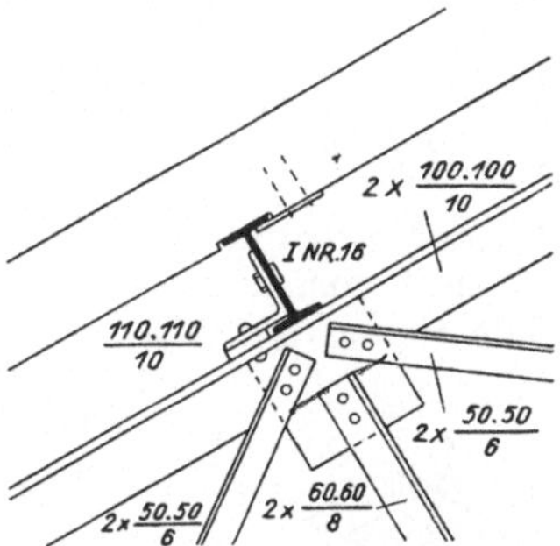

Abb. 205. Eisenpfette.

auf Abscherung und Lochwanddruck, der Nietabstand aus den Beziehungen: Abstand der Nietmittelpunkte in der Regel rund $3\,d$ (kleinster Abstand $2,5\,d$, größter Abstand $7\,d$), Abstand der Nietmittelpunkte vom Blechrande in der Kraftrichtung $2\,d$. Große Knotenbleche wirken unschön und sollen, wenn kleinere Abmessungen möglich sind oder nicht die Wirtschaftlichkeit der Werkstättenarbeit größere, aber gleichgeformte, Knotenbleche zweckdienlicher erscheinen läßt, vermieden werden. Die Schwerachsen aller Stäbe des Knotens müssen in einem Punkte zusammentreffen. In der Praxis wird im Hochbau meist gehandhabt, die Nietrißlinie der Winkel mit der Netzlinie zur Deckung zu bringen. Beispiele von Knotenpunkten zeigen die Abb. 204, 205, 206 u. 210.

d) Pfetten.

Sie können aus Holz (bis rund 4 m Binderentfernung) oder aus Walzprofilen I, ⊐, ⌐ (bis rund 6 m Binderabstand) ausgeführt oder bei großen Binderentfernungen als Blech- oder Gitterträger ausgebildet werden. Die Befestigung am Obergurt erfolgt mittels Winkeleisen.

Die Längenänderung ist zu berücksichtigen; erforderliche Gelenke sind stets in die Binderintervalle ohne Windverband zu verlegen. Die Pfetten können senkrecht zum Obergurt oder lotrecht gestellt werden; die erste Anordnung ist konstruktiv einfacher, die zweite ist theoretisch erwünschter, aber weniger einfach in der Ausführung. Die Abbildungen 204 bis 207 zeigen verschiedene Auflagerungen von Holz- und Eisenpfetten.

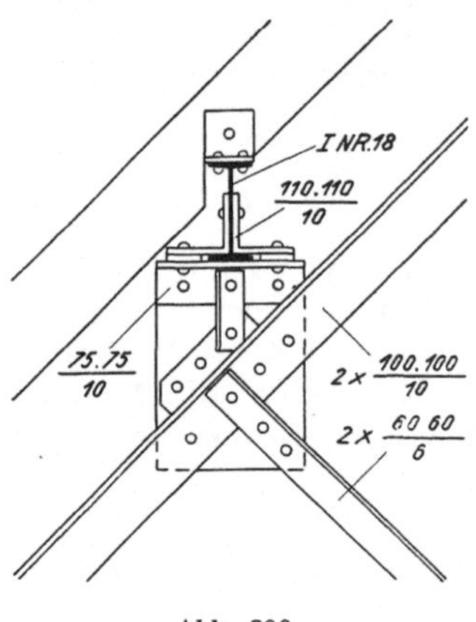
Abb. 206.

e) Sparren.

Je nach der gewählten Eindeckung sind die Sparren aus Holz oder Eisen (⌐ , I , ⌐ , Rinnensprossen) gebildet. Freie Sparrenlänge bei Holzsparren ~ 4 m.

Die Befestigung hölzerner Sparren auf normal zu denselben liegenden Holzpfetten erfolgt durch 2—3 cm tiefe Einlassungen (Abb. 204) und die Sicherung mit Sparrennägeln, Schraubenbolzen, Haken oder Hakenschrauben; liegen die Holzsparren auf normal zu denselben angeordneten Eisenpfetten, so erfolgt die Befestigung mit Flacheisen. Abb. 205.

Eiserne Sparren werden mit den eisernen Pfetten durch Winkel und Nietung verbunden. Abb. 208, 209.

f) Auflager.

Frei aufliegende Balkenbinder: Ein Auflager fest, eines beweglich. Bis zu Spannweiten von rund 20 m meist Gleit- (Abb. 210) bzw. Kipplager. Bei größeren Spannweiten und schweren Bindern ein- oder mehrfache Rollenlager. Abb. 211, D.

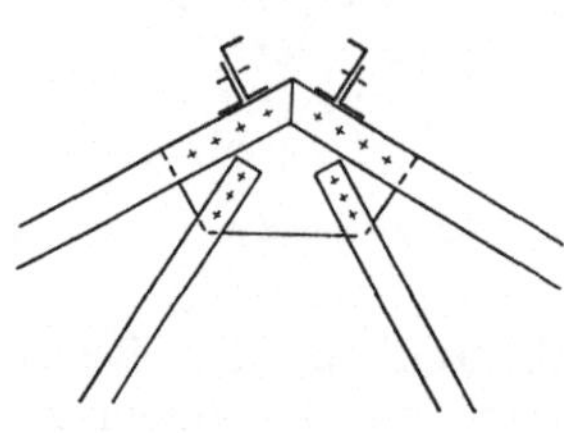
Abb. 207.

Die Auflagerplatten sind zu verankern; bei geringen Spannweiten und soferne kein Unterwind auftritt kann es genügen, eine an die Lagerplatte senkrecht zur Binderebene angegossene Rippe in das Mauerwerk einzulassen. Zur Erzielung gleichmäßiger Druckverteilung auf das Mauerwerk wird die Lagerplatte mit einer 10—20 mm starken Zement-

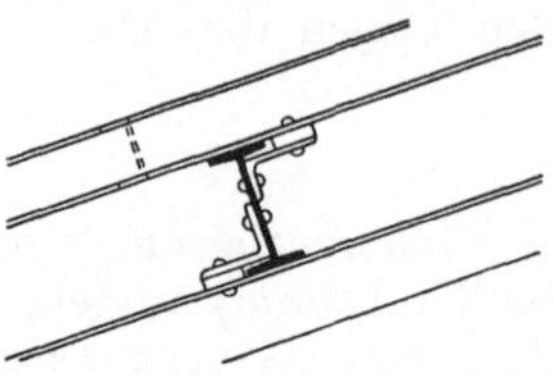
Abb. 208. Sparren aus I-Eisen.

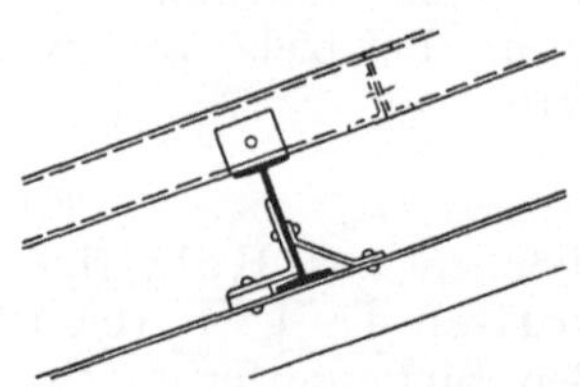
Abb. 209. Sparren aus I-Eisen.

mörtelschicht oder mit einer rund 5 mm Hartbleischicht satt unter-
gossen. Bei sehr hohen Auflagerdrücken Unterlagssteine.

Die Abmessungen der Lagerfußplatten ($a \times b$) sind abhängig vom
Auflagerdruck A und der zulässigen Beanspruchung des Unterlagsmauer-
werkes σ_{zul}. Es ist $a \cdot b = \dfrac{A}{\sigma_{zul}}$.

Es ist zu beachten, daß der Netzpunkt des Binderfußes über die
Mitte des Auflagers zu liegen kommt und der Binderfuß ausreichende
Steifigkeit erhält; reichen
die Gurtwinkel nicht bis
zur Auflagerebene, Anord-
nung lotrechter Verstei-
fungswinkel.

Sind die Binder auf
eiserne Stützen gelagert
und mit diesen als Ganzes
ausgeführt (Rahmen), so
ist die Stützenlagerung
maßgebend.

Gleitlager. Abb. 210.
Eine mittels Saumwin-
kel an den Bindergurt ge-
nietete ebene Flußstahl-
platte von 12—20 mm
Stärke gleitet auf einer ge-
wölbten Lagerplatte (Halbmesser der Wölbung rund
2,5—3 m) aus Gußeisen
oder Stahlformguß. Stärke
der Gußeisenplatte rund
3—10 cm, der Platte aus
Stahlformguß etwa die

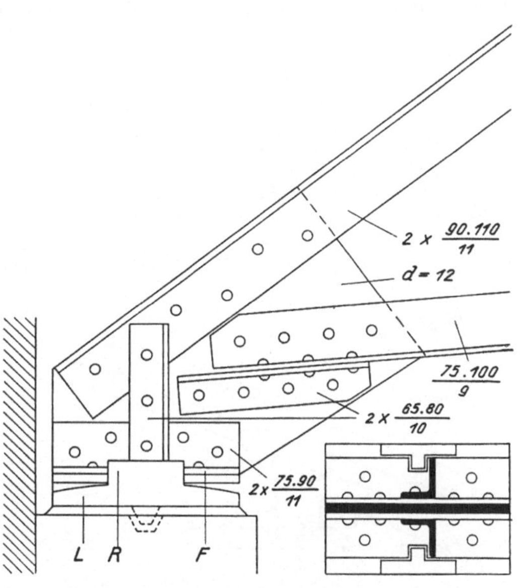

Abb. 210. Gleitlager.
L = Lagerplatte, F = Fußplatte, R = Randleiste.

Hälfte. Auf der Lagerplattenoberseite angegossene Randleisten verhindern seitliche Verschiebungen. Soll das Lager als festes Lager ausgebildet werden, so greifen an die Randleisten angegossene Nasen oder
Nocken in entsprechende Ausnehmungen des Binderfußes ein.

Eine andere Art der Ausführung eines festen Lagers kann dadurch bewirkt werden, daß Stahldorne von 20—30 mm $\varnothing$ sowohl in
die Lager fußplatte als auch in den Binderfuß eingreifen und solcherart eine Verschiebung verhindern; soll das Lager beweglich ausgeführt werden, wird im Binderfuß statt des Rundloches ein Langloch
angeordnet.

Voraussetzung für die Beweglichkeit der Gleitlager ist die Freihaltung
derselben von starker Rostbildung.

Das bewegliche Rollenlager besteht aus den Rollen, der Rollen-
überlagsplatte und der Grundplatte. Je nach Auflagerdruck sind eine
oder mehrere Rollen anzuordnen; bis zu 25 m meist eine Rolle. Baustoff

der Rollen und Platten: St 37, hochwertiger Baustahl St 48 oder ge-
schmiedeter Stahl.

Ein Beispiel eines Rollenlagers mit einer Rolle zeigt Abb. 211, D.[1]

g) Ausführungsbeispiel eines eisernen Binders.

Abb. 211 zeigt einen eisernen Fachwerksdreieckbinder für 16 m
Spannweite für ein Werkstättendach, ausgeführt von der Eisenkon-
struktions- und Brückenbauanstalt Waagner-Biro-A. G., Wien.[1]

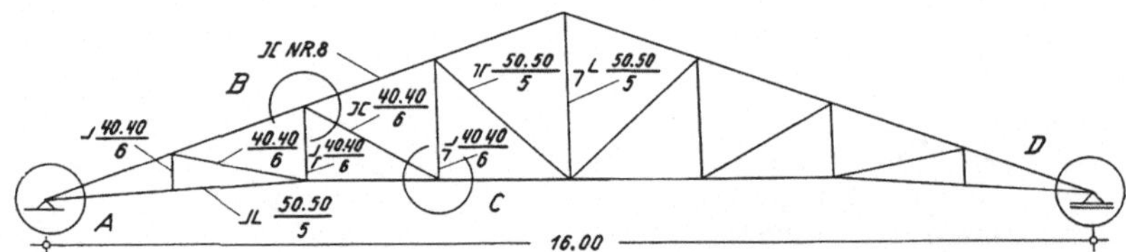

Binderschema; darunter Einzelheiten.

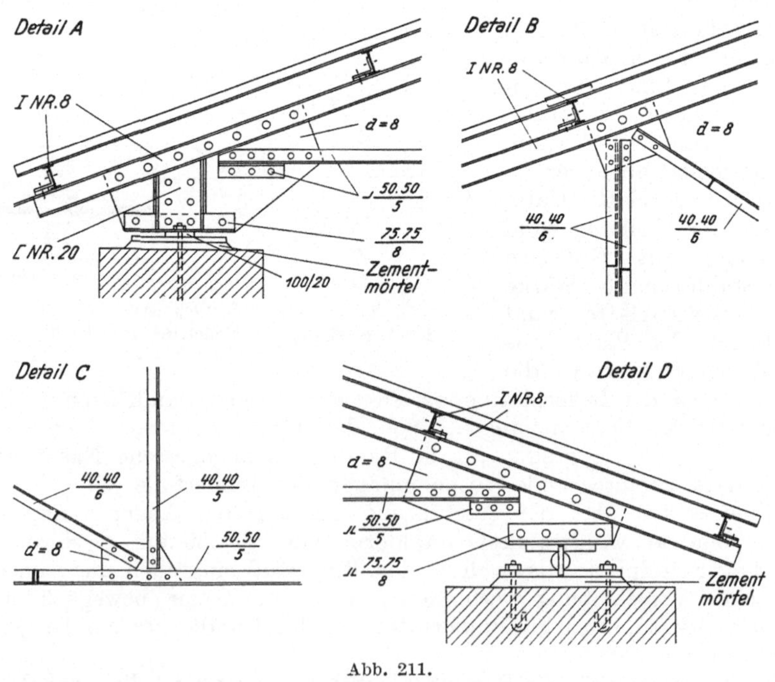

Abb. 211.

---

[1] Nach einer von der Eisenkonstruktions- und Brückenbauanstalt
Waagner-Biro-A. G. in Wien freundlich zur Verfügung gestellten Werk-
zeichnung.

3. Eisenbetondächer.

Eine weitere Gruppe von Dachkonstruktionen bilden die Eisenbetondächer, die im Industrie-, Hallen-, Saal- und Sakralbau häufig Anwendung finden. Die hohe Feuersicherheit und die Freihaltung des Dachraumes von störenden Stützen bilden mit anderen hochzuwertende Vorzüge dieser Konstruktionen.

Die Tragwerke werden als freiliegende oder durchlaufende Balken, als Rahmen oder Bogen mit oder ohne Gelenke oder als Kuppeln gestaltet.

Besondere Sorgfalt ist neben der Ausführung der Tragwerke selbst mit Rücksicht auf die bei Dächern sehr stark in Erscheinung tretenden Wärmeschwankungen den zwischenliegenden Eisenbetonplatten zuzuwenden, ebenso wie bei dieser Konstruktion der Ausbildung der Dehnfugen besondere Bedeutung beizumessen ist.

Bezüglich Gestaltung, Ausführung und Berechnung wird auf die Bestimmungen der österreichischen und reichsdeutschen Normen, auf die Bestimmungen des deutschen Ausschusses für Eisenbeton und auf das reichhaltige einschlägige Schrifttum, insbesondere auch auf das Handbuch für Eisenbetonbau[1]) verwiesen.

E. Dachdeckung.

I. Allgemeines.

Weiche (leicht entflammbare) und harte (schwer oder nicht entflammbare) Dachdeckungen.

Weiche Dachdeckungen: Stroh, Holz (Bretter und Schindel) und unter Umständen Dachpappe.

Harte Dachdeckungen: Gebrannte Dachziegel, Zementplatten, Natur- und Kunstschiefer (Eternit), Blech, Glas, Holzzement, Preßkies und unter Umständen Dachpappe.

Die den einzelnen Dachdeckungen zukommende Neigung wird durch äußere Einflüsse, wie Wind, Regen und Schnee, durch den Baustoff des Dachdeckungsmaterials sowie durch die Befestigungsart bestimmt. Tafel der Dachneigungen siehe S. 177.

Das Gewicht der Dachhaut beeinflußt die Dimensionierung des Tragwerkes.

Ist in Bezug auf die Dachneigung freier Spielraum gegeben, so ist jener Dachdeckung der Vorzug einzuräumen, die in konstruktiver, wirtschaftlicher und ästhetischer Hinsicht, bzw. im vorherrschenden Belange am besten entspricht.

Die grundlegende Aufgabe der Dachhaut liegt in der Abwehr eindringenden Regens und Schnees. Je besser sie diese Aufgabe erfüllt und je geringere Anschaffungs- und Instandhaltungskosten sie erfordert, desto vollkommener ist die Eindeckung. Daneben bilden aber auch

---

[1]) Verlag Wilhelm Ernst & Sohn, Berlin.

ästhetische Rücksichten, ferner Feuersicherheit (Versicherungsprämien-satz), Wärmeschutz, Hellhörigkeit usw. wichtige, die Auswahl mit-bestimmende Momente.

Mitunter wird zwischen Dachdeckung und Dachdichtung unter-schieden, je nachdem die Dachhaut bei steileren Neigungen aus einzelnen Schuppen oder bei flacheren Neigungen ($< 16^0$) zur Vermeidung des Zurücktreibens des Wassers in die Fugen aus einheitlichen Platten ge-bildet wird.

Die in ländlichen Gegenden noch oft anzutreffende Eindeckung mit Stroh (Roggenstroh oder Schilfrohr) soll hier, da sie der hohen Feuer-gefährlichkeit wegen bei Neubauten nicht mehr zur Anwendung gelangt, nicht näher besprochen werden.

Auch die Holzdeckung ist feuergefährlich und um so gefährlicher, je geringere Abmessungen die Einzelelemente aufweisen. Die Eindeckung kann mit meist rund 2,5 cm oder stärkeren Brettern auf Lattung parallel oder senkrecht zum Firste erfolgen; Neigung meist etwa 20^0; die Bretter werden mit Steinen von etwa 10—20 kg Gewicht beschwert. Unter Schindel versteht man 8—15 cm breite, 40—70 cm lange Weichholz-brettchen keilförmigen Querschnittes (etwa 1,5—2 cm stark und zu-geschärft), die mit der zugeschärften Kante in eine Nut des Nachbar-schindels eingreifen und auf Schalung oder Lattung genagelt werden.

II. Die gebräuchlichsten Eindeckungsarten.

1. Eindeckung mit Naturschiefer.

In Österreich mangels entsprechenden Schiefervorkommens, bzw. in infolge hoher Einfuhrkosten derzeit wenig gebräuchlich. Im Deutschen Reiche und anderen Ländern (England, Belgien, Frankreich) mit reichem Schiefervorkommen viel verwendet.

Die Eindeckung erfolgt bei kleinen und unregelmäßigen Platten auf einer 25 mm starken Schalung, bei größeren und regelmäßigen Steinen auch auf Latten (25×50 oder 40×60 mm). Kleine Steine ermög-lichen gute Anpassung an beliebige Dachformen und die Ausdeckung der Kehlen.

Die einzelnen Platten (Schablonen) haben bei deutschem Schiefer meist schiefwinkelige Viereck- oder bei englischem Schiefer regelmäßige Quadrat- und Rechtecksform. Übergriffe wenigstens 8 cm. Plattenstärke 5—6 mm. Jede einzelne Platte ist mindestens dreimal mit verzinkten oder Kupfernägeln versenkt zu nageln. Die Eindeckung insbesondere mit deutschen unregelmäßigen Platten erfordert große Übung und gutes handwerkliches Können. Geringste Dachneigung $\sim 22^0$.

Man unterscheidet:

a) Die deutsche Eindeckung (altdeutsche Eindeckung und Eindeckung mit Schuppenschablonen) mit unregelmäßigen Platten verschiedener Größe erfolgt immer auf Schalung, wobei die einzelnen Steine in flachschrägen Reihen (Gebinden) angeordnet werden und je nach der Wetterseite einander rechts oder links überdecken. First-, Traufen- und Ortsgebinde (an seitlichen Kanten) verlaufen gleichlaufend mit den First-, Traufen- und Ortskanten.

b) Die englische Eindeckung (einfache und doppelte) setzt größere und regelmäßige Platten voraus und erfolgt häufig auf einer Lattung, sonst auf Schalung. Die Platten sind meist quadratisch

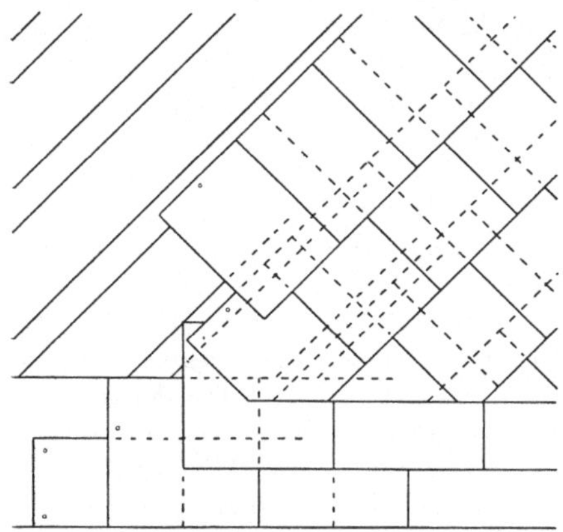

Abb. 212. Einfach englische Eindeckung.

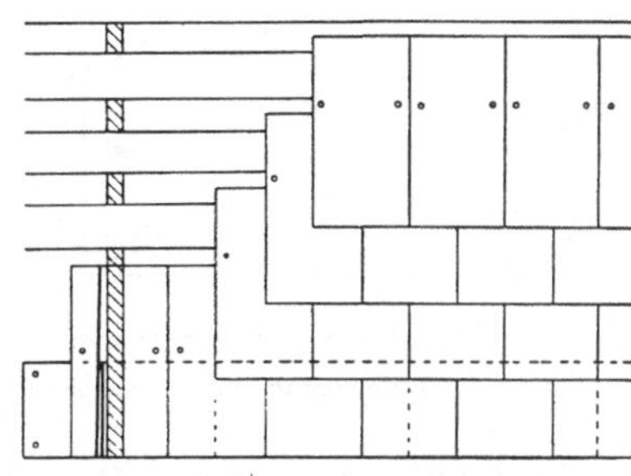

Abb. 213. Doppelte englische Eindeckung.

oder rechteckig (30 × 30, 40 × 40, 15 × 30, 20 × 40 cm). Bei der einfachen Deckung sind die Latten unter 45⁰ ansteigend, bei der doppelten Deckung parallel zur Traufe angeordnet. Säume, Firste und Ortseiten werden geschalt.

Abb. 212 zeigt die einfache englische Eindeckung, Abb. 213 die doppelte englische Eindeckung.

2. Eindeckung mit Kunstschiefer (Eternit).

ÖNORM B 3421, B 2019. (Baustoffe s. S. 18.)

a) Kunstschieferplatten:

Sowohl im Wohn- wie im Industriebau viel verwendet. Verlegung der ebenen Platten auf Latten oder Schalung; im letzteren Falle meist mit Dachpappenzwischenlage. Die Schalung verzögert zwar das Ansichtigwerden schadhafter Stellen, gewährt aber mit der Dachpappenlage eine höhere Dichtigkeit. Firste, Ortseiten, Ichsen werden auch bei Lattung geschalt.

Latten 25 × 50 oder 40 × 60 mm. Lattenabstand abhängig von der Plattengröße und dem Übergriffe. Flache Neigungen erfordern einen größeren, steilere Neigungen einen geringeren Übergriff, wenigstens aber 6 cm.

Plattenstärke 4 mm. Farbe: Hell- und dunkelgrau, ziegelrot oder kupferbraun.

Befestigung durch zweimalige Nagelung mit feuerverzinkten oder Kupfernägeln; bei größeren Platten und einzelnen Eindeckungsarten auch mit verzinkten oder kupfernen Sturmklammern. Firste und Grate werden mit Kappensteinen überdeckt, Ichsen mit Blech ausgefüttert oder mit kleinen Platten ausgedeckt.

Meistverwendete Plattenformen: Rechteck- und Quadratsteine (30/30, 40/40, 15/30, 20/40, 30/60), vollkantig oder mit abgeschrägten unteren Ecken, Normalschablonen, d. s. auf die Spitze gestellte Quadrate mit abgestumpften seitlichen Ecken, ferner Rhombussteine (30/33, 40/44) und Biberschwänze.

Hauptsächlichste Eindeckungsarten: Doppeldeckung mit Rechteck- oder Quadratsteinen (wie Abb. 213); Übergriff nach Plattengröße 5 bis 8 cm; deutsche Deckung mit Quadrat- oder Rhombussteinen (wie Abb. 212). Übergriff 7 bis 10 cm; Eindeckung mit Normalschablonen (Abb. 214). Übergriff 4—10 cm, Sturmklammern an der unteren Ecke.

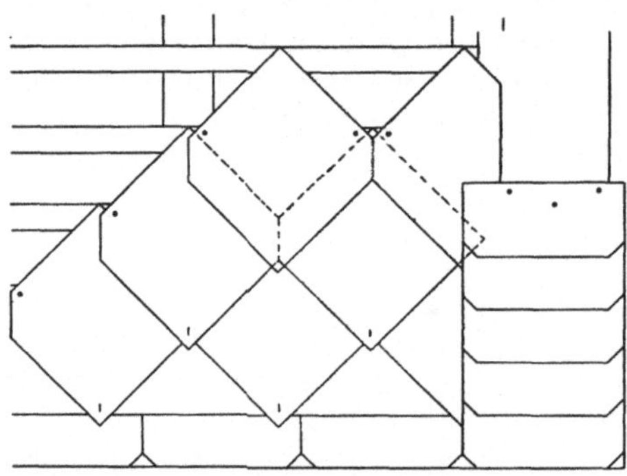

Abb. 214. Eindeckung mit Normalschablonen.

Geringste Dachneigung ~ 20⁰.

b) Welleternit:

Großflächige Platten (0,93 × 1,25 oder 1,60 oder 2,50 m) wellenförmigen Querschnittes von 6 oder 8 mm Stärke. Wellenbreite von Talmitte zu Talmitte rund 18 cm, Wellenhöhe rund 5 cm.

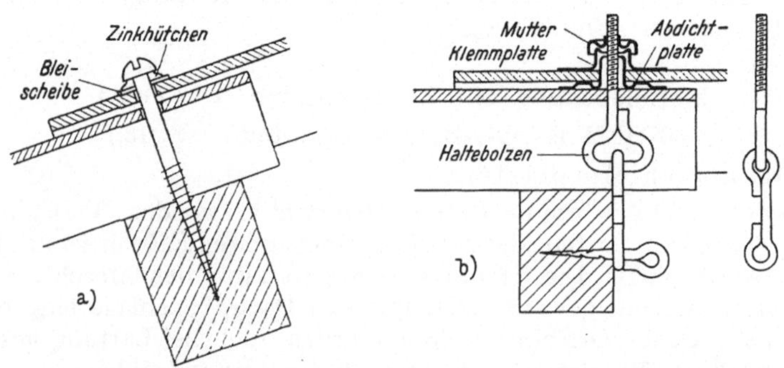

Abb. 215.

Den großen Plattenlängen entsprechend weite Austeilung der Unterstützungen. Stärkere Latten (60 × 60 mm) bei normalem Sparrenabstand oder Sekundärsparren[1]) senkrecht zu den Bindern bzw. eiserne Walzprofile (⊏, I, ⌐).

---

[1]) Solche Sekundärsparren werden oft auch als Pfetten bezeichnet; Pfetten sind Sparrenunterstützungen, Sparren die Träger der Dachhaut.

Der Abstand der Latten richtet sich nach der Plattenlänge und dem Übergriffe (Längsübergriff 15—20 cm, Seitenübergriff eine halbe Welle) und beträgt bei Platten von 1,60 m Länge höchstens 1,40 m und bei einer Plattenlänge von 2,50 m höchstens 1,15 m.

Befestigung der Platten: Mit Holzschrauben nach Abb. 215 a zur Befestigung auf Holzlatten, mit Hakenschrauben zur Befestigung der Tafeln an Eisenpfetten oder auch mittels der Befestigungsarmatur System Wagner (ein oder zwei Armaturen pro Plattenbreite), die nach Abb. 215 b in der Ausführung für Holzlatten in der Figur dargestellt ist und mit geändertem Haltebolzen auch für die Befestigung an Walzeisenprofilen hergestellt wird. Die Wagnerschen Patentarmaturen sind zwar

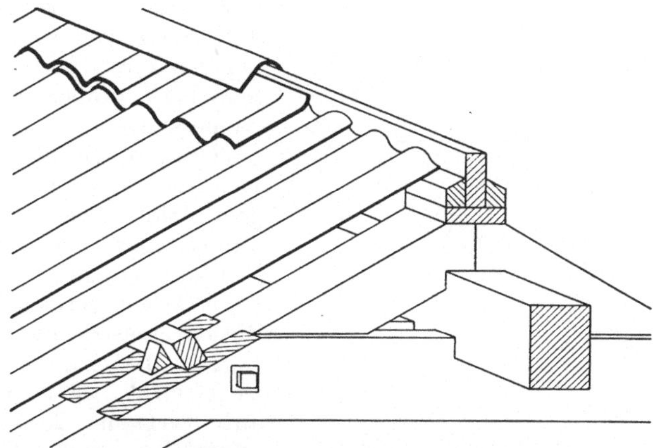

Abb. 216. Welleterniteindeckung mit Firstkappe.

ziemlich umständlich, bieten aber völlige Wasserdichtheit der Befestigungsstellen und gestatten eine gewisse Beweglichkeit der Unterkonstruktion. Das dichte Aufeinanderhalten der Wellplattenteile verhindert das Eindringen von Ruß und Flugschnee sowie allfälliges Klappern der Bedachung. Die früher erwähnte Befestigungsart mit Holzschrauben ist wohl billiger und einfacher, weist aber auch nicht alle guten Eigenschaften der Patentarmatur auf.

Für First- und Gratüberdeckungen, Ichsen- und Saumausbildungen, Mauer- und Kaminanschlüsse usw. stehen Sondersteine zur Verfügung.

Die Abb. 216 zeigt eine Welleterniteindeckung mit Firstkappe.

3. Eindeckung mit gebrannten Ziegeln.

ÖNORM B 3205, B 2019, DIN 1971. (Baustoffe s. S. 8.)

Österreichische Normengröße 16 × 37 und 19 × 46, deutsches Reichsformat 15,5 × 36,5 cm.

Bezeichnung der Dachziegel nach ihrer Form: Dachplatten, Biberschwänze, Hohlpfannen (23 × 36 cm), Falzpfannen (holländische
Dachpfannen) mit Längs- und Querfalzen (40 × 24 5 cm), Strangfalzziegel mit Falzen nur an den Längsseiten (42 × 22 cm), Sturmfalzziegel (Form wie vorige), Preßfalzziegel[1]) (42 × 22 cm) mit Längs-
und Querfalzen, Mönch- und Nonnenziegel (konische Hohlziegel),
Wellenziegel, Krempziegel u. a. m.

Die Ziegel sind meist naturfarbig, selten engobiert (eingebrannte
farbige Tonschlempe) oder glasiert.

Zur Eindeckung der Firste und Grate konische Hohlziegel halbkreisförmigen Querschnittes (15 × 37 cm) und gleichlaufende Hohlziegel
winkelförmigen Querschnittes mit Falzbildungen an den Stößen (23 ×
× 34 cm). Daneben sowohl bei
den Dachziegeln selbst als auch
bei den First- und Gratziegeln
mancherlei größere und kleinere
Abmessungen.

Ichsen (Kehlen) werden
meist, ästhetisch wenig befriedigend, mit Blech ausgefüttert
und seltener, eine viel schönere
Wirkung erzielend, aber auch
mehr Arbeit verursachend, mit
Ziegeln ausgedeckt.

Die Lagerung der Dach-
ziegel erfolgt fast ausnahmslos
auf Latten 25 × 50 oder
40 × 60 mm, unter Umständen
z. B. beim Kronendach auch

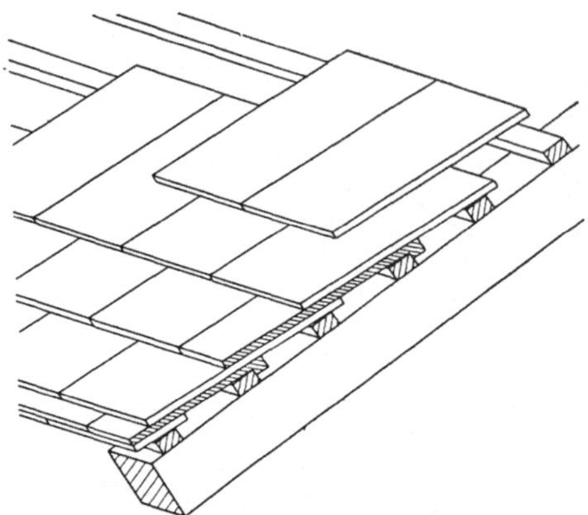

Abb. 217. Doppelte Eindeckung.

50 × 80 mm, auf welche die Ziegel mit einem oder mitunter auch
mit zwei an der Unterseite befindlichen Ansätzen, Nasen, eingehängt
werden; außer dem Einhängen werden Dachplatten, Biberschwänze
und Strangfalzziegel sowie Pfannen und Nonnen in vorgesehenen Nagel-
löchern an die Latten genagelt oder auch in einzelnen Ländern in
Mörtel gelegt. Falz- und Preßfalzziegel werden mit Draht an die
nächste untere Latte gebunden; zur Befestigung der Drähte sind an
den Ziegelunterseiten Stege vorgesehen.

Über die Zweckmäßigkeit der bei einzelnen Eindeckungsarten vor-
genommenen Mörteldichtungen sind die Meinungen geteilt. Gegner der
Vermörtelung wenden mit Recht ein, daß man sich durch dieselbe der
wertvollen Beweglichkeit der schuppenartigen Dachhaut begebe und sich
der Gefahr aussetze, Risse in die Dachhaut zu bekommen, wenn sich
Setzungserscheinungen oder starke Windeinflüsse geltend machen;
würden aber die Mörtelbette gelockert, so vermöchten sie ihren Zweck
nicht zu erfüllen.

---

[1]) Siehe Fußnote auf S. 208.

Eindeckungsarten.

a) Mit Dachplatten und Biberschwänzen: α) Doppelte Eindeckung (Abb. 217): Lattenabstand je nach Neigung $\dfrac{L-5}{2}$ cm bis $\dfrac{L-8}{2}$ cm, wobei $L =$ Länge des Dachziegels. Die Ziegel liegen Voll auf Fug; auf jeder Latte eine Ziegelreihe; zwischen den Latten liegen zwei Ziegel, über den Latten drei Ziegel übereinander. Firste und Traufen mit doppelter Ziegellage. Bei trockener Eindeckung sind alle Ziegel aller Umsäumungen der Dachflächen auf eine Streifenbreite von mindestens 2 Ziegelbreiten bzw. 2 Ziegelhöhen zweimal mit feuerverzinkten Nägeln zu nageln und in der übrigen Dachfläche jeder dritte bis vierte Ziegel zweimal zu nageln. Die doppelte

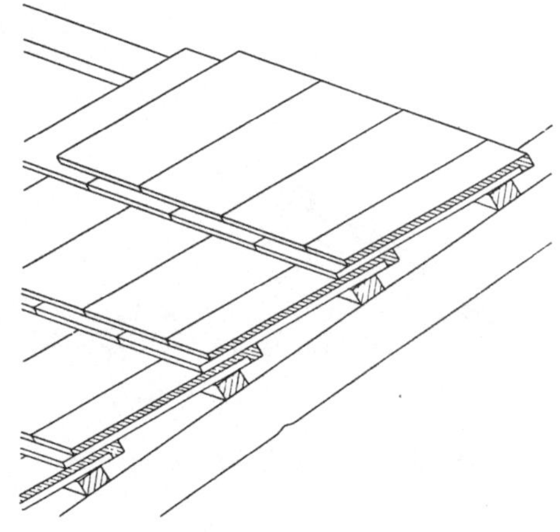

Abb. 218. Kronen- oder Ritterdach.

Eindeckung ist in Österreich und Süddeutschland sehr verbreitet. Dachneigung $\geqq 35^0$; Erfordernis an Dachziegeln für 1 m² Dachfläche im Ziegelformat 16×37 cm einschließlich Bruch und Verschnitt: 44 Stück, bei Dachziegeln der Größe 19×46 cm 28 Stück.

β) Kronen- oder Ritterdach (Abb. 218): Lattenabstand: $L - 8$ cm bis $L - 10$ cm. Auf jeder Latte liegen zwei Reihen Ziegel im Verbande; zwischen den Latten stets zwei, über den Latten stets vier Ziegel übereinander. Das Kronendach ist in Österreich und Süddeutschland wenig heimisch, in Norddeutschland mit Mörteldichtung sehr verbreitet.

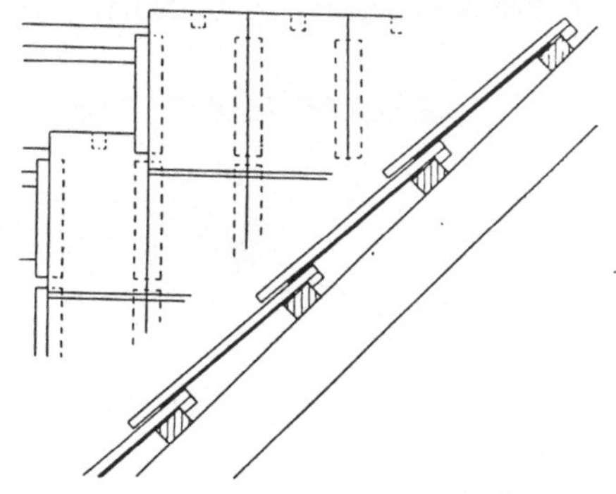

Abb. 219. Einfache Eindeckung.

Dachneigung: $\geqq 35^0$; Erfordernis für 1 m² Dachfläche in Ziegeln des Formats 16×37 cm einschließlich Bruch und Verschnitt: 53 Stück.

γ) Die einfache Eindeckung (Abb. 219) (Spließdach) wird seiner geringen Dichtheit wegen bei Neubauten kaum mehr angewendet. Lattenabstand: $L - 12$ cm; auf jeder Latte eine Ziegelreihe; ein Teil der Längsfugen ist ungedeckt; zur Dichtung werden zirka 28 cm lange „Spließe",

d. s. Holzplättchen oder Streifen aus Zinkblech oder Dachpappe, unterlegt. Die Ziegel liegen besser nicht im Verbande; Traufen und Firste immer doppelt. Nagelung wie beim Doppeldach. Dachneigung: $\geqq 45^0$; Erfordernis für 1 m² Dachfläche in Ziegel des Formats 16×37 cm einschließlich Bruch und Verschnitt: 26 Stück.

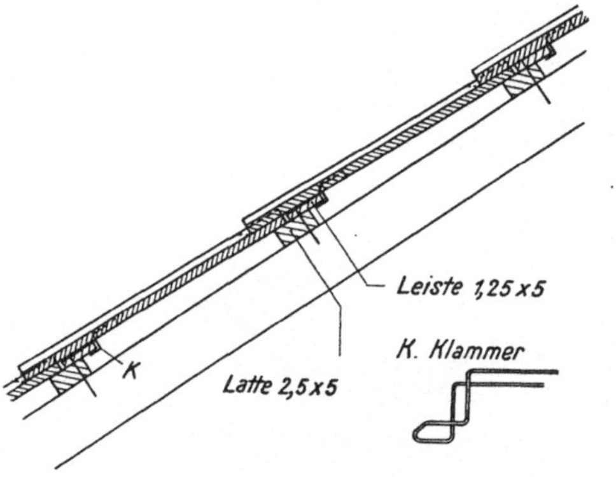

b) Mit Falzziegeln: Die Verlegung erfolgt auf Latten. Übergriff bei Strangfalzziegeln 10 cm, bei Preßfalzziegeln[1]) (Wienerberger Ziegelfabriksgesellschaft) 5—8 cm, bei Sturmfalzziegeln (Wienerberger) 8 cm. Die einzelnen Platten sind zueinander versetzt und werden mit Nasen eingehängt. Strangfalzziegel werden außerdem genagelt und mit Draht angebunden, Preßfalzziegel in der Regel nur eingehängt und mit Draht gebunden. Die Ränder werden auch dann, wenn in der übrigen Dachfläche keine Nagelung erforderlich wäre, jedenfalls genagelt und gebunden. Die Befestigung der Sturmfalzziegel in der Dachfläche erfolgt vermittels 3 mm starker Sturmklammern aus feuerverzinktem Eisendraht oder Kupfer.

Die Abb. 221 zeigt die Eindeckung mit Strangfalzziegeln, Abb. 222 mit Preßfalzziegeln, Abb. 220 mit Sturmfalzziegeln.

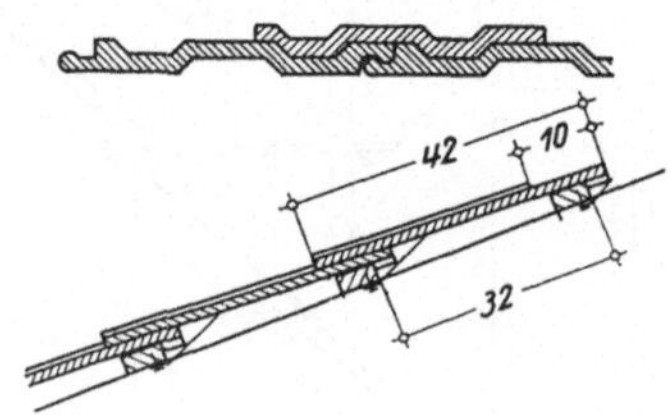

Abb. 220. Eindeckung mit Sturmfalzziegel.

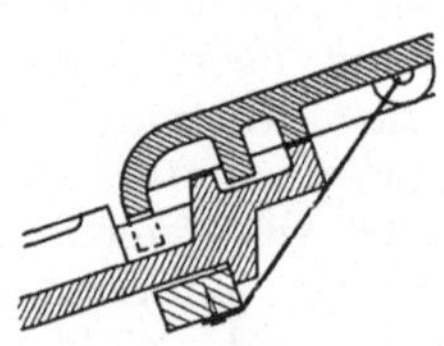

Abb. 221. Eindeckung mit Strangfalzziegel.

Abb. 222. Preßfalzziegel.

Dachneigung: $\geqq 35^0$; Erfordernis für 1 m² Dachfläche an Ziegeln des Formats 20×42 cm einschließlich Bruch und Verschnitt: 15 Stück, bei Sturmfalzziegeln 13 Stück.

---

[1]) Mitunter auch Doppelfalzziegel genannt; nach der in Österreich heimischen Bezeichnung versteht man unter Preßfalzziegel solche gepreßte Dachplatten, die sowohl der Längs- als auch der Querseite nach falzartige Übergriffe aufweisen.

4. Dacheindeckung (Dachabdichtung) mit Blech.

ÖNORM B 2021, M 3111, M 3401 und 3402, DIN 1972.

Die dicht geschlossene Dachhaut gestattet sehr flache Neigungen; sie paßt sich allen Dachformen, auch solchen, für welche andere Dachdeckungsmaterialien nicht mehr in Betracht kommen, gut an.

Hingegen bieten Metalldächer den darunter befindlichen Räumen, sofern eine Abdämmung nicht vorliegt, keinen Wärmeschutz, verursachen bei Regen und Hagel lästige Geräuschentwicklung und führen oft zu Schäden verursachenden Schwitzwasserbildungen. Auf die Gefahren elektrolytischer Zerstörungen wurde bereits auf S. 50 hingewiesen.

An Metallen kommen Kupfer, Blei, Zink, verzinktes Eisen und Aluminium in Betracht.

Kupferblech ist trotz Verwendung dünn ausgewalzter Bleche teuer; es gewährt jedoch mit seiner schützenden Patina eine sehr dauerhafte Dachhaut auch ästhetisch guter Wirkung.

„Tecuta" ist eine Kupferbronze, die es gestattet, statt Blechstärken von 0,6—1 mm, wie sie bei Kupfereindeckungen verwendet werden, schon solche von 0,4 mm und darunter zur Anwendung zu bringen, ohne daß dadurch die guten Eigenschaften des Kupfers als Eindeckungsmaterial beeinträchtigt würden.

Bleiblech. Auch das Blei wird an der Oberfläche durch eine Oxydschicht geschützt, bietet aber, seiner Weichheit wegen, mechanischen Einflüssen geringeren Widerstand. Kalk, Zement und Gips greifen Blei an, hingegen leistet es säurehältigen Industriegasen guten Widerstand.

Infolge der großen erforderlichen Blechstärken und des hohen Gewichtes sind solche Eindeckungen noch teurer als Kupferdächer.

Zinkblech ist billiger als Kupfer- oder Bleiblech und überzieht sich ebenfalls mit einer gegen atmosphärische Einflüsse Schutz gewährenden Oxyd- bzw. Karbonatschicht. Kalk, Zement, Gips, Rauchgase, säurehältige Industriegase und Salzwasserdünste führen zu Zerstörungen des Bleches.

Verzinktes Eisenblech ist noch billiger als das vorige und widerstandsfähiger gegen mechanische Einwirkungen, birgt aber die Gefahr in sich, daß die Zinkhaut rissig oder beschädigt werden kann und dann Zerstörungen unvermeidlich werden. Schutzanstriche daher zu empfehlen.

Auch Aluminiumblech wird in neuerer Zeit, sofern die Preisbildung nicht zu schwer ins Gewicht fällt, verwendet, da es kaum teurer zu stehen kommt als das Kupferblech und letzterem gegenüber den Vorteil wesentlich geringeren Gewichtes voraus hat. Es überzieht sich wie Kupfer, Blei und Zink mit einer schützenden Oxydschicht und hat sich in bezug auf Haltbarkeit, soweit eine Übersicht bisher vorliegt, gut bewährt. Kalk und Zement greifen Aluminium an.

Die üblichen Blechstärken betragen bei Tecutabronze 0,2—0,4 mm, bei Kupfer, Zink und verzinktem Eisen 0,6 bis rund 1 mm, bei Aluminium 0,7—0,75 mm, bei Blei 1,5—3 mm. Blechtafelabmessungen: Kupfer:

Tafeln bis 1 m breit und bis 2 m lang; Tecuta: Rollen 60 cm breit, bis 30 m lang; Zink: Tafeln 65, 80, 100 cm breit und 2 m lang, ferner Rollen 70 cm breit, bis 90 m lang; verzinktes Eisen: Tafeln 80—100 cm breit und 1,6 m lang; Aluminium: Tafeln 35—100 cm breit und 1—3 m lang, auch in Rollen von 66 cm Breite; Blei: Tafeln 1 m breit, bis 10 m lang.

Alle Metalle sind bei Temperaturschwankungen Längenänderungen unterworfen, die bei den sehr bedeutenden Wärmeunterschieden in unseren Gegenden (Sonnenbestrahlung im Sommer + 50°, Frosttage — 10° und weniger) bei allen Metallarbeiten unbedingte Berücksichtigung erfordern. Die Längenänderungen sind nach den Ausdehnungskoeffizienten verschieden und bei Blei und Zink am größten, bei Kupfer und Eisen am kleinsten. So ändert sich z. B. die Länge einer 2 m langen Blechtafel bei den vorher angeführten Wärmeschwankungen um

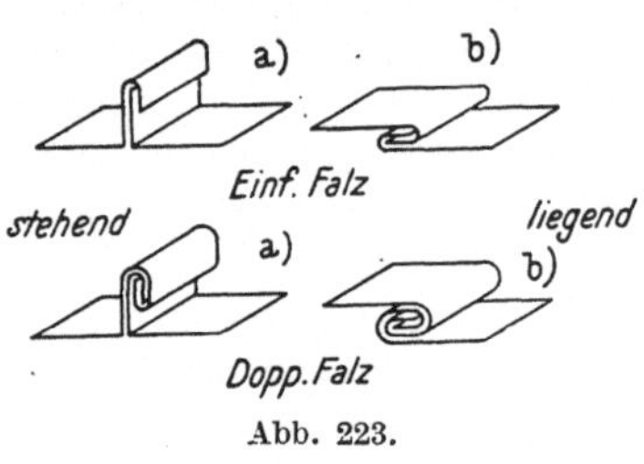

Abb. 223.

etwa 3,5 mm bei Blei und Zink, um etwa 3 mm bei Aluminium, um zirka 2 mm bei Kupfer und um etwa 1,5 mm bei verzinktem Eisenblech.

Es ist daher bei allen Metalldachdeckungen und Klempnerarbeiten unerläßlich, für eine Beweglichkeit der Bleche Sorge zu tragen, da sonst Deformierungen und Risse unvermeidlich sind.

Die Eindeckung erfolgt mit Ausnahme der Eindeckung mit Formblechen, wo mitunter eine Lattung in Betracht kommt, immer auf einer ebenen Unterlage, die meist aus einer 25 mm starken Schalung gebildet wird. Die häufigsten Eindeckungsarten mit ebenen Blechen sind: a) das Falz- und b) das Leistendach.

a) Falzdach. Die Falzdeckung wird insbesondere bei Kupfer- und verzinkten Eisenblechen, seltener bei Zinkblech verwendet; der

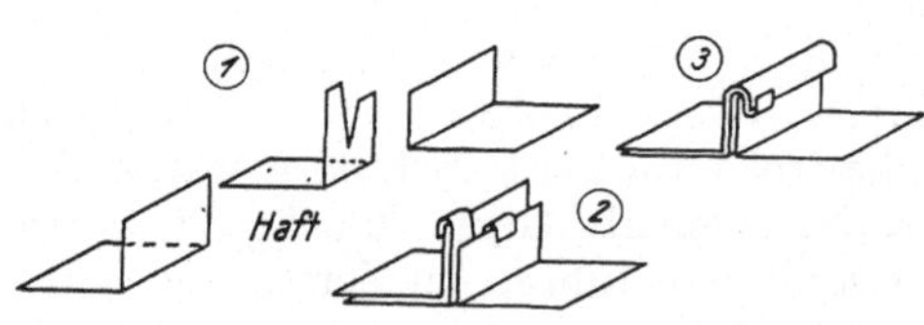

Abb. 224.[1]) 1, 2, 3 .... Arbeitsfolge der Falzbildung.

Zusammenschluß der einzelnen Tafeln erfolgt durch einfache und doppelte, stehende oder liegende Falze (Abb. 223), die Befestigung auf der Unterlage sowohl bei Längs- als auch bei Querfalzen durch Hafte (Abb. 224). Alle Längsfalze (im rechten Winkel zur Traufe) werden als Doppelfalze, die querliegenden bei steileren Dächern als einfache, bei sehr flachen Neigungen auch als Doppelfalze gebildet. Haftabstände 40—50 cm. Höhe des fertigen Stehfalzes rund 20—25 mm. Beginn der Eindeckung an der Traufe, woselbst die Tafeln mit den dort liegenden und genagelten Vorstoßblechen mit Wulst, Dreikant oder schrägem Falze verbunden werden (Abb. 225). An den Firsten und Graten schließen die Tafeln ebenfalls mit Falzen an, die durch Hafte versteift werden.

---

[1]) Nach Baukunde für die Praxis; Stuttgart.

Bei Verwendung von Tecuta zur Falzdachdeckung ergibt sich folgender Arbeitsvorgang: Tecuta in den Stärken von 0,2 und 0,3 mm wird auf einer möglichst ebenen, unbedingt trockenen, gespundeten Schalung vom First zur Traufe aufgerollt, die Längsränder werden 25 bzw. 35 mm aufgebogen und sodann die heiße Tecutaklebemasse auf die Schalung aufgegossen und verteilt; hierauf wird die vorbereitete Blechbahn aufgelegt und aufgeglättet; nun werden entlang der Aufkantung in 30 cm Abständen Hafte aus Tecutablech mit Kupfernägeln auf die Schalung genagelt und die benachbarte Bahn wie die vorige aufgebracht, wobei für dichtes Anliegen der Aufkantungen Sorge zu tragen ist. Die aneinanderstoßenden Aufkantungen werden mit den Haften zu einem liegenden Doppelfalz verbunden.

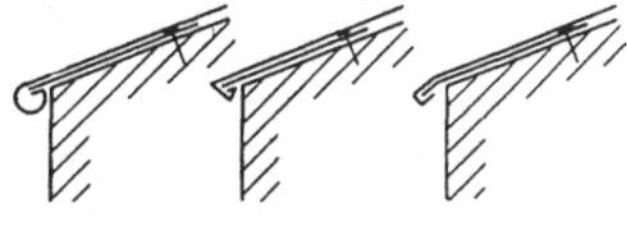

Abb. 225.

Soll die Verlegung auf einem Betonglattstrich erfolgen, sind zur Befestigung der Hafte Holzlatten in die Betonfläche einzubetonieren.

Das Tecutaklebedach aus 0,1 mm Blech stellt eigentlich keine selbständige Dachdeckung dar; das in die Klebemasse verlegte Blech bildet in diesem Falle nur eine sehr wirksame und auch ein gutes Aussehen gewährende Schutzhaut für die darunterliegende Bitumenpappedecke. Die Befestigung ist aus den Abb. 226 und 227 ersichtlich; Abb. 226 zeigt eine kupferne Deckleiste mit daruntergelegten Pappestreifen, Abb. 227 ein 0,05 mm Tecutaband auf Klebemasse und Pappestreifen.

b) Leistendach. Die Ausführung des Leistendaches ist insbesondere

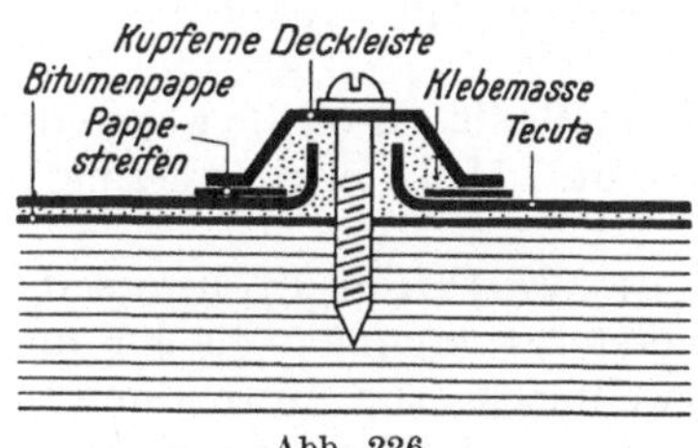

Abb. 226.

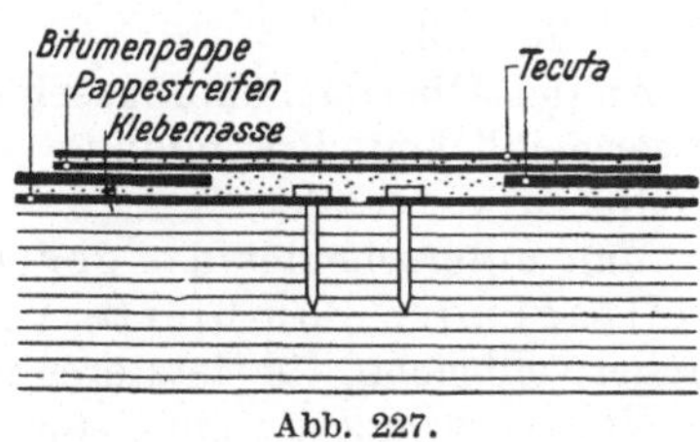

Abb. 227.

bei großen Dachflächen und geringen Neigungen sowie bei Verwendung von Zinkblech zu empfehlen. Es eignet sich für Bleche mit hohen Ausdehnungskoeffizienten deshalb besser als die Falzdeckung, weil die Anordnung der Leisten den einzelnen Scharen eine unabhängigere Bewegungsmöglichkeit gewährt als die Falzverbindung.

Ausführung: Zunächst wird an der Traufe ein Vorstoßblech verlegt und am oberen Rande genagelt, sodann werden die aus gutem, trockenem Holz geschnittenen Leisten trapezförmigen Querschnittes (4 cm hoch, die längere Trapezseite 4, die kürzere 3 cm), s. Abb. 228, senkrecht zur Traufe derart auf die Schalung genagelt, daß die daruntergelegten Haften (H) gleich mitbefestigt werden. Die Haftstreifen aus verzinktem Eisenblech werden vor der Nagelung der Leisten in Abständen von rund 40 cm unter die Leisten geschoben. Das Legen der Deckbleche erfolgt von der Traufe an, indem das erste Blech in das Vorstoßblech eingehängt wird und am oberen Rande vermittels einer an der Unterseite der Tafelmitte angelöteten Hafte an die Schalung genagelt wird; beiderseits dieser gelöteten Hafte werden zwei weitere Hafte an die Schalung genagelt und der Umbug des oberen Tafelrandes in diese Hafte gehängt; an den Längsseiten sind die Tafelränder bis nahe zur Leistenhöhe aufgebogen. Über die Leiste wird zum Schlusse eine Zinkblechkappe K (je 1 m lang) verlegt und in die abgebogenen Hafte eingeschoben. Das Leistenende an der Traufe wird schon beim Zuschneiden der Leiste abgeschrägt und nach dem Verlegen mit einer Blechkappe gedeckt. Das Verlöten der Tafel untereinander oder an der Traufe oder am First ist zu vermeiden.

Die in Abb. 228 dargestellte und meist angewendete Eindeckungsart wird als „Belgische" bezeichnet; die „Französische" ähnelt ihr sehr, nur liegen dort die Trapezleisten mit der Breitseite auf der Schalung; bei der „Berliner" Leistendeckung zeigen die Leisten einen Rechteckquerschnitt und eine geänderte Kappenausbildung.

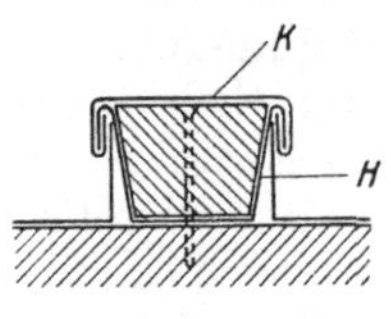

Abb. 228.

H = Hafte 4—6 cm breit; K = Kappe.

Die Eindeckung mit Formblechen (Pfannen, Rauten, Schuppen) kann bei genügender Steifheit der einzelnen Elemente unter Umständen auch auf Latten erfolgen; sie wird im allgemeinen sehr selten verwendet.

Eindeckung mit Wellblech. Haupsächlichste Anwendung bei offenen Hallen, Vordächern u. dgl. Neigung: Im Mittel 20—33⁰.

An den Oberflächen ungeschütztes eisernes Wellblech bleibt wegen der unvermeidlichen Rostbildung außer Betracht. Meist wird verzinktes Wellblech verwendet.

Man unterscheidet das gestützte ebene Wellblechdach und das freitragende, bombierte Dach. Für ersteres kommen flache und Trägerwellbleche, für letzteres nur Trägerwellbleche zur Anwendung.

Meistverwendete Abmessungen: Breiten der Tafeln bis rund 80 cm, Längen von 1,5—4,5 m, Blechstärken 1—2 mm, Profile 40/100 und 70/100 bis 40/150 und 50/150. Die Wellblechtafeln liegen frei von Pfette zu Pfette (oder Sekundärsparren). Nach dem Pfettenabstand richtet sich die Dimension des Bleches. Größte Pfettenentfernung rund 4 m. Die Auflagerung erfolgt auf ⊥-, ⌐- und ⌐-Eisen; Holzpfetten sind zu vermeiden. Beim ebenen Wellblechdach ist, wie bei allen Metalldeckungen, für ausreichende Bewegungsmöglichkeit der Bleche infolge der Temperaturschwankungen Sorge zu tragen, wie anderseits darauf zu achten ist, daß ein Abheben der Tafeln durch den Wind verhindert werde. Hierbei ist zu unterscheiden, ob nur mit Ober- oder auch mit Unterwind zu rechnen ist. Im ersteren Falle wird das obere Ende der unteren Tafel (Abb. 229) in jedem dritten bis vierten Wellental mit dem Pfettenflansch versenkt vernietet ($\sim$ 8 mm $\varnothing$) und das untere Ende der oberen Tafel durch Hafte aus verzinktem Eisenblech (3—5 cm breit und 3—5 mm stark) mit der Pfette beweglich verbunden. Diese Haften sind — zu den Vernietungen der unteren Tafeln versetzt — in jedem dritten oder vierten Wellenberg der oberen Tafel ein- oder zweimal angenietet (6—8 mm ⌀); statt solcher Haften können auch Flacheisen verwendet werden. Am First erfolgt die Überdeckung meist durch Wellblechkappen (Abb. 230) von etwa 25—30 cm Schenkellänge, die in gleicher Weise oder auch, weniger empfehlenswert, durch Nietung (a) mit den anschließenden Tafeln verbunden werden. An der Traufe ist für eine dichte Anordnung der Haften zu sorgen. Bei Unterwind genügt die besprochene Befestigungsart nicht; in diesem Falle erfolgt sie durch etwa 10 mm starke Hakenschrauben nach Abb. 231.

An den Querfugen: Übergriff rund 12—20 cm je nach Neigung; an

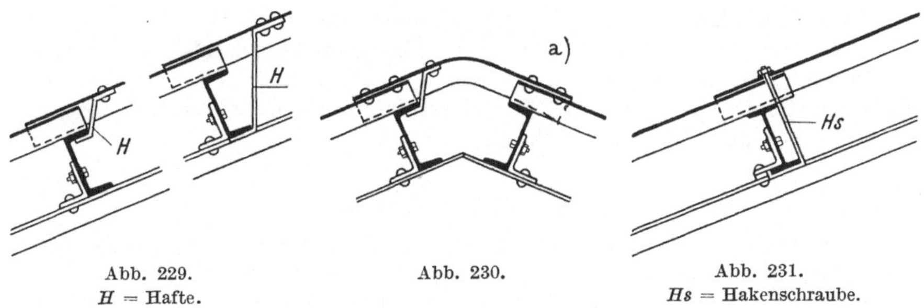

Abb. 229.   Abb. 230.   Abb. 231.
H = Hafte. Hs = Hakenschraube.

den Längsfugen: Übergriff eine Welle und Haftnietung in Abständen von rund 40 cm mit 6 mm Nieten.

Zur Vermeidung galvanischer Ströme zwischen dem verzinkten Wellblech und den eisernen Pfetten sind diese mit Ölfarbe zu streichen. Die Wellblechtafel stellt, sofern keine Zwischenunterstützungen vorliegen, rechnerisch einen Träger auf zwei Stützen dar.

Ermittlung des erforderlichen Blechprofils:

Angenommen: Dachneigung $\sphericalangle\ \alpha = 20^0$, Pfettenentfernung $L = 4{,}00$ m; Horizontalprojektion: $4 \cos \alpha = 3{,}8$ m; Normalkraft aus Wind, Schnee und Eigengewicht auf die Dachfläche: 110 kg/m²; lotrechte Komponente: $\frac{110}{\cos . 20} \doteq 120$ kg/m² Grundriß; Einzellast in der Mitte (bei Dachreparaturen) $P = 100$ kg.

Es ist die Gesamtlast für 1 m Breite Grundriß $Q = 120 \times 1 \times 3{,}8 = 460$ kg.

$$M_{\max} = 460\frac{380}{8} + 100\frac{380}{4} = 31\,680 \text{ kg/cm}; \quad W = \frac{M}{\sigma} = \frac{31\,680}{1200} = 26 \text{ cm}^3.$$

Gewählt Wellblech $60 \times 150 \times 1{,}5$ mit $W = 27$ cm³.

Bombierte Wellblechdächer erhalten meist Segmentform mit einem Stich gleich $\frac{1}{5}\,l$. Die einzelnen Tafeln sind an den Querfugen zwei- bis dreireihig vernietet, so daß der ganze Bogen einen festen Streifen darstellt und als Zweigelenksbogen zu betrachten ist. Der Horizontalschub wird durch Zugstangen aufgenommen. Die Fußauflagerung erfolgt auf seitlichen Längsträgern aus Walzprofilen. Spannweiten bis 25 und 30 m.

Als eine Sonderart der Wellblechdächer seien die Ausführungen in „protected metal" angeführt, die in chemischen Fabriken der Vereinigten Staaten Anwendung finden. Das „protected metal" ist ein Stahl-Wellblech, dessen beide Oberflächen durch Schichten von Asphalt, Asbestgeweben und Farbanstrichen geschützt sind.

5. Eindeckung mit Dachpappe.

ÖNORM B 2020, B 3635, DIN 2117, 2118, 2121—2128, 2130, 2136—2139.
(Baustoff s. auch S. 52.)

Unterlage: Ebene Holzschalung (25 mm) oder auch Betonplatten mit Glattstrich. Nach der verwendeten Pappe unterscheidet man Eindeckungen mit geteerten und teerfreien Dachpappen. Die Neigung soll bei geteerter Pappe etwa 8—12° betragen, während sie bei teerfreier Pappe auch größer gewählt werden kann.

Eindeckungsarten.

a) Einfache schlichte Deckung. Für untergeordnete Zwecke und Behelfsbauten. Es sollen nur die stärksten Pappen Nr. 70 und 90 ÖNORM, bzw. 625 oder 500 DIN verwendet werden. Die Bahnen werden (Abb. 232)

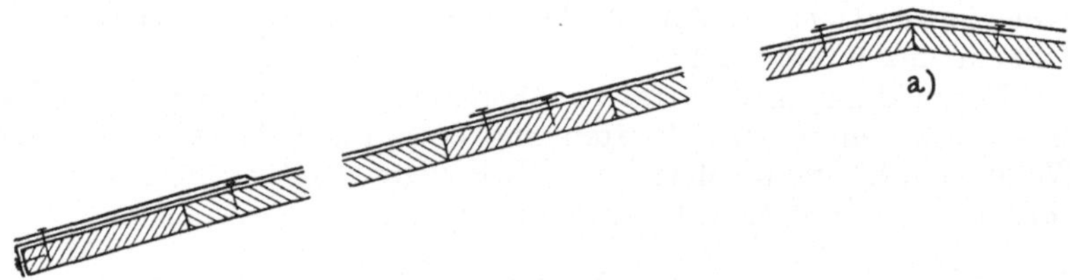

Abb. 232. Einfache schlichte Deckung.

parallel oder seltener senkrecht zur Traufe verlegt. Beginn mit einem $^1/_3$ oder $^1/_4$ einer Rolle breiten Fußstreifen (33 oder 25 cm), der um die Traufkante abgebogen und dort in Abständen von 4 cm genagelt wird; oberer Rand im Abstand von rund 25 cm genagelt. Darauf, an der Traufkante beginnend, Verlegung der ersten Bahn; sie wird auf den Fußstreifen (Saumstreifen) mit heißem Dachlack geklebt, am unteren Rande in Abständen von 5 cm und am oberen in solchen von rund 25 cm genagelt; die nächste Bahn mit wenigstens 8 cm Übergriff wird wieder wie vor genagelt, der Übergriff außerdem noch geklebt. Die deutschen Normen schreiben ein Überkleben der offenen Nagelung mit 6—7 cm breiten Nesselstreifen vor, die mit Klebemasse zu überstreichen sind. Die Querstöße (in Abständen von 2—5 m) übergreifen einander ebenfalls wenigstens

8 cm und werden geklebt und in 5 cm Abstand genagelt; sie sind in den einzelnen Bahnen versetzt anzuordnen. Firstausbildung nach Abb. 232a oder mit Kappenstreifen; Ichsen sind mit doppelten Längsbahnen zu unterdecken. Bei Verwendung von geteerter Dachpappe ist nach Fertigstellung die ganze Dachfläche mit heißem Dachlack zu überstreichen. Erneuerungsanstrich etwa alle 3 Jahre.

Teerfreie Pappe erhält bei Beginn keinen Anstrich; nach etwa 10 Jahren ist ein solcher aus heißflüssiger Asphalt-Bitumenmasse aufzubringen.

Bei massiver Unterlage und Neigung bis zu rund 6° wird die Pappe der ganzen Fläche nach aufgeklebt, bei steileren Neigungen am oberen Ende der Bahnen in Abständen von zirka 20 cm auch genagelt; zur Ermöglichung der Nagelung sind Latten in der Unterlage vorzusehen.

b) Doppelpappedeckung. Verwendet wird mindestens Pappe 120 ÖNORM bzw. 500 DIN für obere und 333 DIN für die unteren Bahnen.

Die erste untere Bahn wird meist in halber Rollenbreite aufgelegt (Abb. 233) und an der Traufenkante in 8—10 cm Abständen, am oberen Rande in 25 cm Abständen genagelt; die zweite Bahn der unteren Lage übergreift mit geklebten Übergriffen um mindestens 8 cm und wird am unteren Rande wieder in 8 bis 10 cm, oben in 25 cm Abständen genagelt usw. Nach

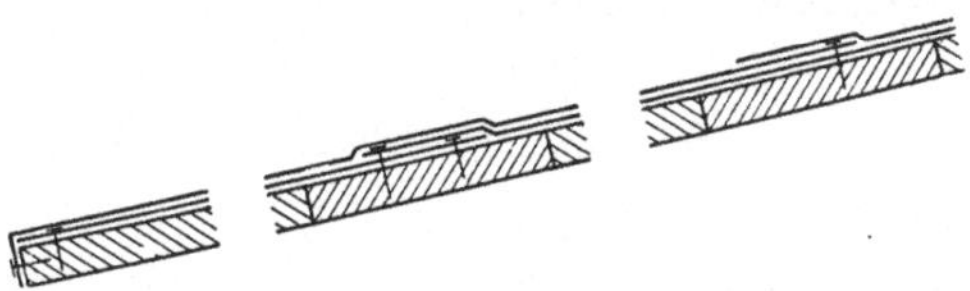

Abb. 233. Doppeldeckung.

Verlegung der ganzen unteren Lage wird die erste Bahn der zweiten (oberen) Lage über die Traufkante gebogen und dort von 4 zu 4 cm genagelt; im weiteren Verlaufe wird sie vollflächig auf die untere Lage geklebt und oben in Abständen von 25 cm genagelt; war die erste Bahn der unteren Lage eine halbe Bahn, so ist die erste Bahn der oberen Lage in voller Breite zu nehmen und umgekehrt. Die unteren, übergreifenden Ränder der Bahnen der zweiten Lage werden somit nicht genagelt, so daß auf der fertigen Dachfläche keine Nagelung sichtbar ist.

Statt der beschriebenen Ausbildung der Traufe kann der Abschluß auch so bewirkt werden, daß beide Pappebahnen mit der Traufkante abschließen und zwischen beide ein 25 cm breiter Saumstreifen eingelegt wird, der dann an der Traufe umgebogen und dort in 4 cm, oben in 10 cm Abstand genagelt wird; statt des Pappesaumstreifens kann auch ein Zinkblechstreifen mit Haften verwendet werden.

Ab und zu werden die Bahnen auch in gekreuzten Lagen (untere parallel, obere senkrecht zur Traufe) verlegt und geteerte und teerfreie Pappe in wechselnder Lage verwendet; dann liegt die geteerte Pappe unten, die teerfreie oben. Erfolgt die Deckung nur mit geteerter Pappe, so sind die unbekiesten Flächen gegeneinander zu legen.

Bezüglich Anstriches gilt dasselbe wie bei der einfachen Deckung.

c) **Leistendach** (einfache Pappedeckung auf Leisten). Abb. 234.
An der Traufe Fußstreifen von 25, 33 oder 50 cm Breite wie bei der einfachen Deckung. Auf diesem Fußstreifen werden, den oberen Rand
wenigstens 10 cm übergreifend, dreikantige Holzleisten von rund

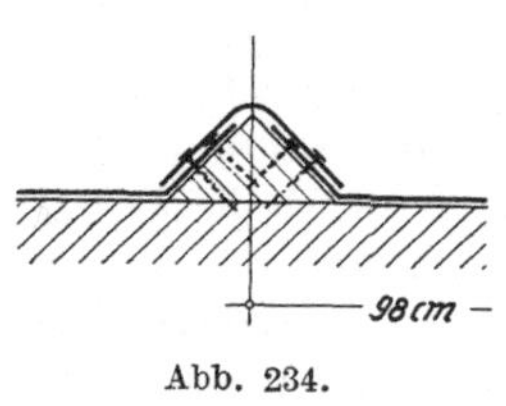
Abb. 234.

70 mm Breite und 35 mm Höhe in Abständen von
98 cm von Mitte zu Mitte in der Richtung von
der Traufe zum First auf die Schalung genagelt
(Nagelung von 50 zu 50 cm) und zwischen diese
Leisten die Dachpappebahnen in derselben Richtung aufgelegt; die Ränder werden an den Leisten
umgebogen und in Abständen von rund 15 cm an
diese genagelt; die Leisten werden mit Pappestreifen von 10 cm Breite überdeckt und diese
Kappen in 5 cm Abständen genagelt; die Leistenenden werden überlappt. Anstrich des Daches wie bei einfacher Deckung.

Das Leistendach kann auch in doppelter Deckung ausgeführt werden,
indem auf eine einfache schlichte Deckung das Leistendach, wie oben beschrieben, aufgebracht wird.

6. Das Preßkiesdach (Kiespappedach), Abb. 235.

Es soll nicht über 5%, d. i. rund 3⁰ Neigung haben. Es besteht aus
einer doppelten Pappedeckung mit einem satten Aufstrich aus Holzzementmasse oder bei teerfreier Deckung aus heißer Asphaltbitumen-

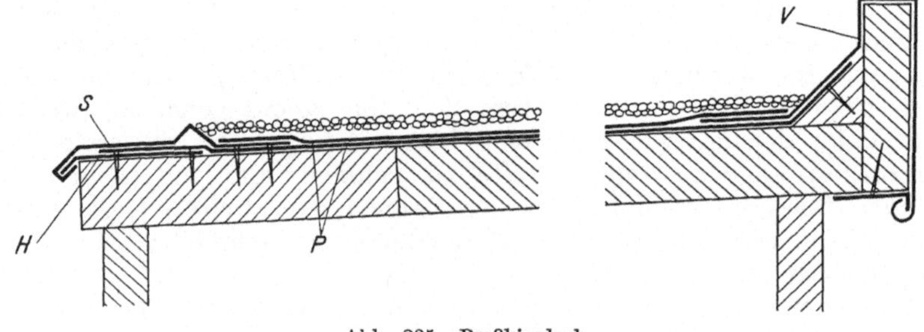
Abb. 235. Preßkiesdach.
H = Hafte, S = Saumblech, P = Pappe, V = Verblechung.

masse, in den eine etwa 1,5 cm hohe Schicht feinen vorgewärmten
Kieses bis 8 mm Korngröße eingewalzt wird. Zwischen die erste und
zweite Pappelage wird ein als Kiesleiste ausgebildeter Saumstreifen
aus Zinkblech eingelegt, der am oberen Ende genagelt und, soweit er
zwischen den Pappen liegt, auch geklebt wird; an der Traufkante wird
er durch Haften oder ein durchlaufendes Haftblech versteift. Bei sachgemäßer Ausführung genügt es, nach etwa 10 Jahren den Kies abzuscheren, einen neuen Deckanstrich aufzubringen und den Kies wieder
aufzuwalzen.

7. Das Holzzementdach, Abb. 236.

Das Holzzementdach ist ein Vorläufer des Preßkiesdaches. Infolge der hohen Kiesschicht (8—10 cm) hat diese Eindeckungsart ein großes Eigengewicht (rund 240 kg/m²) und erfordert daher eine starke Unterkonstruktion; anderseits bietet der hohe Kiesbelag einen guten Schutz für die Deckschichten und eine wirksame Isolierung für die darunter befindlichen Räume. Als Nachteil ist die schwierige Auffindung und Ausbesserung schadhafter Stellen nicht zu übersehen. Das Holzzementdach wurde in früheren Jahren in Österreich, im Deutschen Reiche und anderen Ländern, insbesondere auch in Holland, sehr oft ausgeführt. In der Gegenwart wird es durch andere Flachdachkonstruktionen stark verdrängt.

Die Neigung ist sehr flach und soll 5% (= 3°) nicht überschreiten. Die Ausführung erfolgt meist auf einer starken, 35 mm bemessenen, möglichst gespundeten Schalung oder auch auf massiver Unterlage (Betonplatte mit Glattstrich u. dgl.). Früher wurden als Deckschichten ausschließlich mit Holzzementmasse (Steinkohlenteer + Pech + mind. 5% Schwefel) über-

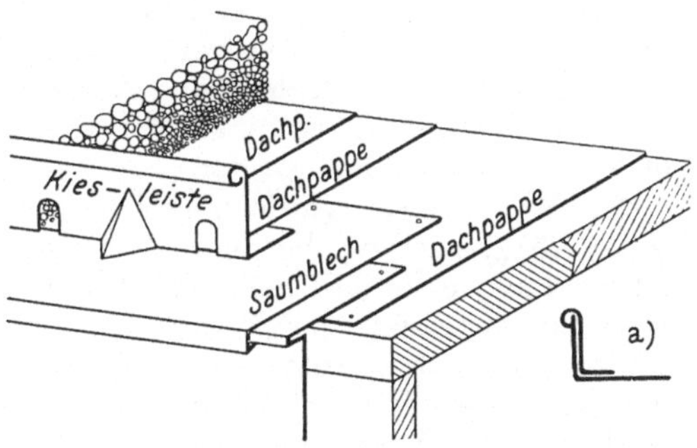

Abb. 236. Holzzementdach.

einandergeklebte Papierlagen verwendet; gegenwärtig werden entweder 3—4 Papierlagen mit Holzzementmasse geklebt, auf einer Pappeunterlage oder zwei oder mehrere Pappelagen ohne Papierschichten verwendet.

An der Traufe liegt ein Saumstreifen aus Zinkblech mit aufgelöteter Kiesleiste, die zur Ableitung des die Kiesschicht durchdringenden Wassers mit Abflußöffnungen versehen und zur Versteifung mit angelöteten Blechnasen gestützt wird. Die Beschüttung besteht aus 4—5 cm lehmigem, weichem Sand und aus 4—5 cm grobem Kies; an der Kiesleiste ist die untere Schicht nur 2 cm hoch und dafür die grobe Kieslage höher.

Die in der Abb. 236 gezeigte Ausführung entspricht der ÖNORM.

Anstatt der angelöteten Kiesleiste werden auch in Kiesleistenträger aus verzinktem Flacheisen eingehängte Stehbleche verwendet. Die Kiesleistenträger werden auf die Schalung geschraubt und das durchbrochene Stehblech eingehängt. Abb. 236 a.

8. Das begehbare Flachdach (Terrassendach).

Es wird meist unmittelbar über dem Aufenthaltsraume, also ohne Zwischenschaltung eines Dachbodens, auf einer massiven Decke ausgeführt. Es erfordert einen mechanischen Einwirkungen und Temperaturschwankungen verläßlich Widerstand leistenden Belag, der auf der Dachdichtung derart gelagert ist, daß eine Unabhängigkeit in der Bewegung gewährleistet bleibt; ebenso muß die Dachdichtung frei von der Gefährdung bleiben, durch Flächenänderungen der Unterkonstruktion in Mitleidenschaft gezogen zu werden, und schließlich ist für eine zweckmäßige Wärmeisolierung sowohl zwischen Massivdecke und Raum, als auch zwischen Massivdecke und Überkonstruktion Sorge zu tragen.

Verlangen schon diese Forderungen allein eine gründliche Überlegung der konstruktiven Ausbildung und Stoffwahl, so treten mit den Ausbildungen der Traufe, der Maueranschlüsse, der Wasserabfuhr und der Geländerbefestigung eine Reihe weiterer Fragen an den Konstrukteur heran, die keineswegs leicht genommen werden dürfen. Wie schwierig es ist, alle diese Fragen in zweckdienlicher Weise zu lösen, zeigen die nur zu häufigen und schweren Mängel an ausgeführten Beispielen.

Die nachfolgend beschriebene Ausführung (Abb. 237) stellt den Versuch der Herstellung eines solchen dichten begehbaren Flachdaches auf einer Eisenbetondecke dar.

Als Massivdecke wurde eine Isteg-Decke (2) in der Neigung des Daches (5%) verlegt; die Schräglage wurde gewählt, um den bei waagrechter Lage erforderlichen erheblichen Stärkeunterschied des Gefällsbetons zu vermeiden. Zur Erzielung einer ebenen Untersicht sind in jedem zweiten oder dritten Intervall hochkantig gestellte Bohlen eingestellt (1), an deren Unterseiten Schalung, Berohrung und Putz vorgesehen werden. Die Platte der Isteg-Decke erhält einen Grund- und Deckanstrich aus Flintkote (3), der mit Juteeinlage über den Betonrost bis zur Gesimsekante vorgezogen wird. Nach Trocknung des Anstriches Verlegen der Dämmplatte aus 4 cm Kork (4). Darüber eine Lage geteerter und besandelter Dachpappe (5); Übergriffe geklebt; sonst mit der Korkplatte nicht verbunden! Nun folgt eine 4 cm hohe Sandschicht (6), die den Zweck hat, der 6 cm Kiesbetonfläche (7) Bewegungsmöglichkeit zu sichern und sie damit von der Deckenkonstruktion und deren Bewegungen unabhängig zu machen. Der mit einem dichtenden Zusatz hergestellte Betonflöz ist mit einer Drahteinlage bewehrt und sowohl parallel als auch senkrecht zur Traufe mit Dehnfugen (Abb. 237 b) versehen, die mit Asphalt ausgegossen und mit Walzblei und mit Pappe gedeckt sind. Auf der Betonschicht zwei Lagen vollflächig aufgeklebte Bitumenpappe (8), die zusammen mit der 10 mm Gußasphaltlage (9) die eigentliche Deckschicht bilden.

Der Terrassenbelag besteht aus 4 cm Keramitplatten (12) mit Zementmörtelfugenverguß auf 25 mm Zementmörtelbett (11) und ist durch die 3 cm hohe Sandlage (10) wieder in der Bewegung unabhängig von der Unterlage gehalten.

Traufenausbildung: Der Rinnenhaken ist im Betonrost versenkt; das Saumblech (14) ist mit der aufgelöteten Kiesleiste aus Zinkblech an die Leiste (16) genagelt und um den als Hafte dienenden Winkel (13) gefalzt; der Winkel wird durch abgekröpfte Bandeisen, die im Beton versenkt sind, gestützt; über dem Saumblech liegt lose ein Streifen (17) Dachpappe zum

Schutze des Metalls vor dem Beton und zur Sicherung der freien Bewegungsmöglichkeit des letzteren. Die Kiesleiste ist mit Abflußlöchern zum Abrinnen allfällig durch schadhafte Stellen durchsickernden Wassers versehen

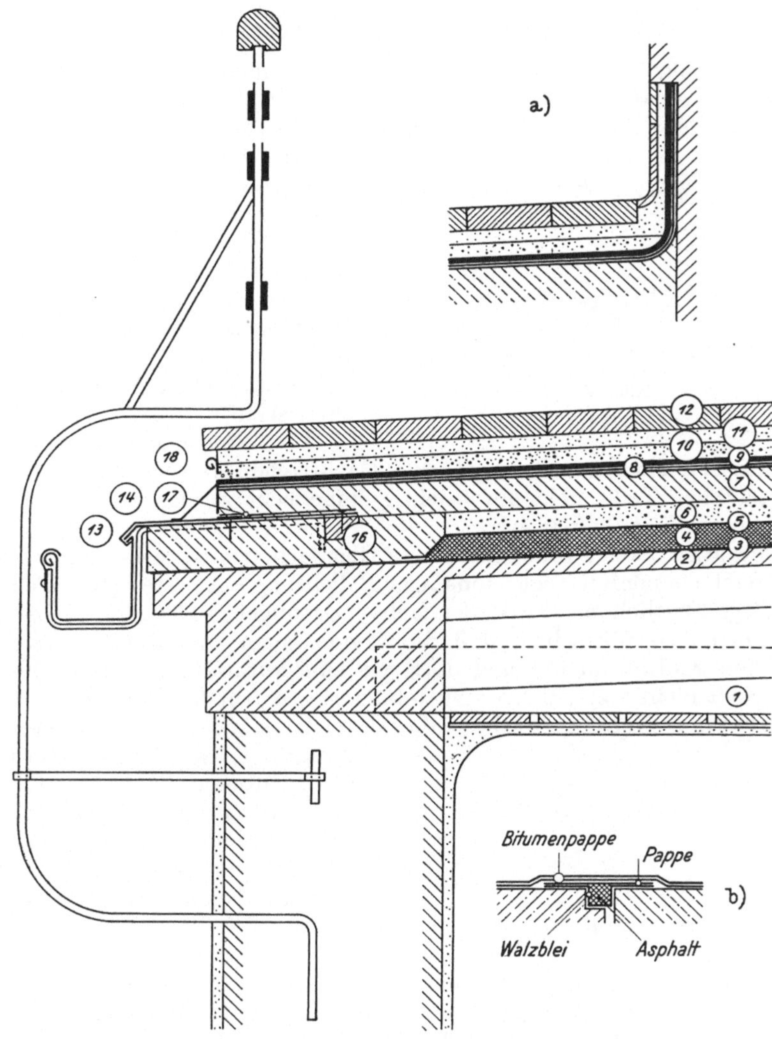

Abb. 237. Terrassendach.

und zum Schutze gegen den Beton innen mit heißem Asphalt gestrichen.
   Das Geländer ist zur Vermeidung der stets sehr bedenklichen Durch-
stoßungen der Deckschicht, ähnlich wie dies Siedler in seiner „Lehre
vom neuen Bauen" zeigt, in der aufgehenden Mauer verankert.

Besondere Vorsicht ist auch bei allen Maueranschlüssen solcher Terrassendächer geboten; die eigentliche Deckschicht ist dort immer hohlkehlenartig mindestens 20 cm hochzuziehen. Abb. 237 a.

9. Eindeckung mit Glas.

Sie verfolgt den Zweck, den darunter befindlichen Räumen Licht zuzuführen. Arbeitsräume erfordern einesteils möglichst gleichbleibende, von dauernder direkter Sonnenbestrahlung freies Licht und andernteils eine den jeweiligen Betrieben angemessene Beheizung. Die Glasdeckung ist daher so anzuordnen, daß sie einen möglichst günstigen Lichteinfall gewährt und unmittelbarer dauernder Besonnung entzogen ist und im Ausmaße so weit beschränkt bleibt, daß sie keine zu großen Abkühlungsflächen schafft.

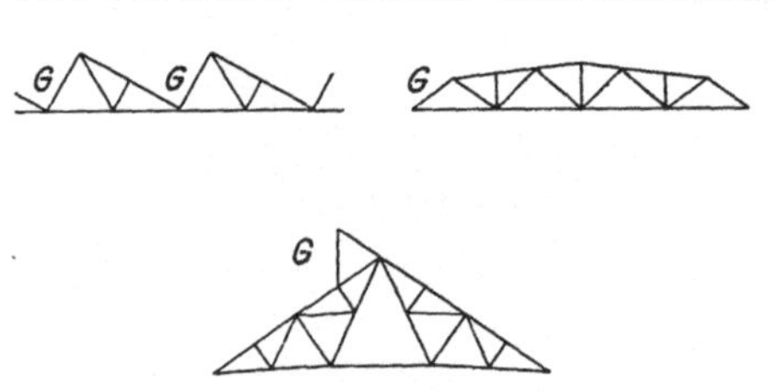

Abb. 238.

G = Glasfläche.

Die Verglasung wird daher fast ausschließlich nur für Teile der Dachflächen angewendet, während die restlichen Teile nicht durchsichtig eingedeckt werden und damit die Abkühlungsfläche verringern.

Einseitige, nach Norden gerichtete Glasflächen entsprechen der Forderung nach sonnenfreier, gleichmäßiger Belichtung am besten (Sägedächer, einseitige Firstlichten, Mansardendachverglasungen) (Abb. 238); es ist jedoch nicht zu übersehen, daß die Sonne einen bedeutenden psychologischen Einfluß ausübt und dort, wo eine kurzwährende Bestrahlung die Arbeit nicht stört, sicher zur Hebung der Arbeitsfreudigkeit beiträgt. Anstatt reiner Nordlage wird es daher unter Umständen empfehlenswerter sein, die Glasfläche nach Nordost zu orientieren. Weniger günstig in bezug auf gleichbleibende Belichtung sind die doppelseitig verglasten Firstlaternen (Abb. 239) und über beide Dachflächen eines

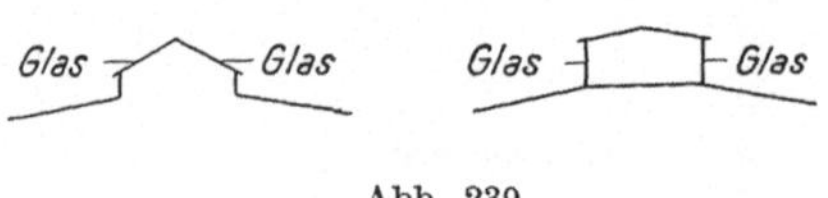

Abb. 239.

Satteldaches verlaufende Raupenoberlichten. Allfällig Anordnung von Sonnenblenden.

Die Neigung der Glasflächen soll zur Vermeidung dauernder Ruß-, Schmutz- und Schneeablagerung jedenfalls größer als 30⁰ gewählt werden; als Glassorte kommt für schräge Oberlichtverglasungen Drahtglas von 6—10 mm Stärke (Tafellänge bis ∼ 3,50 m), für lotrechte Glasflächen 4—5 mm Drahtglas oder auch Rohglas in Betracht. Bei den sogenannten Glasbetonoberlichten werden Glasprismensteine (kreisförmige Hohlsteine mit 6—10 cm Durchmesser und 4—6 cm Höhe, glatt oder gekörnt) und Glasprismenplatten zwischen bewehrte Betonrippen verlegt.

Die Verlegung des Glases erfolgt, abgesehen von Glasbeton, fast ausnahmslos zwischen eisernen Sprossen auf eisernen Pfetten. Holzsprossen sind wegen der Gefahr des Morschens und der unvermeidlichen Formveränderungen zu vermeiden.

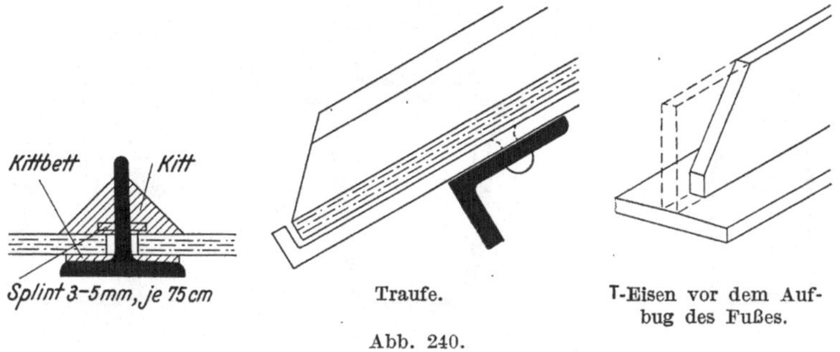

Traufe.

T-Eisen vor dem Aufbug des Fußes.

Abb. 240.

Der Sprossenabstand soll geringstmöglichen Glasverschnitt berücksichtigen und bei Drahtglas auf die fabrikmäßigen Tafelbreiten Rücksicht nehmen (in der Regel nicht über 70 cm); das Schneiden des Drahtglases erschwert die Arbeit und ergibt bis zur Schnittfläche reichende und somit der Korrosion zugängliche Drahtenden.

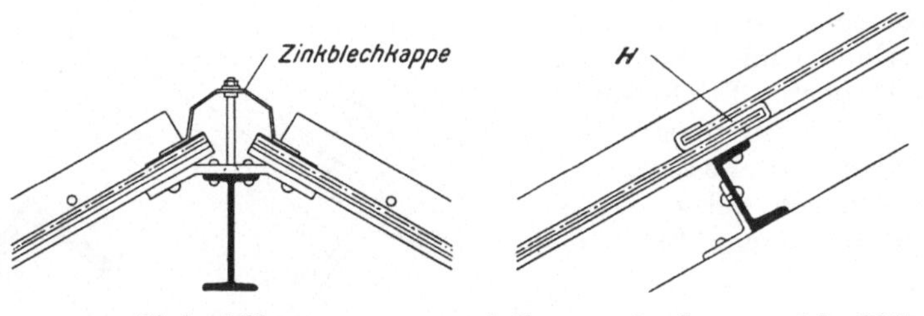

Firstausbildung.

Auflagerung der Sprosse auf der Pfette.

Abb. 241.

H = Halter aus verz. Eisenblech, 20 mm breit, unter dem Kittfalz.

Besondere Beachtung ist einem verläßlichen Korrosionsschutz der eisernen Sprossen zuzuwenden. Gute, von Zeit zu Zeit erneute Anstriche, Verzinkung, Verbleiung oder in neuester Zeit auch Emaillierung.

Bezüglich der Befestigung des Glases in den Sprossen ist a) die Kittverglasung und b) die kittlose Verglasung zu unterscheiden.

a) Kittverglasung. Sie verwendet als Sprossen meist hochstegige Eisen (Abb. 240) und führt bei Erhärtung des Kittes[1] zu starrer Einnung des Glases oder Losbröckeln des Kittes, zu Glasbruch und erhöhter Rostgefahr; das Schwitzwasser tropft ab.

––––––––––

[1]) Glaserkitt, s. S. 65.

Die Abb. 240 zeigt eine Kittverglasung im Querschnitte und mit Traufenausbildung, Abb. 241 Pfettenauflagerung mit Firstausbildung und Tafelstoß.

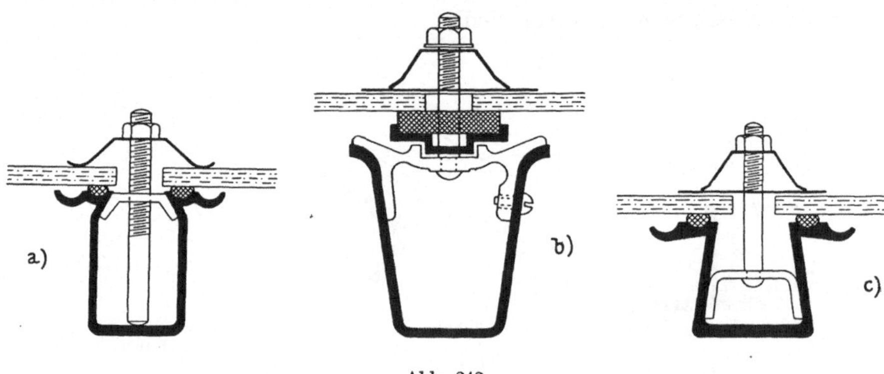

Abb. 242.

Zu Abb. 240: Unter dem Glas ein 3 mm Kittbett, Glasabstand vom Stege 2—3 mm; in Abständen von 75 cm Stifte von rund 4 mm Stärke; Kittfalz unter 45⁰.

An der Traufe wird der Steg des Profils abgeschnitten und der Flansch aufgebogen (Abb. 240 rechts).

Zu Abb. 241 rechts: Tafelstoß womöglich über der Pfette; zur Verhinderung des Abrutschens der oberen Tafeln werden neben den Stegen über die unteren Tafeln Halter aus verzinktem Eisenblech gelegt. Tafelübergriff 6—12 cm. Statt der

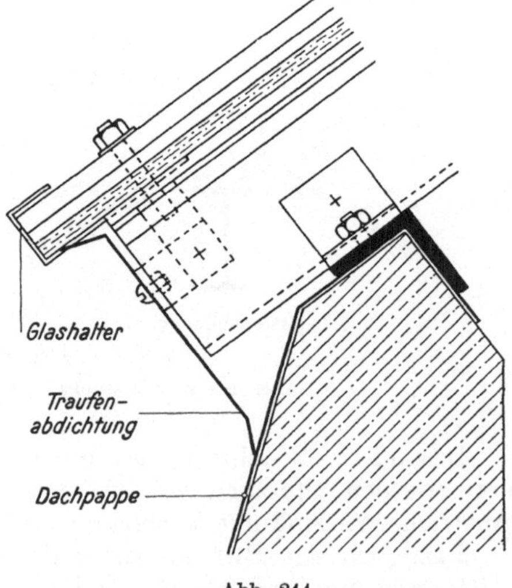

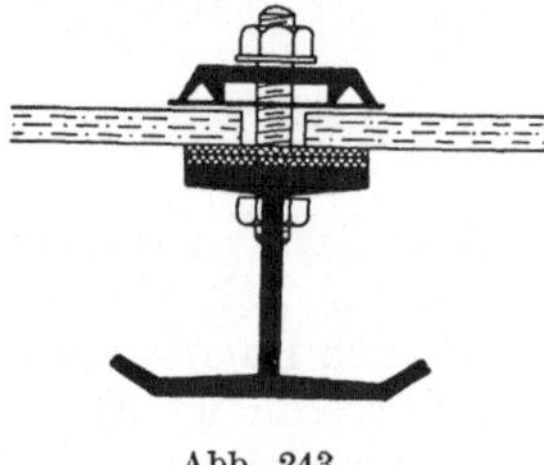

Abb. 243.

Abb. 244.

Halter werden auch kurze Winkelstücke an die Stege der Sprossen genietet.

b) Kittlose Verglasung. Die kittlose Verglasung verwendet Rinnen- oder Einstegsprossen mit geeigneten Vorkehrungen zur Schwitzwasserabfuhr, die eine gefederte Lagerung des Glases auf Filzstreifen oder auf Jute-Blei-Kabeln vorsehen.

Bei allen Sprossenarten ist zu beachten, daß das Berühren verschiedener Metalle unbedingt vermieden werde (galvanische Ströme) und die Sprossenoberflächen nicht nur gegen atmosphärische Einflüsse, sondern insbesondere auch gegen säurehältige Dünste, wie sie z. B. in Gießereien, Schmieden, chemischen Industrien usw. auftreten, ausreichend und verläßlich geschützt seien. Neben der Erfüllung dieser Forderungen wird jenen Sprossentypen der Vorzug gegeben sein, die eine leichte Reinigung derselben und Instandhaltung ermöglichen.

Die Rinnensprossen, die wesentlich größere Widerstandsmomente besitzen als die T-Eisen der Kittverglasung, erlauben bedeutend größere Freilängen (bis zu 5 m), also eine geringere Zahl von lichthemmenden Zwischenunterstützungen.

An Rinnensprossen stehen eine ganze Reihe verschiedener Systeme zur Verfügung. In der Abb. 242 sind einzelne Arten derselben dargestellt:[1])

a) „Wema"-Sprosse (Eberspächer),
b) „Anti-Pluvius" (Claus-Meyn),
c) „Eterna" (Ing. Briggen).

Abb. 243 zeigt eine Einstegsprosse der Type „Standard" (Eickelkamp & Schmid).

Eine Traufenausbildung nach Claus-Meyn ist in der Abb. 244 dargestellt.

F. Verblechungen.

Baustoffe, s. S. 45 u. 50. Bezüglich technischer Vorschriften wird auf ÒNORM B 2021 und DIN 1972 und DIN 1099 verwiesen.

Die Metalleindeckungen wurden bereits an anderer Stelle besprochen. Im folgenden sollen alle restlichen Verblechungen (Spengler-, Klempnerarbeiten) betrachtet werden, und zwar:

a) **Gesims- und Sohlbankabdeckungen,**
b) **Dachverblechungen mit Ausnahme der Blechdachdeckung** selbst,
c) **Dachrinnen und Abfallrohre.**

Als allgemeine Grundregel für alle Verblechungen gilt die **bewegliche,** den thermischen Längenänderungen entsprechende Befestigung aller Bleche, die Hintanhaltung **galvanischer** Strombildungen durch Berührung verschiedener Metalle in Gegenwart stromleitender Flüssigkeiten und ein wirksamer Korrosionsschutz der verwendeten Metalle.

Die für derlei Arbeiten meist verwendeten Bleche sind das Zinkblech in den Stärken Nr. 12—14 (0,66—0,82 mm) und das verzinkte Eisenblech in der Stärke von rund 0,6—0,7 mm und auch verkupferte oder verbleite Bleche. Weißblech bleibt, seiner geringen Dauerhaftigkeit wegen, außer Betracht; Kupferbleche kommen nur in Ausnahmsfällen bei Gebäuden sehr reicher Ausstattung zur Anwendung.

---

[1]) Sprossenhöhe 40—70 mm.

I. Gesims- und Sohlbankabdeckungen.

Alle Sohlbänke und die Draufsichten der Gesimse, mit Ausnahme solcher aus verläßlich wetterbeständigem Naturstein, erhalten eine Blechabdeckung.

Bei Sohlbänken wird der gegen den Stock gerichtete Blechrand an den Stock genagelt, die seitlichen Ränder greifen unter den Putz; die Befestigung am vorderen Rand erfolgt mittels verzinkter Drahtsplinten, die durch das Gesimse geführt und unten mit einem Nagel oder Haken in einer Fuge festgehalten werden; oben durchstößt der Splint das Deckblech, wird dort in der Form einer 8 gebogen und die Durchstoßstelle durch eine aufgelötete Blechkappe gedeckt. Abb. 245. In Ausnahmsfällen kann die Sohlbankabdeckung auch durch gußeiserne Formstücke, z. B. die porzellanemaillierten „Buderus-Fensterbänke" bewirkt werden.

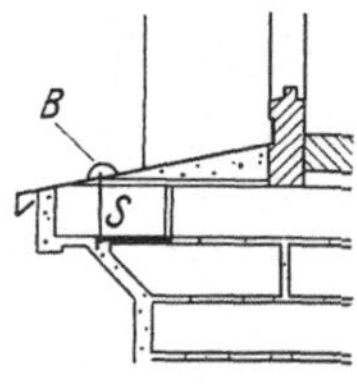

Abb. 245. Sohlbank-
abdeckung.

S = Splint,
B = Blechkappe.

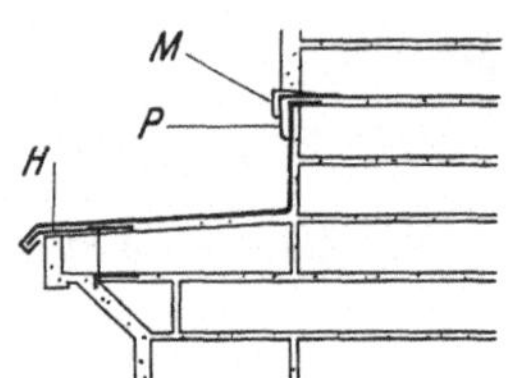

Abb. 246. Abdeckung eines
Putzgesimses.

H = Hafte, M = Mauerhaken,
P = Putzleiste.

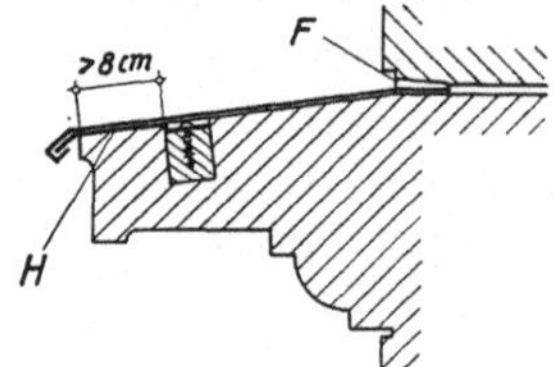

Abb. 247. Abdeckung eines
Steingesimses.

H = Hafte,
F = Flacheisenkeil.

Ähnlich wie in Abb. 245 werden die Deckbleche bei sonstigen gering ausladenden Putzgesimsen befestigt. Mauerseitig werden die Bleche rund 3 cm in eine Lagerfuge geschoben oder an der unverputzten Mauer hochgezogen und mit verzinkten Mauerhaken in rund 30 cm Abständen festgehalten oder bei hohen Aufzügen mit Putzleisten aus verzinktem Eisenblech abgeschlossen (Abb. 246).

Bei Beton- und Steingesimsen erfolgt die vordere Festhaltung meist durch Hafte aus verzinktem Eisenblech, die durch Schrauben fixiert werden (Abb. 247). Die Schrauben können in Hartholzdübel befestigt oder eingebleit oder einzementiert sein; mauerseitig wird der Blechrand in eine Lagerfuge eingeführt und mit verzinkten Flacheisenkeilen festgehalten. Bei größeren Ausladungen und starkem Unterwind empfiehlt es sich, eine steifere Randbefestigung zu bewirken; hierzu können verzinkte Flacheisen in Abständen von rund 60 cm in die Gesimsoberfläche versenkt werden, an deren vorderen Ende ein durchlaufender Winkel angenietet ist.

Weit vorspringende Hauptgesimse erhalten meist eine Schalung, auf der eine Metalldeckung in gleicher Weise wie dies bei den Dachdeckungen besprochen wurde, befestigt wird.

II. Dachverblechungen.

Hiezu zählen: Saumverblechungen der Dachtraufen und der Giebel, Einfassungen der Säume längs höher geführten Mauern und Schornsteinen, Ausfütterungen von Ichsen (Kehlen), Einfassungen der Firste und Grate, Feuer-, Attika- und Brandmauerabdeckungen und Verblechung aller die Dachdeckung durchstoßenden Konstruktionsteile, wie Entlüftungsrohre, Geländer- und Leitungsstützen, Dachfenster, Oberlichten usw.

Bezüglich der Ausbildung der Saumverblechungen wird auf die Abb. 252—258 (Dachrinnen) verwiesen.

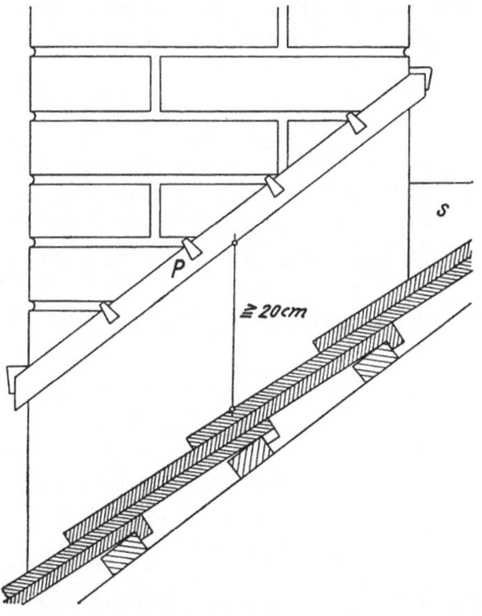

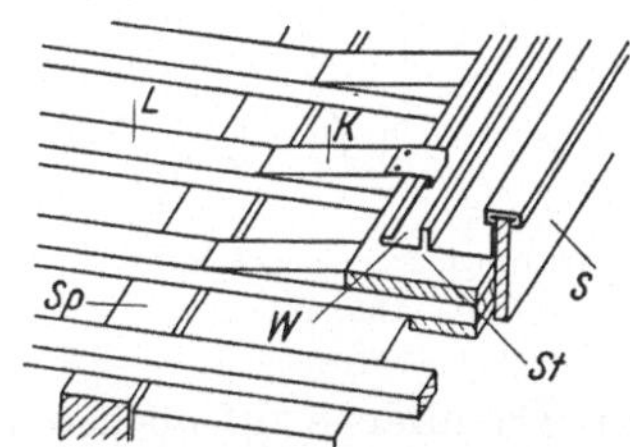

Abb. 248. Giebelsaumverblechung.
Sp = Sparren, *L* = Latte, *K* = Holzkeil,
S = Stirnladen, *W* = Wasserfalz,
St = falscher Stehfalz.

Abb. 249. Kammeinfassung. Höhe der Einfassung mind. 20 cm.
P = Putzleiste, *S* = Blehsattel.

Beispiele für die Verblechung eines Giebelsaumes und einer Schornsteineinfassung zeigen die Abb. 248, 249.

III. Dachrinnen.

Sie bestehen nach der in der Gegenwart zumeist üblichen Ausführung aus Blechrinnen, die durch Rinnenträger, die sogenannten Rinnenhaken, gestützt werden. In Gesimsen liegende oder das Gesimse bildende Steinrinnen, die bei Monumentalbauten früherer Bauepochen die Regelausbildung darstellten, sind heute auf Sonderfälle beschränkt; hingegen finden Holzrinnen in der Gestalt schalenartig oder halbkreisförmig ausgehöhlter Baumstämme in den Alpenländern auch in der Gegenwart eine weitverzweigte Anwendung.

Durch Rinnenhaken gestützte Rinnen werden nach der Auflagerung der Rinnenhaken in Hänge-, Stand- und Saumrinnen unterschieden (Abb. 250).

Hänge- und Standrinnen liegen mit dem Innenrande unmittelbar unter der Traufkante des Daches; Saumrinnen liegen oberhalb der Dachtraufe (des Saumes) derart, daß zwischen Rinne und Traufe ein nicht in die Rinne entwässerter Dachstreifen verbleibt. Neben derartigen, durch eigene Träger, die Rinnenhaken, gestützte Dachrinnen sind noch die Ausfütterungen trogförmiger Bretterkasten anzuführen, wie sie als Zwischenrinnen (Zwuselrinnen) bei Parallel- und Sägedächern und als Attikarinnen längs hochgeführter Aufmauerungen in Erscheinung treten. Abb. 251.

Alle Rinnen sollen zur Vermeidung stehenbleibenden Wassers ein Gefälle von wenigstens 0,25—0,5% erhalten. Die hiedurch bedingte Neigung der Rinne kann, sofern sie offen zutage tritt, unerwünscht sein; soll die Neigung dem Blicke entzogen werden, tritt an die Stelle der frei sichtbaren Hängerinne die verkleidete Standrinne oder die oberhalb der Traufe angeordnete Saumrinne.

Der Querschnitt der Rinne muß ausreichend bemessen sein, um die zugehörige Dachwassermenge aufnehmen zu können. Im allgemeinen

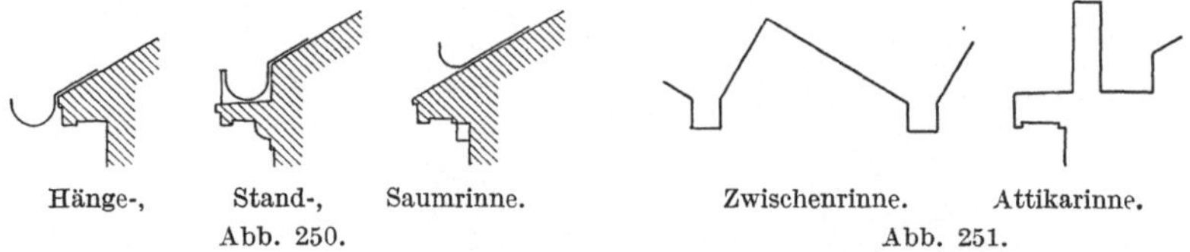

Hänge-,   Stand-,   Saumrinne.   Zwischenrinne.   Attikarinne.
               Abb. 250.   Abb. 251.

wird die den Rinnenquerschnitt bestimmende Dachfläche auf höchstens 20 m Traufenlänge beschränkt; es werden also im Höchstabstande von 20 m Dachabfallrohre angeordnet.

Auf glatten und steilen Dachflächen rinnt das Wasser rascher ab als auf rauhen und flachen Dachdeckungen. Als Mittelwert empfiehlt es sich, den Rinnenquerschnitt mit so vielen Quadratzentimetern zu bemessen, als die zugehörige Dachfläche Quadratmeter aufweist. Es soll also $f_R = 0{,}0001\,F_D$, wobei $f_R =$ Rinnenquerschnitt, $F_D =$ zugehörige Dachfläche und beide Werte in Quadratmetern ausgedrückt sind.

Als Material für die Rinnenherstellung kommt fast ausschließlich verzinktes Eisenblech von 0,6 mm Stärke in Betracht. Weißblech ist wegen der sehr geringen Dauerhaftigkeit zu vermeiden; Kupferblech schaltet sich in Anbetracht des hohen Preises aus der allgemeinen Verwendung aus; Zinkblech wird mit Rücksicht auf die im Vergleich zum verzinkten Eisenblech geringere Härte meist nur für Ausfütterungen verwendet.

Die gebräuchlichen Rinnendurchmesser halbkreisförmiger Rinnen betragen je nach der aufzunehmenden Wassermenge 14, 16 und 20 cm; dies entspricht einer Querschnittsfläche von 77, 100 und 157 cm², bzw. einer abgewickelten — im „Umbug" gemessenen — Blechbreite von rund 28, 33 und 40 cm; in dieses Maß sind die zur Versteifung und zur Ver-

meidung des Einreißens an den Rinnenrändern angeordneten Ein-
rollungen und Fälze einbezogen; die Maße entsprechen den handelsüb-
lichen Rinnenblechbreiten, deren Abmessungen zur Vermeidung un-
wirtschaftlichen Verschnittes stets berücksichtigt werden sollen.

Tabelle der verzinkten Rinnenbleche.
(Österreichische Metallhüttenwerke-A. G.)

Länge mm ...	2000								
Breite mm ...	260	275	300	325	350	375	400	425	450
	475	500	525	550	575	600	650	700	800
Stärke mm....	0,6								

Die Außenkanten der Rinnen sollen stets etwas tiefer liegen als die
Innenkanten, damit im Falle einer Verstopfung oder Vereisung der Abfallrohre allfällig überfließendes Wasser nicht längs der Mauer abrinne.
Ferner ist geboten, zwecks Überwachung und Instandhaltung der Rinnen,
selbe so anzuordnen, daß sie, ohne viele Schwierigkeiten zu verursachen,
zugänglich seien. Hängerinnen werden daher tunlichst nur bei geringen,
mit Leitern noch leicht erreichbaren Gebäudehöhen anzuordnen sein.

Die Längsstöße der Rinnenblechtafeln werden mit verzinkten Nieten
genietet und überdies gelötet; bezüglich
der Befestigung der Rinnen in ihren
Trägern wird im allgemeinen auf die
Grundregeln aller Spenglerarbeiten verwiesen (S. 210).

Die einzelnen Rinnenarten:

1. Die Hängerinne. Abb. 252. Als
Rinnenträger werden verzinkte Rinnenhaken aus Flacheisen 8 × 25 mm bis
8 × 35 mm, mit meist 25 cm geraden
Schenkeln verwendet, die mit zwei bis
drei Schrauben oder geschmiedeten

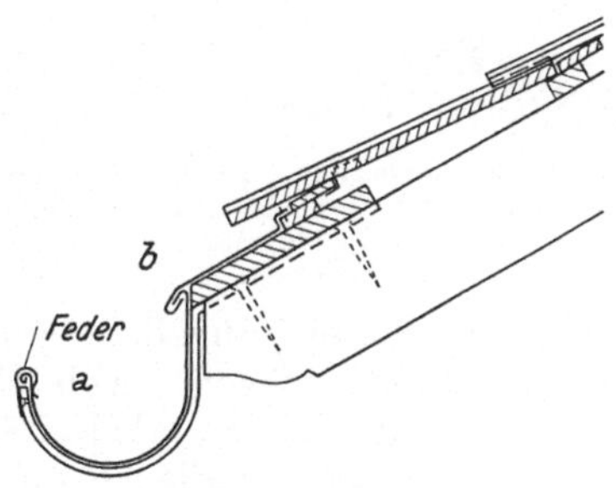

Abb. 252. Hängerinne.

Nägeln an die Sparrenoberkanten befestigt werden. Rinnenhakenab-
stand = Sparrenabstand. Die Befestigung der Rinnenhaken seitlich
an die Sparren ist nicht zu empfehlen. Zur Festhaltung der Rinne im
Rinnenhaken dienen am äußeren und am inneren Hakenrande ange-
nietete, verzinkte Blechstreifen (Federn) wie bei Abb. 252 a, oder das
zu einer Feder ausgeschmiedete äußere Ende des Rinnenhakens, das
ebenso wie die Federn um den Rinnenwulst gebogen wird; eine andere
empfehlenswerte Art der Befestigung des inneren Rinnenrandes besteht
darin, daß der innere Rand des Rinnenbleches höher geführt und mit
einem Falz mit dem Saumblech verbunden wird. Abb. 252 b.

15*

Hängerinnen können wegen des sichtbaren Gefälles aus architektonischen Gründen unerwünscht sein; sie sind ferner nicht betretbar und sind vom Dache aus umständlich und schwierig erreichbar.

2. Standrinnen. Sie stehen auf dem Hauptgesimse auf. Die Rinnenhaken sind meist kastenförmig gebogen und werden entweder wie bei den Hängerinnen auf die Sparrenoberkanten geschraubt (Abb. 253) oder an einem die Hirnenden der Sparren deckenden Stirnladen befestigt und überdies mit zwei am Gesimseabdeckblech angelöteten Bleihaften festgehalten. Das Gefälle wird durch Flacheisenbügel in den Rinnenhaken (Abb. 253) oder durch Lärchenbohlen auf Knaggen geschaffen. Letztere Anordnung bietet den Vorteil, die Rinne bei Instandsetzungsarbeiten begehen zu können. Das Rinnenblech wird am inneren Rande meist mit dem Saumblech verfalzt und am äußeren Rande entweder mit einem die ganze Rinne deckenden Verkleidungsblech mit Falz verbunden oder durch Federn gehalten. Ist ein Verkleidungsblech vorhanden, so erfolgt dessen untere Befestigung am Gesimseabdeckblech am besten durch Haften, die eine Beweglichkeit des Bleches gewährleisten. Abb. 253.

Soll das Innere der Rinne nicht betreten werden, dennoch aber eine Begehbarkeit geschaffen werden, so können oberhalb der Rinne Bügelhalter aus Flacheisen angeordnet werden, die ein Laufbrett tragen. Abb. 253.

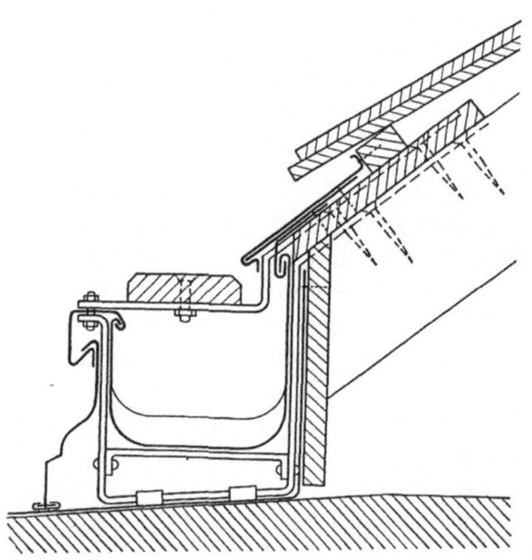

Abb. 253. Standrinne. Rinnenhalter am Sparren geschraubt, am Gesimsabdeckblech mit Bleihaften befestigt.

3. Saumrinnen. Abb. 254. Sie liegen oberhalb des verblechten Saumes auf der Dachfläche auf. Die Rinne ist dem Blicke von der Straße aus entzogen. Sie liegt, wie alle Rinnen, im Gefälle und steht in der Regel an der tiefsten Stelle 10—15 cm, an der höchsten Stelle äußerst 30 cm von der Traufkante ab.

Das Rinnenblech wird auch bei dieser Rinnenart von Rinnenhaken getragen, die durch die Saumschalung an die Sparren geschraubt oder mit geschmiedeten Nägeln an dieselben befestigt werden.

Es ist darauf zu achten, daß die vordere Rinnenkante stets niederer ist als das rückwärtige Rinnenende, damit bei allfälligen Verstopfungen das Wasser nicht in den Dachboden rinne.

Die Entwässerung erfolgt meist durch Bodenrinnen (siehe S. 231).

4. Zwischenrinnen. Sie ergeben sich in den Kehlen der Parallel- und Sägedächer. Bis zu einer Länge von 20 m erfolgt die Entwässerung

mittels Ablaufrohre nach außen, bei größeren Längen in das Innere des Gebäudes, wobei die Ablaufrohre längs der Stützen nach abwärts geführt werden. Infolge der schweren Schäden, die bei unsachgemäßer Ausführung solcher Innenentwässerung entstehen können, ist erhöhte Sorgfalt besonders geboten.

Das Rinnenblech liegt auf einer durchlaufenden Unterfütterung aus Holz (bei Eisenbetondächern auch aus Beton) satt auf und muß längs der anschließenden Dächer ausreichend hoch gezogen werden. Abb. 255.

Anstatt die Rinne voll zu unterfüttern und das Rinnenblech durchlaufend aufzulegen, ist es auch bei Zwischenrinnen möglich, Rinnenhaken an die Pfetten bzw. Sparren zu befestigen und das Rinnenblech in der üblichen Weise in die Rinnenhaken zu hängen. Abb. 256.

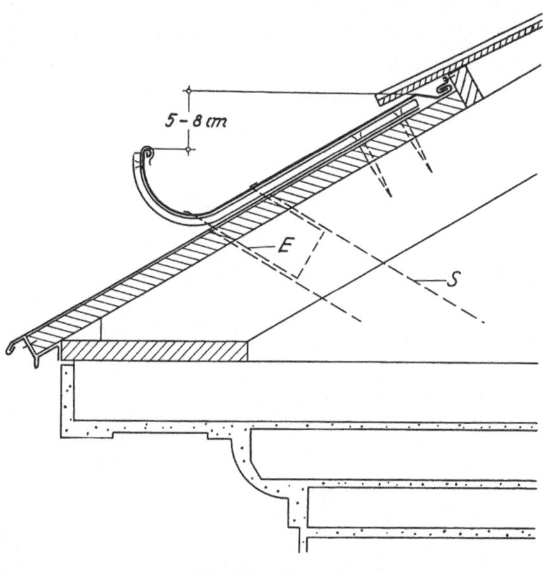

Abb. 254. Saumrinne.
E = Einlaufstutzen, S = Saumstutzen.

5. Attikarinnen. Sie liegen zwischen Dachsaum und einer denselben überragenden und in der Flucht der Außenmauer gelegenen Aufmauerung,

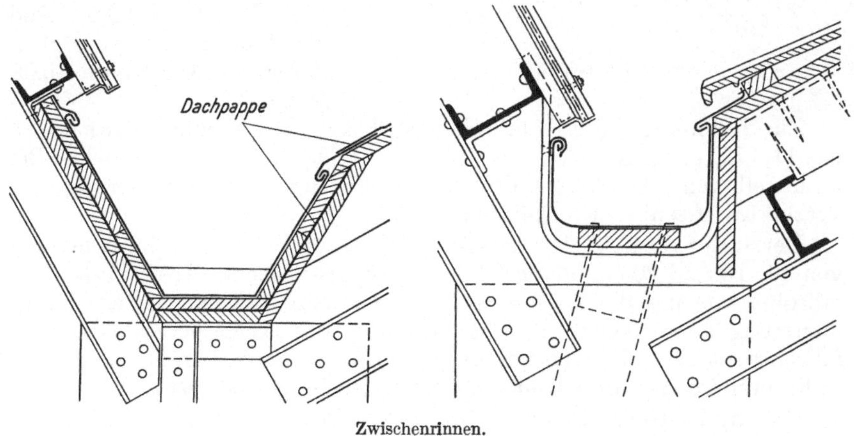

Zwischenrinnen.

Abb. 255.   Abb. 256.

der Attika. Diese kann voll gemauert oder durchbrochen ausgeführt oder in Form einer Ballustrade gestaltet sein.

So wie Zwischenrinnen bringen auch Attikarinnen vielerlei Gefahrenmomente in die Dachfläche; wo solche Rinnen zu vermeiden sind, wird man gut tun, ihnen aus dem Wege zu gehen. Ist die Anordnung unumgehbar, so muß auf sorgfältigste Ausführung geachtet werden, um zu vermeiden, daß bei allfälligen Verstopfungen der Abfallrohre das Wasser in das Dachinnere gelange oder bei Mängeln, wie sie im Laufe der Jahre eintreten können, Schäden am Mauerwerk und an den Deckenkonstruktionen verursache.

Die Abb. 257 zeigt ein Beispiel einer Attikarinne.

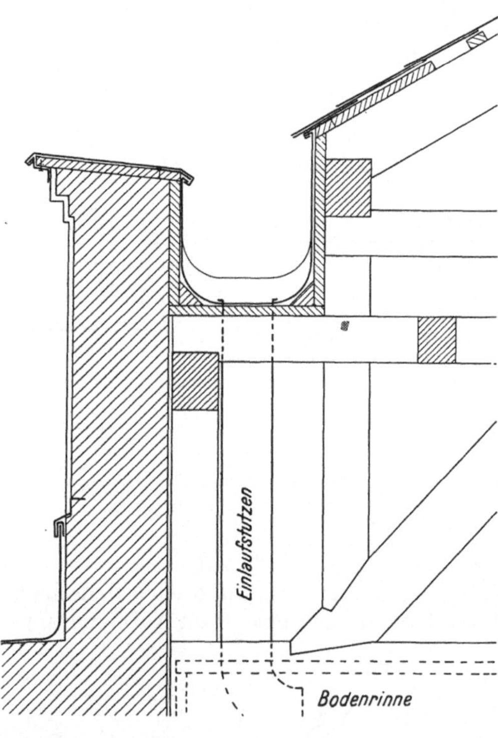

Abb. 257. Attikarinne.

IV. Abfallrohre.

Sie dienen zur Ableitung des in die Rinne fließenden Dachwassers, und zwar entweder unmittelbar auf die Verkehrsfläche (in Wien verboten), bzw. in den Straßenunratskanal oder, wo ein solcher nicht vorhanden ist, in Sickergruben. Wo eine Hauskanalisierung mit Einmündung in den Straßenunratskanal besteht, sind die Dachwässer womöglich durch die Abortrohre abzuleiten.

Zur Herstellung der Abfallrohre wird fast ausschließlich Zinkblech Nr. 11, 12 oder 13 oder verzinktes Eisenblech verwendet. Bei unmittelbarem Anschlusse der Abfallrohre an die Kanalisierung soll verzinktes Eisenblech vermieden werden.

Der Querschnitt der Abfallrohre beträgt bei Rinnendurchmessern von 14, 16 und 20 cm in der Regel 8, 10 bzw. 12 cm. Abstand der Abfallrohre voneinander höchstens 20 m. Die freie Führung ist einer Einmauerung vorzuziehen; die Einmauerung aus Blech hergestellter Abfallrohre ist nach der Bauordnung für Wien verboten. In einem solchen Falle müßten die Abfallrohre aus Gußeisen hergestellt sein.

Frei an der Gebäudewand geführte Abfallrohre dürfen nicht unmittelbar an der Mauer anstehen (Abstand etwa 3 cm); die Befestigung erfolgt mit Rohrschellen aus verzinktem Bandeisen, 25×2 mm, die in etwa 2,5 m Abstand angeordnet werden. Um ein Auseinandergleiten der einzelnen 1 m langen Rohre, aus denen das ganze Abfallrohr gebildet wird, zu vermeiden, ist über den Schellen eine Blechnase an das Rohr anzulöten oder das Rohr mit einem Wulste zu versehen.

Die unteren Teile der Abfallrohre werden zum Schutze gegen mechanische Einwirkungen mitunter mit gußeisernen Schutzständern umhüllt.

Die Einmündung der Rinne in das Abfallrohr wird durch ein kurzes, in die Rinne eingelötetes Rohrstück aus stärkerem Blech, dem Einlaufstutzen (Abb. 254), vermittelt, oder es werden bei Hängerinnen eigene Rinnenkessel (Abb. 258) angeordnet, in welche die Rinnen einmünden. Bei Saumrinnen oder Standrinnen, bei welchen das Abfallrohr das Gesimse oder die Dachfläche durchstößt, ist außer dem Einlaufstutzen noch ein zweites Rohr, der Saumstutzen vorhanden, dessen oberes Ende mit dem Saumblech verlötet ist (Abb. 254).

Wird das Dachwasser innerhalb des Dachbodens abgeleitet, so sind Dachbodenrinnen (siehe z. B. Abb. 257) auszuführen. Selbe bestehen aus abgedeck-

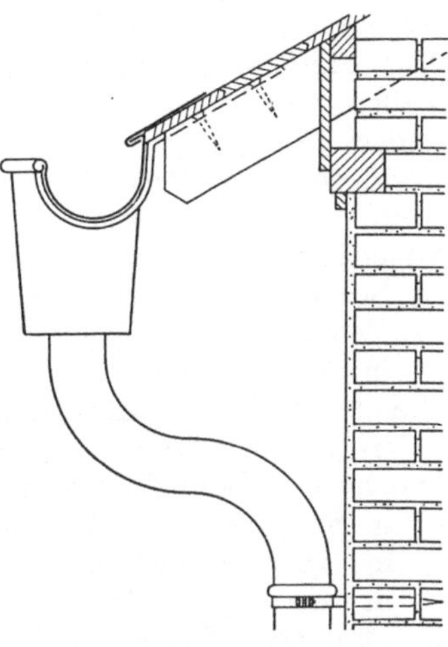

Abb. 258. Rinnenkessel.

ten Bretterkasten mit Zinkblechausfütterungen von etwa 30 cm Lichtweite und etwa 25 cm lichter Höhe in entsprechendem Gefälle; sie vermitteln die Verbindung zwischen Rinne und Abortschlauch oder Hofabfallrohr; mitunter erfolgt die Ausbildung auch aus Steinzeugrohren in hölzernen Schutzkasten.

Bei der Anordnung der Bodenrinnen ist zu berücksichtigen, daß der Verkehr am Dachboden durch die Lage der Rinnen nicht zu stark behindert werde.

G. Fußböden.

I. Allgemeines.

Der Auswahl des Baustoffes und der Ausführung der Fußböden wird häufig eine viel zu geringe Bedeutung beigemessen und der Fußboden selbst als ein mehr nebensächlicher Bauteil betrachtet. Ganz zu Unrecht! Denn die voll entsprechende Beschaffenheit des Fußbodens, seine Widerstandsfähigkeit und Dauerhaftigkeit bilden keineswegs geringer zu wertende Forderungen als die an übrige Konstruktionsteile (Mauern, Decken, Dachkonstruktionen usw.) gestellten Ansprüche.

Der Fußboden soll fest und wasserdicht, eben, staubfrei und elastisch, geräuschdämpfend, fußwarm und trittsicher, ausreichend feuerfest und widerstandsfähig gegen chemische und mechanische Einflüsse sein und außerdem Ausbesserungen zulassen, ohne den ganzen Fußboden erneuern zu müssen. Eine Fülle von Forderungen, die keine Fußbodenart restlos zu erfüllen vermag!

Es werden aber auch im Einzelfall nie allen diesen Anforderungen gleiche Bedeutung zukommen. Je nach der Benützungsart werden z. B. einmal Staubfreiheit und Geräuschlosigkeit, ein anderes Mal Fußwärme oder Widerstandsfähigkeit gegen chemische oder mechanische Einwirkungen besonders gefordert werden müssen und wieder in anderen Fällen bestimmte Sonderwünsche maßgebend sein; daneben werden andere Forderungen in den Hintergrund treten. Es ist daher immer die Wahl für den Einzelfall zu treffen, und wird es dadurch notwendig werden, oft in einem und demselben Gebäude verschiedenerlei Fußbodenarten zur Anwendung zu bringen.

So werden in **Wohn- und Kanzleiräumen** Holzfußböden und Linoleum- oder Gummibeläge,

in **Fluren, Gängen und Treppenhäusern** Stein-, Platten-, Steinholzfußböden und Linoleum und Gummibeläge,

in **hauswirtschaftlichen Räumen und gewerblichen Betrieben** Plattenpflaster- und Steinholzböden,

in **Schulzimmern** Holzfußböden und Linoleum und Gummibeläge,

in **Spitalsräumen** vornehmlich Linoleum,

in **untergeordneten Betriebsräumen** Ziegel- und Klinkerpflaster oder Betonestriche,

in **leichten und mittelschweren Betrieben** Holzstöckelpflaster, Zementestriche, Steinholz und Stampfasphalt,

in **schweren Betrieben** Holzstöckelpflaster, Zementestriche und Stampfasphalt,

in **Schmieden, Hüttenbetrieben und Gießereien** Lehmestriche und Metallpanzerplatten,

in **Naßbetrieben** Gußasphalt und Klinker,

in **Betrieben mit aggressiven Stoffen** Gußasphalt und Klinker,

in **Kesselhäusern** Klinker,

in **Maschinen-, Apparate- und Schalträumen und Kraftanlagen** Tonplatten, Terrazzo und unter Umständen Linoleum und Gummi sich als besonders geeignet erweisen.

Soll der Fußboden nicht nur als Gehschicht entsprechen, sondern auch den vielen anderen Ansprüchen genügen, so ist der Ausführung und dem Material des Untergrundes die gleiche Sorgfalt wie der Auswahl des Baustoffes der Gehschicht zuzuwenden und der Anschluß des Fußbodens an die begrenzenden Wandteile den jeweiligen Bedürfnissen entsprechend auszuführen.

II. Einteilung.

Die Fußbodenarten lassen sich sowohl nach ihren Baustoffen oder ihren Eigenschaften als auch nach ihren Eignungen in Gruppen teilen; die augenfälligste Unterscheidung liegt in der fugenlosen Geschlossenheit der Oberfläche, bzw. in der fugenaufweisenden Aneinanderreihung einzelner Elemente zu einer Fußbodenfläche. Von diesem Gesichtspunkte ausgehend, sind zu unterscheiden: 1. fugenzeigende Fußböden, 2. fugenlose Fußböden, 3. Fußböden mit flächigen Fertigbelägen auf Unterböden.

Innerhalb dieser drei Gruppen ergibt sich nach den Baustoffen der Gehschicht folgende weitere Unterteilung:

Fugenzeigende Fußböden:

a) Natur- und Kunststeinpflaster und -platten,
b) Holzfußböden,
c) Metallfußböden,
d) Korkplatten.

Fugenlose Fußböden (Estriche):

a) Terrazzo- und Zementestriche,
b) Gips- und Lehmestriche,
c) Steinholzestriche,
d) Asphaltestriche.

Fußböden mit flächigen Fußbodenbelägen auf Unterböden:

a) Linoleum,
b) Gummi,
c) Textilstoffe.

1. Fugenzeigende Fußböden.
a) Natur- und Kunststeinpflaster und -platten.
(Baustoffe, s. S. 1 u. f., 6 u. f., 56.)

Aus der großen Reihe der im allgemeinen geeigneten natürlichen Steine soll aus volkswirtschaftlichen Rücksichten und im Hinblick auf die klimatische Eignung stets heimischen Natursteinen der Vorzug gegeben werden. In Österreich werden daher insbesondere Sandsteine, Marmore und allfällig Granit in Betracht kommen; im Deutschen Reich außer den genannten Steinarten insbesondere auch Solnhofener Platten (nicht frostbeständig) und Travertin.

Alle Natursteinfußböden werden als Platten in Stärken von 20—50 mm verlegt. Als Unterlage empfiehlt es sich, einen Unterbeton oder eine Sandbettung anzuordnen und die Platten selbst in ein sattes Mörtelbett mit entsprechendem Fugenverguß zu legen; Fugenbreite etwa 3 mm. Reine Zement- oder reine Gipsmörtel sind der Ausblühungen wegen zu vermeiden. Meist eignen sich verlängerte Zementmörtel oder hydraulische Kalkmörtel am besten.

Bei allen Natursteinplatten ist strenge darauf zu achten, daß sie lagerrecht geschnitten verwendet werden und frei von Rissen und groben Lassen seien.

Verwendung für Flure, Hallen, Gänge und ähnliche viel begangene Räume.

An Kunststeinpflaster und -platten kommen gebrannte Ziegel verschiedener Härtegrade und gebrannte Tonplatten, ferner Betonplatten und in Sonderfällen Glas in Betracht.

Mauer- und Pflasterziegel kommen nur für untergeordnete Zwecke, Dachböden, Keller, Schuppen u. dgl. in Betracht, die keine höheren Ansprüche auf Widerstand gegen Abnützung stellen. In Österreich werden Pflasterziegel häufig als Dachbodenfußböden verwendet und über Holzdecken meist trocken (ohne Fugenverguß und Mörtelbett) verlegt, um die Zuführung von Feuchtigkeit in die Holzdecke zu vermeiden; solche Böden stauben leicht; bei Mörtelverlegung über Holzdecken empfiehlt es sich, die Holzdecke selbst durch Zwischenlagen von Dachpappe vor eindringender Feuchtigkeit zu schützen. (S. auch S. 136.)

Feinklinkerplatten. Das Verlegen geschieht in einem 15—20 mm starken Zementmörtelbett 1 : 3 bis 1 : 5 auf Unterbeton. Fugenverguß mit Weißzement. Verwendung hauptsächlich für hauswirtschaftliche Nebenräume, wie Küchen, Badezimmer, Speisekammern und Klosette, ferner für Gänge, Flure und einzelne gewerbliche und industrielle Betriebsräume.

Keramitsteine und -platten. Die Steine in den Abmessungen $21 \times 10 \times 8$ und $10 \times 10 \times 10$ werden insbesondere für Pflasterungen von Einfahrten, Höfen und Straßen verwendet.

Betonpflasterplatten. 20×20 bis 50×50 cm und in Stärken von 2—5 cm je nach Plattengröße. Verlegung auf 5—15 cm starkem Unterbeton (Stärke je nach Beanspruchung) oder bei Gehwegen auf Sandbettungen in verlängertem oder reinem Zementmörtel.

b) Holzfußböden.
ÖNORM B 2015 und B 2017, DIN 280.

Hauptsächlichst verwendete Hölzer: Kiefer, Fichte, Lärche, Tanne; Eiche, gedämpfte Buche, Esche, Ruste, Ahorn; in Sonderfällen, bei Fußböden reichster Ausstattung, auch Nuß, Palisander, Mahagoni, Rosenholz u. a.

Das für Fußböden verwendete Holz muß gesund, ohne Drehwuchs und frei von Rissen sein und soll künstlich getrocknet oder doch wenigstens gut abgelagert und natürlich gut vorgetrocknet sein sowie keine freien, lose herausfallenden Äste aufweisen. Hohlräume in Holzdecken sind in den Innenraum (hinter den Sesselleisten) zu entlüften.

Weichholzfußböden.

Die primitivste Art stellen die gewöhnlichen Bretterböden dar, bei welchen die einzelnen Bretter (Dielen) stumpf gestoßen und sichtbar genagelt auf Polsterhölzern (Lagerhölzern) oder auch unmittelbar auf die Deckenbalken verlegt werden. Die in Österreich fast ausnahmslos geübte Verlegung auf 5×8 cm Polsterhölzern, die in einer

7 cm Beschüttungsschicht gelagert sind, bietet den Vorteil elastischer Lagerung und eines wesentlich erhöhten Schall-, Wärme- und Feuerschutzes. Trockene keim- und säurefreie Beschüttungsstoffe bilden die Voraussetzung eines gesunden Holzbodens. Trockener Sand, trockene Kohlenlösche, trockene und säurefreie Schlacke und trockene Asche geben geeignete Beschüttungen ab; Bauschutt kann nach Entfernung grober Brocken und nach vorgenommenem Rösten allenfalls auch in Betracht kommen. Bimskies ist seinen hygroskopischen Eigenschaften wegen ungeeignet.

Brettstärke in der Regel gehobelt mindestens 23 mm, Breite 10 bis 16 cm, Längen 3—6 m. Sowohl die offenen Fugen, als auch die sichtbare Nagelung stellen diese Art der Fußböden außerhalb irgendwie höher gestellter Ansprüche.

Eine wesentliche Verbesserung stellt der „Schiffboden" dar, der bis zu 4 m Länge (allenfalls 3 m) ungestoßen und darüber hinaus allenfalls mit wechselnden Stößen verlegt wird. Im Deutschen Reiche Dielenfußboden genannt. Zum Unterschied von den vorher besprochenen gewöhnlichen Bretterböden sind die einzelnen Bretter durch Spundung (Abb. 259) untereinander verbunden, so daß offene Fugen vermieden werden; ist die Spundung ungleichseitig ausgeführt (siehe Abb. 259 b), kann eine verdeckte Nagelung bewirkt werden.

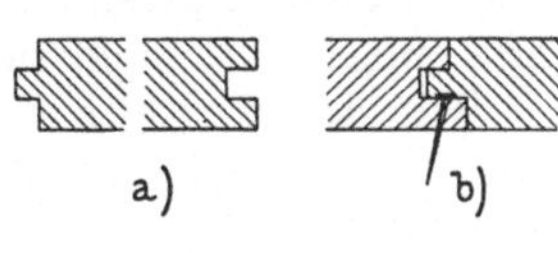

Abb. 259.

Stab- oder Riemenböden aus Kiefern- oder Lärchenholz nennt man Holzfußböden aus allseitig gespundeten Brettern, die parallel bzw. senkrecht zur Mauer oder fischgrätenartig verlegt werden; bei Langriemenanordnung liegen die Riemen auf 60 cm voneinander entfernten, 5 × 8 cm Polsterhölzern (Lagerhölzern) oder auch auf den Deckenbalken auf, die in diesem Falle in gleichen Abständen versetzt werden, wobei die Stöße auch „schwebend" ausgeführt werden können (im Deutschen Reiche häufig verwendet). Die einzelnen Bretter sind auf der Unterlage mit etwa 60 mm langen Nägeln genagelt. Bei der fischgrätenartigen Anordnung (Hamburger Art) liegen die Lagerhölzer in etwa 40 cm Abständen. Längs der Mauern verbleiben bei allen Holzfußböden etwa 1,5 cm breite Fugen, die durch dreikantige „Sesselleisten" oder Sockelfriese verdeckt werden. Hiebei ist darauf zu achten, daß dieselben stets vermittelst eingelassener Dübel an die Mauer und nicht auf die Fußbodenbretter zu nageln sind, damit bei Schwinden des Fußbodens die Fuge gedeckt bleibt.

Holzstöckelpflaster aus Fichten- oder Lärchenholz mit Teeröl imprägniert (18 × 12 × 7 cm) auf Unterbeton gibt insbesondere für industrielle Betriebe eine vorzüglich geeignete, allerdings teure Fußbodenart.

Hartholzfußböden.

Meist Eiche, gedämpfte Buche, auch Esche und Ruste.

Brettelböden (Stabböden) und Parketten.

„Brettel" (österreichische Bezeichnung) 20—70 cm lang und 28 bis 80 mm breit, gehobelt 23—24 mm dick.

Parkettstäbe nach DIN 280 genormt. Breiten 5,5—13 cm, Längen bei Kurzriemen 30—75 cm, bei Langriemen 80—200 cm, Stärke 18, 24 und 26 mm.

Die Verbindung untereinander erfolgt allseitig mit Feder und Nut. Buche (Rotbuche) muß, da das Holz stark zu Schwinden und Quellen neigt, sorgfältig künstlich getrocknet werden. Verläßlich getrocknete Buche steht Eiche fast nicht nach.

Verwendung für Wohnräume, Schulen, Turnhallen, Kanzleien, Diensträume, Gaststätten usw. Buche wird als Langriemenholz ohne Blindboden oder in Fischgrätenverband auf Blindboden, Eiche fast ausnahmslos nur auf Blindboden verlegt. Der Blindboden besteht aus mindestens 24 mm dicken, 10—14 cm breiten, rauhen Weichholzbrettern mit 1—2 cm Fugenabstand, die in Österreich auf 5×8 cm in einer Beschüttung liegenden Polsterhölzern (Höchstabstand 80 cm) genagelt werden. Im Deutschen Reiche führen die Polsterhölzer den Namen Lagerhölzer und sind dort meist 7×9 cm gehalten und voneinander rund 50 cm abstehend.

Bei Massivdecken erfolgt die Verlegung nicht selten unmittelbar auf einem Ausgleichsbeton in einer 6—12 mm heißen Asphaltschicht; in diesem Fall sind die höchstens 60 cm langen Brettchen stumpf gestoßen und an der Unterseite mit schwalbenschwanzförmigen Nuten versehen; sie werden sorgfältig in den heißen Asphalt eingedrückt. Zur Verlegung solcher Böden empfiehlt es sich, Spezialfirmen heranzuziehen, da große Erfahrung erforderlich ist. Derlei Böden besitzen eine viel geringere Elastizität als die auf Blindboden und Polster verlegten und eignen sich daher z. B. nicht für Turn- und Tanzsäle.

Parkett (Tafelparkett). Massiv oder fourniert. Massive Parkettstäbe werden in 26 mm Stärke in vielerlei Ornamente zeigende quadratische Tafeln von 40×40 cm mit Feder und Nut vereinigt und untereinander verleimt; fournierte Parketten werden aus 8 mm Fournier auf 24 mm Blindholztafeln gebildet. Verlegung immer auf Blindböden.

Die Verwendung von Parkettböden ist fast gänzlich außer Gebrauch gekommen.

Behandlung der Hartholzfußböden:

Hartholzböden in Wohn- und Empfangsräumen werden mit weißem Wachs gewachst und gebürstet, in Kanzleien, Schulen und Läden werden derlei Böden zweckmäßig geölt (Leinöl mit Terpentinzusatz).

c) Metallfußböden.

Für mittelschwere, schwere und rauhe Industriebetriebe (Hammerwerke, Kesselschmieden, Hüttenbetriebe, Gießereien) verwendet.

Gußeisenplatten von 20 mm Stärke auf Beton verlegt; nur bei nicht unterkellerten Räumen anwendbar; derlei Platten lockern sich leicht und zermürben dann den Beton.

Metallpanzerplatten, 3 mm Stahlplatten mit Zungen in Beton verlegt.

d) Korkplatten, Korkparketten.

Sie stehen an der Grenze zwischen fugenaufweisenden und fugenlosen Fußböden; wohl aus einzelnen Elementen verlegt, schließen sich infolge der Elastizität des Korkes die Fugen schon beim Verlegen, wodurch eine homogene Oberfläche entsteht. Plattengröße 25 × 25 oder 50 × 50 cm; Stärken 6 und 9 mm. Die Verlegung erfolgt auf Beton- oder Gipsestrich, Steinholz u. dgl., bzw. auf jedem festen, vollkommen ebenen und ausgetrockneten Unterboden. Die Platten werden mit einem Spezialkitt auf den Unterboden geklebt.

Geringe Abnutzung, schalldämpfend, sehr schlechter Wärmeleiter, elastisch und widerstandsfähig gegen elektrische Spannungen.

2. Fugenlose Fußböden (Estriche).

Alle Estriche sollen aus Gründen des Schallschutzes zwischen Wand und Estrich eine 1,5—2 cm Wandfuge aus Kork, Heraklith, Koksgrus und dergleichen erhalten.

a) Terrazzo- und Zementestriche.

Terrazzoböden werden aus einem Mörtel aus gewaschenen Steinkörnern (empfehlenswert: Marmor und Serpentin), Sand und Zement gebildet, der auf einem 2—3 cm starken Zementestrich in etwa 1,5 cm Stärke aufgebracht und nach dem Erhärten geschliffen und poliert wird. Der als Unterlage dienende Zementestrich liegt auf einem Unterbeton auf. Bei großen Flächen Dehnfugen.

Zementestrich: Ein Mörtel aus 1 R. T. Portland- oder gleichwertigem Zemente mit 3 R. T. reinem Sand und feinkörnigem Kies (Kesselschlacke als Zuschlag vermeiden!) wird in 2—3 cm Stärke auf gut gereinigtem und angefeuchtetem Unterbeton aufgebracht. Ist keine massive Unterlage vorhanden und soll der Estrich z. B. auf Heraklithplatten aufgebracht werden, so ist die Stärke des Estrichs auf 3—4 cm zu erhöhen. Sandbettungen als Unterlagen nicht geeignet. Allfällige Einbettung von Drahtnetzen in den Estrich empfehlenswert. Geglätteter Zementestrich wird durch Bestreuung der abbindenden Oberfläche mit reinem Zemente und Überreiben desselben bis zum Glanze hergestellt. Zu starkes Glätten verursacht Abblätterungen. Derart mit der Stahlkelle geglättete Zementestriche trocknen sehr langsam aus. Raschere Austrocknung kann durch Zwischenlagen von Pappe, Kosmosfalztafeln u. dgl. zwischen Massivdecke und Estrich bewirkt werden. Ungeglättete Estriche können durch Wasserglasanstriche widerstandsfähiger gemacht werden. Beimengungen von gekörnten Metallsplittern oder hochwertigem Quarz in die oberste Estrichschicht bewirken eine Härtung. Meist wird das Härtungsmaterial in verschiedener Körnung gemischt geliefert und dann mit Portlandzement ohne Sandzusatz etwa im Mischungsverhältnis 2 Gewichtsteile Härtematerial auf 1 Gewichtsteil Zement in 10 mm Stärke naß auf naß auf den rund 2 cm starken Unterestrich aufgebracht und unter Druck bearbeitet. Als Beispiele solcher Estriche (Stahle striche) seien genannt: Diamantstahl, „Durabet“, „Kleinlogelscher Stahlbeton“, „Stelcon-Ferubin-Beton“, „Stelcon-Panzerbeton“ usw.

Solche gehärtete Zementestriche haben sich bei weitverbreiteter Verwendung in industriellen und gewerblichen Betrieben (Maschinenfabriken, Papierfabriken, Bäckereien, Molkereien usw.), ferner in Lagerhäusern, auf viel begangenen Treppen u. dgl. gut bewährt.

Bei großen Flächen Anordnung von Dehnfugen.

b) Gips- und Lehmestriche.

Gipsestrich (Estrichgips bei 600—1000⁰ gebrannt; Brenntemperaturen zwischen 400⁰ und 600⁰ ergeben nicht abbindenden, totgebrannten Gips).

Das Mischgut besteht am besten nur aus Gips und Wasser. Stärke 3 cm meist auf 2 cm Sandunterlage. Sandschüttungen höher als 4—5 cm sind nicht zu empfehlen. Als Unterlage unter dem Sande Unterbeton. Nach zweitägigem Abbinden glätten mit der Stahlkelle; volle Erhärtung tritt je nach Jahreszeit und Witterung nach 2—3 Wochen, allfällig aber auch erst nach 5—6 Wochen ein. Vorschriftsmäßig hergestellter Gipsestrich besitzt steinartige Härte; er ist dauerhaft und widerstandsfähig und eignet sich, seiner glatten Oberfläche wegen, insbesondere auch als Unterlage für Bodenbeläge, z. B. Linoleum. Wo Feuchtigkeit zu gewärtigen ist, ist Gipsestrich zu vermeiden.

Aus Württembergischen Steinbrüchen des Diara-Werkes gewonnener Gips wird zur Herstellung gut bewährter „Diara-Estriche“ verwendet.

Eisen ist vor unmittelbarer Berührung mit dem Gipsestrich zu schützen.

Lehmestrich. Lehm mit Zusatz von Rinderblut und Hammerschlag (beim Schmieden und Walzen an der Oberfläche entstehende, leicht abblätternde Krusten). Das Mischgut wird gestampft und geglättet. Hauptsächlichste Verwendung für Tennen, Scheunen, Kegelbahnen, aber auch für Dachböden mit gutem Erfolg ausgeführt.

c) Steinholzestriche.

Magnesitestrich, Xylolith, Steinholz, Myroment, Verrolit und so weiter.

Chlormagnesiumlauge, feingemahlener Magnesit (Magnesiumoxyd) und nicht zu feines Sägemehl werden eventuell mit Farbzusätzen gemischt und in Stärken von 15—20 mm auf entsprechenden Unterlagen aufgebracht. Als solche eignen sich am besten wenigstens 4 Wochen alte, 4—5 cm starke Portlandzement-Unterbetone im Mischungsverhältnis 1 : 4 bis 1 : 5.

Ziegelunterlagen erfordern eine Verlegung des Estrichs in zwei Schichten bei guter Durchfeuchtung der festen, nicht losen Unterlage.

Tonplatten, Terrazzo, Gipsestrich, Asphalt- und Teerbeläge sind als Unterlagen ungeeignet.

Holzunterlagen verlangen ein besonders vorsichtiges Verlegen; der Holzbelag muß trocken, gesund und sauber sein und darf nicht federn;

Aufrauhung der Oberfläche oder Benagelung mit vorstehenden verzinkten Dachpappestiften. Bei alten Böden empfiehlt es sich, ein verzinktes Drahtgeflecht von etwa 1,5 mm Stärke und 2 cm Maschenweite einzulegen.

Kork- und Heraklith-Platten als Unterlagen sind vor Aufbringung des Estrichs mit einem 5 cm starken Aufbeton zu versehen (Austrocknung des Betons vor Estrichauflage).

Steinholzfußböden sind fußwarm, feuersicher, elastisch, ungeziefer-abweisend und können ein- oder mehrfarbig hergestellt werden; sie eignen sich für Kanzlei- und Geschäftsräume, Gänge und Flure, leichte und mittelschwere Betriebsräume und ähnliche Zwecke.

Die Güte des Estrichs hängt, abgesehen von der richtigen Auswahl der Grundstoffe, sehr wesentlich vom Mischungsverhältnis und von der Verlegung ab. Zu satte Mischungen schwitzen, zu arme erhärten nicht; zu feines Korn des Sägemehls führt ebenfalls zu schwer oder nicht er-härtenden, bröckeligen und bröseligen Produkten. Die Ausführung soll nur sehr erfahrenen Fachleuten überlassen werden.

Dauernde Hitze und stete Nässe schaden dem Estrich. Künstliche und beschleunigte Trocknung ist schädlich; beste Verlegungstemperatur bei etwa 5—15⁰.

Besondere Vorsicht ist überall geboten, wo in der Deckenkonstruktion Eisen liegen, da dieses von eindringender Magnesiumlauge korrodiert wird. Überdeckung aller Eisen mit wenigstens 3—5 cm Kiesbeton und teer-freie Rostschutzanstriche der Walzprofile bzw. Rohrleitungen.

Bei großen Flächen sowohl im Estrich als im Unterbeton **Dehn-fugenanordnung**.

d) Asphaltestriche.
VOB DIN 1966.

Gußasphaltestrich besteht aus Mastix (s. Baustoffe) mit rund 25% Hartsteingrus. Die Härte des fertigen Estrichs wird sowohl vom Erwei-chungspunkte des Bitumens als auch von der Körnung des Zuschlages be-einflußt. Als Zuschlag eignen sich Basalt, Porphyr und scharfer Sand in Korngröße bis 6 mm; Kies weniger geeignet. Die Bitumenbeimengung soll alle Hohlräume der Zuschläge ausfüllen und noch einen Überschuß von etwa 5% ergeben. Teerpräparate dürfen nicht zugemischt werden.

Beiläufiges Mischungsverhältnis zwischen reinem Bitumen und Füller rund 1:3. Estrichstärke 12—15 mm, bei nicht unterkellerten Unterböden 15—20 mm.

Unterböden: Trockene, rauhe aber ebene Estriche. Glatte Unter-lagen sind zunächst mit Pappe zu überdecken.

Asphaltestriche sind nach der kurzen Erhärtungszeit sogleich benutz-bar; sie sind schlechte Wärme-, Schall- und Elektrizitätsleiter.

Verwendung: Terrassen, Loggien, Keller, Naßbetriebe und bei geeigneten Zuschlagstoffen auch für Betriebe mit aggressiven Säuren. Nicht geeignet, wo Öl- und Benzinverunreinigungen und hohe Tem-peraturen auftreten sowie wo Einflüsse von Produkten der Teerdestillation zu gewärtigen sind.

3. Fußböden mit flächigen Belägen auf Unterböden.

a) Linoleum.

(Baustoff, s. S. 57.)

Unterböden müssen sauber, eben und unbedingt verläßlich trocken sein.

Geeignet: 1,5—3,5 cm Betonestrich, 3 cm Gipsestrich, 1,5—2 cm Magnesitestrich und mindestens 1,5 cm Asphaltestrich. Mit Ausnahme des Asphaltestrichs, der sofort belegbar ist, erfordern alle anderen Unterböden eine 3—10 Wochen während Trocknungsfrist. Manche Gußasphaltestriche vertragen sich nicht mit dem Klebemittel des Linoleums und werden von ihm gelöst.

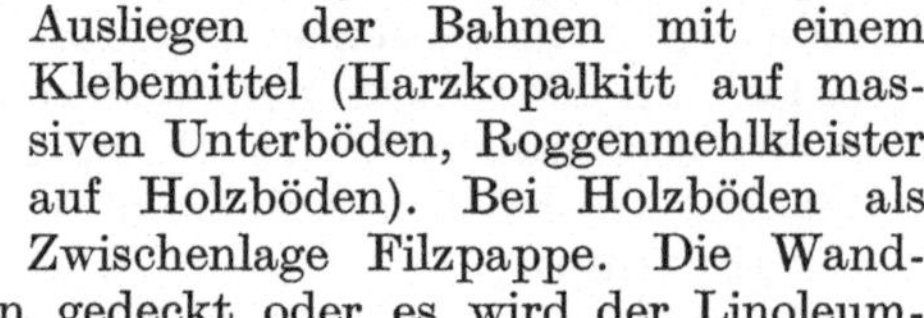

Abb. 260.

S = Sockelleiste, M = Messingschiene, D = Dübel. L = Linoleum.

Wenig geeignet sind Holzfußböden, ungeeignet ausgetretene und federnde alte Holzfußböden.

Sehr zu warnen ist vor der Verlegung des Linoleums auf frischen, noch nicht völlig ausgetrockneten Holzböden.

Das Verlegen erfolgt nach längerem Ausliegen der Bahnen mit einem Klebemittel (Harzkopalkitt auf massiven Unterböden, Roggenmehlkleister auf Holzböden). Bei Holzböden als Zwischenlage Filzpappe. Die Wandstöße werden durch Sockelleisten gedeckt oder es wird der Linoleumbelag an der Wand einige Zentimeter hochgezogen und der Aufzug mit einem Sockelbrett oder einer Schiene überdeckt (Abb. 260). Für Hohlkehlenausbildungen werden eigene Hohlkehleneckstücke geliefert.

Das Reinigen des Belages erfolgt durch Abkehren mit Sägespänen, die mit Wachsöl befeuchtet sind (Wasserbehandlung tunlichst selten); nachher Wachspaste mit weichem Lappen dünn auftragen, bürsten und mit weichem Lappen blank abreiben; Ölen schadet dem Linoleum.

b) Gummi.

(Baustoff, s. S. 58.)

Der Gummibelag besteht in der Regel aus 2 m breiten und bis 15 m langen, einfarbigen, gemusterten oder marmorierten Bahnen verschiedener Stärken (5 mm, 7 mm und 10 mm). Die Bahnen sollen vor dem Verlegen wenigstens 1 Tag lang flach ausliegen. Befestigung mit Kopalharzkitt. Stöße senkrecht zu den Fenstern. Für Wandanschlüsse besondere Gummihohlkehlenleisten. Als Unterlagen eignen sich mit nachstehenden Einschränkungen dieselben Unterböden, wie sie bei Linoleumbelägen erwähnt wurden. Bei frischen Betonunterlagen ist anzuraten, auch nach entsprechender Trocknungspause, vor dem Verlegen eine dünne Schicht Goudron aufzubringen. Magnesia-Bindemittel in Steinholzfußböden greifen den Gummibelag an. Gipsestrich ist als Unterlage nicht geeignet.

Verwendung: Hallen, Vorzimmer, Gänge, Schulen, Lichtspieltheater, Krankensäle, Ausstellungsräume, Schalträume in Kraftanlagen, Räume der Elektrotherapie und der Elektroindustrie usw.

Behandlung des verlegten Belages: Überwischen mit lauem Seifenwasser; kein Wachsen und Bürsten.

c) Teppichbeläge aus pflanzlichen und tierischen Faserstoffen.

Velour und Bouclé; Bodenfilz. Breiten: 70, 90, 100, 120 und 140 cm.

Unterböden meist Holz; die Verlegung kann aber auch auf jedem anderen ebenen und trockenen Unterboden (allfällig mit Filzpapierzwischenlagen) erfolgen.

Frische, noch nicht ausgetrocknete Holzfußböden leiden unter den Belägen.

H. Fenster.

I. Allgemeines.

ÖNORM B 5315—B 5317, DIN 1240—1248, 295—299 und 1105—1108.

Die Größe der Fenster wird durch die erforderliche Lichtfläche bestimmt; sie ist der Raumwidmung entsprechend verschieden und im Geringstausmaße zum Teil durch Bauordnungsbestimmungen und Verordnungen festgelegt. So fordert die Bauordnung für Wien, daß die Stocklichten der Fenster in Aufenthaltsräumen wenigstens $^1/_{10}$ der Fußbodenfläche betragen müssen; für Krankenzimmer in Spitälern werden in den einzelnen Ländern verschiedene Abmessungen, meist von $^1/_5$—$^1/_7$ der Fußbodenfläche, für Schulen von $^1/_4$—$^1/_6$ gefordert. In industriellen Betrieben und Werkstätten ist auf eine gute und gleichmäßige Belichtung aller Arbeitsplätze Bedacht zu nehmen und hierbei die Art der Arbeit (grob, mittelfein, fein und sehr fein) mit in Rechnung zu stellen.

Übertreibungen in den Fenstergrößen und zu starke Besonnung von Arbeitsplätzen können ebenso zweckwidrig sein wie zu geringe Bemessungen und falsche Anordnungen. Schließlich ist auch zu beachten, daß ein „Zuviel" an Fensterflächen mit heiztechnischer Unwirtschaftlichkeit verbunden ist und daher auch aus diesem Grunde Übertreibungen zu vermeiden sind.

Die Fenster bestehen aus den Fensterrahmen (Stöcken) und den Flügeln. Als Baustoffe für das Rahmenwerk und die Flügel kommen Holz (Föhre, Fichte und bei Bauten besonderer Ausstattung auch Eiche) und Eisen in Betracht. Im Wohnhausbau werden meistens Holzfenster verwendet, im Industrie- und Werkstättenbau Eisenfenster bevorzugt. In einem und demselben Teile eines Holzfensters verschiedene Hölzer (z. B. Fichte für das Flügelholz und Eiche für die Sprossen) zu verwenden ist des ungleichen Verhaltens der Hölzer wegen nicht zu empfehlen.

Einteilung der Fenster.

1. Nach der Zahl der zueinander parallel angeordneten Flügel in einfache und doppelte Fenster (im Deutschen Reich Einfachfenster und Kasten- und Doppelfenster);

2. nach der Zahl der in einer Flügelebene und Flügelhöhe angeordneten Flügel in einteilige, zwei-, drei- und mehrteilige Fenster;

3. nach der Gesamtanzahl der Flügel in ein-, zwei-, drei-, vier- und mehrflügelige Fenster;

4. nach Art der Öffnung der Fensterflügel in Fenster mit Drehflügel (um eine lotrechte Achse), Fenster mit Klapp- oder Kippflügel (um obere oder untere waagrechte Achse drehbar), Fenster mit Schiebe- oder Schubflügel (lotrecht oder waagrecht).

Außerdem Wendeflügel, wenn die Achse des Drehflügels in der Flügelmitte liegt, und Schwingflügel, wenn die Achse eines horizontal drehbaren Fensters in der Flügelmitte liegt.

Einfache Fenster bieten geringen Schutz gegen Kälte und Wind und geringen Widerstand gegen Heizverluste. Sie werden im Wohnhausbau nur für untergeordnete, ungeheizte und durch Frost nicht gefährdete Räume (Stiegenhäuser, Keller, Gänge u. dgl.) verwendet.

In Werkstätten und in industriellen Betriebsräumen bilden sie die Regel.

Doppelte Fenster können mit gesondert zu öffnenden äußeren und inneren Flügeln ausgestattet werden (Regelausbildung) oder beide Flügel liegen aneinander und werden gemeinsam geöffnet (Verbundfenster).

Bei gesondert zu öffnenden Flügeln sind entweder beide Flügel nach innen zu öffnen oder die äußeren nach außen, die inneren nach innen. Erstere Anordnungsart ist in der Gegenwart in den Städten die meist gebräuchliche; nach außen öffenbare Flügel haben den Vorteil, bei Wind an den Fensterrahmen (Stock) angepreßt zu werden und bieten daher einen besseren Windschutz; nach innen aufgehende äußere Flügel werden durch den Wind nach innen gedrückt; der Wind hat leichteren Zutritt in den Raum.

Der Abstand der parallel stehenden Flügel doppelter Fenster ist durch das Beschläge und die Art der verwendeten Lichtblende bestimmt.

Einteilige Fenster mit Drehflügeln kommen im Wohnungsbau nur für Räume untergeordneter Bedeutung in Betracht (Aborte, Speisekammern, allfällig Badezimmer u. dgl.).

Zweiteilige Fenster bilden im Wohnungsbau die Regel; daneben auch dreiteilige und mehrteilige Fenster, die meist günstigere Stellmöglichkeiten im Raume ergeben.

Gebräuchliche Stocklichte zweiteiliger Fenster 1,05—1,35 m, gebräuchliche Stocklichte dreiteiliger Fenster 1,55—2,00 m.

Mehr als zweiteilige Fenster erhalten zur Befestigung der über die Zahl von zwei hinausreichenden Flügel lotrechte Pfosten, Mittelstücke oder Höhenstäbe eingebaut.

Die Höhe der Fenster ist abhängig von der Raumhöhe. Brüstungshöhe in Wohnräumen meist 85—90 cm. Zur Vermeidung stagnierender Luftschichten im Raum empfiehlt es sich, den oberen Abschluß des Fensters (Sturz) nicht zu weit von der Deckenunterkante abzurücken.

Die Flügel können bei nicht zu hohen Fenstern über die ganze Fensterhöhe reichen (in der Regel nicht über 1,5 m Höhe) oder es weist das Fenster eine waagrechte Unterteilung durch den Kämpfer oder das Losholz auf. In diesem Falle können die unteren Flügel als Drehflügel und die oberen, auch Oberlichtflügel genannt, als Kipp- und Klappflügel

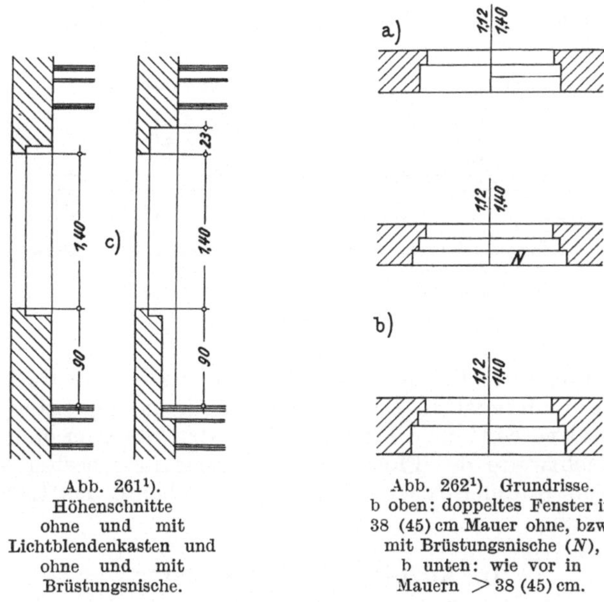

Abb. 261[1]).
Höhenschnitte
ohne und mit
Lichtblendenkasten und
ohne und mit
Brüstungsnische.

Abb. 262[1]). Grundrisse.
b oben: doppeltes Fenster in
38 (45) cm Mauer ohne, bzw.
mit Brüstungsnische (N),
b unten: wie vor in
Mauern > 38 (45) cm.

oder auch als Drehflügel ausgebildet werden. Feststehende Oberlichtflügel sind im Wohnhausbau sowohl der beschränkten Lüftungsmöglichkeit wegen als auch mit Rücksicht auf umständliche Reinigung zu vermeiden. In Räumen, die zum Aufenthalte vieler Menschen bestimmt sind, Schulen, Versammlungsräumen, Krankensälen usw., ist die leichte Öffenbarkeit der Oberlichtflügel um so mehr geboten und meist durch Bauvorschriften festgelegt. In Arbeits- und Hauswirtschaftsräumen wird die Lüftung mittels Lüftungsflügels gleichfalls durch Verordnungen geregelt.

Darstellung der Fensteröffnungen in Grundrissen 1 : 100: Die Darstellung ist derzeit in Österreich nicht genormt; die planliche Darstellung erfolgt meist nach Abb. 262 a. Da jedoch daraus nicht zu ent-

---

[1]) Der Deutlichkeit wegen sind die Abbildungen größer als 1 : 100 gezeichnet.

nehmen ist, ob es sich um einfache oder doppelte Fenster handelt, wäre es wünschenswert, die Darstellung nach Abb. 262 a für einfache und nach Abb. 262 b für Doppelfenster zu wählen.

Die Darstellungen in Höhenschnitten im Maßstabe 1 : 100 zeigen die Abb. 261.

Darstellung nach DIN 1356: Abb. 263.

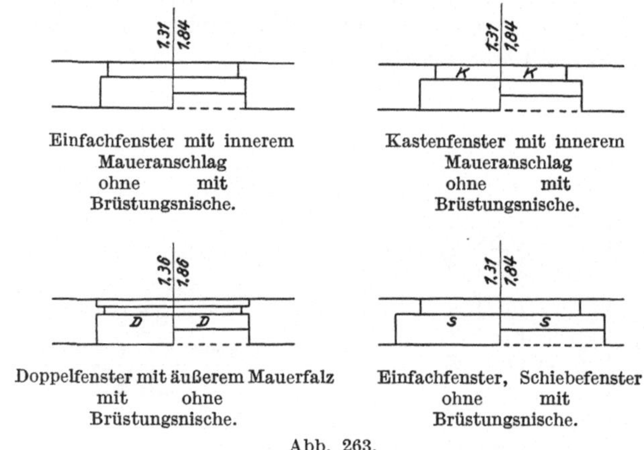

Einfachfenster mit innerem
Maueranschlag
ohne   mit
Brüstungsnische.

Kastenfenster mit innerem
Maueranschlag
ohne   mit
Brüstungsnische.

Doppelfenster mit äußerem Mauerfalz
mit   ohne
Brüstungsnische.

Einfachfenster, Schiebefenster
ohne   mit
Brüstungsnische.

Abb. 263.

Die Seitenteile der Fensteröffnung werden als Gewände bezeichnet. Architekturlichte ist die Lichtweite der äußeren, geputzten Gewände. Als Stocklichte wird beim Pfostenstockfenster (mit oder ohne Rahmenstock) die Lichtweite des Pfostenstockes bezeichnet; besteht der Stock nur aus einem Rahmenstocke, so ist die Stocklichte das Lichtmaß des Rahmenstockes.

II. Ausbildung der Fenster.

1. Holzfenster.

Das Tragwerk für die Flügel wird durch den Fensterrahmen, den Fensterstock, gebildet, der sowohl nach der Art der Fenster (einfache und doppelte; doppelte Fenster, deren äußere Flügel nach außen, oder doppelte Fenster, deren äußere Flügel nach innen aufgehen; Fenster mit Drehflügeln oder Schubflügeln) als auch nach örtlichen Gepflogenheiten sehr verschieden ausgeführt wird.

Einfache Fenster erhalten meist nur einen Rahmenstock (Abb. 264 a), im Deutschen Reiche Blendrahmen genannt, Doppelfenster in Österreich fast ausnahmslos einen Pfostenstock (im Deutschen Reiche Zarge genannt) mit äußerem Rahmenstock und innerer Falzleiste (Abb. 264 b) oder einen Pfostenstock mit äußeren und inneren Falzleisten (Abb. 264 e). Im Deutschen Reiche ist der Pfostenstock im allgemeinen nicht gebräuchlich; bei Doppelfenstern ist dort die Anordnung zweier völlig getrennter Rahmenstöcke (Blendrahmen, Abb. 264 c), bei

Kastenfenstern ein äußerer Rahmenstock und eine innere breite Falzleiste sowie ein verbindendes Futter üblich (Abb. 264 d);[1]) Zargen werden
im Deutschen Reiche in der Regel nur bei nach außen öffenbaren Flügeln,
vornehmlich in windreichen Gegenden angeordnet. (Abb. 264 f.)[2])

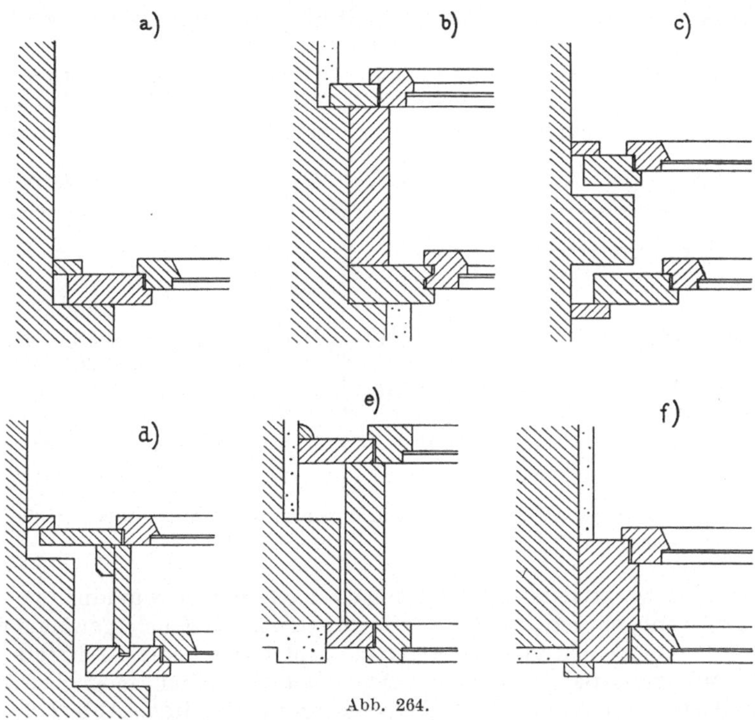

Abb. 264.

Die nachfolgenden Abb. 264 zeigen die schematischen Grundrisse der Stockanordnungen vorgenannter Fensterarten, und zwar:

Abb. 264 a) nach innen öffenbares einfaches Fenster;

Abb. 264 b) nach innen öffenbares Doppelfenster, nach der in Österreich üblichen Anordnung;

Abb. 264 c) nach innen öffenbares Doppelfenster, nach der im Deutschen Reich üblichen Anordnung;

Abb. 264 d) nach innen öffenbares Kastenfenster, nach der im Deutschen Reiche üblichen Anordnung;

Abb. 264 e) nach außen öffenbares Doppelfenster, nach der in Österreich üblichen Anordnung;

---

[1]) Eine ähnliche Ausführung mit Futter und zwei Rahmenstöcken zeigt
das heute selten ausgeführte sogenannte „Wiener Fenster".

[2]) Das entsprechende Fenster nach österreichischer Anordnung ist in
Abb. 264 e gezeigt.

Abb. 264f) nach außen öffenbares Zargenfenster, nach der im Deutschen Reiche üblichen Anordnung.

Die Stöcke bilden Rahmen, deren unterer waagrechter Abschluß (Sohlbank) beiderseits 10 cm vorkragt, Vorkopf, und dessen Seitenteile in etwa zwei Dritteln der Höhe ebenfalls mit beiderseits vortretenden Vorköpfen zur Festhaltung des Stockes im Mauerwerke versehen sind.

Stöcke und Falzleisten sind nach den österreichischen Normen aus Fichtenholz, die Flügel aus Föhrenholz auszuführen. Wo es die Mittel erlauben, ist es zu empfehlen, auch die Stöcke in Föhrenholz herzustellen.

Normenmäßige Holzabmessungen (Hobelmaße) in Millimeter.

	Österreich	Deutsches Reich
Pfostenstock............	41 × 170	(Zargen) 62 × 130
Rahmenstock..........	41 × 71 (90)	(Blendrahmen) { 32 × 60 / 32 × 88, 36 × 88 / 36 × 60, 36 × 88
Innere Falzleiste.......	25 × 46 (55)	17 × 88, 21 × 88
Äußere Falzleiste	25 × 67	—
Flügelholz	41 × 46	32 × 45, 36 × 48
Futter	—	17 × 115, 21 × 115

Die geklammerten Werte sind in den Normen nicht angegeben, erscheinen aber wünschenswert.

Um den zu stellenden Forderungen nach einem winddichten Abschluß zu genügen, ist es nötig, der Mauerung der Fenstergewände eine entsprechende Beachtung zuzuwenden. Einfache Fenster sind stets mit einem Mauerabsatze ausgeführt; Doppelfenster sollten möglichst zwei Mauerabsätze im waagrechten Fensterschnitte erhalten. Abb. 272, 273.

Die ausreichende Abdichtung zwischen Rahmenstock (Blendrahmen) und Mauerwerk mit Teerstricken sollte nicht außer acht gelassen werden.

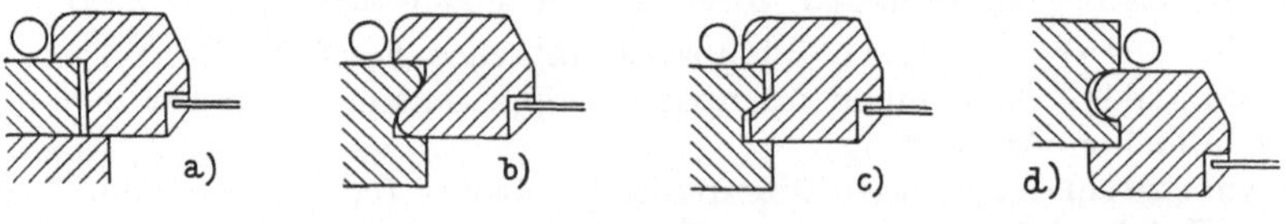

Abb. 265.

Die Dichtheit der Fenster wird weiters durch den Anschlag zwischen Flügelholz und Stock bzw. Falzleiste bedingt. Nach außen öffenbare Flügel und die inneren Flügel der Doppelfenster zeigen im waagrechten Schnitte einen einfachen Falz. Abb. 265a. Bei nach innen aufgehenden äußeren Flügeln empfiehlt es sich, wie in Österreich üblich, zur Erzielung größerer Dichtheit S-Falze (Abb. 265b), Hinternuten (Abb. 265c) oder Wulstfalze (Abb. 265a) statt der einfachen Falze auszuführen.

Am Sturze erfolgt der Anschlag des Flügelholzes an den Stock mit einfachem Falz, an der Sohlbank wird bei nach innen aufgehenden äußeren Flügeln ein doppelter Falz ausgebildet; derselbe kann schon im Holz entweder doppelt ausgeführt sein oder es erscheint im Holz nur ein Anschlag und der zweite wird durch einen an das Sohlbankstück angeschraubten Winkel bewirkt. Abb. 266, 267 links.

Die doppelte Falzbildung an der Sohlbank erfordert eine größere Höhe des Flügelholzes als dessen Breite an den seitlichen Anschlägen. Zur Hintanhaltung des Regen- und Schneewassers sind bei den äußeren Flügeln nach innen aufgehender Fenster Wetterschenkeln anzubringen, die entweder mit dem Flügelholz aus

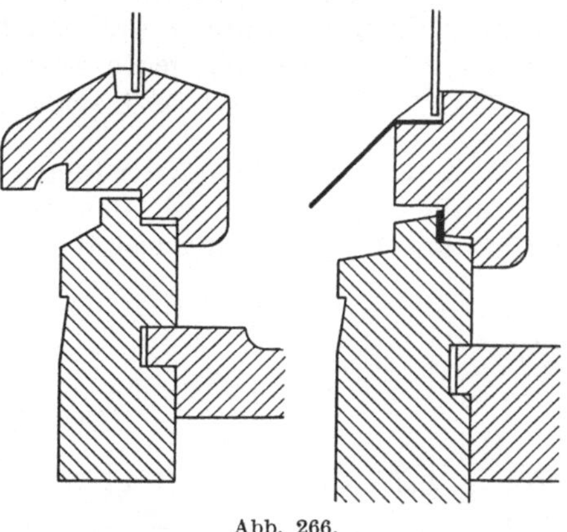

Abb. 266.

einem Stück gebildet sind (Wassernase beachten!) oder, aus Eisenblech hergestellt, an das Flügelholz geschraubt werden. Allfällig im Sohlbankfalz angeordnete Metallschienen erhöhen die Dichtigkeit. Mitunter angeordnete kleine Profilrinnen, z. B. nach Bauart „Pluvius" (Abb. 267 rechts), verringern die Gefahr, daß trotz der Wetterschenkel Wasser in das Innere eindringen kann.

Die Abb. 268 zeigt ein zweiteiliges Doppelfenster mit zwei äußeren und zwei inneren, nach innen aufgehenden Flügeln im Grundriß; Ausbildung mit äußerem Rahmenstock 41×90 mm, Pfostenstock 41×170 mm und innerer Falzleiste 25×55 mm; die innere Fensterleibung ist geputzt; die Gewändemauerung zeigt nach Normenblatt nur einen Absatz. Abb. 269 gibt den zugehörigen Höhenschnitt in der

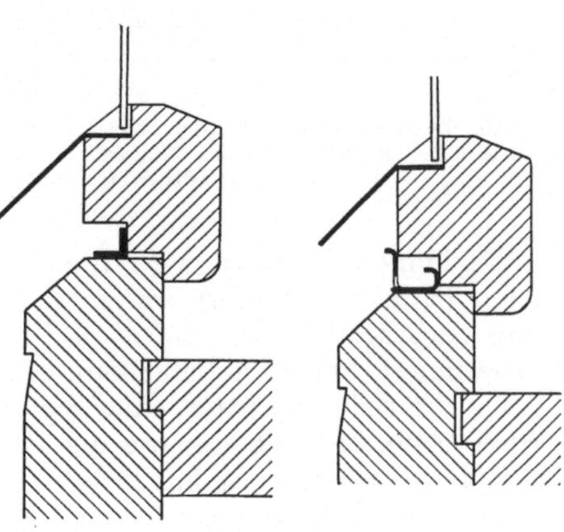

Abb. 267.

Ausbildung ohne Kämpfer. In der Abb. 270 ist die Anordnung eines Kämpfers gezeigt. Abb. 271 stellt ein dreiteiliges Doppelfenster mit drei äußeren und drei inneren, nach innen aufgehenden Flügeln, mit einem äußeren und einem inneren festen Mittelstücke dar. Gewändemauerung nach Normenblatt mit einem Absatze. Holzabmessungen und Ausführung im engen Anschlusse an ÖNORM B 5315.

Abdichtung zwischen Stöcken und Mauerwerk mit Teerstricken.

Eine Variante zu Abb. 268 u. 271 ist in der Abb. 272 mit doppeltem Mauerabsatz wiedergegeben. Der Pfostenstock ist mit 41 × 120 mm (bei großem Ziegelmaß 41 × 140 mm) angenommen und die innere verbreiterte Falzleiste durch eine 30 mm (50 mm) Latte aufgefüttert; hierdurch wird eine doppelte Abdichtung gegen Außenwind und eine gute Stabilität des Fensters erzielt. Die Abb. 273 zeigt den Ziegelverband des doppelten Mauerabsatzes.

Der Zusammenschluß zweier Flügel wird durch Falzbildungen bewirkt; die Ausbildung kann nach der Verschlußart verschieden ausgeführt werden und erfolgt bei den meist üblichen Zahntrieben nach Abb. 268 Mitte.

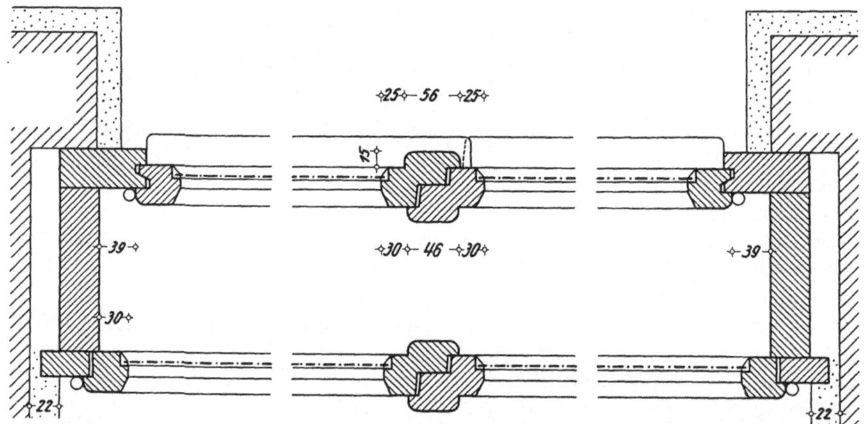

Abb. 268. Zweiteiliges Doppelfenster, äußere und innere Flügel nach innen aufgehend. In der Bildmitte die Schlagleisten an den Flügeln. Bei den äußeren Flügeln sind die Draufsichten auf die Wetterschenkel sichtbar.

Die Deckung der Fälze wird durch angeschraubte oder angearbeitete Leisten (Schlagleisten) von in der Regel 15 mm Stärke und 46 mm Breite bewirkt.

Die innere Fensterleibung kann verputzt sein, wie in Abb. 268, 271, 272, oder mit einem Futter, einer sogenannten Blindspalette verkleidet werden (Abb. 274), ebenso wie die Brüstung, das Parapet, geputzt oder mit Holz verschalt ausgebildet werden kann.

Das Bestreben, bei geringen Mauerstärken von 38 und 25 cm und nach innen zu öffnenden Doppelfenstern noch eine raumseitig in Erscheinung tretende Nische zu erhalten, führte zur Konstruktion der sogenannten Verbundfenster. Sie bestehen aus zwei unmittelbar aneinanderliegenden und durch kleine Sperrvorrichtungen derart verbundenen Flügeln, daß beide Flügel mit einem Griff geöffnet werden können. Während bei der gewöhnlichen Ausführung der Doppelfenster bzw. Kastenfenster jeder Flügel für sich am Stock oder der Verkleidung befestigt ist, hängt beim Verbundfenster der äußere Flügel am inneren Hauptflügel. Selbstverständlich ist die Stockausbildung dieser Sonderart angepaßt. Zum Reinigen können beide Flügel geöffnet werden.

Die Dichtheit der Verbundfenster ist im allgemeinen geringer als die der Doppelfenster in üblicher Ausführung.

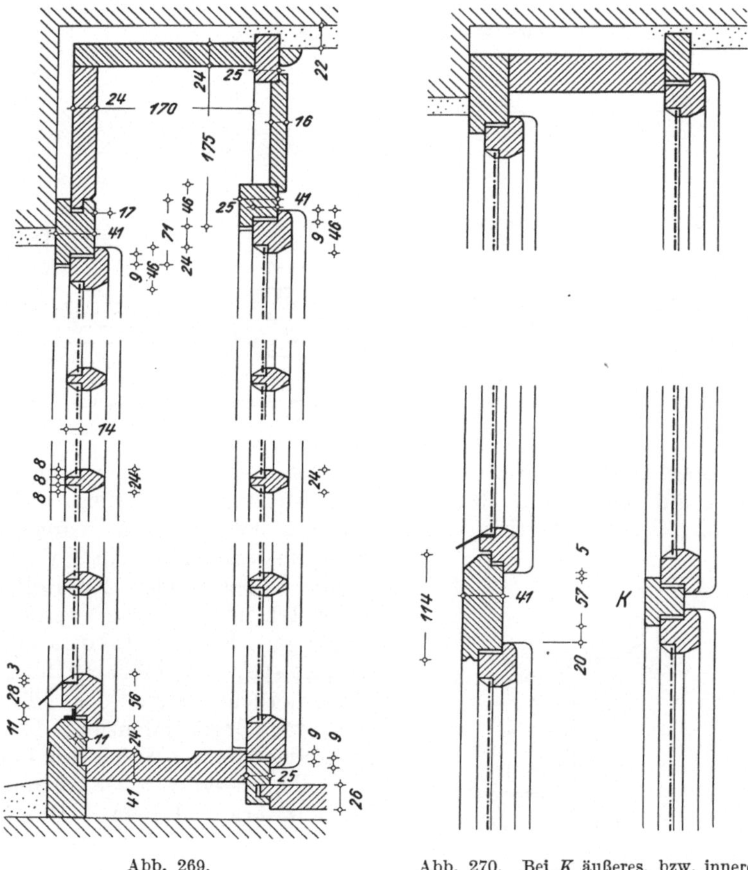

Abb. 269.   Abb. 270. Bei K äußeres, bzw. inneres
                                  Kämpferstück.

Bestimmend für den Abstand der zueinander parallelen Flügel (nach österreichischer Ausführung also für die Breite des Pfostenstockes) ist die Art der Lichtblende, wenn selbe zwischen den Flügeln angebracht werden soll.

Als solche Lichtblenden kommen vornehmlich Bretteljalousien und Roller in Betracht. Erstere bestehen aus 5 oder 6,5 cm breiten und 0,4 cm starken Brettchen, die meist in Zwirngurten montiert sind und mit Schnüren auf- und abgezogen werden können; das oberste Brettchen, das an den Sturz geschraubt wird, ist etwa 20 mm, das unterste Brettchen rund 15 mm stark.

Als Roller stehen heute meist sogenannte Selbstroller aus Gradel

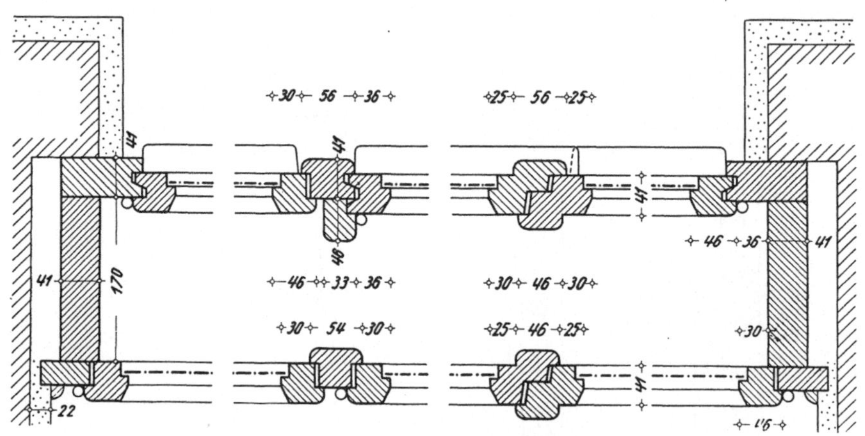

Abb. 271. Dreiteiliges Fenster; äußerer und innerer Flügel nach innen aufgehend.

oder Köper oder aus Floß- und Hollandstoffen in Verwendung. Der Stoff ist auf einer rund 30 mm starken Holzstange montiert und zur Bewirkung des selbsttätigen Aufrollens eine Federgarnitur vorgesehen.

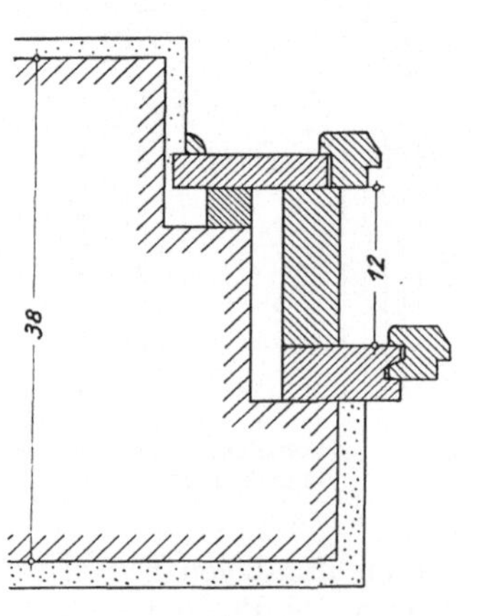

Um zu vermeiden, daß die aufgezogene Jalousie oder der Roller in das Fenster herabhängen, werden im Sturze eigene Kasten, Jalousie- oder Rollerkasten, vorgesehen (Abb. 269).

Erforderliche Tiefe des Pfostenstockes für Bretteljalousien: Brettelbreite 5 oder 6,5 cm + Spielraum 1 cm + + 2 Schlagleisten 3 cm + vortretende Flügelholzstärke 1,7 cm + Handgriff

Abb. 272.

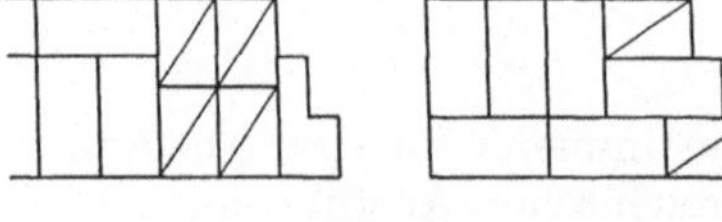

Abb. 273.

des Fensterverschlusses (Olive) 4,5 cm = (15,2 cm) bzw. 16,7 cm.

Erforderliche Höhe des Jalousiekastens: Fensterhöhe angenommen: 1,80 m; Brettelbreite 6,5 cm. Damit die Brettchen bei herabgelassener Jalousie einander überdecken, Abstand 5,5 cm. Somit 180 : 5,5 = 32

Brettchen; $32 \times 0,4 = 12,8$; hierzu die stärkeren obersten und untersten Brettchen mit zusammen 3,5 cm ergibt $12,8 + 3,5 = 17$ cm.

Erforderliche Tiefe des Stockes für Roller mindestens 10 cm; Höhe des Rollerkastens rund 5—6 cm.

Im Deutschen Reiche werden die Bretteljalousien durch Holzrolladen stark verdrängt; in Österreich finden sie neben den Bretteljalousien häufige Anwendung. Sie bestehen aus einzelnen, 10—15 mm starken und 40—50 mm breiten Holzstäben, die auf Stahlketten oder Hanfgurten montiert sind. Die Führung erfolgt in kleinprofiligen **U**-Eisen, die außerhalb der äußeren Fensterflügel versetzt werden.

Im aufgerollten Zustande liegt der Rollbalken in einem schon beim Bau vorzusehenden Rolladenkasten im Sturz. An einem Ende des Kastens befindet sich die Trommel für den Gurt. Der Kasten muß leicht zugänglich sein, um allfällige Schäden oder Störungen beheben zu können.

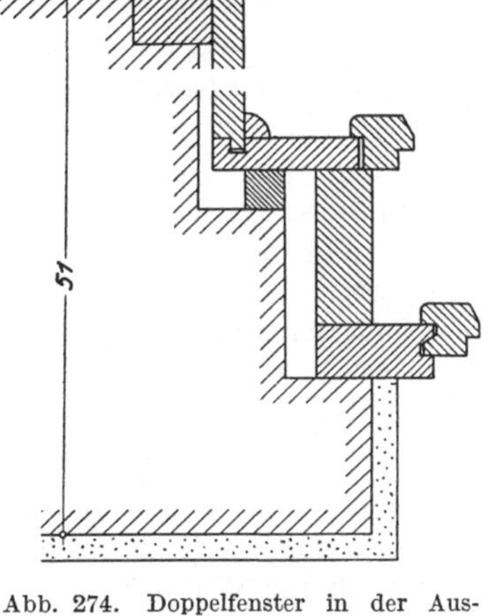

Abb. 274. Doppelfenster in der Ausbildung mit zwei Mauerbesätzen und mit Blindspalette.

Die erforderliche Größe der Rolladenkasten richtet sich hauptsächlich nach der Fensterhöhe, aber auch nach der Ausführung des Rolladens selbst und beträgt bei 1,40 m hohen Fenstern rund 21—24 cm, bei 1,60 m hohen Fenstern rund 22—25 cm, bei 2,00 m hohen Fenstern rund 26 bis 28 cm.

Die Abb. 275 zeigt den Einbau eines Holzrolladens in den Sturz eines Fensters; für die Ausbildung des Sturzes wurde aus der Reihe verschiedener Ausführungsmöglichkeiten die Herstellung mit Rapidträgern gewählt.

In ländlichen Gebäuden und insbesondere in den Alpenländern werden häufig Fensterladen als Lichtblenden verwendet. Sie verbinden mit der Licht- und Sonnenabwehr auch einen gewissen Schutz gegen Einbruchsgefahr und erhöhen das Abdichten des Fensters. Die Ausbildung kann in einfachster Weise als Bretterladen mit Einschubleisten durch Aneinanderreihen stumpf gestoßener oder gespundeter Bretter oder in

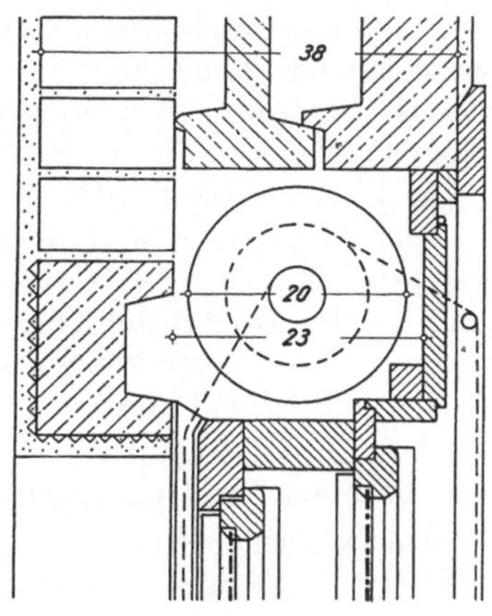

Abb. 275.

besserer Ausführung als gestemmte und Jalousieladen bewirkt werden. Bei den beiden letztgenannten Ausführungen bestehen die Laden aus

Rahmen mit Quer- und Längsfriesen mit eingesetzten vollen Füllungen oder Jalousiebrettchen. Der Anschlag der Fensterladen erfolgt entweder in einen Falz, der aus einem den äußeren Fensterflügeln vorgebauten und in die Laibung eingesetzten Rahmen und aus einer Verkleidung gebildet wird, oder unter Verzicht auf einen dichten Abschluß durch freies Anlegen des Ladens an das geputzte Fenstergewände.

Da die Fensterladen dauernd allen Witterungseinflüssen ausgesetzt sind, ist auf sorgsame Auswahl harzreichen Holzes und die Ausführung solidester Anstriche besondere Sorgfalt zu legen.

Außer den vorbeschrieben ausgeführten Holzfenstern mit Drehflügeln seien noch die Schiebefenster erwähnt, deren durchgreifende Einführung in Österreich wohl noch zumeist an den hohen Kosten scheitert.

Nach der Schieberichtung sind Vertikal- und Horizontalschiebefenster zu unterscheiden.

Vertikalschiebefenster.

Sie eignen sich besonders für Räume, in denen große Glasflächen erwünscht sind, z. B. Kanzleiräume, Sanitätsanstalten u. dgl., sie werden aber auch für Wohnräume häufig ausgeführt. Im allgemeinen bestehen sie aus zwei übereinanderstehenden Flügeln, die beliebig zueinander verstellt und bei entsprechenden Vorkehrungen ganz oder zum Teil in die Brüstung oder auch in den Sturz versenkt werden können. So ergeben sich die verschiedensten Möglichkeiten der Lüftungsstellungen: Es kann z. B. der obere Flügel in normal geschlossener Lage verbleiben und der untere zur Ventilierung nur mäßig geneigt, ausgespreizt oder bis zum Sturze hinaufgeschoben werden oder es bleibt der untere Flügel in normal geschlossener Lage und der Oberlichtflügel wird zur Ventilierung nur mäßig herabgezogen oder ganz bis zur Sohlbank gesenkt usw. Liegt die Möglichkeit vor, die Brüstung auszunutzen, können unter Umständen beide Flügel vollkommen versenkt werden.

Die Flügel sind in Laufschienen geführt und durch Gegengewichte, die in entsprechenden Gewichtskasten laufen, ausbalanciert. Bei guter und solider Ausführung haben sich solche Schiebefenster sehr gut bewährt. Die Fenster können sowohl als Einfach- oder auch als Verbundfenster ausgeführt werden.

Die Abb. 276 zeigt ein Vertikalschiebefenster nach einer in Österreich viel verbreiteten Ausführungsart (System Ing. Nikolaus).

Im Deutschen Reiche viel verwendete Systeme: „Neuffer", „Schmid", „Sigelen", „Stumpf" u. a.

Horizontalschiebefenster.

Sie bestehen ohne Rücksicht auf die Zahl der nebeneinander und hintereinander angeordneten Flügel der Höhe nach nur aus einer Flügelhöhe, so daß der kämpferartige Zusammenstoß übereinander angeordneter

Flügel, wie dies bei Vertikalschiebefenstern der Fall ist, entfällt. Es ist dies namentlich dann zu beachten, wenn bei geringen Fensterhöhen der horizontale Zusammenstoß in Augenhöhe liegen und damit den Ausblick stören würde.

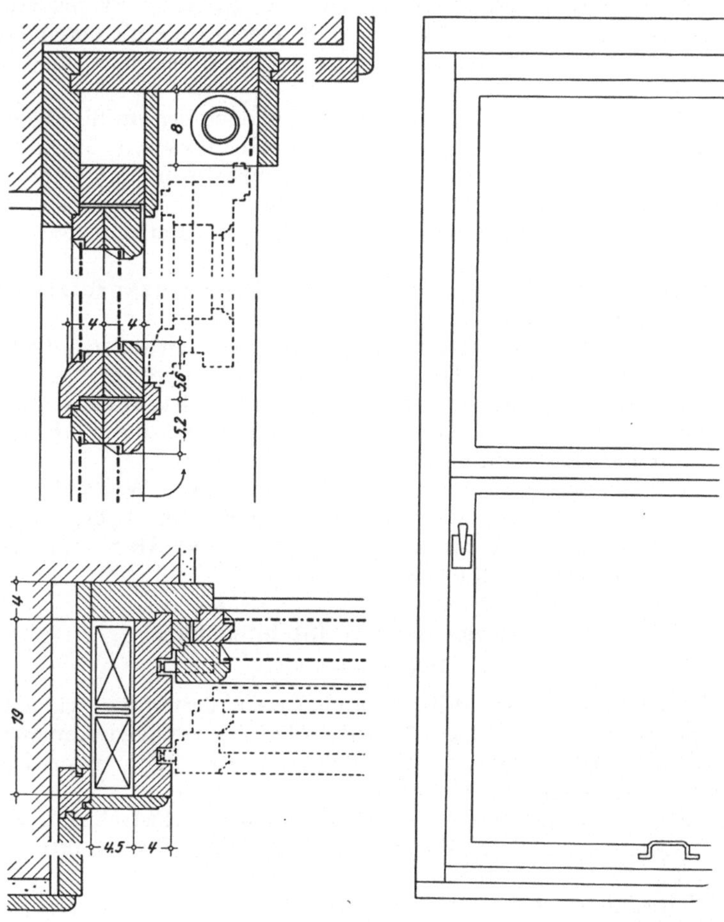

Abb. 276. Vertikalverbundschiebefenster, System Ing. N i k o l a u s, Wien.

Die Führung der Flügel beim Horizontalschiebefenster erfolgt auf rollenden Metallstäben und gestattet nicht nur eine beliebige Verstellung im waagrechten Sinne, sondern auch geringe Neigungen von der Lotrechten, wodurch sich sehr vorteilhafte Ventilationsmöglichkeiten ergeben.

Als Beispiel für das Horizontalschiebefenster sei das „Azet-Patentfenster" angeführt.

2. Fensterbeschläge.

Die waagrechten und lotrechten Flügelholzteile eines Fensterflügels werden in jeder Ecke durch versenkte und geschraubte, allfällig genagelte Scheinhaken versteift.

Die Befestigung der Flügel erfolgt nach der Höhe des Flügels mit zwei oder drei Bändern (Nuß-, Aufsatz- oder Fischbändern), deren Lappen einesteils in das Flügelholz, andernteils in den Stock bzw. in die Verkleidung eingreifen.

Zum Verschluß der Flügel untereinander oder bei einflügeligen Fenstern zwischen Flügel und Rahmen dienen Einlegestangen mit Zahntrieben, mit oder ohne Mittelschluß, Reibstangen, aufgesetzte oder versenkte Riegel und Reiber. Zur Betätigung der Verschlüsse werden meist Messingoliven, Halboliven oder bei Reibstangen Ruder montiert.

Nach außen zu öffnende Flügel werden durch Ausspreizstangen, nach innen aufgehende äußere Flügel durch Fensterschnapper gegen das Schlagen im Winde fixiert. Die inneren Flügel nach außen aufgehender Doppelfenster erhalten zur Feststellung Fensterspreizer.

Oberlichtlüftungsflügel werden durch Oberlichtscheren verschiedener Bauarten (z. B. Viktoria und Zeus) betätigt und durch Oberlichtschnapper und Fallen in geschlossener Lage fixiert.

Fensterladen werden zumeist mit Kreuz- und Winkelbändern an Kloben befestigt; zur Feststellung der geöffneten Laden dienen in Ladenhalter eingelegte Leisten oder Ladensteller und Ladenfallen verschiedener Ausführung.

3. Eiserne Fenster (Stahlfenster).
DIN 1001—1004.

Stahlfenster sind den Witterungseinflüssen gegenüber widerstandsfähiger als Holzfenster und gewähren infolge der geringen Abmessungen der Sprossen- und Rahmenprofile einen um etwa 25% höheren Lichtdurchlaß als Holzfenster gleicher Größe.

Die Fensterprofile erhalten gegen Rostbildung Rostschutz- oder Ölfarbenanstriche oder auch Feuerverzinkung. Alle Drehpunkte werden zweckmäßig aus Bronze hergestellt.

Bei Fabrikfenstern ist stets der Hauptteil der Fensterfläche fix ausgebildet und ein kleinerer Teil der Fläche als Lüftungsflügel eingerichtet. Hauptsächlich Kipp-, Schwing- und Drehflügel; seltener Klapp- und Wendeflügel.

Lüftungsöffnungen in industriellen und gewerblichen Stockwerksbauten je nach Belegschaft und Dunst-, Staub- und Hitzeentwicklung 1,8—3,5 m² je 100 m² Grundfläche.[1]) Bei Kesselhäusern wird in manchen Vorschriften gefordert, daß wenigstens ein Drittel der Fensterfläche zum Öffnen eingerichtet sein muß.

---

[1]) Aus Heideck & Leppin: „Der Industriebau", Berlin: Julius Springer.

In ausgedehnten Hallen- und Flachbauten genügt die Entlüftung durch seitliche Fenster nicht; es sind bei solchen Bauten auch Dachentlüftungen (durchgehende, Einzellüftungen oder Entlüftungsklappen) anzuordnen.

Der Sprossenabstand bzw. die Scheibengröße ist bei Fabrikfenstern nicht zu groß zu wählen, da sonst die Reparaturkosten unverhältnismäßig hoch würden. Nach DIN sind die Scheibengrößen mit 18×25, 25×36, und 36×50 cm genormt.

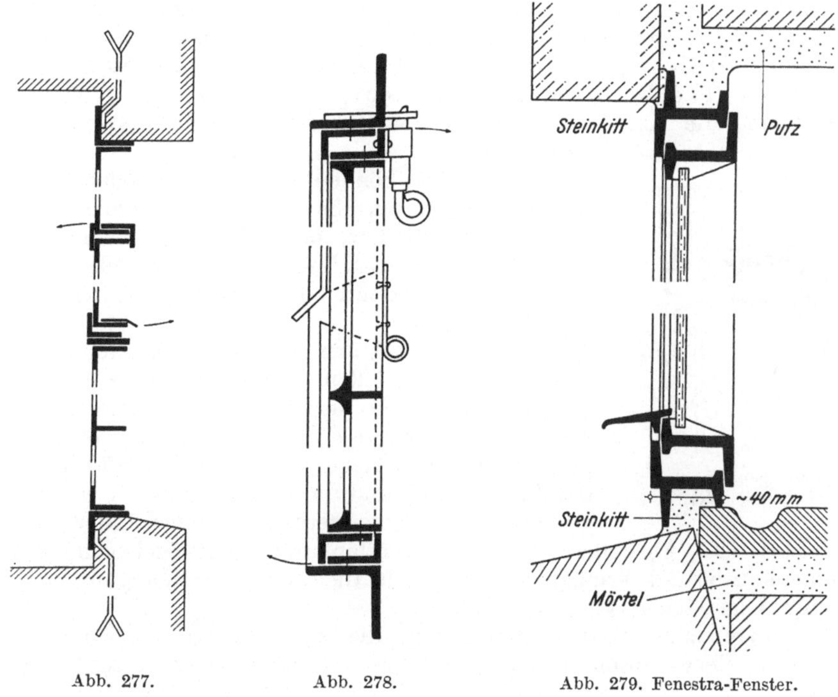

Abb. 277. Abb. 278. Abb. 279. Fenestra-Fenster.

In der Ausbildung eiserner Fenster sind der Hauptsache nach zwei Ausführungsarten zu unterscheiden:

a) Winkeleisenrahmen mit Fenstereisen oder Winkeln als Sprossenprofile (Abb. 277),

b) Winkeleisen- oder Spezialprofilrahmen mit eingesetzten fixen oder beweglichen Flügeln, die gleichfalls aus Winkeleisen oder Sonderprofilen gebildet werden und in der Profilanordnung falzartige Anschläge ermöglichen. Abb. 278—280.

Die Ausführungsart a wird nur bei Industrie- und Werkstättenbauten einfacher Ausstattung, bei Atelierfenstern und ähnlichen Fensterverschlüssen, die Bauart b bei besserer Ausstattung gleicher Objekte sowie im sonstigen Nutz- und Wohnbau verwendet.

a) Der Fensterrahmen wird meist aus Winkeln 45 . 45 . 5 bis 50.50.6 gebildet, die mit Flacheisenankern (Dollen) in die Mauern eingebunden werden. An diese Winkel sind die Fenstereisen oder Winkeleisen als Sprossenprofile unmittelbar verschweißt. Lüftungsflügel schlagen in Falze, die aus Winkel- oder T-Eisen gebildet werden. Abb. 277.

b) Ein Stahlfenster (Kippflügel) in gediegener Ausführung für einen Werkstättenbau zeigt Abb. 278.[1])

Für Wohnhausbauten, Schulen und Spitäler besonders geeignet sind die einen sehr dichten Abschluß gewährenden, aus geschweißten Spezialwalzprofilen hergestellten Stahlfenster, als deren bekannteste die Fenestra - Stahlfenster der Fenestra-Crittall-A. G. Düsseldorf, die Repal-Stahlverbundfenster der Repal-Stahlfenster G. m. b. H. in Leipzig und die KS-Stahlfenster von Johann Kromus in Wien genannt seien.

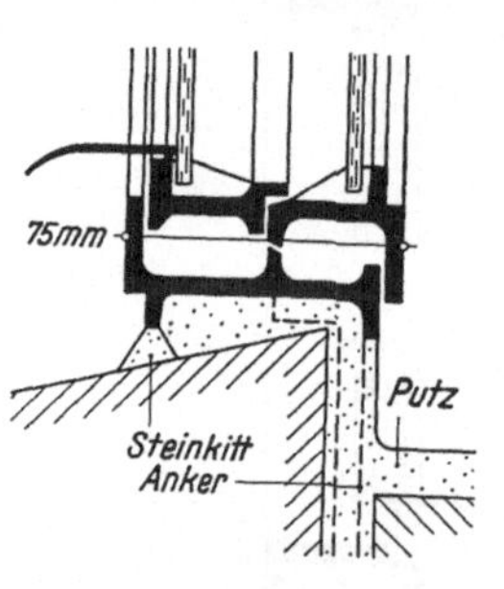

Abb. 280. Repal-
Verbundfenster.

Die Fenster können als einfache oder Verbundfenster, fix oder beweglich, nach außen oder nach innen öffenbar, mit oder ohne Kämpfer, mit oder ohne Mittelpfosten und in beliebiger Öffnungsart sowie mit oder ohne Sprossenteilung ausgeführt werden.

So wie der Rahmen- und Flügelprofilbildung dieser Fenster und dem dichten Schlusse größte Aufmerksamkeit in der Ausbildung zugewendet wird, so ist auch das aus Messing oder Bronze hergestellte Beschläge auf das sorgfältigste durchgearbeitet und sinnreich konstruiert; so gestatten z. B. besondere Reinigungsbänder ein Verstellen und Abrücken nach außen öffenbarer Drehflügel von der Rahmenkante und ermöglichen dadurch die bequeme Reinigung der äußeren Glasflächen vom Innenraum.

Die Verglasung liegt in Kittfalzen, die entweder in üblicher Art oder mit Verwendung eigener gewalzter Kitträhmchen ausgeführt werden.

Der Einbau der Rahmen erfolgt durch freies Einstellen derselben in die Maueröffnung und Verankerung im Mauerwerk; die besondere Art der Profilierung des Rahmens ergibt einen guten Halt für den anschließenden Putz. Die äußere Abdichtung zwischen Rahmen und Sturz und Sohlbank bzw. Gewände erfolgt mit Steinkitt.

Um die Profile vor Rostbildung zu sichern, werden sie mit Rostschutzfarbenanstrichen oder auch mit Metallüberzügen im Metallspritzverfahren versehen.

Abb. 279 zeigt den Vertikalschnitt eines einfachen Fenestra-Wohnraumfensters, Abb. 280 den Sohlbankvertikalschnitt eines Repal-Verbundfensters.

---

[1]) Nach Ing. Ferd. Kunz, Wien.

Stahlkellerfenster.

Als Beispiel eines solchen sei auf das KS-Kellerfenster von Kromus in Wien verwiesen, das aus einem im Mauerwerke verankerten Profileisenrahmen mit einem in Zapfenbändern drehbaren, nach innen öffenbaren Gitterflügel mit gelochtem Stahlblech und einem dahinterliegenden Glasflügel besteht. Der Gitterflügel gestattet das Lüften und verhindert das Eindringen von Katzen, Ratten u. dgl., das Einsteigen und böswilliges Einwerfen von Gegenständen; der Glasflügel ermöglicht den vollständigen Abschluß; beim Kohleneinwurf ist die Glasscheibe durch den Gitterflügel geschützt.

I. Türen und Tore.

ÖNORM B 5330, B 5331, DIN 1139—1141.

Türen dienen für den Personenverkehr, Tore auch für die Durchfahrt von Wagen.

Einteilung nach:

1. Dem Verwendungszwecke: Zimmertüren, Wohnungseingangstüren, Hauseingangstüren, Nebenraumtüren, Haustore, Garagentore, Fabriktore usw.;

2. der Bewegungsart der Flügel: Drehtüren und -tore, Pendeltüren oder Spieltüren, Schiebetüren und -tore, Falttore (harmonikaartig zusammenfaltbar);

3. den Baustoffen: Holztüren und -tore, Eisentüren und -tore, Glastüren;

4. dem Widerstande gegen Brandeinwirkung: feuerbeständige und feuerhemmende Türen und Tore.

Als feuerbeständig werden Türen bezeichnet, wenn sie einer Feuertemperatur von 1000^0 wenigstens eine halbe Stunde Widerstand leisten, selbstzufallend eingerichtet sind, in Rahmen aus feuerbeständigen Stoffen mit wenigstens 1,5 cm Falz schlagen und rauchsicher schließen.

Als feuerhemmend gelten Türen aus hartem Holze. Türen aus weichem Holze werden als feuerhemmend betrachtet, wenn sie über einem Asbestbelag mit einem mindestens 0,5 mm starken Eisenblech beschlagen sind, selbstzufallend eingerichtet erscheinen und mit feuerhemmenden Gewänden und Schwellen ausgestattet sind.

I. Holztüren.

Lattentüren, Brettertüren, gestemmte Türen, Sperrholztüren.

Abmessungen: Die Türgröße wird stets in der Durchgangslichte angegeben, also bei gehobelten Stöcken in der Stocklichte, bei Türen mit Futter in der Futterlichte, bei Türen ohne Stock und ohne Futter in der Gewändelichte.

Einflügelige Zimmertüren werden meist 85 × 194 cm oder 90 × 200 cm, einflügelige Nebenraumtüren (Klosette, Speisekammern usw.) 65 × 194 cm und zweiflügelige Zimmertüren 135 × 210 cm und größer ausgeführt.

1. **Lattentüren** dienen nur untergeordneten Zwecken (Keller- und Dachbodenabteile, Holzlegen, Einfriedungen usw.); sie bestehen aus 24 × 50 mm oder 30 × 50 mm lotrecht stehenden Latten im Abstande glich der Lattenbreite, die an zwei horizontale Riegel genagelt werden. Zur Aussteifung dient eine zwischen die Riegel eingestemmte Strebe. Der Anschlag erfolgt bei Lattentüren meist in einem Eisenwinkel. Die

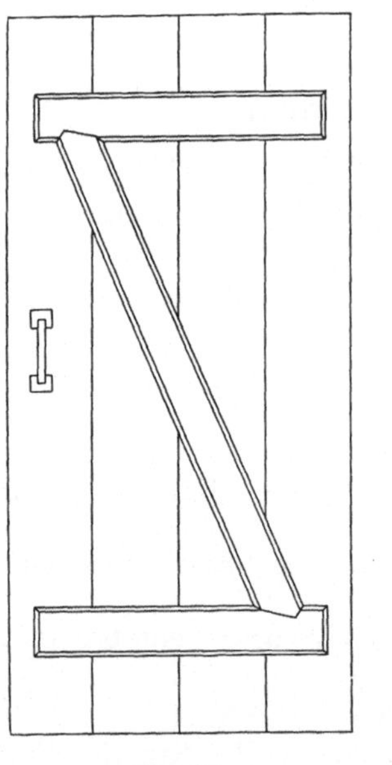

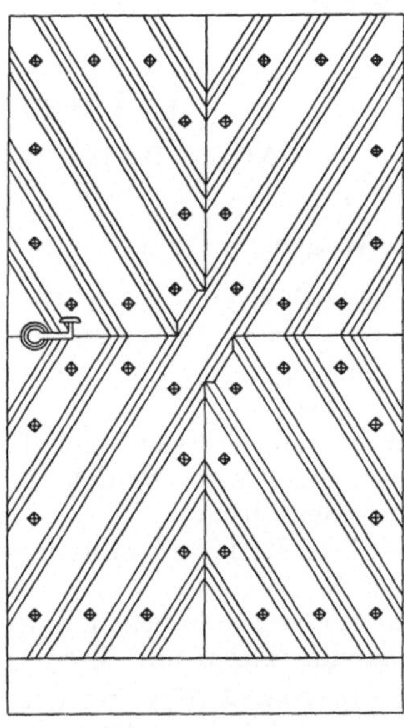

Abb. 281.   Abb. 282.

Befestigung der Türflügel wird durch Bänder und Kegel unmittelbar am Mauerwerk oder an der Holzwand bewirkt.

2. **Brettertüren mit einfacher Bretterlage** dienen gleichfalls nur untergeordneten Zwecken; ihre Herstellung erfolgt durch stumpf oder mit Spundung oder mit Feder und Nut aneinandergestoßene Bretter auf einem aus eingeschobenen waagrechten Leisten und aus Streben gebildeten Gerüst. Abb. 281. **Doppelt verschalte Brettertüren** werden insbesondere bei ländlichen Bauten oft als Hauseingangstüren verwendet und häufig sehr kunstvoll ausgebildet. Sie bestehen aus einer Blindtür in der Art einfacher Brettertüren mit Einschubleisten und darüber in diagonaler Richtung angeordneten aufgenagelten oder aufgeschraubten 18 bis 24 mm starken, meist 10—15 cm breiten Brettern (**Stabtüren**). Abb. 282. Eine andere Ausführung zeigt auf einer Blindtür jalousieartig einander übergreifende Bretter mit oder ohne Rahmen (**Jalousietüren**). Der

Anschlag der Brettertüren erfolgt für untergeordnete Zwecke häufig in das gemauerte oder Steingewände, bei besseren Zwecken dienenden solchen Türen in einen Falz des Stockes.

3. Gestemmte Türen bildeten bis vor wenigen Jahren die Regelausbildung aller Zimmertüren; gegenwärtig erscheint für dieselben Zwecke häufig die Sperrholztür.

Die Flügel der gestemmten Türen bestehen aus einem meist etwa 12 bis 15 cm breiten Rahmen aus Längs- und Querfriesen und aus Füllungen, die in Nuten der Frise eingreifen, wodurch allfälligen Formänderungen günstig begegnet wird. Nach der Zahl der Füllungen eines Flügels unterscheidet man Ein-, Zwei-, Drei- usw. Füllungstüren.

Die Füllungen werden entweder aus einzelnen Brettern zusammengesetzt und in einheitlicher Stärke oder mit aufgesetzten Platten ausgeführt oder aber aus Sperrholzplatten gebildet. Geringststärke der Bretterfüllung 15 mm, der Sperrholzfüllung 6 mm. Die Frieskanten rings um die Füllungen sind entweder einfach abgefast oder mit verschiedenerlei Profilen, den sogenannten Kehlstößen versehen. Wohnungseingangstüren und Haustore werden häufig mit überschobenen Füllungen (Abb. 283) ausgeführt, um eine Schwächung der Holzstärke zu vermeiden und damit die Einbruchsicherheit zu erhöhen. Bei der Austeilung der Querfriese ist auf den Einbau der Drücker bzw. des Schlosses Rücksicht zu nehmen und jedenfalls zu vermeiden, daß die Zapfenverbindung zwischen den Quer- und Längsfriesen durch den Einbau des Schlosses beschädigt werde. Normale Drückerhöhe über Fußboden 1,10 m. Friesstärke für Einstemmschlösser nicht unter 35 mm.

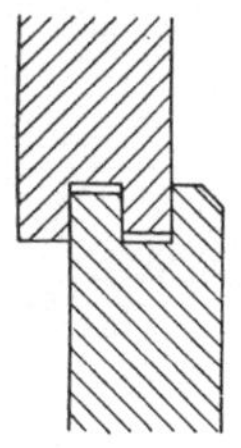

Abb. 283.

Das Traggerippe für die Türflügel wird in Österreich fast ausnahmslos aus den 50—60 mm starken Türstöcken (Zargen) gebildet, die bei Wänden bis 25 cm Stärke einheitlich durchlaufen, und gehobelt, je nach dem Wandbaustoff, um 1—3 cm breiter als die Wanddicke ausgeführt werden. Bei Mauerstärken über 25 cm werden zwei rauhe Stöcke von je 50 × 95 mm ausgeführt und die Leibung mit einem Futter verkleidet. Die Türstöcke bestehen aus den beiden Seitenteilen, dem Sturz und der Schwelle; sie werden mittels an der Schwelle, am Sturz und in der Mitte der Seitenteile angeordneter, zirka 10 cm langer Verköpfe, im Mauerwerke verankert. Die Schwelle läuft unter dem Fußboden durch; bei wechselnder Fußbodenausbildung zu beiden Seiten des Türdurchganges sowie bei erwünschtem Anschlag an der Schwelle (Wohnungseingangstüren) werden 25 mm starke meist eichene und etwa 15 mm über den Fußboden vortretende Fußtritte angeordnet, deren Kanten zweckmäßig durch Metallwinkel zu schützen sind. Aus 50 × 50 bis 80 × 80 mm starken Staffeln hergestellte Stöcke führen in Österreich die Bezeichnung Parapetstöcke.

Der seitliche Anschlag des Flügels und der Anschlag am Sturze wird aus einem Falze zwischen Stock bzw. Futter und der meist 25 mm starken Verkleidung (Bekleidung) gebildet. Verkleidungen an der

Flügelseite werden als **Falzverkleidungen**, Verkleidungen an der flügelfreien Seite als **Zierverkleidungen** bezeichnet.

Die Abb. 284 a zeigt die in Österreich übliche Ausbildung einer einflügeligen Zimmertür in einer 12 cm Ziegelmauer mit Weichholzfüllung im Grundriß, Abb. 284 b die grundrißliche Anordnung in einer 38 cm Mauer mit Futter und Sperrholzfüllung und Abb. 284 c den Höhenschnitt zu Abb. 284 a.[1]

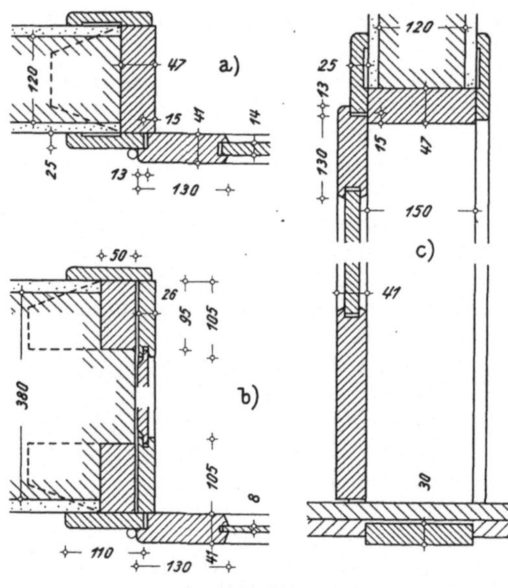

Abb. 284.

Bei zweiflügeligen Türen wird der Stoß der Flügel durch eine **Schlagleiste** gedeckt.

Bei unsymmetrischen zweiflügeligen Türen kommt die Schlagleiste aus der Türachse zu liegen; zur Wahrung des symmetrischen Bildes wird dann eine zweite, sogenannte **falsche Schlagleiste** angeordnet.

Ins Futter aufgehende Türen nennt man solche, deren Flügel in die Türnische aufgehen, **Tapetentüren** solche, deren Flügel einseitig glatt, mit der Wand flüchtig verlaufen und in gleicher Weise wie die Wand behandelt werden (Tapeten, Malerei).

Im Deutschen Reiche werden Zargen nur selten verwendet; meist werden dort die Innentüren mittels Futter und Verkleidungen an seitlich in die Mauer verankerte **Dübel** und am Sturze an ein **Überlagsholz** angeschlagen. Die Eichenholzdübel erhalten meist die Breite und Länge eines halben oder eines ganzen Ziegels kleinen Formates und die Stärke von 8—8,5 cm, um fest in das Mauerwerk eingebunden werden zu können. Erforderlich sind mindestens je drei Dübel an jeder Längsseite; bei

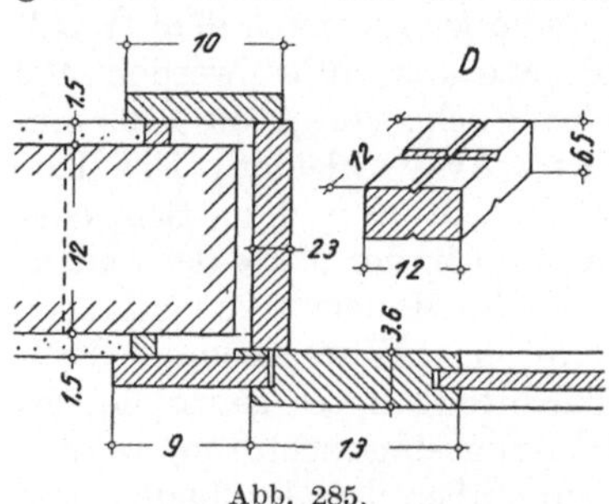

Abb. 285.
D = Holzdübel; Darstellung im halben Maßstabe der Hauptfigur.

größeren Mauerstärken liegen die Dübel längs der Mauerfluchten, laufen also nicht durch die ganze Mauerstärke durch. Abb. 285 zeigt eine überfalzte Tür nach DIN 1141 und einem der vorerwähnten Dübel.

---

[1] Nach ÖNORM B 5330.

An Stelle der hölzernen Türstöcke oder der an Mauerdübel befestigten Futter und Verkleidungen treten in neuerer Zeit häufig **Stahltürzargen**, die aus gepreßten Stahlblechen verschweißt werden und die Bänder ebenfalls angeschweißt erhalten. Feste oder verstellbare Anker dienen zur Befestigung der Zargen im Mauerwerke. Zur Montierung werden die Zargen gleichzeitig mit dem Mauerwerke versetzt, dicht mit Mörtel hintergossen und im Fußboden verankert. Die Stahlzargen werden in verschiedenen Typen und Größen hergestellt (ÖNORM 65 × 194, 85 × 194, ferner 65 × 210, 85 × 210, 120 × 220, 150 × 220) und als **Umfassungszargen** (Abb. 286 a), **Eckzargen** (Abb. 286 b) und als **Pendeltürprofile** geliefert. Die Abbildungen zeigen Stahlzargen in der Ausführuug der Eisenwerke **Vogel & Noot**, Wien-Wartberg.

Sperrholztüren bestehen im wesentlichen aus einem Blindrahmen aus Längs- und Querfriesen verläßlich trockenen Holzes, mit beiderseitig aufgeleimten, meist 4—6 mm starken, 5—7lagigen Sperrholzplatten aus Erlen- oder Buchen-

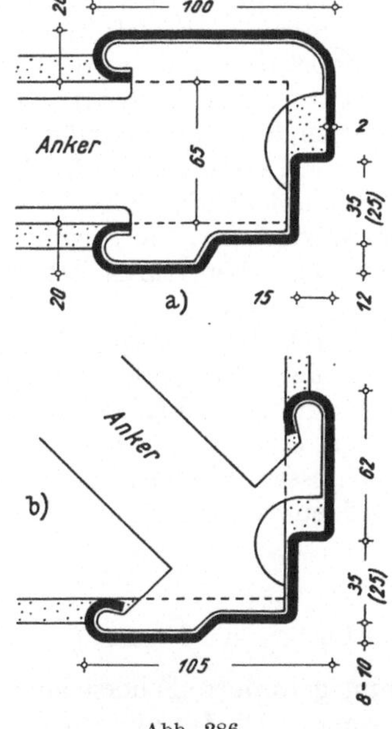

Abb. 286.

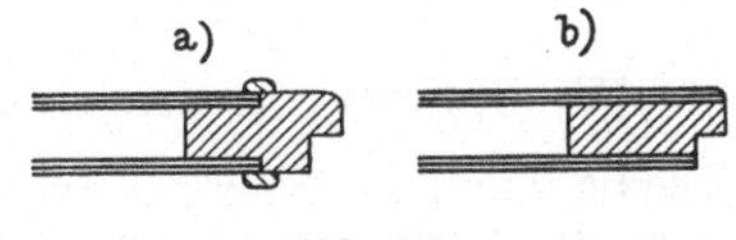

Abb. 287.

holz. Die Rahmenfriese sind 8—12 cm breit und meist 4 cm stark, die Zwischenfriese zirka 6 cm breit; die Gefachausbildung soll kleine Felder ergeben. Gewisse Vorsicht ist an den Flügelkanten geboten, wenn die Sperrholzplatten über den ganzen Flügel reichen. Abb. 287 b. Gut bewährt hat sich in dieser Hinsicht die Ausbildung nach Abb. 287 a.

II. Holztore.

Sie sind bei Haustoren in der Flügelausbildung den verdoppelten Brettertüren oder den gestemmten Türen mit überschobenen Füllungen ähnlich, jedoch in größeren Holzstärken, 6 cm und mehr, gehalten. Der Stock ist gleichfalls stärker (80 × 160 mm und mehr) und mit Bankeisen oder Dollen im Mauerwerke verankert; die Schwelle fehlt. Große Tore im Industriebau für Lastfuhrwerkverkehr erhalten Lichtmaße von 3 × 3,5 m und 3 × 4 m, für besonders schwere und hochbeladene Lastfuhrwerke 3,5 × 4,5 m. Die Ausführung solcher Tore erfolgt jedoch heute zumeist aus Stahl.

III. Beschläge der Türen und Tore.

Die bewegliche Befestigung der Drehflügel vermitteln bei Latten-
und Brettertüren **Lang-** und **Kreuzbänder** mit Stützkegeln, bei gestemmten Türen und Sperrholztüren Stift auf Stift laufende **Nußbänder**
oder **Aufsatzbänder,** die zu dritt für jeden Flügel entweder in die
Flügel bzw. den Stock (Futter) eingestemmt oder aufgeschraubt werden;
bei großen Torflügeln erfolgt die Drehung auf **Zapfen mit Pfannen**
(unten) und mit **Zapfen in Halsbändern** (oben). Pendeltüren sind
mit **Spiralfederbändern** beschlagen. Schiebetüren und -tore gleiten
in **Laufwerken** mit Kugeln oder Rollen, Falttore sind in **Rollwagen**
drehbar aufgehängt und unten geführt. Feststehende Flügel zweiflügeliger
Türen erhalten zur Feststellung unten und oben **Kanten-** bzw. **Sicher-
heitskantenriegel.** Als Schlösser gelangen hauptsächlich **Einstemmschlösser** (in den Fries eingestemmt) zur Anwendung, die sowohl die
Drückerfalle als auch die Schloßriegel umfassen; Aborttüren erhalten
besonders ausgebildete **Einstemm-Abortfallenschlösser.** Zur Betätigung der Fallen dienen die **Drücker** (Eisen, Messing und Nickel-
Kupfer-Zink-Legierungen), zur Überdeckung der Friesdurchlochungen
die **Langschilder, Schloßschilder** und **Rosetten.** Bei Türen min-
derer Ausstattung und geringer Friesstärken oder Türen bestimmter
Stilgattungen werden statt der Einstemmschlösser **Kastenschlösser**
aufgesetzt. Zur Vermittlung eines selbsttätigen Schließens der Türen
dienen die **Türschließer.**

IV. Eisentüren und -tore (Stahltüren und -tore).

Die bei Türen mancherlei Zweckbestimmung geforderte Feuersicherheit
läßt an die Stelle des Holzes den Stahl treten. Als **feuerhemmend**
sind alle eisernen Türen in entsprechend feuerhemmenden Gewänden als
feuerbeständig nur solche Stahl-
türen zu verstehen, die aus einem
doppelten Blechmantel mit zwischengelagerten feuerbeständigen Füllstoffen bestehen und rauchsicher
schließen.

Einfache Stahlblechtüren,
wie sie, wenn eine feuerbeständige
Ausführung durch die Behörde nicht
gefordert ist, in Magazinen, Werkstätten, Maschinen- und Kesselhäusern, Transformatorenstationen,

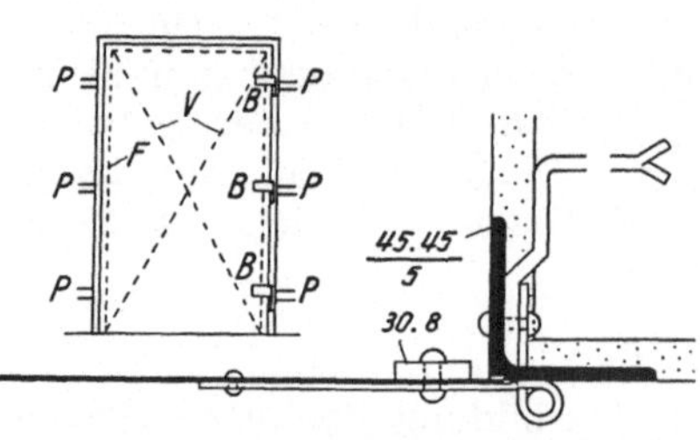

Abb. 288.
P = Pratze, B = Band, F = Flächenbesatz,
V = Versteifung, ∟ : 30 . 30 . 4.

Schaltanlagen, Wasserwerken, Schmieden und Walzwerken usw. ausgeführt
werden, bestehen aus entsprechend versteiften ∟- oder ⊐-Eisenrahmen
mit einfachen oder doppelten Stahlblechmänteln von 1,5—2 mm Stärke.

Die Türrahmen werden aus ∟-Eisen gebildet, die durch Pratzen im
Mauerwerke verankert sind. Abb. 288.

Stahlgepreßte Türen zeigen einen gepreßten Hohlrahmen (Abb. 289a) mit einem eingeschweißten oder eingenieteten Mittelblech oder für untergeordnete Zwecke auch mit offenen Profilen. Abb. 289 b.

Zur Erhöhung der Isolierfähigkeit können bei solchen Türen auch statt des einen Mittelbleches zwei Bleche mit einer isolierenden Zwischenschicht, z. B. Asbest, angeordnet werden.

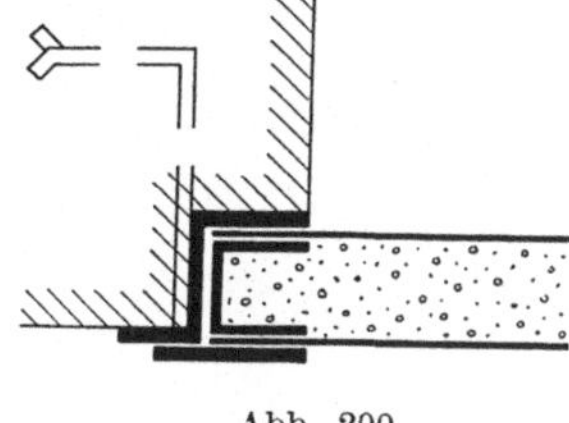

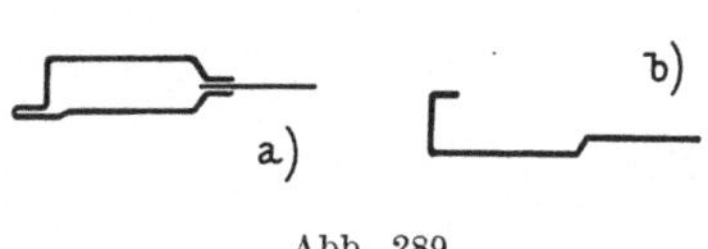

Abb. 289.

Abb. 290.

Feuerbeständige Türen bestehen aus zwei Stahlplatten, die auf einem Walzprofilrahmen verschweißt oder vernietet sind und deren Hohlraum durch Platten aus Kieselgur oder mit sonstigen feuerbeständigen Baustoffen ausgefüllt ist. Die Abb. 290 zeigt den schematischen Grundriß einer solchen Tür.

Grundbau.

I. Allgemeines.

Dem untersten Teil eines Bauwerkes, dem **Fundament** oder dem **Grundbau**, fällt die Aufgabe zu, den vom Bauwerke ausgeübten Druck möglichst gleichmäßig auf den Boden zu übertragen. Gebäudeteile mit erheblich größeren Lasten als andere Teile des Gebäudes (z. B. Fabriksschornsteine, Türme, große Wasserbehälter, schwere Maschinenfundamente) sind zur Vermeidung von Rissebildungen im Grundbau unabhängig von den anderen Teilen zu fundieren.

Die Wahl der Gründungsart und die Gestaltung des Grundbaus selbst wird im wesentlichen durch die Auflast sowie durch die Beschaffenheit und die Tragfähigkeit des Bodens bestimmt.

Im allgemeinen begnügt man sich häufig damit, die Bodenbeschaffenheit festzustellen und aus dem Vergleiche mit den an anderen Stellen gleicher Bodenart gewonnenen Erfahrungen die Folgerungen zu ziehen. Sofern sich solche Schlüsse lediglich auf die äußere Ähnlichkeit der Bodenarten stützen und die Struktur, die Körnung, das Porenvolumen, den Wassergehalt und viele andere die Tragfähigkeit beeinflussende Gestaltungsmomente außer Betracht lassen, kann ihnen wohl kaum ein höherer Grad von Verläßlichkeit zugebilligt werden. Es ist die Aufgabe der „Erdbaumechanik“, die wissenschaftlichen Grundlagen für neue Wege einer verläßlichen Beurteilung des Untergrundes zu schaffen.

Nach DIN 1054 kann die **zulässige Bodenpressung** in einer frostfreien Tiefe (in unseren Gegenden wenigstens 90 cm) und bei einer Mächtigkeit der Bodenart von mindestens 2 m mit folgenden Erfahrungswerten in kg/cm^2 angenommen werden:

A. Nicht gewachsener Boden .... 0,2—1,5

B. Gewachsener Boden

   a) Feinsand 1,5

   b) Mittelsand festgelagert; trockener Lehm und Ton; Kies mit Schichten geringen Sandgehaltes......................... 3,0

   c) Grobsand, Kies, fester trockener Mergel 4,5

d) Fester Fels: $^2/_3$ der für das betreffende Gestein zulässigen
Druckbeanspruchung, also etwa

Basalt 30,0
Granit 25,0
Porphyr 20,0
Marmor 15,0
Sandstein 10,0

Liegt die Gründungssohle tiefer als 2 m unter Gelände, dann darf
die zulässige Belastung um die Pressung erhöht werden, die durch die
dauernd über der Bausohle lagernde Baumasse ausgeübt wird.

Die obigen Angaben gelten lediglich unter der gestellten Voraussetzung
der Trockenheit und können durch vielerlei Begleitumstände oft erhebliche Beeinflussungen im ungünstigen Sinne erfahren, wenn beispielsweise
Feinsand von einem bewegten Grundwasser durchzogen oder etwa die
im Ton oder Lehm eingeschalteten Sandschichten Wasser führen u. dgl.

II. Prüfung des Baugrundes.

Die Feststellung der Bodenbeschaffenheit und der Tragfähigkeit erfolgt durch die Prüfung des Baugrundes.

Sie wird bewirkt durch:

1. Herstellung von Probegruben (Schürflöchern) von 1,5—2 m²
und mehr Bodenfläche. Derlei Untersuchungen können bei größeren
Tiefen und lockerem, eine Aussteifung erfordernden Boden sowie bei
notwendig werdender Wasserhaltung sehr teuer zu stehen kommen; sie
werden daher meist auf geringere Tiefen (bis etwa 5 m) beschränkt.

2. Sondier- oder Visitiereisen; es sind dies 20—50 mm starke,
etwa 2—4 m lange, zugespitzte Eisenstangen, die in den Boden gedrückt,
durch den auftretenden Widerstand, Schlüsse über die Bodenbeschaffenheit zulassen. In die Stange schräg abwärts gebohrte Löcher (Taschen)
fördern beim Hochziehen Bodenproben zutage, die ebenfalls ein Bild der
Bodengestaltung ergeben.

3. Bohrungen, wenn anzunehmen ist, daß bei festerem und zäherem
Boden ein guter Grund erst in größeren Tiefen zu erreichen ist oder bei
weichem Boden ein solcher in 2—3 m Tiefe vermutet wird. Im ersten
Falle werden Spiralbohrer oder Löffelbohrer (Schapper), in Ton und Lehm
Zylinderbohrer von 15—30 cm ⌀ und zum Zertrümmern einzelner
größerer Steine Meißelbohrer in Verbindung mit dem Bohrgestänge verwendet.

Für weichen Boden eignen sich auch die einfach zu handhabenden Teller-
bohrer.

In wasserdurchtränktem Boden kommen Ventil- oder Stoßbohrer
zur Anwendung.

In losem Boden und in wasserführenden Schichten werden rund
5 mm starke Futterrohre mit einem etwa 10 mm größeren Durchmesser
als der Bohrer bis zu 5 m Länge verwendet, um das Einstürzen des Bohr-

loches zu verhindern. Bei größeren Tiefen werden die Futterrohre gestoßen und durch Muffen und Rohrklammern verbunden.

Die Bohrungen werden gleichmäßig auf die Baustelle verteilt, die Bohrlöcher eingemessen und in einem Plan vermerkt und für jedes Bohrloch die angetroffene Bodenart mit Angabe der Bohrtiefe, der Ordinate und der Mächtigkeit in einem Bohrverzeichnis vermerkt. Auf Grund der Aufzeichnungen lassen sich sodann ein übersichtliches Bild gebende Schichtenpläne des Bodens herstellen.

4. Bodenprüfgeräte (z. B. System Wolfsholz, System Stern, System Manoschek), bei welchen aus der Eindringungstiefe belasteter Stempel auf die Tragfähigkeit geschlossen wird.

5. Probebelastungen. Zur Durchführung werden etwa 1—2 m² große Betonplatten durch Mauerkörper und eiserne Träger mit der wenigstens 1,5fachen beabsichtigten Auflast belastet und das Einsinken durch Nivellierung festgestellt. Im Hinblick auf die häufig gemachten Erfahrungen, daß sehr geringen und belanglosen Senkungen in den ersten Tagen recht erhebliche Einsenkungen im Verlauf einiger Wochen folgten, ist es notwendig, den Zeitfaktor zu berücksichtigen und solche Probebelastungen mindestens durch 2—4 Wochen zu beobachten.

6. Probepfähle. Die gezogenen Schlußfolgerungen fußen einesteils auf der Reibung zwischen Pfahl und Erdreich und anderseits auf dem Widerstande, den die Pfahlspitze unter der Rammung oder der Auflast im Boden findet. Die Schaulinie der Einsenkung ergeben die Senkungskurven, aus denen die Erdbaumechanik die Senkungsziffern ableitet.

III. Gründungsarten.

Das Fundament muß eine solche Flächenabmessung erhalten, daß der vom Bauwerke ausgeübte Druck die zulässige Bodenpressung nicht überschreitet.

Je nach der Tiefe, in welcher eine solche Flächenverbreiterung von konstruktiven und wirtschaftlichen Gesichtspunkten aus vorgenommen wird, sind 1. Flach- und 2. Tiefgründungen zu unterscheiden.

1. Flachgründungen.

Flachgründungen werden ausgeführt, wenn die zulässige Bodenpressung in der Höhe der Kellersohle oder nahe derselben (bei nicht unterkellerten Gebäuden nach Erreichung der frostfreien Tiefe) nur eine geringe Verbreiterung der Grundmauern erfordert (natürliche Gründung) oder wenn die Druck- und Bodenverhältnisse bei geringen Fundamentverbreiterungen das Aufsuchen größerer Tiefen und damit solche Kosten verursachen würde, daß ein auch beträchtlich verbreiterter Grundbau in der Höhe der Kellersohle immer noch wirtschaftlicher erscheint, als in die Tiefe zu gehen.

Die einfachste Art der Flachgründung ist die

a) abgetreppte Fundamentverbreiterung. Sie wird ausgeführt,

wenn die Gebäudelast, bezogen auf die Flächeneinheit, nicht wesentlich größer ist als die zulässige Bodenpressung.

Unter Umständen kann von einer Verbreiterung ganz abgesehen werden, wenn die Relation zwischen Last- und Bodenpressung dies zuläßt.

Der durch einfache Verbreiterung der Grundmauern aufzubauende Fundamentkörper kann in Ziegeln und Zementmörtel, in gemischtem Mauerwerk und Zementmörtel, in lagerhaften Bruchsteinen und Zementmörtel oder in Beton in der Regel im Mischungsverhältnis 1 : 8 bis 1 : 12 hergestellt werden. Reines Ziegelmauerwerk im Fundamente leidet durch die Erdfeuchtigkeit.

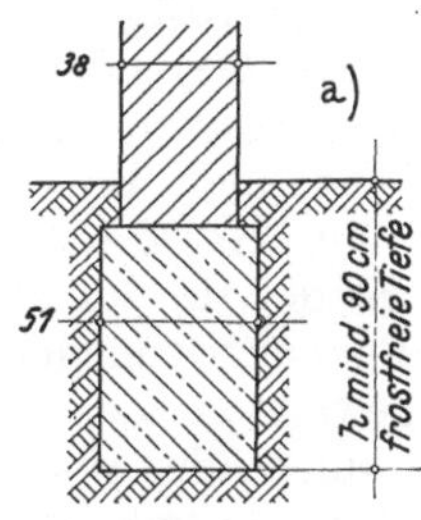

Die Druckübertragung kann bei Ziegeln unter einem Winkel von etwa 70⁰, in Beton unter einem solchen von etwa 60—45⁰ angenommen werden. Diesen Winkeln entsprechen bei Ziegeln Abtreppungen von $^1/_4$-Steinlänge Breite zu drei Schichten als Höhe. Die unterste Schicht wird meist um zwei Scharen stärker ausgeführt (Kreuzscharen). In Beton erfolgt die Abtreppung den angegebenen Winkeln gemäß.

In sehr vielen Fällen wird es nicht nötig sein, eine mehrmalige Abtreppung vorzunehmen. Beispiele hierfür: Nichtunterkellertes Gebäude, geringe Belastung, guter Baugrund. Abb. 291 a. Oder unterkellertes Gebäude, geringe Belastung, guter Baugrund. Abb. 291 b.

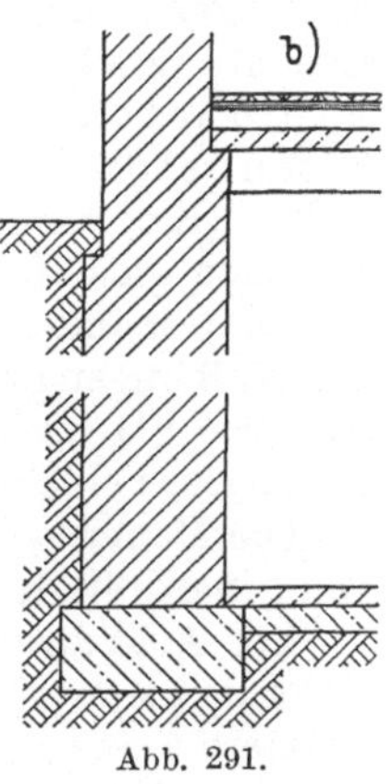

Steht die zu fundierende Mauer an der Nachbargrenze, so muß die ganze Fundamentverbreiterung nach innen gelegt werden. Fundamente von Mauern, deren Fluchten in der Baulinie stehen, dürfen nach der Bauordnung für Wien 20 cm über die Baulinie hervortreten.

Abb. 291.

Bei lotrechten Lasten und mittigem Lastangriff ist die Bodenpressung $\sigma = \dfrac{P}{F}$, wenn P die gesamten Lasten und F die Fläche des Fundaments bedeuten.

In der Regel denkt man sich bei Mauern einen Streifen von 1 m Breite herausgeschnitten und stellt die Untersuchung für diesen Streifen auf. Siehe Rechnungsbeispiel auf S. 75.

b) Schwellrost. Liegt derselbe nahe der Kellersohle, wie dies meist der Fall ist, so ist er als Flachgründung zu betrachten (Regelfall); der Rost kann aber auch in Tiefen angeordnet werden, die, wenn auch nicht beträchtlich, den Rost unter Umständen als eine Tiefgründung ansprechen lassen.

Wie alle Holzfundamente, muß auch der Schwellrost wenigstens 30 cm unter dem niedrigsten Grundwasserspiegel liegen.

Schwellroste bestehen aus meist 16—24 cm starken, auf den Baugrund verlegten Querschwellen aus Föhren-, Fichten- oder Tannenholz und kreuzweise darüber angeordneten 20—30 cm starken Langschwellen. Abstände etwa 1—1,5 m bzw. 0,6—1 m. Die Zwischenräume werden mit Kies ausgefüllt oder ausbetoniert. Quer über die Langschwellen werden 8—10 cm starke Bohlen verlegt, auf welchen dann der Fundamentkörper aufgebaut wird. Während der Arbeit ist die Baugrube mit einer Spundwand zu umschließen und vom Wasser freizuhalten.

Holzrostgründungen kommen derzeit hauptsächlich nur für holzreiche Gegenden in Betracht, in denen die Zufuhr anderer Baustoffe hohe Kosten verursacht. Die Ausführung von Holzfundamenten ist bei bleibenden Bauten im Wiener Gemeindegebiete verboten.

c) **Sandschüttungen** werden insbesondere in Moorböden angewendet, in denen Betongründungen wegen der chemischen Angriffe des Bodens vermieden werden müssen. Stärke der lagenweise einzubringenden, gewalzten oder gestampften Schüttung 1—3 m. Einschlämmen und Abpumpen des Wassers unter der Bausohle erhöht die Dichte der Lagerung. Druckverteilung im Trockenen etwa 50^0 und unter Wasser etwa 65^0. Allfälligem Auseinanderfließen des Sandes im Grundwasser ist durch die Errichtung von Spundwänden zu begegnen.

d) **Plattengründungen. Grundplatten aus Mauerwerk oder aus Eisenbeton.** Mauerwerkgrundplatten werden als umgekehrte Kappengewölbe (**Kontergewölbe**) zwischen gegenüberliegenden Mauern oder zwischen gleichfalls umgekehrten Gurtbogen unter der Grundfläche des ganzen Gebäudes ausgeführt. Die Gewölbezwickel werden vor Ausführung der Wölbungen ausgemauert und die Unterlagen der Gewölbeplatten meist aus zwei Flachschichten gebildet. Wo die Gewölbeschübe nicht durch benachbarte Felder ausgeglichen werden, sind Verschließungen vorzunehmen.

Die Mauerwerkgrundplatten wurden durch solche aus Eisenbeton fast völlig verdrängt.

Bei Ausführung in **Eisenbeton** können die Platten entweder nur unter den Mauern oder als durchgehende Grundplatten hergestellt werden. Letztere Ausführung wird auch dann am Platze sein, wenn die Breiten der unter den Mauern angeordneten Platten solche Abmessungen erhielten, daß zwischen den Platten nur verhältnismäßig schmale Freistreifen verblieben.

Die **Bewehrung** der Platten liegt unter den Mauern rechtwinkelig zur Mauerrichtung, in Verstärkungsrippen unter Mauern in deren Längsrichtung; bei Platten zwischen Mauern liegen die Eisen von Auflager zu Auflager und im Sinne der von unten erfolgenden Belastung oben, an den Einspannstellen unten.

Bei großen Spannweiten Unterteilung der Platten durch Rippen. Stärke der Platten um etwa 10 cm größer als rechnungsmäßig erforderlich ist, um einem allfälligen Herausdrücken der Bewehrung in die Erde vorzubeugen. Durch doppelte und kreuzweise Armierung lassen sich geringere Plattenstärken erzielen. Im Grundwasser ist entsprechende Wasserhaltung unter der Fundamentsohle bis etwa 10 Tage nach Fertigstellung des Grundkörpers erforderlich.

Bei Vorhandensein von Schadwässern ist der Auswahl des Zementes größte Aufmerksamkeit zuzuwenden. Eisenportland- und Schmelzzemente haben sich in solchen Fällen widerstandsfähiger als Portlandzement erwiesen. Schwefelsäurehältiges Wasser zerstört alle Zemente.

2. Tiefgründungen.

Sie kommen im Hochbau in Betracht, wenn die zulässige Bodenpressung in der Höhe der Kellersohle oder nahe derselben zu gering ist, um die Auflast aufnehmen zu können und aus konstruktiven und wirtschaftlichen Gründen zweckmäßiger erscheint, den tragfähigen Grund in größerer Tiefe aufzusuchen, als in der Höhe der Kellersohle erhebliche Fundamentverbreiterungen vorzunehmen.

Zu den Tiefgründungen zählen: Grundpfeiler, Pfahlroste, Brunnengründungen, Senkkasten- und Druckluftgründungen.

Immer ist in diesen Fällen der Grundbau in Pfeiler aufgelöst, die entweder von unten aufgemauert, von oben versenkt oder als Pfeiler kleinen Querschnittes (Pfähle) nach verschiedenen Methoden in den Boden abgesenkt werden.

a) Grundpfeiler.

Es sind dies von unten aufgemauerte Pfeiler, die mit ihrer verbreiterten Sohle auf tragfähigem Grund stehen, unter den Gebäudedecken und Mauerpfeilern angeordnet und durch Eisenbetonunterzüge, eiserne Träger oder gemauerte Gurtbogen derart verbunden werden, daß auf diesen Tragkonstruktionen das aufgehende Mauerwerk errichtet werden könne. Für den Aufbau der Grundpfeiler ist eine entsprechende Ausschachtung des Bodens erforderlich, die bei größeren Tiefen und allfällig noch hinzutretender Wasserhaltung mit erheblichen Kosten verbunden sein kann; die Höhe der Pfeiler erfährt hierdurch eine wirtschaftliche Einschränkung.

Treten die Pfeilerfüße nahe aneinander oder erscheint es aus Gründen gleichmäßiger Druckverteilung wünschenswert, so können die einzelnen Pfeiler an der Sohle durch Gurtbogen (verkehrte Gurten) oder Eisenbetonbalken verbunden werden.

b) Pfahlroste.

α) Holzpfähle (Holzpiloten).

Meist Kiefer, Lärche, Fichte oder Eiche und Buche; Durchmesser 25—35 cm, in Sonderfällen bis 45 cm. Längen bis etwa 20 m, in Einzelfällen auch bis 25 m. Die runden Pfähle werden am Zopfende mit einer Spitze versehen, deren Länge etwa den doppelten Durchmesser beträgt; bei steinigem Boden Bewehrung der Spitze mit eisernen Pfahlschuhen (Abb. 292).

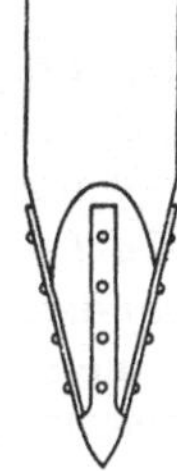

Abb. 292.

Die Versenkung erfolgt durch Rammen, unter Umständen unter gleichzeitigem Einspülen oder, wenn Erschütterungen vermieden werden müssen, durch Einschrauben der Pfähle. Hierzu werden mit Gewinden versehene Schraubenschuhe, die an der Pfahlspitze befestigt werden, verwendet.

Erfolgt die Versenkung durch Rammen, so sind die Pfahlköpfe durch etwa 20 mm starke Eisenringe vor Zersplitterungen zu schützen.

Abstand der Pfähle je nach Bodenart etwa 1 m.

Nach erfolgter Versenkung Absägen der Pfähle in einer waagrechten Ebene und Aufsetzen eines Schwell- (bei leichten Bauten unter Umständen auch eines Bohlen-) Rostes oder Aufstampfen einer 70—100 cm hohen Betonplatte, in welche die Pfähle noch etwa 30 cm eingreifen. Wie bei allen Holzgründungen, ist strenge zu beachten, daß alle Holzteile wenigstens 30 cm unter dem niedrigsten Grundwasserstand liegen müssen.

Im Seewasser stehende Holzpfähle sind durch Tränkungen oder Umhüllungen vor Schädlingen zu schützen.

β) Beton- und Eisenbetonpfähle.

Wo aggressive Stoffe im Boden zu gewärtigen sind, kalkarme Zemente verwenden!

Nach der Art der Herstellung unterscheidet man Fertigpfähle und Ortpfähle.

Fertigpfähle werden als fertige und entsprechend erhärtete (Erhärtungszeit 6—8 Wochen)[1] Pfähle versenkt, Ortpfähle durch das Ausfüllen oder Ausstampfen im Boden geschaffener Hohlräume an Ort und Stelle hergestellt. Fertigpfähle haben den Vorteil, daß sie, den jeweiligen Verhältnissen angepaßt, vollkommen genau nach der angestellten Berechnung sowie unter verläßlicher Überwachung des Arbeitsganges hergestellt werden können und erst im abgebundenen und erhärteten Zustande mit dem Boden und seinen unter Umständen schädlichen Einflüssen in Berührung kommen; gegen ihre Verwendung sprechen die umständliche Handhabung namentlich groß bemessener Pfähle, die Gefahr der Beschädigung beim Transporte, die den Arbeitsfortschritt behindernde Ablagerungszeit und die durch das allfällig erforderliche Abschneiden (Abkappen) der Pfähle hinzutretende Arbeitserschwerung. Ortpfähle gestatten ein fließenderes Fortschreiten der Arbeit, vermeiden die unhandliche Zufuhr und Versenkung, gestatten aber eine weniger verläßlich überprüfbare Herstellung und bringen bei manchen Verfahren den noch nicht abgebundenen Beton in unmittelbare und sofortige Berührung mit dem Boden, wodurch bei aggressiven Bodenbestandteilen schädliche Beeinflussungen erfolgen können.

Fertigpfähle.

Sie erhalten einen meist vieleckigen Querschnitt (5-, 6- oder 8-eckig) und Längen bis zu 8—10 m (allfällig Aufpfropfen). Durchmesser etwa 25—40 cm und in Sonderfällen auch mehr. Die größten Eisenbeton-Fertigpfähle wurden beim Hafenbau in Madras verwendet, wo quadratische Pfähle mit einer Quadratseitenlänge = 63,5 cm, Länge = 36,6 m und

---

[1] Bei Verwendung von hochwertigem Zement und Schmelzzement läßt sich die Erhärtungszeit verkürzen.

Gewicht = 24 t pro Pfahl versenkt wurden. (Aus: Die Grundbautechnik und ihre maschinellen Hilfsmittel von Hetzell-Wundram.)

Die Herstellung der Fertigpfähle erfolgt liegend; Bewehrung aus 15—30 mm Längseisen, die an der Pfahlspitze in einen Stahlkörper eingreifen (Abb. 293) und aus einer Querbewehrung von 5—6 mm ⌀ in 20—25 cm Abstand; gegen den Kopf und die Spitze verringern sich die Abstände der Bügel.

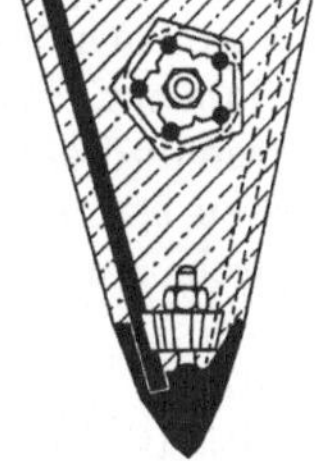

Abb. 293.[1])

Das Versenken erfolgt durch Rammen (Eisenrammhauben am Pfahlkopf) bei meist gleichzeitigem Einspülen mit Druckwasser (5—12 Atm.).

Der Abstand der Pfähle richtet sich nach deren Tragfähigkeit und beträgt meist etwa 75—125 cm. Anordnung in Längs- und Querreihen oder in zueinander versetzter Stellung.

Die gerammten Pfähle werden auf beiläufig gleiche Höhe abgeschnitten und greifen in eine wenigstens 75 cm starke Betonplatte rund 20—30 cm ein.

Ortpfähle.

Bei deren Ausführung sind im allgemeinen drei Arten der Herstellung zu unterscheiden: Ohne Rohr, mit wiedergewonnenem Rohr, mit verlorenem Rohr.

Ortpfähle ohne Rohr: System Dulac. Kegel- oder eiförmig zugespitzte Grundstößel von etwa 2 t Gewicht werden an einem beiläufig 15 m hohen Rammgerüste hochgezogen und herabfallen gelassen; das entstandene Loch wird schichtenweise mit Beton ausgefüllt und mit einem flachen Grundstößel gestampft. Bei einem Gebäude in Ulm wurden 12 m hohe Pfähle schon vor vielen Jahren auf solche Weise hergestellt. Die starken mit diesem Verfahren verbundenen Erschütterungen beschränken diese Herstellungsart auf Bauführungen in freier Nachbarschaft.

Die mit einem Druckluftbär von rund 1 t Gewicht ausgestattete Grundkörpermaschine von Stern schaltet die die Nachbarschaft gefährdenden Erschütterungen aus.

Ortpfähle mit wiedergewonnenem Rohr: Starkwandige Flußstahlrohre von 25—40 cm ⌀ und bis zu 20 mm Wandstärke werden in den Boden gerammt oder gebohrt und unter gleichzeitigem Heben des Rohres mit Beton ausgestampft. Der unter dem Rande vorquellende Beton preßt sich unter dem Stampfdruck in das umgebende Erdreich ein, so daß der Pfahl eine mehr oder minder wulstreiche Oberfläche erhält.

Das Rohr des Simplex-Pfahles wird gerammt und mit einer ogivalen aufklappbaren Spitze (Alligatorspitze) versehen, die sich bei nachgebendem Boden unter dem Druck des Stampfens öffnet; ist der Boden so fest, daß sich die Spitze nicht öffnen kann, wird statt der Alligatorspitze eine eisenbewehrte „verlorene" (im Boden bleibende) Holzspitze verwendet.

---

[1]) Nach Hetzell-Wundram: Die Grundbautechnik und ihre maschinellen Hilfsmittel.

Die Rohre der Straußpfähle werden mittels Ventilbohrer im Bohrverfahren niedergeschraubt und sonst wie bei den Simplexpfählen mit Beton ausgestampft.

Beide genannten Arten der Ortpfähle gestatten die Einführung einer Bewehrung.

Zur Ausführung der Frankipfähle bedient man sich ineinandergeschobener Stahlrohre von 45—60 cm $\varnothing$, die mittels eines $\sim$ 2,5 t Rammbären und eines Vortreibkopfes eingetrieben werden; der Vortreibkopf wird bis zu 50 cm unter die tiefste Rohrkante versenkt und dann hochgezogen. Durch Ausfüllung des Kegelloches mit Beton und das Stampfen des nachfolgenden Betons des Pfahles entsteht ein breiter wulstiger, die Tragfähigkeit erhöhender Pfahlfuß.

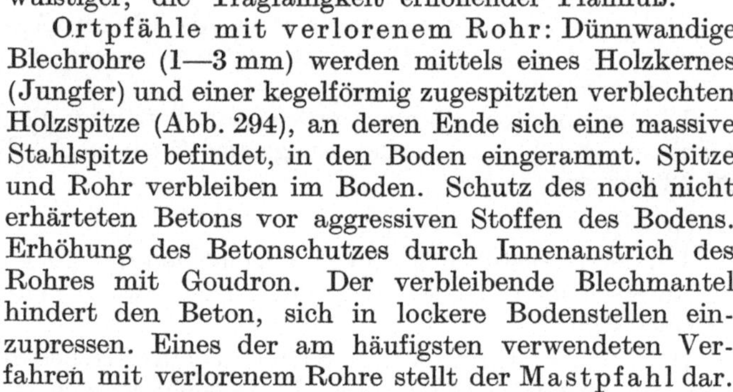

Ortpfähle mit verlorenem Rohr: Dünnwandige Blechrohre (1—3 mm) werden mittels eines Holzkernes (Jungfer) und einer kegelförmig zugespitzten verblechten Holzspitze (Abb. 294), an deren Ende sich eine massive Stahlspitze befindet, in den Boden eingerammt. Spitze und Rohr verbleiben im Boden. Schutz des noch nicht erhärteten Betons vor aggressiven Stoffen des Bodens. Erhöhung des Betonschutzes durch Innenanstrich des Rohres mit Goudron. Der verbleibende Blechmantel hindert den Beton, sich in lockere Bodenstellen einzupressen. Eines der am häufigsten verwendeten Verfahren mit verlorenem Rohre stellt der Mastpfahl dar.

Der Aba-Lorenz-Bohrpfahl arbeitet auch mit einem verlorenen Rohr, das im Bohrverfahren eingetrieben wird. Die Verbindung der einzelnen Rohrteile erfolgt durch Aneinanderschweißen. Ist der tragfähige Grund erreicht, so wird durch ein besonderes Bohrwerkzeug der Raum für den Pfahlfuß herausgeschnitten und sodann die Ausfüllung mit Beton vorgenommen.

Abb. 294.[1])

Ebenso wie die vorgenannten Pfahlbildungen können auch Ortpfähle mit verlorenem Rohr bewehrt werden.

c) Brunnengründungen.

Selbe werden verwendet, wenn der tragfähige Grund erst in erheblicher, im Grundwasser liegender Tiefe und unter weichen, der Durchfahrung keine wesentlichen Hindernisse bereitenden Deckschichten zu erreichen ist. Nachbargebäude müssen mindestens ebenso tief fundiert sein, wie die zu versenkenden Brunnen reichen sollen.

Allgemein stellen die Brunnen eine Pfeilergründung mit über Tag aufgebautem und mit der Absenkung fortschreitend sich erhöhendem Mauerwerke dar.

Die Brunnen bestehen aus dem auf die Bausohle — meist in der Höhe des Grundwassers — verlegten Brunnenkranze und dem auf dem

---

[1]) Nach Benzel: Gründung von Hochbauten.

Kranze aufgebauten **Hohlkörper** aus **Mauerwerk**, **Beton** oder **Eisenbeton**. Unter der Auflast und bei gleichzeitigem Ausheben des Bodens im Innern des Brunnens von Hand aus oder durch Bagger wird der Hohlkörper abgesenkt und nach Erreichung des tragfähigen Grundes meist mit Beton ausgefüllt.

Grundrißform: Kreisförmig oder rechteckig. Grundfläche abhängig von der Belastung und der zulässigen Bodenpressung; geringste Lichtweite zur Ermöglichung der Ausschachtung von Hand aus beiläufig 1 m.

Der Brunnenkranz kann bei kleinen Ausführungen auch aus Holz hergestellt werden; meist wird er aus Flußstahl gebildet und besteht dann aus waagrechten Trag-, senkrechten Schneid- und schrägen Innenblechen, die durch Winkel und T-Eisen verbunden werden; der solcherart geschaffene keilförmige Hohlkörper (Abb. 295) wird mit Beton ausgefüllt.

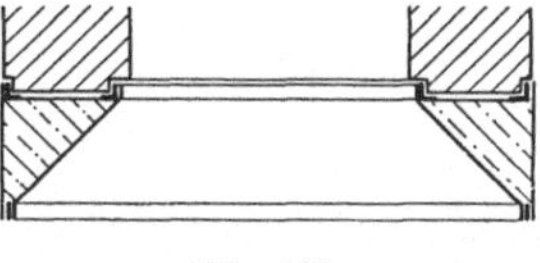

Abb. 295.

Wird der eigentliche Brunnen aus Mauerwerk hergestellt, so werden meist Hartbrandsteine oder Klinker mit Zementmörtel verwendet. Die Außenwände sind glatt zu verputzen. Wandstärke mindestens 25 cm.

Brunnen aus Beton und Eisenbeton werden entweder an Ort und Stelle gestampft oder es wird die Brunnenwand der Absenkung entsprechend aus einzelnen Trommeln gebildet und zusammengesetzt.

Die Verbindung der abgesenkten Brunnen erfolgt durch gemauerte Gurten, Eisenbetonbalken oder eiserne Träger.

Brunnengründungen finden hauptsächlich im Ingenieurbau Anwendung.

d) Senkkastengründungen.

Sie werden im offenen Wasser verwendet (Kaimauern, Wellenbrecher, Docks usw.).

Sie sind den Brunnengründungen ähnlich und unterscheiden sich von diesen hauptsächlich dadurch, daß die Hohlkörper schwimmend an Ort und Stelle gelangen und als Ganzes versenkt werden. Als Baustoff kommt Eisenbeton und Eisen in Betracht.

e) Druckluftgründungen.

Oben und seitlich geschlossene Arbeitskammern werden im Wasser oder im wasserdurchtränkten Boden stehend, durch Druckluft wasserfrei gehalten und durch Abgraben des Bodens in der Höhe der Kammersohle bis zum tragfähigen Grunde versenkt. Als Baustoff wurde bis zur Jahrhundertwende meist Eisen und Holz verwendet; gegenwärtig wird Eisenbeton bevorzugt. Die Abmessungen der Arbeitskammern sind nach den zu gründenden Bauwerken sehr verschieden und betrugen z. B. bei der Rheinbrücke Duisburg—Ruhrort 41 m Länge bei 14 m Breite (Ausführung in Eisen). Höhe meist 2,2 m.

Die Arbeitskammer kann entweder als Teil des Baukörpers verbleiben
(verlorene Arbeitskammer) — das Bauwerk wird nach Ausmauerung
der Kammer auf derselben errichtet — oder der Fuß des Bauwerkes
wird in der Kammer hergestellt und die Kammer
(Glocke) sodann hochgezogen und an anderer
Stelle wieder verwendet.

Zur Schaffung eines allmählichen Über-
ganges der Atemluft der Arbeiter von der
Außenluft zur Druckluft dient die Luftschleuse
(Abb. 296).[1]

Einschleusen: Türen vom Vorraum nach
außen und zu der unter Druckluft stehenden
Schleusenkammer geschlossen; aus der Schleusenkammer allmählich Druckluft in den Vorraum
einströmen lassen, bis beide Räume gleichen
Druck aufweisen (Dauer der Schleusung bis zu
etwa $1^1/_2$ Stunden); die Verbindungstür kann geöffnet werden.

Ausschleusen: Schleuse und Vorraum stehen unter gleichem Überdruck; Tür von der
Schleuse zum Vorraum schließen und Überdruck
vom Vorraum so lange nach außen abblasen, bis Vorraum und Außenluft gleichen Druck erreichen; die Außentür kann geöffnet werden.

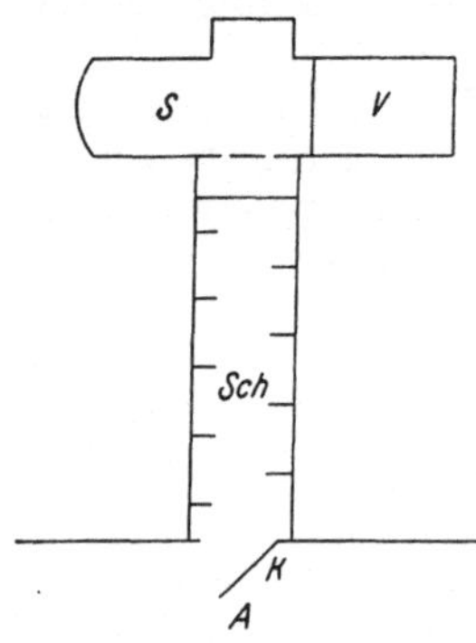

Abb. 296.
S = Schleusenkammer,
V = Vorraum, A = Arbeitskammer, Sch = Schacht-
raum, K = Klappe.

---

[1] Aus Hetzell-Wundram: Die Grundbautechnik und ihre maschinellen Hilfsmittel.

Vierter Abschnitt.

A. Beseitigung der häuslichen Abfallstoffe.
(Siehe ÖNORM B 2073.)

Als solche kommen in Betracht:

a) Trockene Abfallstoffe (Kehricht, Küchenabfälle, Asche usw.);

b) Brauchwässer (Wasch- und Badewässer, Spülwässer usw.); je Kopf und Tag im Mittel bei sparsamem Verbrauch 30—50 l, bei reichlichem Verbrauch bis 120 l;

c) menschliche Abfallstoffe (feste und flüssige), je Person und Tag ohne Spülwasser im Mittel 2—3 l.

Alle Abfallstoffe unterliegen der Zersetzung; die rasche Abfuhr aus dem Hause ist daher aus gesundheitlichen Rücksichten dringend geboten. Sie erfolgt für Abfallstoffe obiger Reihenfolge:

a) Nach kurzfristiger Sammlung im Hause (3—4 Tage) durch öffentliche Einsammlung, z. B. in Wien durch die Koloniakübelabfuhr; wo öffentliche Einsammlung fehlt, sind die Abfallstoffe außerhalb des Gebäudes in verschließbaren Kehrichtgruben zu sammeln und, sofern sie nicht als Dungzusatz verwertet werden, am besten in Bodenausnehmungen zu versenken und zuzuschütten.

b) Wo Kanalisation vorhanden ist, in Kanäle ableiten; fehlt eine Kanalisation, Anordnung von Sickergruben; Voraussetzung: Durchlässiger Boden. Abwasserkanalrohre aus Gußeisen, Steinzeug, Eternit, Durit und allfällig auch aus Beton, ⌀ 100—150 mm; Anlage meist kreisrund, trocken gemauert und mit Bruchsteinen ausgefüllt; nach mehreren Jahren Auswechslung der Bruchsteine bzw. Reinigung derselben, allenfalls Anlage einer neuen Sickergrube. Die Einmündung von Fäkalstoffen in Sickergruben ist unzulässig.

c) In Städten meist durch Kanalisation. Die an die Straßenunratskanäle anschließenden Hausrohre sind tunlichst derart zusammenzufassen, daß pro Stiegenhaus möglichst nur mit einem Rohre in den Straßenkanal eingemündet werden braucht. Baustoff der Hausrohre wie unter b. Unratskanaldurchmesser wenigstens 150 mm. Regenwasser zur Durchspülung einleiten. Lüftungsrohre über Dach führen. Frei geführte Regenabfallrohre zu Lüftungszwecken zu verwenden, ist wegen zu gewärtigender Geruchsbelästigungen zu vermeiden.

Gefälle der Hausrohre je nach dem Rohrdurchmesser und der Durchspülung möglichst nicht unter 2%. Leitungen auf kürzestem Wege und mit geringstmöglichen Mauerdurchbrechungen aus dem Gebäude hinausführen. Bei Zusammentreffen mehrerer Stränge Rohrdurchmesser vergrößern. Putzstücke mit Putzschächten sind in den Hausrohrsträngen nach Krümmungen und in der Mitte von Astleitungen sowie stets vor Verlassen des Gebäudes bzw. des Grundstücks anzuordnen. Verlegung der Rohre möglichst in frostfreier Tiefe, jedenfalls aber mit wenigstens 60 cm Überdeckung. Zur Vermeidung aufsteigenden Geruches, wo es die Anlage erlaubt, stets Wassergeruchsverschlüsse (Siphons) vorsehen. Bei Küchenabwässerableitungen Fettfänge anordnen.

Ist keine Kanalisation vorhanden, bleibt nur übrig, die Fäkalien in Gruben (Senkgruben) oder Tonnen zu sammeln. Erstere müssen, ihrer Größe entsprechend, von Zeit zu Zeit geräumt werden, letztere werden von Gemeinde wegen ausgewechselt.

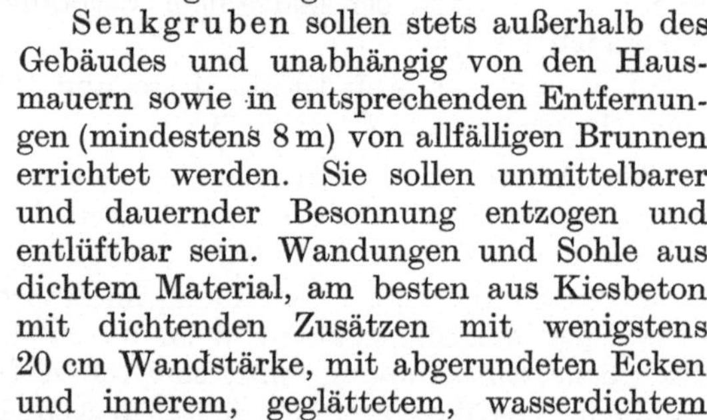

Senkgruben sollen stets außerhalb des Gebäudes und unabhängig von den Hausmauern sowie in entsprechenden Entfernungen (mindestens 8 m) von allfälligen Brunnen errichtet werden. Sie sollen unmittelbarer und dauernder Besonnung entzogen und entlüftbar sein. Wandungen und Sohle aus dichtem Material, am besten aus Kiesbeton mit dichtenden Zusätzen mit wenigstens 20 cm Wandstärke, mit abgerundeten Ecken und innerem, geglättetem, wasserdichtem

Abb. 297.

Zementmörtelputz. Räumungs- bzw. Einsteigöffnungen etwa 75 × 75 cm mit Eisendeckel; Deckel und Grubendecke mit wenigstens 10 bzw. 30 cm Überschüttung. Abb. 297.

Räumung von Hand aus (möglichst zu vermeiden und nur bei einzelstehenden ländlichen Gebäuden zulässig) oder mit Hand- oder Gebläsepumpen.

Da, wo es nur irgend möglich ist, den hygienischen Forderungen entsprechend, Wasserspülungen angeordnet werden sollen, ergibt sich bei Grubenanlagen infolge der Spülwassermenge die Notwendigkeit einer häufigen, schwere Belästigungen der Bewohner verursachenden Räumung.

Sie auf größere Zwischenräume einzuschränken, dienen die Kläranlagen, vermittels welcher eine so weitreichende Reinigung der Abwässer bewirkt wird, daß ihrer sanitär einwandfreien Weiterleitung nichts mehr im Wege steht und es bloß erübrigt, den zurückbleibenden Schlamm fallweise zu entfernen. Vorzüglich haben sich im Verlaufe vieler Jahre in dieser Beziehung die biologischen Kläranlagen bewährt. Biologisch wird die Reinigung deshalb genannt, weil sie durch den Lebensprozeß niedriger Organismen bewirkt wird. Bakterien und niedere Lebewesen zersetzen die Abfallstoffe und verwandeln sie in einfache mineralische Verbindungen. Die Wirkungsweise sei an der Hand einer in Abb. 298[1]) schematisch dargestellten Hauskläranlage erläutert:

Die Kammern V_1 und V_2 bilden den einen Teil der Anlage, in dem die mechanische Abscheidung dadurch erfolgt, daß die schwereren Verunreinigungen sich an der Sohle absetzen, während die leichteren an die Oberfläche steigen. Der sich absetzende Schlamm zersetzt sich weiter, was eine teilweise Verflüchtigung und Vergasung zur Folge hat. Das über dem Schlamm stehende Abwasser enthält jedoch noch sehr viele schwebende Verunreinigungen, die sich infolge gleichen spezifischen Gewichtes niemals absetzen; ihre Reinigung erfolgt mittels des in die Kammer B eingebauten biologischen Körpers. Es ist dies ein mit Kesselrostschlacke oder Koks gefüllter gemauerter und durchlochter Behälter, über den das aus der Kammer herauskommende vorgeklärte Abwasser mittels besonderer Verteilungsvorrichtungen gleichmäßig in Tropfenform verteilt und zu langsamer Durchsickerung gebracht wird. Die Schlackenbrocken überziehen sich mit einem feinen Schlammhäutchen, das die feinen Schmutzstoffe absorbiert und festhält. In kürzester Zeit sich entwickelnde Kleinlebewesen zerstören die abgelagerten Schmutzstoffe, wodurch das an der Sohle des biologischen Körpers sich sammelnde Abwasser gereinigt erscheint und beliebig abgeleitet werden kann.

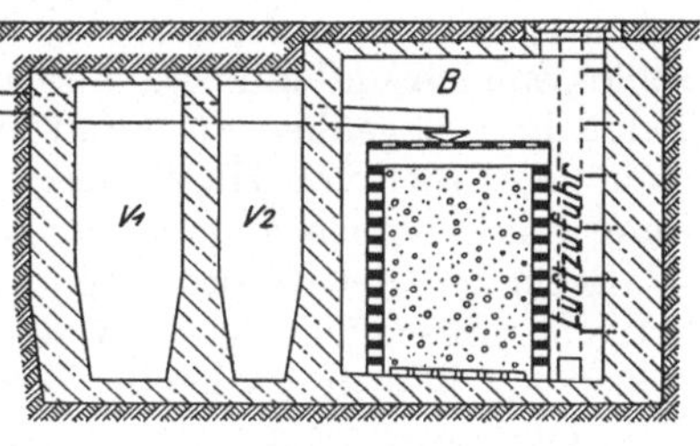

Abb. 298.

Derartige Anlagen (z. B. System Dutka) wurden bei Bauführungen des Verfassers wiederholt ausgeführt und haben sich in vieljähriger Erprobung bestens bewährt.

Neben den biologischen Kläranlagen bestehen noch vielerlei teilbiologische und auch nur eine mechanische Scheidung bewirkende Klärsysteme. Im Deutschen Reiche viel verbreitete Bauarten: OMS-Kläranlagen und Imhofkläranlagen.

Anlage der Aborte.

Geringstabmessungen der Klosettzellen: 0,80 m Breite, bei 1,20 m Länge.[2]) Bei nach innen aufgehenden Türen muß die Länge wenigstens 1,6 m betragen. Wo es die Raumverhältnisse zulassen, sollte über die zulässigen Geringstmaße hinausgegangen werden und womöglich Vorräume geschaffen werden.

Als Abortabfallrohre stehen Muffenrohre aus Gußeisen, glasiertem Ton, Eternit und Durit in Verwendung. Durchmesser 100—150 mm.

---

[1]) Aus Ing. Max Dutka: Kläranlagen: Abwässer-, Reinigungs- und Entwässerungsanlagen.

[2]) Für die Anzahl der Zellen und deren Größe in Schulen, Industriegebäuden usw. bestehen besondere Vorschriften.

Der Anschluß zwischen Abortmuschel und Abfallrohr wird durch Gainzen aus Blei oder Gußeisen bewirkt. Um allfällige Schäden leichter wahrnehmen und beheben zu können, empfiehlt es sich, die Abortabfallrohre frei zu führen.

In städtischen Siedlungen stehen heute fast ausnahmslos Aborte mit Wasserspülung im Gebrauche. Die Spülung erfolgt aus einem an die Wasserleitung angeschlossenen Zwischenbehälter, der entweder in einem Kasten hinter dem Klosettsitz eingebaut werden kann (Rückenspülklosette) oder 1,5—2,0 m über dem Abortsitz angebracht wird (Hochspülklosette). Die Füllung erfolgt durch Vermittlung eines Schwimmerhahnes, die Entleerung durch das Ziehen eines Ventils. Spülwassermengen 9—15 l. Die starke und lästige Geräuschentwicklung bei Entleerung des Behälters bei Hochspülreservoiren sowie die verhältnismäßig große Spülwassermenge hat zu vielerlei Verbesserungen mit niedriger angeordneten Spülkasten (Niederspülklosette) oder Druckknopfentleerungen, Flussometern, geführt, die ohne Zwischenbehälter unmittelbar an die Leitung angeschlossen sind und eine regulierbare Spülwassermenge von 7—9 l ergeben. Fehlt die Gelegenheit zu unmittelbarem Anschluß an eine Wasserleitung, so können auch von Hand aus zu füllende Rückenspülbehälter in Verbindung mit Klappen angeordnet werden.

Bezüglich der Anordnung der Klosettsitze sind solche mit kastenartigen Umschließungen (Muscheln aus emailliertem Gußeisen oder Feuerton) und freistehende Klosette aus Feuerton zu unterscheiden. Erstgenannte Anlagen sind bei erforderlichen Reparaturen schwerer zugänglich und umständlicher rein zu halten; sie sind daher außer Gebrauch gekommen. Die Wahrung größter Reinlichkeit ist selbstverständliche Voraussetzung der Instandhaltung eines jeden Klosetts. Ausreichende Belüftung und Belichtung! Bei der Anlage womöglich Nachbarschaft eines wenigstens zeitweise geheizten Raumes (z. B. Badezimmer) anstreben, um die Einfriergefahr der Leitungen herabzusetzen. Anordnung von Doppelfenstern mit Lüftungsflügeln. Die geringen Kosten eines Gasheizkörpers kleinster Abmessung machen sich den nicht unerheblichen Kosten der Instandsetzung einer eingefrorenen Leitung gegenüber leicht bezahlt.

In Klosettanlagen für Massenbetriebe (öffentliche Klosette, Gaststätten, Hotels, Bahnhöfe usw.) geringstmögliche Berührung mit Türdrückern, Sitzbrettern, Zugvorrichtungen usw. anstreben; allfällige Betätigung mit Fußtritt! Bei Klosetten, die nicht mit Wasserspülung versehen sind, ist eine weitmöglichste Desinfizierung anzustreben. Torfmull hat sich in dieser Hinsicht gut bewährt. Es wirkt geruchsvermindernd, bindet die flüssigen Fäkalien und erleichtert die Sammlung und Fortschaffung der Abfallstoffe. Zur Verwendung des Torfmulls sind eigens gebaute Anlagen erforderlich.

Pissoire, Pißorte.

Reichliche Lüftung ist erste Bedingung für sanitär einwandfreie Anlagen.

Fußbodenrinnen aus nicht saugendem Naturstein, Steinzeug, Glas oder geglättetem Beton mit Glas-, berieselten Marmor- oder geölten

Schieferplattenwandverkleidungen oder einzelne Becken aus geöltem oder berieseltem Gußeisen oder Feuerton mit Standteilungen aus freihängend gestützten Glas- oder Eternitplatten. Rinnen müssen ein Gefälle von wenigstens 2,5% besitzen. Fußboden: Glatte Feinklinkerplatten oder Asphaltestriche (Sandsteinplatten und Zementestriche sind nicht geeignet) im Gefälle zur Rinne verlegt. Die Anordnung von Fußbodensiphons ist außerdem zu empfehlen. Trockene Anlagen sind wegen der starken Geruchsbelästigung zu vermeiden; Pissoire mit Wasserspülung (kontinuierlich oder intermittierend) erfordern für 1 m Breite rund 300 bzw. 20 l Wasser pro Stunde; bei den Ölpissoiren wird das Haften der Harnteile durch einen Ölanstrich verhindert und der Ableitungsverschluß durch Öl bewirkt, indem der Wasserverschluß durch eine Ölschicht überdeckt wird und dadurch vor der Verdunstung bewahrt bleibt. Meist verbreitet: System „Beetz".

B. Raumbeheizung.

Allgemeines.

1 Kalorie (Cal) = Wärmemenge, die nötig ist, um 1 kg Wasser von 14,5 auf 15,5⁰ zu erhöhen.

Spezifische Wärme = Wärmemenge, die erforderlich ist, um die Temperatur von 1 kg einer Substanz um 1⁰ zu erhöhen.

Heizkraft = Anzahl der Kalorien, welche 1 kg eines Brennstoffes bei vollständiger Verbrennung entwickelt.

Auszug aus den Bestimmungen der Bauordnung für Wien: Aufenthaltsräume müssen heizbar sein; von der Beheizbarkeit ist abzusehen, wenn die Zweckbestimmung die Beheizbarkeit ausschließt oder entbehrlich macht.

Für Wohngebäude mit Zentralheizungen kann verlangt werden, daß außerdem Rauchabzüge für Ofenheizungen angelegt werden.

Kleinkessel, d. s. solche, deren Durchmesser 1,2 m, deren Rauminhalt bei Vollfüllung 1 m³ und deren Dampfdruck 6 Atm. nicht übersteigt, dürfen in bewohnten Häusern und Werkstätten frei aufgestellt werden, wenn die unmittelbar darüber befindlichen Räume nicht bewohnt werden und der Kessel wenigstens 3 m von der Nachbargrenze entfernt bleibt.

Zwergkessel (Durchmesser 0,8 m, Wasserinhalt $\leq$ 0,5 m³, Dampfdruck $\leq$ 4 Atm.) unterliegen hinsichtlich der Aufstellung lediglich den für die Anlage von Feuerstellen geltenden Vorschriften.

Kesselräume dürfen mit ihrer Sohle auch unter die sonst zulässige Tiefe hinabreichen, wenn eine solche Anordnung aus technischen Gründen notwendig ist und eine entsprechende Isolierung gegen Feuchtigkeit und Sicherung gegen Überflutung durch Grundwasser sowie eine wirksame Lüftung vorhanden sind.

Je nachdem, ob die Heizquelle nur zur Beheizung eines Raumes oder zur Beheizung vieler Räume dient, sind I. Einzelraumheizungen und II. Sammel- oder Zentralheizungen zu unterscheiden.

I. Einzelraumheizungen.

Nach den zur Wärmeentwicklung herangezogenen Betriebsstoffen sind zu unterscheiden: Heizungen mit

1. festen Brennstoffen (Kohle, Koks, Holz),
2. flüssigen Brennstoffen (Petroleum; Öl nur für Kesselfeuerungen von Zentralheizungen),
3. Gas,
4. elektrischem Strom.

1. Mit festen Brennstoffen.

Heizkörper: Kamine, Kachelöfen, eiserne Öfen, ferner Kamine- und Kachelöfen mit eisernen Einsätzen.

Kamine mit offenem Feuer sind in der Wirkung und in der Ausnutzung des Brennstoffes sehr unwirtschaftlich; der weit überwiegende Teil der Wärme entweicht durch den Schornstein. Bei Beschickung mit Kohle Gefahr des Austretens von Kohlenoxydgas in den Raum.

Kachelöfen. Sie haben von den einfachen gemauerten und den sogenannten Eremitage-, russischen und schwedischen Öfen an allerlei Wandlungen durchgemacht und durch stete Verbesserungen zu hochwertigen, sowohl heiztechnisch wie architektonisch sehr befriedigenden Bauarten geführt. Allen Kachelöfen eigen ist die lange Wärmehaltung des einmal durchgewärmten Ofens und die angenehm empfundene, gleichmäßige Wärmeentwicklung, bei allerdings erforderlichen großen Heizflächen. Siehe z. B. die sehr wirkungsvollen, aber einen erheblichen Raumanteil einnehmenden gemauerten und Kachelöfen der Bauernstuben unserer Alpenländer. Der Einbau von Dauerbrandeinsätzen führte zu weiteren gesteigerten Heizeffekten, die den Kachelofen in der Einzelraumbeheizung als eine der bestbewährten Heizquellen erscheinen lassen.

Über die Größenwahl der Öfen per Kubikmeter Raum geben die Erzeugerfirmen listenmäßige Angaben; es empfiehlt sich, diese Leitwerte als untere Grenzwerte in Betracht zu ziehen.

Eiserne Öfen in einfachster Ausführung aus Gußeisen oder Stahlblech mit Planrost und Aschenkasten bestehend, ergeben eine geringe Ausnutzung des Brennstoffes; die strahlende Wärme wird zur Unerträglichkeit gesteigert; nach Verbrennung der Beschickung erkaltet der Ofen in kürzester Zeit.

Verlängerungen des Abzugweges der Verbrennungsgase, Frischluftzuführungen, Reguliervorrichtungen, Sonderrostausbildungen, Mantelanordnungen und feuerfeste Ausfütterungen des Feuerungsraumes haben im Laufe der Jahre vielerlei Verbesserungen gebracht und schließlich zu den Dauerbrandöfen geführt, die für Stein- und Braunkohlen, Koks, Briketts und Holz gebaut, bei weitreichender Brennstoffausnutzung hohe Wärmeeffekte und lange Beschickungspausen oder einen kontinuierlichen Betrieb gestatten. Bei entsprechender Größe und Bauart und sachgemäßer Bedienung sind derlei Öfen geeignet, auch mehrere untereinander verbundene Räume ausreichend und befriedigend zu heizen.

Aus der langen Reihe verschiedener Dauerbrandofentypen seien beispielsweise genannt: Celus-, Geburth-, Oranier-. Viktoria-, Wanderer-, Zephir-Dauerbrandöfen u. v. a.

Als beiläufige Richtlinie für den Brennstoffbedarf kann angenommen werden, daß bei einer Außentemperatur von —5⁰ und einer Innentemperatur von +20⁰ bei 24stündigem Dauerbetriebe für einen Raum von etwa 40 m³ rund 8—12 kg Steinkohle, bzw. bei Holzdauerbrand rund 12 kg Buchenholz erforderlich sind.

2. Mit flüssigen Brennstoffen.

Petroleumöfen eignen sich insbesondere für die Beheizung in der Übergangszeit und zur Temperierung von Nebenräumen; sie reichen aber auch in entsprechender Größe für die dauernde Raumbeheizung aus. Voraussetzung für einen anstandslosen Betrieb ist die aufmerksame Reinhaltung und sorgsame Instandhaltung des Brenners, da sonst leicht Geruchsbelästigungen auftreten. Selbstverständlich erfordern die Bedienung und die Handhabung eine durch den Betriebstoff gebotene erhöhte Vorsicht! Ein großer Vorteil der Petroleumöfen liegt in deren leichten Transportierbarkeit, die es gestattet, die Heizquelle den Bedürfnissen entsprechend beliebig im Raume aufzustellen. Der Brennstoffverbrauch ist sehr gering; etwa 3 l bei 12stündiger Heizung und einer Raumgröße von etwa 70 m³.

3. Gasheizung.

Gasöfen bieten den Vorteil steter Betriebsbereitschaft, der Reinlichkeit, der Bequemlichkeit der Bedienung, der schnellen Inbetriebsetzung und der raschen Heizwirkung. Als Nachteil stehen diesen Vorzügen die Raumluftbeeinträchtigung (Staubverschwelung), das rasche Abkühlen des Raumes bei Einstellung der Gaszufuhr, die nur schwer auszuschaltende, in der Natur des Brennstoffes und in dessen Handhabung gelegene Gefahr und die meist hohen Betriebskosten gegenüber. Die Staubverschwelung kann durch strenge Reinhaltung des Gerätes und die Auswahl solcher Heizkörpergrößen gemindert oder ausgeschaltet werden, daß durch die kleingestellte Flamme eine ausreichende Heizwirkung erzielt wird und damit nur niedrige Flächentemperaturen auftreten.

Besondere Aufmerksamkeit ist der einwandfreien Abgasabführung ins Freie zuzuwenden; zur Erhöhung der Betriebssicherheit dienen verschiedene Schutzvorrichtungen, wie Zugunterbrecher, Stausicherungen, Rückstausicherungen usw.

Als Gasheizgeräte sind zu unterscheiden: a) Strahlungsöfen, b) Luftumwälzöfen (Konvektionsöfen), c) Strahlungsöfen mit zusätzlichen Konventionsflächen, d) Heizöfen mit Wärmezwischenträgern.

Strahlungsöfen sind mit Kupferblechreflektoren ohne oder mit feuerfesten, nach patentierten Verfahren hergestellten Glühstäben ausgestattet und eignen sich meist nur für kleinere Räume.

Konvektionsöfen in reiner Radiatorenform oder mit zusätzlichen Reflektoren oder Glühstäben empfehlen sich für größere Räume, Kanzleien, Geschäftslokale usw.

Heizöfen mit Wärmezwischenträgern (Luft, Wasser, Dampf) stehen für Großräume in Verwendung.

Die Radiatoren werden mit offenem, geschütztem oder geschlossenem Feuerraume gebaut und entnehmen je nachdem die zur Verbrennung erforderliche Luft dem Aufstellungsraume oder der Außenluft. Ebenso sind die Brenner offen zutage tretend, geschützt oder nur von außen zu bedienen.

Radiatoren mit geschütztem Feuerraume finden in Schulen, Radiatoren mit geschlossenem Feuerraume in Garagen, Operationssälen, Kinos usw. Anwendung.

Der Wärmebedarf wird in kcal/h ermittelt (Tabellen); anderseits hat jeder Ofen eine ebenfalls in kcal/h gemessene und verzeichnete Leistung.

Nach den von einzelnen Firmen ausgegebenen Prospekten beträgt der Gasverbrauch pro Stunde bei -10^0 Außentemperatur und $+20^0$ Innentemperatur und Vollbrand in einem Raume von 40 m³ je nach Ofentype rund 0,5—0,9 m³ Gas. Aus der Reihe verschiedener Gasheizkörpertypen seien als Beispiele angeführt: Clamond-, Prometheus-Gasradiatoren, Siemens-Reflektor-Gasheizöfen u. a.

4. Elektrische Beheizung.

Maßeinheiten: Die Spannung wird in Volt gemessen (110 oder 220 V), die Stromstärke in Ampere (A), $A = \dfrac{W}{V}$; die Leistung wird in Watt (W) angegeben; 1000 Watt = 1 Kilowatt (kW).

Das Produkt aus Watt und Zeit gemessen in Kilowattstunden drückt die elektrische Arbeit aus.

Beispiele:[1])

Eine Lampe beanspruche angenommen eine Leistung von 75 W; 75 W entsprechen $\dfrac{1}{13}$ kW; brennt die Lampe 13 Stunden, so verbraucht sie 1 Kilowattstunde (kWh). Die Strompreise der Elektrizitätswerke werden in Kilowattstunden bzw. Hektowattstunden angegeben.

Ein Bügeleisen mit einer Leistung von 450 W braucht in 1 Arbeitsstunde 0,45 kW oder wird 2,2 Stunden (450 . 2,2 = 990) gebügelt, so wird 1 kWh verbraucht.

Ein Radioapparat nimmt z. B. 50 W auf; der Apparat wird täglich 2 Stunden benutzt; das sind monatlich 60 Stunden; Leistung = 0,05 kW; Verbrauch pro Monat: 0,05 × 60 = 3,0 = 3 kWh.

Ein Stromkreis mit einer Spannung von 220 V umfasse 5 Lampen zu 25 W, 3 Lampen zu 60 W und einen Kocher mit 450 W; $\Sigma = 755$ W; die Sicherungen mit 6 A ist ausreichend, da $\dfrac{755\ W}{220\ V} = 3,4$ A.

Die elektrische Raumbeheizung ist staub- und aschefrei, sie ist geruchlos und bequem in der Bedienung und bedarf keinerlei Abgasleitungen; der Betrieb ist verhältnismäßig teuer.

---

[1]) Nach Dr. H. Schütze: Elektrizität im Haushalt.

Um mit anderen Heizstoffen in Konkurrenz treten zu können, ist ein billiger Strombezug Voraussetzung. Diese trifft in der Regel nur bei Verwendung von Nachtstrom, also zu einer Zeit zu, innerhalb welcher auf Beheizung kein oder nur geringer Wert gelegt wird. Es führte diese Erwägung zur Konstruktion der Speicheröfen, die mit billigem Nachtstrom Wärme aufspeichern und dieselbe tagsüber abgeben. Solche Öfen bestehen aus einem Kern aus Speichersteinen und einem in der Regel aus keramischen Platten gebildeten Mantel.

Der Anschlußwert ergibt sich mit etwa 1 kW für 7—25 m³ Rauminhalt, wobei der kleinste Wert für Räume in freistehenden Einfamilienhäusern und der größte Wert für wärmetechnisch gut isolierte Räume in städtischen Wohnungen gilt. In städtischen Wohnhäusern gelten im Durchschnitte Leistungen von 2—3 kW für eine Kammer und 4—6 kW für ein Zimmer.

Neben solchen Speicheröfen seien die Luftumlauföfen und -heizkörper und die Elektrostrahler als nicht speichernde elektrische Heizgeräte genannt.

Angaben über Heizungskosten werden unterlassen, da solche Angaben mit Rücksicht auf vielerlei zu berücksichtigende Momente nicht in wenige Worte zu fassen sind und leicht zu Mißverständnissen führen können.

II. Sammelheizungen, Zentralheizungen.[1])

Es kommen drei Hauptgruppen von Heizungsanlagen, und zwar: 1. Warmwasser-, 2. Dampf- und 3. Luftheizungen in Betracht.

1. Warmwasserheizungen.

Unter diesen sind zu unterscheiden:

a) Schwerkraft-Warmwasserheizungen,
b) Warmwasser-Stockwerksheizungen (Etagenheizungen),
c) Warmwasser-Pumpenheizungen,
d) Heißwasserheizungen (Perkins-Heizungen).

a) Schwerkraft-Warmwasserheizungen.

Anwendung: Für Wohngebäude, Krankenhäuser, Geschäfts- und Verwaltungsgebäude, Schulen, Treibhäuser usw.

Vorteile: Milde Wärmeabgabe der Heizkörper, da die Oberflächentemperatur derselben nicht über 90⁰ beträgt, wodurch Staubverschwelung vermieden wird; generelle Regelmöglichkeit durch Anpassung der Heizwassertemperatur an die Außentemperatur; geräuschloser, sparsamer Betrieb.

Nachteile: Langsames Hochheizen der Anlage infolge der verhältnismäßig großen Wassermenge, daher Nichteignung für stoßweisen Betrieb; Einfriergefahr der wassergefüllten Heizkörper und Rohrleitungen; Füllen und Entleeren bei Durchführung von Reparaturen; Ausdehnung der Anlage beschränkt; höhere Anlagekosten.

---

[1]) Aus einer mir freundlichst zur Verfügung gestellten Zusammenfassung der österreichischen Körting-A. G. & Co., Ges. m. b. H. in Wien VIII.

Kessel: Für kleinere und mittlere Anlagen meistens gußeiserne Gliederkessel, für größere Anlagen gußeiserne Gliederkessel oder schmiedeeiserne Kessel, die in Batterien vereinigt sind. Anordnung meistens tiefer als Lage der Heizkörper. Brennmaterial meistens Koks, in manchen Fällen auch Anthrazit, Stein- oder Braunkohle und Holz. Die Kessel können auch für Gas- oder Ölheizung eingerichtet werden.

Heizkörper: Zur Verwendung gelangen gußeiserne oder schmiedeeiserne Radiatoren, die möglichst leicht zu reinigen sein sollen, oder schmiedeeiserne, aus Rohren zusammengeschraubte oder zusammengeschweißte Heizkörper (Rohrregister, Rohrheizschlangen). Anordnung der Heizkörper entweder in den Fensterparapeten oder an den Innenwänden; letztere Ausführungsart ist infolge des kleineren Rohrnetzes etwas billiger, hat jedoch den Nachteil, daß die Heizkörper an den Innenwänden Stellraum wegnehmen und namentlich bei tiefen Räumen keine gleichmäßige Erwärmung ergeben.

Rohrleitungen: Führung der Warmwasser-Vorlaufverteilungsleitungen sowie der Rücklauf-Sammelleitungen unterhalb der Heizkörper (unter Kellerdecke) — Heizungsanlage mit unterer Verteilung — oder aber Führung der Vorlaufleitung über den Heizkörper (am Dachboden) und der Rücklaufleitung unterhalb der Heizkörper (unter Kellerdecke) — Heizungsanlage mit oberer Verteilung.

Führung der Steig- bzw. Falleitungen in vertikalen Mauerschlitzen, die hohl zu vermauern sind, oder aber Führung der Leitungen frei vor der Wand. Die Mauerdurchbrüche für die Verlegung der Rohrverteilungsnetze im Keller sowie die vertikalen Mauerschlitze und Deckendurchbrüche sind während der Hochführung des Mauerwerkes auszulassen, während die horizontalen Mauerschlitze für die Verbindungsleitungen während der Montage zu stemmen sind.

Expansionsgefäß und Entlüftung der Anlagen: Für die Ausdehnung des Heizwassers bei der Erwärmung wird jede Anlage an höchster Stelle mit einem Ausdehnungsgefäß verbunden, das gegen Einfrieren entsprechend zu isolieren ist. Für die Entlüftung der Anlage wird oberhalb der Heizkörper ein eigenes Rohrnetz angelegt, das gleichfalls mit dem Expansionsgefäß verbunden ist. Bei kleineren Anlagen kann unter Umständen auf dieses Netz verzichtet werden, wenn die Heizkörper eigene Entlüftungsventile erhalten.

Kosten der Anlage: Je nach dem Umfange der Heizung, Stellung der Heizkörper usw., ohne Bau- und Professionistenarbeiten rund 7—9 Schilling pro Kubikmeter beheizten Raum.

b) Warmwasser-Stockwerksheizung (Etagenheizung).

Diese ist eine Sonderbauart der gewöhnlichen Schwerkraft-Warmwasserheizung für Räume, die in einer Etage liegen; daher stehen Kessel und Heizkörper auf derselben Höhe. Zur Verwendung gelangen guß- oder schmiedeeiserne Warmwasser-Kleinkessel, oft in Verbindung mit einem Küchenherd; normaler Hausschornstein.

Kosten der Anlage je nach Stellung der Heizkörper 9—11 Schilling pro Kubikmeter beheizten Raum.

c) Warmwasser-Pumpenheizung.

Für ausgedehntere Heizungsanlagen, für welche der Schwerkraftbetrieb nicht mehr ausreicht, sowie für Heizungsanlagen mit außerordentlicher Rohrführung, d. h. wo eine Verlegung der Leitung mit stetigem Gefälle nicht möglich ist, werden Umwälzpumpen in das Rohrnetz eingeschaltet, die meist durch einen direkt mit der Pumpenwelle gekuppelten Elektromotor angetrieben werden. Eigenschaften und Einrichtungen dieser Heizungsart sind gleich denen der gewöhnlichen Schwerkraft-Warmwasserheizung. Ein Vorteil dieses Systems ist die Möglichkeit des rascheren Anheizens der Anlage infolge des Pumpenumwälzbetriebes. Die Kosten stellen sich um etwa 10% niedriger als die Kosten einer gewöhnlichen Warmwasserheizung.

d) Heißwasserheizungen (Perkins-Heizung).

Sie bestehen aus einer in sich geschlossenen Rohrleitung aus starkwandigen Rohren (Perkinsrohren), von welchen ein Teil in Schlangenform in einer entsprechenden Ummauerung im Feuer liegt und den Kessel bildet und ein zweiter Teil gleichfalls in Schlangenform oder in einfachen Rohrzügen als Heizkörper in die zu beheizenden Räume verlegt wird. Die beiden Rohrzüge sind durch Fall- und Steigleitungen verbunden. Temperatur des Heizwassers bis etwa 150° infolge der Anordnung eines belasteten Überdruckventils im Ausdehnungsgefäß oder infolge Einschaltens von eigenen geschlossenen Luftrohren an der höchsten Stelle des Heizsystems. Infolge der hohen Wassertemperatur und der damit im Zusammenhang stehenden Explosionsgefahr bei Überhitzung kommt diese Heizart für Wohnräume nicht in Betracht. Verwendungsmöglichkeit bei Trocken- und ähnlichen Anlagen.

2. Dampfheizungen.

Nach der Dampfspannung sind zu unterscheiden:

a) Niederdruckdampfheizungen,
b) Hochdruckdampfheizungen.

a) Niederdruckdampfheizungen.

Anwendung: Für Schulen, Geschäftshäuser, Verwaltungsgebäude, Hotels, Theater, Fabriksanlagen, gegebenenfalls auch für Wohn- und Krankenhäuser.

Vorteile: Schnelles Hochheizen wie auch Abheizen der Anlage, daher besonders auch für Anlagen mit stoßweisem Betrieb geeignet; gleichmäßige Wärmeabgabe der Heizkörper bei Oberflächentemperaturen von zirka 100°; einfache Bedienung und gefahrloser Betrieb infolge des niedrigen Dampfdruckes; niedrige Anlagekosten; große Ausdehnungsmöglichkeit.

Nachteile: Keine Möglichkeit der Wärmeaufspeicherung sowie Unmöglichkeit der generellen Regelung der Kessel.

Kessel: Der Betriebsdruck der Heizkessel beträgt, je nach Ausdehnung der Anlage, 0,05—0,2 Atm. Überdruck. Die Ausführung der Kessel erfolgt im allgemeinen wie die der Warmwasserkessel mit den bei Niederdruckdampfkesseln vorgeschriebenen Standrohreinrichtungen, welche ein Überschreiten des höchst zulässigen Niederdruckes verhindern.

Heizkörper: Als solche gelangen die gleichen Heizkörpertypen wie bei der Warmwasserheizung zur Verwendung.

Rohrleitungen: Die Dampfverteilungsleitungen können, wie bei der Warmwasserheizung, verlegt werden. Die Kondenswasser-Sammelleitungen werden unterhalb der Heizkörper (unter Kellerdecke oder in Parterrefußbodenkanälen) montiert und dienen in den meisten Fällen gleichzeitig zur zentralen Entlüftung des ganzen Heizsystems.

Kosten der Anlage: Zirka 5,5—7,5 Schilling pro Kubikmeter beheizten Raum.

b) Hochdruckdampfheizungen.

Als Wärmeträger wird Dampf von gewöhnlich 1—3 Atm. Spannung verwendet.

Anwendung: Für Werkstätten, Fabrikräume, Magazine, Trockenräume usw.

Vorteile: Billige Anlagekosten.

Nachteile: Betrieb der Kessel durch einen geprüften Heizer sowie Überwachung der Kesselanlage durch die Behörde; mangelhafte Regelungsfähigkeit der Heizkörper mit hohen Strahlungstemperaturen; Unmöglichkeit der Wärmeaufspeicherung.

Kessel: Die Kessel sind in eigenen Kesselhäusern unterzubringen, die nicht von bewohnten Räumen überbaut sein dürfen.

Heizkörper: Als solche gelangen die gleichen Typen wie bei der Niederdruckdampfheizung zur Verwendung; für Fabrikheizungen usw. tritt noch das gußeiserne oder schmiedeeiserne Rippenrohr hinzu.

Rohrleitungen: Die Ausführung des Dampfverteilungs- und Kondenswasser-Sammelnetzes erfolgt in ähnlicher Art wie bei der Niederdruckdampfheizung.

3. Luftheizungen.

Hierbei sind zu unterscheiden:

1. Feuerluftheizungen,
2. Warmwasser- und Dampfluftheizungen.

1. Feuerluftheizungen.

Als Wärmeträger dient Luft, die entweder aus dem Freien oder aber aus den zu beheizenden Räumen selbst entnommen wird. Dementsprechend werden Frischluftheizungen und Umluftheizungen unterschieden.

Beide Heizungsarten können auch durch Verbindung der Frischluft-
und Umluftkanäle vereinigt werden (Frischluft-Umluft-Heizung).

Anwendung: Für die Beheizung von Arbeitssälen, Ausstellungs-
hallen, Kirchen, Treppenhäusern, Trockenanlagen usw.

Vorteile: Geringe Anlagekosten; schnelle Erwärmung der Räume
bei gefahrlosem Betrieb; Möglichkeit der Verbindung des Heizbetriebes
gleichzeitig mit einer entsprechenden Lüftung.

Nachteile: Öftere Reinigung des Luftheizofens und der Luftkanäle,
Gefahr der Staubzirkulation, Möglichkeit der Schallübertragung, hoher
Brennstoffaufwand bei Frischluftheizungen.

Betrieb der Anlage: Dieser erfolgt durch den natürlichen Auf-
trieb der an den Heizflächen des Luftheizofens erwärmten Frisch- oder
Raumluft. Bei Anlagen mit größerer horizontaler Ausdehnung ergibt
sich die Notwendigkeit der Einschaltung eines Ventilators.

Erwärmungskörper: Die Luft wird an den Heizflächen gußeiserner oder schmiedeeiserner, mit Kohle oder Koks gefeuerter Luft-
heizöfen (Kalorifer) erwärmt und strömt von diesen durch ein Luft-
kanalnetz in die zu beheizenden Räume. Temperatur der in die Räume
einströmenden Warmluft zirka 45—50⁰. Für die leichte Reinigung
aller Teile des Luftheizofens von Staub, Ruß und Flugasche ist vorzusorgen.

Frischluftentnahme: Der Luftentnahmestelle im Freien soll
möglichst reine Luft zuströmen. Schutz vor Wind und Regen. Zur
Ausscheidung mitgerissenen Staubes sind entsprechende Staubkammern
mit möglichst glatten Wänden anzuordnen.

Warmluftkanäle: Sie können entweder aus Mauerwerk, glatt
verfugt, aus Beton mit Glattstrich, aus glasierten Rohren oder auch aus
Blechrohren hergestellt werden. Auf leichte Reinigungsmöglichkeit
aller Teile ist Bedacht zu nehmen. Die Warmluft-Ausströmungsöffnungen
werden zirka 2 m über dem Fußboden angeordnet und erhalten entsprechende Gitter mit Stellklappen.

Abluftkanäle: Zur Abführung der verbrauchten Luft sind in den
Innenwänden Luftkanäle über Dach zu führen, die unterhalb der Decke
und über dem Fußboden mit Gittern und Klappen versehene Öffnungen
erhalten.

2. Warmwasser- und Dampfluftheizungen.

Bei diesen Anlagen treten an Stelle des direkt gefeuerten Luftheiz-
ofens zur Erwärmung der Luft eigene, in Kammern untergebrachte
Heizkörper aus Gußeisen oder Schmiedeeisen, die mittels Warm- oder
Heißwasser bzw. Dampf geheizt werden. Die sonstige Einrichtung dieser
Heizungsart ist die gleiche wie bei der Feuerluftheizung.

Bauführung.

Bauherr, Planverfasser, Bauführer, Baubehörde.

Der Bauherr (Auftraggeber) veranlaßt den Bau und trägt dessen Kosten.

Der Planverfasser ist der Autor der den Bau in allen Einzelheiten festlegenden Pläne. (Der Bauwerber bedient sich hierzu zweckmäßig des Zivilarchitekten bzw. des Architekten.) Der Planverfasser haftet für die Richtigkeit der Pläne, für die fachgemäße Verfassung der Berechnungen und die Beobachtung der Bauvorschriften. Durch die behördliche Überprüfung und die Bewilligung wird die Verantwortlichkeit des Planverfassers weder eingeschränkt noch aufgehoben. Im Gegensatz zur klar umschriebenen Berechtigung zur Bauführung ist die Befugnis zur Planverfassung noch nicht in wünschenswerter Weise geklärt.

Der Bauführer besorgt die Bauarbeiten; er bedarf zur Ausübung seiner Tätigkeit der gesetzlichen Berechtigung; sie steht Behörden, den Inhabern bezüglicher Gewerbeberechtigungen (Bau-, Maurer- Steinmetz- und Zimmermeistern) und Ziviltechnikern zu (siehe die gegenständlichen Gesetze und Verordnungen). Der Bauführer haftet hinsichtlich der Pläne und Berechnungen mit den Verfassern und überdies für die sachgemäße Ausführung und die entsprechende Beschaffenheit der Baustoffe.

Die Baubehörde wahrt die öffentlichen Belange in Bausachen; sie handhabt die Bauordnung.

Baubehörde erster Instanz ist die Gemeinde (Magistrat). Gegen Entscheidungen des Magistrates steht den Parteien nach der Bauordnung für Wien die Berufung an die Bauoberbehörde zu, die endgültig entscheidet. Über Beschwerden gegen die Beschlüsse von Landgemeinden in Bausachen entscheidet die Landesregierung, gegen Verfügungen von Landgemeinden, die nach Ansicht des Beschwerdeführers Verletzungen oder fehlerhafte Anwendungen der Bauordnung beinhalten, entscheidet die politische Behörde erster Instanz, bzw. die Landesregierung. Die Bauoberbehörde in Wien setzt sich aus dem Landeshauptmann, Mitgliedern der Landesregierung, ferner aus dem Landesamts- und dem Stadtbaudirektor, aus bestellten Baufachmännern, aus einem Mitgliede des Landessanitätsrates und aus einem rechtskundigen Beamten des Bundesministeriums für Handel und Verkehr zusammen.

Bauleiter: Es ist zwischen der Bauleitung durch den bauführenden Architekten als dem Wahrer der Interessen des Bauherrn und der Bauleitung des Bauführers als dem ausübenden Organ zu unterscheiden.

Grundlagen des Baues bilden:

1. Das Bauprogramm,
2. die Wahl des Bauplatzes,
3. der Entwurf, bestehend aus den Plänen und Berechnungen, der Baubeschreibung und dem Kostenvoranschlag (Leistungsverzeichnis).

Zu 1: Es muß vollständig, klar und knapp gehalten sein und alle Anforderungen eindeutig umfassen. Zusammenarbeit zwischen Bauherrn und Planverfasser, gegebenenfalls unter Heranziehung berufener Sonderfachleute.

Zu 2: Berücksichtigung der Bodenbeschaffenheit, der örtlichen und Höhenlage in Bezug auf Verkehrswege, der Nachbarschaft und der ferneren Umgebung, Rücksichtnahme auf die Wind- und Besonnungsverhältnisse, auf die Ausnutzbarkeit des Bauplatzes sowie auf allfällige Baueinschränkungen.

Zu 3: Planverfassung, die Abfassung der Baubeschreibung und die Aufstellung des Vorausmaßes bzw. Leistungsverzeichnisses sollen zweckdienlich stets in einer Hand vereinigt sein.

Die Pläne haben mit voller Verantwortlichkeit des Verfassers in eindeutiger Weise alle erforderlichen Lagepläne, Grundrisse, Schnitte, Ansichten, Details (Sonderzeichnungen größerer Maßstäbe), Naturdetails und allfällig Schaubilder zu umfassen und damit die Bauabsichten planlich vollkommen klar festzulegen. Über die Tragfähigkeit von Konstruktionen aus Eisen und Eisenbeton, von ungewöhnlichen Holzkonstruktionen und besonders beanspruchten Teilen des Mauerwerkes und Untergrundes ist eine statische Berechnung vorzulegen.

Vor Verfassung der Pläne ist um die Bekanntgabe der Fluchtlinien und der Höhenlage bei der Baubehörde anzusuchen und der Bescheid bei der Herstellung der Pläne zu berücksichtigen.

Ansuchen um Bekanntgabe der Fluchtlinien[1]) und der Höhenlage sind zu stellen: Für jeden Neu-, Zu- oder Umbau und bei Herstellung von fundierten Einfriedungen an Baulinien oder Grenzfluchtlinien. Belege: Nachweis des Eigentumsrechtes am Grundstücke, bzw. Zustimmungserklärung des Eigentümers, ferner Lageplan.

---

[1]) Baulinie (Grenze zwischen Baugrund und öffentlicher Verkehrsfläche), Straßenfluchtlinie (Grenze zwischen Grünland und öffentlicher Verkehrsfläche), Grenzfluchtlinie (Grenze zwischen den für öffentliche Zwecke des Bundes oder der Gemeinde vorgesehenen Bauflächen, öffentlichen Erholungsflächen und Friedhöfen einerseits und allen anderen Gründen anderseits, soweit sie nicht als Bau- oder Straßenfluchtlinien anzusehen sind), Baufluchtlinien (Grenzen, über die gegen den Vorgarten, den Bauwich, den Hof oder Garten nicht vorgerückt werden darf).

Die Bekanntgabe hat binnen 4 Wochen nach Überreichung des Ansuchens (allfällig 2 Monate Nachfrist) zu erfolgen.

Die Baubeschreibung als Ergänzung der Pläne kann als Sonderteil des Entwurfes oder bei ausführlicher Textierung des Leistungsverzeichnisses gemeinsam mit diesem angefertigt werden. Die Beschreibung hat bezüglich Herstellung und Baustoffe der einzelnen Bauteile alles das zu enthalten, was aus den Plänen nicht entnommen werden kann, aber sowohl für die Ausführung als auch für die Preiserstellung zu wissen notwendig ist.

Der Kostenvoranschlag (Leistungsverzeichnis) hat, nach Arbeitskategorien getrennt, sämtliche für die Herstellung des Baues erforderlichen Arbeiten und Lieferungen genau nach den Längen-, Flächen- oder Raummaßen, bzw. den Stückzahlen zu umfassen (siehe Verdingungsordnung, ÖNORM B 2001). Bezüglich Ausmaß und Abrechnung siehe die technischen Vorschriften für Bauleistungen (ÖNORM B 2004, 2007, 2011, 2013, 2015, 2019, 2020, 2021, 2027, 2029, 2030 und DIN 1962—1985). Die Grundlagen für die Ausarbeitung des Leistungsverzeichnisses bzw. Kostenvoranschlages bilden die Pläne und die Baubeschreibung. Im Kostenvoranschlag nicht eingestellte (übersehene) Leistungen, die aber ausgeführt werden müssen, veranlassen Nachtragsforderungen und Kostenüberschreitungen; überdies führen solche Arbeiten häufig zu Verrechnungen in „Regie", d. h. nach aufgewendeter Arbeitszeit und beigestelltem Material mit Zurechnung eines nach einem meist recht hohen Hundertsatz berechneten Regiezuschlages für Aufsicht, soziale Lasten, Gewinn und Betriebsaufwendungen. Solchen Nachtragsarbeiten ist daher durch sorgfältigste Ausarbeitung des Leistungsverzeichnisses vorzubeugen.

Vergebung der Arbeiten und Lieferungen.

(Siehe Verdingungsordnung für Bauleistungen ÖNORM B 2001 und 2002 und DIN 1960 und 1961.)

Die Vergebung erfolgt auf Grund der Pläne, der Baubeschreibung und des Kostenvoranschlages sowie der Bedingnisse (allgemeine Vertragsbedingungen für die Ausführung von Bauleistungen ÖNORM B 2002 und besondere Vertragsbedingungen ÖNORM B 2001) durch Übertragung aller Arbeiten und Lieferungen an einen einzigen Unternehmer (Gesamt- oder Generalunternehmer) oder an mehrere Unternehmer, und zwar entweder nach freiem Ermessen ohne Durchführung eines Wettbewerbes oder auf Grund eines ausgeschriebenen allgemeinen[1]) oder eines beschränkten[2]) Wettbewerbes.

---

[1]) Eine allgemeine oder öffentliche Ausschreibung ist üblich bei Vergebung von Bauleistungen aus öffentlichen Mitteln.

[2]) Die beschränkte Ausschreibung bildet bei Privatbauten die Regel und kann auch bei Bauleistungen aus öffentlichen Mitteln zur Anwendung gelangen.

Die Bedingnisse befassen sich im allgemeinen mit folgenden Punkten: Art und Umfang der Leistung, Vergütung, Ausführungsunterlagen, Ausführung, Beginn, Fortführung und Vollendung der Leistung, Behinderung und Unterbrechung der Ausführung, Verteilung der Gefahr, Rücktritt des Auftraggebers vom Vertrag, Rücktritt des Auftragnehmers vom Vertrag, Haftung der Vertragsparteien, Vertragsstrafe und Beschleunigungsvergütung, Abnahme, Gewährleistung, Rechnung, Stundenlohnarbeiten, Zahlung, Sicherstellung und Streitigkeiten; im besonderen enthalten sie den jeweiligen Verhältnissen angepaßte Detailbestimmungen über Ausführungsfristen, die Höhe und Art der Vertragsstrafen und Beschleunigungsvergütungen, über Gewährleistungsfristen, ferner allfällig besondere Bestimmungen für die Abrechnung und die Zahlungsbedingungen sowie über etwaige Abänderungen der allgemeinen Vertragsbedingungen über Streitigkeiten und der Bestimmungen, ob der Auftrag ganz oder teilweise an Dritte übertragen werden darf und schließlich über etwaige Preisänderungen bei Preisschwankungen.

Der Zuschlag.

Er kann auf Grund einer aus dem Kostenvoranschlag hervorgegangenen Bauschsumme oder zu Einheitspreisen auf Nachmaß erfolgen. Im ersten Fall werden allfällige und genehmigte Mehrleistungen nach den Einheitssätzen besonders vergütet und Minderleistungen in Abzug gebracht. Diese Art der Vergebung bzw. des Zuschlages bildet die Regel. Im zweiten Fall sind alle tatsächlichen Ausführungsmaße abzunehmen und es erfolgt die Verrechnung auf Grund dieser Maße und der Einheitssätze. Diese Art des Zuschlages erfordert einen großen Zeitaufwand und eine sehr genaue und stete Bauaufsicht.

Der Zuschlag wird durch einen schriftlichen Vertrag oder einen Auftrags- (Schluß-) und Gegenbrief festgelegt, in dem unter Hinweis auf die Vergebungsunterlagen und deren Aufzählung die gegenseitigen Rechte und Pflichten knapp, aber genau fixiert werden.

Baudurchführung.

Vor dem beabsichtigten Baubeginn ist bei der Baubehörde um die Aussteckung der bekanntgegebenen Fluchtlinien und der Höhenlage anzusuchen. Die Aussteckung hat binnen 8 Tagen nach Einlangen des Ansuchens zu erfolgen.

Mit dem Bau darf erst nach der in Rechtskraft erwachsenen behördlichen Baubewilligung begonnen werden.

Um Baubewilligung ist anzusuchen: Für jeden Neu-, Zu- und Umbau, bei Ergänzungen oder Abänderungen bewilligter Bauvorhaben und Abänderungen bestehender Bauanlagen, wenn durch solche die Festigkeit, die gesundheitlichen Verhältnisse, die Feuersicherheit und Rechte der Nachbarn beeinflußt würden oder das äußere Ansehen der Bauanlage und die innere Einteilung oder Widmung der Räume geändert würde, ferner unter Umständen vor Errichtung von Einfriedungen sowie bei Abbruch von Gebäuden und Veränderungen der Höhenlage eines Grundes.

Bauanzeigen genügen bei Errichtung baulicher Anlagen geringerer Art. Für unwesentliche Ausbesserungen ist auch eine Bauanzeige nicht erforderlich.

Belege für Bauansuchen: Baupläne in dreifacher, unter Umständen in zweifacher Ausfertigung, und zwar Lageplan, Grundrisse aller Geschosse, erforderliche Schnitte, alle Ansichten, allfällige Schaubilder, Baubeschreibung und statische Berechnung sowie ein Grundbuchsauszug als Eigentumsnachweis und der amtliche Fluchtlinienplan.

Die Baupläne müssen in den Abmessungen 21×30 cm gehalten oder gefaltet sein und nach einem Zeichen- oder Druckverfahren hergestellt werden.

Maßstäbe Lagepläne bei Maßstab der Katastralmappe 1 : 2880 oder 1 : 1440 im Maßstab 1 : 360, bei allen übrigen Katastralmappen im Maßstabe 1 : 500 oder nach einzelnen Bauordnungen 1 : 250; Grundrisse, Schnitte und Ansichten 1 : 100. Vorentwürfe 1 : 200 auf beliebigem Papier.

Baupläne, Baubeschreibung und Berechnungen sind vom Grundeigentümer, Bauwerber, Verfasser und Bauführer zu unterfertigen.

Im Zuge des Ansuchens um Baubewilligung erfolgt die Bauverhandlung. Zur mündlichen Bauverhandlung sind durch die Behörde der Grundeigentümer, der Bauwerber, die Anrainer, der Planverfasser und der Bauführer zu laden. Sind die Pläne von einem behördlich autorisierten Ziviltechniker verfaßt, so genügt für die Bauverhandlung die Unterfertigung der Baupläne durch ihn. Bedarf das Bauvorhaben auch der Genehmigung anderer Behörden als der Baubehörde, so sind die Verhandlungen nach Möglichkeit gleichzeitig durchzuführen.

Die Bauverhandlung bildet einen Teil des Baubewilligungsverfahrens. Über das Ansuchen ist in der Regel binnen zwei Wochen (unter Umständen 4 Wochen) vom Tage des Einlangens des Ansuchens schriftlich zu erkennen.

Bei Bauanzeigen wird die Partei von der Kenntnisnahme schriftlich verständigt; hat die Baubehörde nicht innerhalb einer Woche die Erwirkung einer behördlichen Bewilligung gefordert, kann mit der Arbeit begonnen werden.

Vom genehmigten Bauplane darf ohne Bewilligung der Behörde nicht abgegangen werden.

Die Baubewilligung wird unwirksam, wenn binnen zwei Jahren mit dem Bau, dem Abbruch oder der Erdarbeit nicht begonnen oder der Bau — besondere Bauführungen ausgenommen — nicht innerhalb zweier Jahre vollendet wird.

Überprüfung während der Bauführung:

Bei allen Bauten haben während der Bauführung folgende behördliche Überprüfungen stattzufinden:

a) die Beschau des Untergrundes (Fundamentbeschau) für alle aufgehenden Tragkonstruktionen;

b) die von der Behörde für notwendig gefundenen Belastungsproben;

c) die Rohbaubeschau in der Regel nach Herstellung der Dacheindeckung;

d) eine besondere Beschau bei Bauteilen, deren Überprüfung nach Fertigstellung nicht mehr möglich ist;

e) außerdem müssen die Rauchfänge und Lüftungsschläuche von einem hiezu befugten Gewerbetreibenden nach Vollendung jeder Gleiche, weiters vor Vornahme der Rohbaubeschau und nach Bauvollendung geprüft werden.

Benützungsbewilligung:

Neu-, Zu- oder Umbauten dürfen vor Erteilung der Benützungsbewilligung nicht in Gebrauch genommen werden.

Über das Ansuchen ist binnen einer Woche ein Augenschein anzuordnen. Hiebei ist die planmäßige Ausführung, die ordnungsmäßige Vornahme der vorgeschriebenen Überprüfungen, die Erfüllung der Vorschriften der Bauordnung und der sonstigen, dem Bauwerber auferlegten Verpflichtungen, sowie der gesundheitliche, feuer- und sicherheitspolizeiliche Zustand des vollendeten Baues, bei Aufenthaltsräumen überdies die genügende Austrocknung festzustellen. Zum Augenschein sind Bauwerber, Planverfasser und Bauführer zu laden.

Bei nicht anstandslosem Ergebnisse ist die Benützungsbewilligung zu versagen oder bedingungsweise zu erteilen.

Das Ansuchen um Benützungsbewilligung ist binnen längstens einer Woche nach Abhaltung des Augenscheines durch schriftlichen Bescheid zu erledigen.

Mit der Benützungsbewilligung nicht zu verwechseln ist die Bauabnahme (Kollaudierung). Sie erfolgt nach Bauvollendung zwischen dem Auftraggeber bzw. dessen Vertreter, dem bauleitenden Architekten und dem Auftragnehmer, dem Bauführer über schriftliches Ansuchen des letzteren. Wird keine Abnahme verlangt, so gilt die Leistung mit Ablauf von drei Wochen nach schriftlicher Mitteilung über die Beendigung der Leistung als abgenommen. Hat der Auftraggeber die Leistung oder eine Teilleistung bereits in Benützung genommen, so gilt die Abnahme nach Ablauf von zwei Wochen nach Beginn der Benützung als erfolgt. Bei der Überprüfung festgestellte Mängel sind in einer Niederschrift festzulegen; zur Behebung derselben ist dem Bauführer eine angemessene Frist zu gewähren. Nach deren Ablauf erfolgt eine neuerliche Überprüfung, Nachkollaudierung; sofern auch bei dieser Mängel festgestellt werden, wiederholt sich der Vorgang. Erst nach vollkommen befriedigend verlaufener Abnahme erscheint das Verfahren abgeschlossen und wird in einer Niederschrift die vorläufige Abnahme vermerkt. Mit diesem Tage beginnt die in den Bedingnissen zeitlich festgelegte Haftfrist (Gewährleistungsfrist) des Bauführers. Der Schlußrechnungsbetrag kann dem

Auftragnehmer bis auf den in der Regel 5% der Auftragssumme nicht überschreitenden Haftrücklaß erfolgt werden. Nach Ablauf der Gewährleistungsfrist erfolgt die endgültige Bauabnahme, Schlußkollaudierung, mit gleichem Vorgange wie früher.

Für Fehler oder Mängel, die nachweislich nicht durch fehlerhafte Beschaffenheit der Baustoffe oder unsachgemäße Ausführung innerhalb der Haftfrist entstanden sind und beispielsweise durch natürliche Abnutzung oder fremdes Verschulden bewirkt wurden, ist der Bauführer von der Haftung befreit.

Nach anstandsloser Schlußabnahme sind dem Bauführer die als Rücklaß hinterlegten oder unausbezahlt gebliebenen Beträge auszufolgen.

Schrifttum.

Baukunde für die Praxis. Herausgegeben von der Staatlichen Beratungsstelle für das Baugewerbe beim Württembergischen Landesgewerbeamt, Stuttgart.

Bauser, Zimmermann: Gasweiser für Architekten, Bauherren und Gasfachleute. Zusammengestellt auf Anregung des städtischen Gaswerkes Stuttgart. Berlin. 1929.

Bautenschutz. Zeitschrift für Versuche und Erfahrungen auf dem Gebiete der Schutzmaßnahmen und der Baukontrolle. Schriftleitung: Professor Dr.-Ing. A. Kleinlogel.

Benzel, M.: Gründung von Hochbauten, 7. Aufl. Leipzig: B. G. Teubner. 1934.

Bistritschan, E.: Bauordnung für Wien, Gesetz vom 25. September 1929, LGBl. für Wien Nr. 11 vom 3. Februar 1930. Wien: Baureform.

Böhm, T.: Handbuch der Holzkonstruktionen. Berlin: J. Springer. 1911.

Bronneck, H.: Holz im Hochbau. Wien: J. Springer. 1927.

Daub, H.: Hochbaukunde, 4. Aufl. Leipzig-Wien: F. Deuticke. 1922.

Deutscher Verein der Gas- und Wassermänner: Häusliche Gasfeuerstellen und Geräte für Niederdruckgas, 12. Aufl. Berlin. 1933.

Emperger, F.: Handbuch für Eisenbetonbau, 14 Bände. Berlin: W. Ernst u. Sohn.

Flügge, R.: Die Feuchtigkeit im Hochbau. Halle a. Saale: K. Marhold. 1931.

Frick, O.: Baustoff-Lexikon. Leipzig: M. Jänecke. 1936.

Gesteschi, T.: Der Holzbau. Berlin: J. Springer. 1926.

Derselbe: Grundlagen des Holzbaues, 3. Aufl. Berlin: W. Ernst u. Sohn. 1930.

Geusen, L.: Die Eisenkonstruktionen, 4. Aufl. Berlin: J. Springer. 1925.

Graf, O. und Goebel, H.: Schutz der Bauwerke gegen chemische und physikalische Angriffe. Berlin: W. Ernst u. Sohn. 1930.

Gregor, A.: Der praktische Stahlhochbau, 4 Bände. Berlin: H. Meusser. 1930—1932.

Hawranek, A.: Der Stahlskelettbau. Berlin: J. Springer. 1931.

Hetzel, G. und Wundram, O.: Die Grundbautechnik und ihre maschinellen Hilfsmittel. Berlin: J. Springer. 1929.

Hoffmann, K.: Konstruktiver Eisenbeton. Buch in Bearbeitung.

Industriebau, I. Band: Maier-Leibnitz, H.: Die bauliche Gestaltung von Gesamtanlagen und Einzelgebäuden. Berlin: J. Springer. 1932. II. Band: Heideck, E. und Leppin, O.: Planung und Ausführung von Fabriksanlagen unter eingehender Berücksichtigung der allgemeinen Betriebseinrichtungen. Berlin: J. Springer. 1933.

Kersten, C.: Freitragende Holzbauten, 2. Aufl. Berlin: J. Springer. 1926.

Derselbe: Der Stahlhochbau, 4. Aufl. Berlin: W. Ernst u. Sohn. 1932.

Kieslinger, A.: Zerstörungen an Steinbauten. Leipzig-Wien: F. Deuticke. 1932.

Kleinlogel, A.: Einflüsse auf Beton, 3. Aufl. Berlin: W. Ernst u. Sohn. 1930.

Klimscha, F.: Der konstruktive Holzhausbau. Wien-Leipzig: F. Deuticke. 1935.

Knöll, K. und Schönemann, K.: Die Darstellungen von Bauzeichnungen im Hochbau, 2. Aufl. Görlitz-Biesnitz: H. Kretschmer. 1932.

Kreß, F.: Der Zimmerpolier, 5. Aufl. Ravensburg: O. Maier. 1935.

Derselbe: Der Treppen- und Geländerbauer, 2. Aufl. Ravensburg: O. Maier. 1922.

Kunz, F.: Merkblätter für Bauschlosserei. Wien: I. B. K.

Lauenstein, R. und Bastine, P.: Die Eisenkonstruktionen des Hochbaues, I. Band, 6. Aufl. Leipzig: A. Kröner. 1924. II. Band, 5. Aufl. Leipzig: A. Kröner. 1921.

Lehrmann, K.: Hochbau-Konstruktionen, 1. Teil: Die Stiegen. Mödling: Lehrmittelhauptstelle für gewerbliche Lehranstalten.

Lueger, O.: Lexikon der gesamten Technik, 3. Aufl., 6 Bände u. 1 Erg.-Band. Stuttgart-Leipzig: Deutsche Verlagsanstalt. 1926—1931.

Meyer, O.: Türen und Fenster. Berlin: Verlagsanstalt des deutschen Holzarbeiterverbandes. 1924.

Nenning, A.: Moderne Holzbauweisen, 3. Aufl. Essen: Rheinisch-Westfälischer Baugewerbeverband. 1927.

Saliger, R.: Der Eisenbeton, 6. Aufl. Leipzig: A. Kröner. 1933.

Derselbe: Praktische Statik, 2. Aufl. Leipzig-Wien: F. Deuticke. 1927.

Schindler, R.: Handbuch des Hochbaues. Wien: J. Springer. 1932.

Schütze, H.: Elektrizität im Haushalt, 20. Aufl. Stuttgart: Franckh. 1931.

Sicherheitsvorschriften für elektrische Starkstromanlagen. Wien: Elektrotechnischer Verein.

Siedler, E.: Lehre vom neuen Bauen. Berlin: Bauweltverlag. 1932.

Spiegel, H.: Der Stahlhausbau, I. Band. Berlin: Bauweltverlag. 1929. II. Band. Berlin: Bauweltverlag. 1930.

Stahl im Hochbau, 9. Aufl. Herausgegeben vom Verein deutscher Eisenhüttenleute. Berlin: J. Springer. 1935.

Stegemann, R.: Vom wirtschaftlichen Bauen, 16 Folgen. Dresden: Laube.

Stolper, H.: Bauen in Holz. Stuttgart: J. Hoffmann. 1933.

Titscher, F.: Die Baukunde, 3 Bände, 6. Aufl. Wien: F. Arnold. 1927 u. 1928.

Weiske-Newsky: Grundzüge des Fabriks- und Stahlbaues, 3. Aufl. Leipzig: B. G. Teubner. 1933.

Anhang.

Häufig verwendete Buchstabenbezeichnungen.

Mit Benützung österreichischer und deutscher Normen. Nach den deutschen Normen werden Größen in kursiven, lateinischen, griechischen oder deutschen (Fraktur)-Buchstaben, Maßeinheiten in geraden lateinischen Buchstaben bezeichnet.

Größen und Maße	Zeichen	Größen und Maße	Zeichen
Abstand des Zugeisens vom Druckrand (Nutzhöhe)	h	Fläche (Querschnitt)	F
		Gesamtlast aus $g + p$	q
Abstand des Druckeisens vom Druckrand	h'	Gleichmäßig verteilte Last je Längeneinheit	g
Abstand des Zug- und Druckmittelpunktes.............	$h_0\ (z)$	Gleichmäßig verteilte Last (Verkehrslast) je Längeneinh.	p
Atmosphäre	at	Gleichmäßig verteilte Last (Winddruck) je Längeneinh.	w
Auflagerdruck (Endstütze)...	$A,\ B$	Geschwindigkeit	v
Auflagerdruck (Mittelstütze) .	$C_1,\ C_2$	Haftspannung des Eisens im Beton	τ_1
Ausdehnungskoeffizient, linear	$\alpha,\ a$		
Ausmitte (Exzentrizität).....	e		
Bewehrungsziffer...........	μ	Halbmesser (Radius).......	r
Biegemoment..............	M	Höhe	h
Biegungsspannung	σ_b	Horizontalschub	H
Breite	b	Knickkraft...............	K
Dehnmaß (Elastizitätsmodul) $\dfrac{1}{a}$	E	Knicklänge, freie	s_K
		Knickzahl................	ω
		Lochleibungsdruck	σ_l
Dehnmaß-Verhältnis ($E_e : E_b$) .	n	Masse...................	m
Dehnzahl (Spanndehne)......	$\dfrac{1}{E} = a$	Mittelkraft	R
		Moment..................	M
Druckspannung............	σ_d	Nullinienabstand vom Druckrand	x
Druckspannung des Eisens (Eisenbeton)	σ_{ed}	Nutzhöhe (Abstand des Zugeisens vom Druckrand) ..	h
Druckspannung des Betons ..	σ_b	Nutzlast (siehe Verkehrslast)	
Durchbiegung	δ	Pfeilhöhe.................	f
Durchmesser	$d,\ \varnothing$	Pferdekraft	PS
Einzellast, ständig	G	Querkraft................	Q
Einzellast, beweglich	P	Querschnitt	F
Elastizitätsmodul (Dehnmaß) (Dehnsteife)	E	Querschnitt des umschnürten Betonkernes (Säulen)	F_k
Exzentrizität (Ausmitte).....	e		

Größen und Maße	Zeichen	Größen und Maße	Zeichen
Querschnitt mit Nietabzug (nutzbarer Querschnitt) ...	F_n	Umfang	u
Querschnitt erforderlich	F_{erf}	Verkehrslast (Einzellast) ...	P
Querschnitt Beton	F_b	Verkehrslast, gleichmäßig verteilte Last je Längeneinheit	p
Querschnitt Eisen	F_e	Volumen (Rauminhalt)	V
Querschnitt der Druckeisen im Balken	F_e'	Wärmedurchgangszahl	k
		Wärmedurchlaßzahl	Λ
Rauminhalt (Volumen)	V	Wärmeeinheit	kcal
Raumgewicht	γ	Wärmeleitzahl	λ
Radius (Halbmesser)	r	Widerstandsmoment	W
Schlankheitsgrad $\dfrac{s_K}{l}$	λ	Windeinzelkraft	W
		Winddruck, gleichmäßig verteilt je Längeneinheit	w
Schubspannung, Scherspannung	τ	Würfelfestigkeit Beton......	σ_w
Schubspannung des Betons ..	τ_0, τ_b	Würfelfestigkeit Beton......	$W_e\,28$
Spezifisches Gewicht	γ_0	Würfelfestigkeit Beton......	$W_b\,28$
Stützweite	l	Zugspannung	σ_z
Temperatur	t	Zugspannung des Eisens bei Biegung (Eisenbeton)	σ_e
Trägheitsmoment	J	Zugspannung des Betons ...	σ_{bz}
Trägheitsradius (Halbmesser) $\sqrt{\dfrac{J}{F}}$	i	Zugspannung des Eisens (Eisenbetonbau)	σ_{ez}

Abmessungen, Flächeninhalte und Schwerpunktangaben ebener Figuren.

Nach: Stahl im Hochbau, Berlin: J. Springer.

Bezeichnung	Abmessungen	Inhalt und sonstige Abmessungen	Schwerpunkt und sonstige Wertbestimmung
Dreieck	$a, b, c =$ Seitenlängen $h =$ Höhe senkrecht zur Seite a	$F = \dfrac{a\,h}{2} = \dfrac{a\,b\sin\gamma}{2} =$ $= \sqrt{s\,(s-a)\cdot(s-b)\cdot(s-c)}$ $s = \dfrac{a+b+c}{2}$	$x = \dfrac{h}{3}$ S_0 liegt im Schnittpunkt der Eckverbindungslinien mit den Mitten der gegenüberliegenden Seiten
Rechteck	$a, b =$ Seitenlängen	$F = a\cdot b$	$x = \dfrac{b}{2}$ S_0 liegt im Schnittpunkt der Eckverbindungslinien
Parallelogramm		$F = a\cdot h$ $h = \sqrt{b^2 - c^2}$	$x = \dfrac{h}{2}$ S_0 liegt im Schnittpunkt der Eckverbindungslinien
Trapez		$F = \dfrac{a+b}{2}\cdot h$	$x = \dfrac{h}{3}\cdot\dfrac{a+2\,b}{a+b}$

Unregel-mäßiges Viereck		$F = \dfrac{h + h_1}{2}\,\vartheta_1$ $\vartheta,\ \vartheta_1 = $ Diagonallängen	S_0 liegt im Schnittpunkt der Verbindungslinien II—II und III—III'. II' und III' sind die Mittelpunkte der Überecklinien B—D, A—C. C—$II =$ A—I; D—$III = B$—I
Kreis		$F = D^2\,\dfrac{\pi}{4} = r^2\,n = \dfrac{U\,D}{4}$ $U = $ Umfang $= D\,\pi$	S_0 im Schnittpunkt der beiden Mittellinien
Kreisring		$F = \dfrac{D^2 - d^2}{4} \cdot \pi =$ $= (R^2 - r^2)\,\pi = D_m\,s\,\pi$ $\vartheta_m = \dfrac{D + d}{2};\ \ s = \dfrac{D - d}{2}$ $\vartheta_m = $ mittlerer Durchmesser $s = $ Wanddicke	S_0 im Schnittpunkt der beiden Mittellinien
Kreis-ausschnitt		$F = \dfrac{b\,r}{2} = \dfrac{\varphi^0}{360}\,r^2\,\pi$ $b = $ Bogenlänge $=$ $= r\,\pi\,\dfrac{\varphi^0}{180} = 0{,}01745\,r\,\varphi^0$	$x = \dfrac{2}{3}\,r\,\dfrac{s}{b} = \dfrac{2}{3}\sin\alpha\,\dfrac{180\,r}{a^0\,\pi} = \dfrac{r^2\,s}{3\,F}$ Schwerpunktslage S_0 für $\dfrac{1}{6}$ Kreis · $\dfrac{1}{4}$ Kreis · $\dfrac{1}{2}$ Kreis $x = \dfrac{2\,r}{\pi} = 0{,}6366\,r$ · $x = \dfrac{4}{3}\sqrt{2}\,\dfrac{r}{\pi} = 0{,}6002\,r$ · $x = \dfrac{4}{3}\,\dfrac{r}{\pi} = 0{,}4244\,r$

Flächeninhalte, Schwerpunktsabstände, Trägheits- und Widerstandsmomente von Querschnitten.

Querschnitt	Flächeninhalt F	Schwerpunktsabstand e	Trägheitsmoment J	Widerstandsmoment $W = \dfrac{J}{e}$
	$b\,h$	$\dfrac{h}{2}$	$\dfrac{b\,h^3}{12}$	$\dfrac{b\,h^2}{6}$
	h^2	$\dfrac{h}{2}$	$\dfrac{h^4}{12}$	$\dfrac{h^3}{6}$
	$A^2 - a^2$	$\dfrac{A}{2}$	$\dfrac{A^4 - a^4}{12}$	$\dfrac{1}{6}\,\dfrac{A^4 - a^4}{A}$
	h^2	$\dfrac{h}{2}\sqrt{2}$	$\dfrac{h^4}{12}$	$\dfrac{\sqrt{2}}{12}\,h^3 = 0{,}1179\,h^3$
	$(2\,b + b_1)\,\dfrac{h}{2}$	$\dfrac{1}{3}\,\dfrac{3\,b + 2\,b_1}{2\,b + b_1}\cdot h$	$\dfrac{6\,b^2 + 6\,b\,b_1 + b_1{}^2}{36\,(2\,b + b_1)}\cdot h^3$	$\dfrac{6\,b^2 + 6\,b\,b_1 + b_1{}^2}{12\,(3\,b + 2\,b_1)}\,h^2$

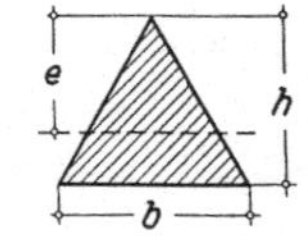	$\frac{h\,b}{2}$	$\frac{2}{3}\,h$	$\frac{b\,h^3}{36}$	$\frac{b\,h^2}{24}$
	Bei einem gleichseitigen Dreieck wird $h = 0{,}8666\,b$			
	$0{,}4333\,b^2$	$0{,}5778\,b$	$\sim 0{,}0081\,b^4$	$\sim 0{,}0313\,b^3$
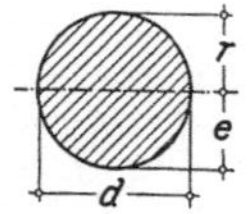	$r^2\,\pi = \frac{\pi\,d^2}{4}$	$\frac{d}{2}$	$\frac{\pi\,d^4}{64} = \frac{\pi\,r^4}{4} = 0{,}0491\,d^3 \sim$ $\sim 0{,}05\,d^4 = 0{,}7854\,r^4$	$\frac{\pi\,d^3}{32} = \frac{\pi\,r^3}{4} = 0{,}0982\,d^3 \sim$ $\sim 0{,}1\,d^3 = 0{,}7854\,r^3$
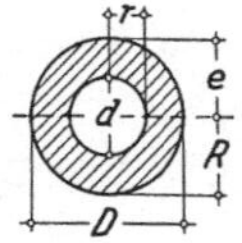	$\frac{\pi}{4}\,(D^2 - d^2)$	$\frac{D}{2}$	$\frac{\pi}{64}\,(D^4 - d^4) = \frac{\pi}{4}\,(R^4 - r^4)$	$\frac{\pi}{32}\,\frac{D^4 - d^4}{D} = \frac{\pi}{4}\,\frac{(R^4 - r^4)}{R}$
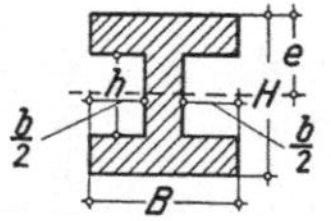	$H\,B - h\,b$	$\frac{H}{2}$	$\frac{1}{12}\,(B\,H^3 - b\,h^3)$	$\frac{1}{6\,H}\,(B\,H^3 - b\,h^3)$
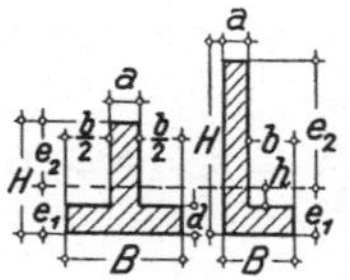	$H\,B - b$ $(e_2 + h)$	$e_2 = H - e_1$	$\frac{1}{3}\,(B\,e_1{}^3 - b\,h^3 + a\,e_2{}^3)$	$W_1 = \frac{J}{e_1}$
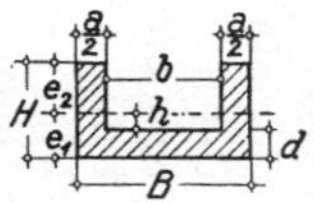		$e_1 = \frac{1}{2} \cdot \frac{a\,H^2 + b\,d^2}{a\,H + b\,d}$		$W_2 = \frac{J}{e_2}$

Auflagerdrücke, Biegemomente und Durchbiegungen.

Belastungsfall	Art der Belastung	Auflagerdrücke	Maximales Biegemoment	Durchbiegung
	Frei-träger	$A = P$	$M_{max} = P \cdot l$	$\delta = \dfrac{P \cdot l^3}{3\,EJ}$
		$A = Q$	$M_{max} = \dfrac{Q \cdot l}{2}$	$\delta = \dfrac{Q\,l^3}{8\,EJ}$
	Beider-seitig frei auf-liegende gerade Träger	$A = B = \dfrac{P}{2}$	$M_{max} = \dfrac{P \cdot l}{4}$	$\delta = \dfrac{P\,l^3}{48\,EJ}$
		$A = B = \dfrac{Q}{2}$	$M_{max} = \dfrac{Q \cdot l}{8}$	$\delta = \dfrac{5\,Q\,l^3}{384\,EJ}$
		$A = B = P$	$M_{max} = \dfrac{P \cdot l}{3}$	$\delta = \dfrac{23\,P\,l^3}{648\,EJ}$

Lineare Ausdehnungskoeffizienten.

Blei	0,000028	Flußstahl St 37,12	0,000012
Zink	0,000028	Gußeisen	0,000010
Kupfer	0,000017	Weichholz längs d. Faser	~0,000004
Zementbeton	~0,000013	Ziegelmauerwerk	0,000005

Das griechische Alphabet.

Alpha	A	α	Jota	I	ι	Rho	P	ϱ
Beta	B	β	Kappa	K	$\varkappa$	Sigma	Σ	σ
Gamma	Γ	γ	Lambda	Λ	λ	Tau	T	τ
Delta	Δ	δ	My	M	μ	Ypsilon	Y	υ
Epsilon	E	ε	Ny	N	ν	Phi	Φ	φ
Zeta	Z	ζ	Xi	Ξ	ξ	Chi	X	χ
Eta	H	η	Omikron	O	o	Psi	Ψ	ψ
Theta	Θ	ϑ	Pi	Π	π	Omega	Ω	ω

Installationssinnbilder.

	Wandwaschbecken		Transportabler eiserner Herd mit Kohlenfeuerung
	Reihenwaschanlage		Badeofen
	Wandausguß mit Zapfstelle		Gasdeckenleuchte mit Lampenanzahl
	Spültisch mit Zapfstelle		Gaswandleuchte fix — beweglich
	Freistehende Badewanne		Elektrische Deckenleuchte mit Lampenanzahl
	Pissoir Freistehendes Klosett		Elektrische Wandleuchte fix — beweglich
	Radiator		Elektrischer Schalter einfach, Serien-, Wechsel-
	Gasherd mit drei Kochstellen		Elektrische Steckdose, elektrischer Klingeltaster

Baustoffkennzeichnungen in den Buchabbildungen.

	Querschnitt durch Holz, Mauerwerk oder Stein		Füllstoffe
	Längenschnitt durch Holz		Dämmstoffe
	Hirnschnitt durch Holz		Estriche
	Schnitt durch Beton		Glas
	Schnitt durch Erdreich		Putzträger
	Walzprofile im Querschnitt		Putz

Sachverzeichnis.

Berichtigungen.

S. 32: lies im Kopf der Tabelle oben „Mittleres Gewicht[1]) in kg/m³ in".

S. 147, Abb. 105 richtig:

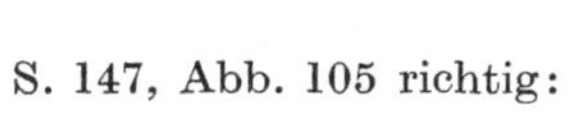
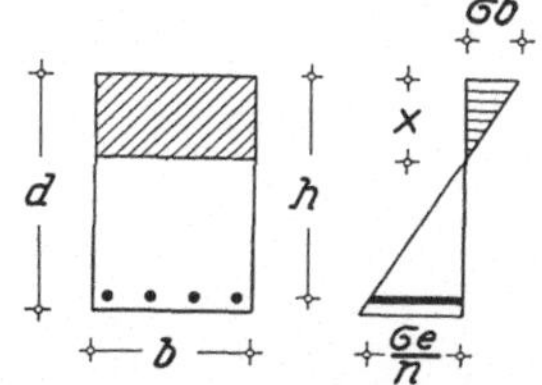

Abb. 105. Spannungsverlauf für Platten und Rechtecksquerschnitte.

S. 153, Abb. 125 rechts oben richtig:

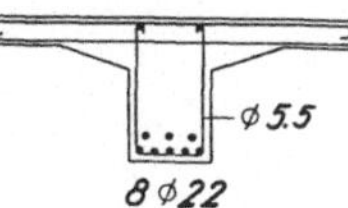

Handbuch des Hochbaues. Berechnung, Durchbildung und Ausführung. Von Ing. **Robert Schindler,** Wien. Mit 906 Textabbildungen und 52 Zahlentafeln. XII, 709 Seiten. 1932. Gebunden RM 39.—

Fortschritte im Hochbau und deren Anwendbarkeit im österreichischen Bauwesen. Von Priv.-Doz. Ing. Dr. techn. **Sepp Heidinger,** Graz. (ÖKW-Veröffentlichung, Bd. 8.) Mit 103 Textabbildungen. 127 Seiten. 1931. RM 5.65

Praktisches Konstruieren von Eisenbetonhochbauten. Von Baumeister **Rudolf Bayerl,** Wien. Unter Mitwirkung von Ingenieur **A. Brzesky,** gerichtlich beeideter Sachverständiger. Mit 67 Textabbildungen. VIII, 144 Seiten. 1930. RM 7.—

Material- und Zeitaufwand bei Bauarbeiten. Tabellen zur Ermittlung und Überprüfung der Kosten von Erd-, Maurer-, Putz-, Estrich- und Fliesen-, Asphalt-, Dichtungs- (Isolierungs-), Beton- und Eisenbeton-, Zimmerer-, Dachdecker-, Spengler- (Klempner-), Tischler- (Schreiner-), Beschlag-, Glaser-, Maler-, Anstreicher-, Klebe-, Hafner- (Ofen- und Herdsetzer-), Entwässerungs-, Brunnenmacher-Arbeiten. Von **Arnold Ilkow,** Zivilingenieur für das Bauwesen und Baumeister. Vierte, verbesserte und vermehrte Auflage. VI, 100 Seiten. 1936. RM 4.80

Hilfsbuch für den Eisenbetonbau für Baumeister und Bauleiter. Von Ing. **Viktor Hietzgern** und Ing. **Arnold Ilkow,** Zivilingenieure für das Bauwesen. Mit 79 Abbildungen. X, 132 Seiten. 1930. RM 5.80

Versuche an Eisenbetonbalken unter ruhenden und herabfallenden Lasten. Von Professor Dr.-Ing. **Rudolf Saliger** und Dr.-Ing. **Ernst Bittner,** Wien. Mit 50 Textabbildungen und 25 Tafeln. V, 79 Seiten. 1936. RM 12.—

Zielsichere Betonbildung auf der Grundlage der Versuchsberichte des Unterausschusses für zielsichere Betonbildung (UABb) im Österr. Eisenbetonausschusse. Herausgegeben von Ziv.-Ing. **Ottokar Stern,** Wien. Zweite, erweiterte Auflage. (Erweiterte Sonderausgabe aus „Mitteilungen über Versuche, ausgeführt vom Österr. Eisenbetonausschuß", Heft 14.) Mit 18 Textbildern und 9 Abbildungen auf 5 Tafeln. VI, 96 Seiten. 1934. RM 5.—

Holz im Hochbau. Ein neuzeitliches Hilfsbuch für den Entwurf, die Berechnung und Ausführung zimmermanns- und ingenieurmäßiger Holzwerke im Hochbau. Von Ing. **Hugo Bronneck.** Mit 415 Abbildungen, zahlreichen Tafeln und Zahlenbeispielen. XVI, 388 Seiten. 1927. Geb. RM 22.20

Junk-Herzka, **Der Bauratgeber.** Handbuch für das gesamte Baugewerbe und seine Grenzgebiete. Neunte, vollständig neubearbeitete und wesentlich ergänzte Auflage. Herausgegeben unter Mitwirkung hervorragender Fachleute aus der Praxis von Ing. **Leopold Herzka,** Wien. Mit zahlreichen Tabellen und 724 Abbildungen im Text. XVI, 785, 35 Seiten. 1931. Gebunden RM 38.50

Stahlhochbauten. Ihre Theorie, Berechnung und bauliche Gestaltung. Von Ing. Dr. **Friedrich Bleich.** In zwei Bänden.
Erster Band. Mit 481 Abbildungen im Text. VIII, 558 Seiten. 1932.
Gebunden RM 66.50
Zweiter Band. Mit 509 Abbildungen im Text. V, 376 Seiten. 1933.
Gebunden RM 46.50

Der Stahlskelettbau mit Berücksichtigung der Hoch- und Turmhäuser. Vom konstruktiven Standpunkte behandelt für Ingenieure und Architekten von Professor Dr.-Ing. **Alfred Hawranek,** Brünn. Mit 458 Textabbildungen. VIII, 286 Seiten. 1931.   Gebunden RM 34.20

Amerikanischer Eisenbau in Bureau und Werkstatt. Von Oberingenieur **F. W. Dencer.** Deutsche Übersetzung von Dipl.-Ing. **R. Mitzkat,** Hörde. Mit 328 Textabbildungen. XII, 366 Seiten. 1928. Gebunden RM 28.80

Preisermittlung und Veranschlagen von Hoch-, Tief- und Eisenbetonbauten. Von Gewerbe-Studienrat Ing. **M. Bazali,** Glauchau. Vollständig neubearbeitet von Reg.-Baumeister a. D. Dr. Ing. **L. Baumeister,** Sechste, neubearbeitete und erweiterte Auflage. VIII, 463 Seiten. 1927.
Gebunden RM 10.80

Kostenberechnung im Ingenieurbau. Von Dr.-Ing. **Hugo Ritter.** Zweite umgearbeitete und erweiterte Auflage. VIII, 148 Seiten. 1929.
RM 6.75, gebunden RM 8.10

Stahl im Hochbau. Taschenbuch für Entwurf, Berechnung und Ausführung von Stahlbauten. Neunte, nach den neuesten Festlegungen bearbeitete Auflage. Mit Unterstützung durch den Stahlwerks-Verband Aktiengesellschaft, Düsseldorf, und Deutschen Stahlbau-Verband, Berlin, herausgegeben vom Verein deutscher Eisenhüttenleute, Düsseldorf. Mit zahlreichen Abbildungen. XXVI, 780 Seiten. 1935.   Gebunden RM 12.—
(Gemeinsam mit Verlag Stahleisen m. b. H., Düsseldorf.)

Grundlagen des Beton- und Eisenbetonbaues. Von Professor Dr.-Ing. **E. Probst,** Karlsruhe. Mit 211 Textabbildungen. VIII, 345 Seiten. 1935.   Gebunden RM 22.50

Allgemeine Baubetriebslehre. Von Ziv.-Ing. **Maximilian Soeser,** Wien. Mit 89 Textabbildungen. V, 277 Seiten. 1930. (Verlag von Julius Springer in Wien.)   Gebunden RM 18.60
Technik und Wirtschaft. — Der Betriebsingenieur und seine Mitarbeiter. — Der Mensch im Baubetriebe. — Die Maschine im Baubetriebe. — Die Förderung von Massen, insbesondere von Bodenarten; Erdarbeiten. — Gesteinszerkleinerung und Sortierung. — Die Betonbereitung. — Der Baugrund und der Bauplatz. — Baustoffbeschaffung und Baustoffgebarung. — Die Baukosten. — Der Bauvertrag. — Die Baudurchführung und ihre Rationalisierung.